海洋生态文明译丛

刘 纯 周永模 主编

海生而有涯

航海时代的大西洋捕捞

THE MORTAL SEA

FISHING THE ATLANTIC IN THE AGE OF SAIL

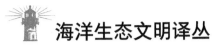

W. 杰弗里 · 博尔斯特 [美] 著
吕丽洁 译

外语教学与研究出版社
FOREIGN LANGUAGE TEACHING AND RESEARCH PRESS
北京 BEIJING

京权图字：01-2022-5880

图书在版编目（CIP）数据

海生而有涯 ：航海时代的大西洋捕捞 /（美）W. 杰弗里 · 博尔斯特（W. Jeffery Boslter）著 ；吕丽洁译. -- 北京 ：外语教学与研究出版社，2022.12（2023.10 重印）
（海洋生态文明译丛 / 刘纯，周永模主编）
书名原文：THE MORTAL SEA: FISHING THE ATLANTIC IN THE AGE OF SAIL
ISBN 978-7-5213-4162-1

Ⅰ. ①海… Ⅱ. ①W… ②吕… Ⅲ. ①大西洋－海洋捕捞－研究 Ⅳ. ①S977

中国版本图书馆 CIP 数据核字（2022）第 243177 号

出 版 人　王　芳
责任编辑　付分钗
责任校对　闫　璟
封面设计　高　蕾
出版发行　外语教学与研究出版社
社　　址　北京市西三环北路 19 号（100089）
网　　址　https://www.fltrp.com
印　　刷　北京虎彩文化传播有限公司
开　　本　710×1000　1/16
印　　张　22
版　　次　2023 年 1 月第 1 版　2023 年 10 月第 2 次印刷
书　　号　ISBN 978-7-5213-4162-1
定　　价　99.90 元

如有图书采购需求，图书内容或印刷装订等问题，侵权、盗版书籍等线索，请拨打以下电话或关注官方服务号：
客服电话：400 898 7008
官方服务号：微信搜索并关注公众号“外研社官方服务号”
外研社购书网址：https://fltrp.tmall.com

物料号：341620001

海生而有涯：航海时代的大西洋捕捞
W. 杰弗里·博尔斯特

致萨莉和比尔·博尔斯特

你们是出色的船员和忠诚的社区活动者
正确语法的坚持者
喜欢小酌、热爱朋友的好伙伴
早先南下的新英格兰人
慈爱的父母和祖父母
感谢你们！

总　序

海洋慷慨地为人类提供了丰富资源和航行便利。人类生存得益于海洋，人类联通离不开海洋。浩瀚之海承载着人类共同的命运，人类社会与海洋环境的互动密切而广泛：从史前时代的沿海贝冢，到现代社会的蓝色都市；从古希腊地中海商人的庞大船队，到中国海上丝绸之路的繁华盛景；从格劳秀斯《海洋自由论》的发表，到《联合国海洋法公约》的签署和实施，无不体现出海洋在人类文明进程中演绎的重要角色。海洋文明史是构成人类文明史的一个重要维度，充满着不同文明之间的交流融合。中国在拥抱海洋文明的进程中，始终秉持海纳百川、兼收并蓄、和平崛起的精神。历史上郑和下西洋，推行经贸和文化交流，通过调解纠纷、打击海盗等方式，结交了诸多隔海相望的友邻，促进了文明的相互沟通和彼此借鉴。而今，以“和谐海洋”为愿景、保护海洋生态环境、坚持和平走向海洋、建设“强而不霸”的新型海洋大国，已成为中华民族走向海洋文明进而实现伟大复兴的重要步骤。

随着生产力的飞速发展和人类对海洋价值认识的不断更新，海洋蕴藏的巨大红利逐步释放。当人类的索取超过了海洋能够负载的限度时，海洋生态系统成为资源过度开发的牺牲品。无节制的捕捞作业使一些渔业资源濒临灭绝，来自陆海的双重污染和开发压力使海洋水体不堪重负，海洋成为当今全球生态环境问题最为集中、历史欠账最为严重的区域之一。为了让海洋能够永续人类福祉，联合国于 2016 年 1 月 1 日启动《联合国 2030 可持续发展议程》，该议程在目标 14 中强调“保护和可持续利用海洋和海洋资源以促进可持续发展”。海洋渔业选择性捕捞、海洋生物多样性保护、海洋污染防控、气候变化对海洋影响的探究等成为全球关注的重要焦点。

海洋生态文明建设是我国生态文明总体建设的重要组成部分，积极推动海洋生态文明建设有利于促进人与海洋的长期和谐共处、推动海洋经济的协调和可持续发展。“我们人类居住的这个蓝色星球，不是被海洋分割成了各个孤岛，而是被海洋联结成了命运共同体，各国人民安危与共。”习总书记高屋建瓴地提出了中国建设海洋生态文明的构想，从构建海洋命运共同体的高度阐述了海洋对于人类社会生存和发展的重要意义。世界范围内海洋生态文明议题在文学、哲学及科技等领域的多层面多角度的研究成果为我们提供了良好的经验借鉴，重视、吸取和研究域外有关海洋生态文明的研究成果，有助于汇聚全球智慧，形成共同促进海洋生态文明建设的合力。

基于上述认识，上海海洋大学和外语教学与研究出版社精选了国外有关海洋生态文明的著作，并组织精兵强将进行翻译，编制了“海洋生态文明译丛”。本译丛系统介绍了国外有关海洋生态文明研究的部分成果，旨在打破海洋生态文明演进的时空界限，从人类学、历史学、环境学、生态学、渔业科学等多学科视角出发，探讨海洋环境和人类文明之间的互动关系，揭开海洋生物的历史伤痕，探究海洋环境的今日面貌，思考海洋经济的未来发展。丛书主要包含以下 7 部译著：

《人类的海岸：一部历史》是讲述过去 10 万年来海洋文明发展的权威著作。海岸深刻影响着沿岸居民的生活态度、生活方式和生存空间。约翰 · R. 吉利斯再现了人类海岸的历史，从最早的非洲海岸开始讲起，一直谈到如今大城市和海滩度假胜地的繁华与喧嚣。作者揭示了海岸就是人类的伊甸园，阐释了海岸在人类历史上所起的关键作用，讲述了人类不断向海岸迁徙的故事。在此意义上，该著作既是一部时间的历史，也是一部空间的历史。

《沙丁鱼与气候变动：关于渔业未来的思考》阐述了“稳态变换”现象，即伴随着地球大气和海洋的变化，鱼类的可捕获量间隔数十年会以一定规模变动。并以沙丁鱼为例，介绍了该鱼类种群的稳态变换现象，讨论了海洋和海洋生物资源可持续利用的方向，强调了解“大气－海洋－海洋生态系”构成的地球环境系统的重要性，为我们带来一种崭新的地球环境观。

《海生而有涯：航海时代的大西洋捕捞》一书中，作者博尔斯特以史学家的视角叙述了近千年来人类对大西洋的蚕食侵害，又以航海家的身份对日益衰减的海洋资源扼腕叹息。先进捕捞工具使渔获量上升，人类可持续发展观念不足则导致了渔业资源储藏量骤降，海洋鱼类的自我恢复能力也受到威胁。作者用翔实的数据和真实的案例论证了生态基线的逐渐降低和海洋资源的加速匮乏，振聋发聩，引人深思。该书引经据典，语言风趣，是海洋生态领域不可多得的一部力作。

《蓝色城市主义：探索城市与海洋的联系》聚焦“蓝色城市主义”的概念，诠释了城市与海洋之间的联系，从多个视角阐述如何将海洋保护融入城市规划和城市生活。蓝色城市主义这一新兴概念的诞生，意味着城市将重新审视其对海洋环境的影响。该书为我们描绘了一幅蓝色愿景，强调城市与海洋之间的认同，引发了读者对“如何在蓝色城市主义的引领下履行海洋保护的应尽之责？”这一问题的思考。

《学在海边：海洋环境教育和社会学习》重点介绍了日本“利用海洋资源”和“与海洋和谐共处”的经验，以环境教育和社会学习为主题，从日本的沿岸区域、千禧年生态系统评价与生态服务、海边环境的管理与对话、地域协作、环境教育的实践、渔业相关人员的交流对话、经验与学习、人类共同面临的海洋课题、海洋绿色食品链等多方面多角度进行了介绍和思考，是一本集专业性与易读性、基础性与前沿性为一体的海洋生态类专著。

《渔业与震灾》讲述了2011年东日本大地震发生后，日本东北、常磐一带的渔业村落面临的窘境：基于原有的从业人口老龄化、鱼类资源减少、进口水产品竞争等问题，渔业发展不得不面对核辐射的海洋污染、媒体评论等次生灾害的威胁。作者滨田武士认为，要解决这一系列的海洋生态问题，应当重新重视传承了渔民“自治、参加、责任”精神的渔业协同合作组织的“协同”力量，只有从业人员的劳动“人格”得以复兴，地域的再生才能得以实现。

《美国海洋荒野：二十世纪探索的文化历史》是一部海洋生态批评著作，作者以传记写作方式介绍了7位海洋生态保护主义者的生平与理论。通过将美国荒野的陆上概念推进到海洋，架起了陆地史学与海洋史学之间的桥梁，将生态研究向前推进了一大步，对海洋环境和历史研究是一个巨大贡献，对中国海洋生态保护和蓝色粮仓研究是一个重要启示。

上海海洋大学是一所以“海洋、水产、食品三大主干学科”为优势，农、理、工、经、管、文、法等多学科协调发展的应用研究型大学。百余年来，学校秉承“渔界所至海权所在”的创校使命，奋力开创践行“从海洋走向世界，从海洋走向未来”新时代历史使命的新局面。上海海洋大学外国语学院与上海译文出版社、外语教学与研究出版社合作，先后推出“海洋经济文献译丛”“海洋文化译丛”和“海洋生态文明译丛”系列译著。这些译丛的出版，既是我校贯彻落实国家海洋强国战略的举措之一，也是我校外国语言文学学科主动对接国家战略、融入学校总体发展、致力于推动中外海洋文化交流与文明互鉴的有益尝试。

本套丛书“海洋生态文明译丛”是上海海洋大学、外语教学与研究出版社以及从事海洋文化研究的学者和翻译者们共同努力的成果。迈进新时代的中国正迎来重要战略机遇期，对内发展蓝色经济、对外开展蓝色对话是我国和平利用海洋的现实选择。探索搭建海洋生态文明研究的国际交流平台，更好地服务于国家海洋事业的发展是我们应当承担的历史使命。相信我们能在拥抱蓝色、体悟海洋生态之美的同时，进一步“关心海洋、认识海洋、经略海洋”，共同推动实现生态繁荣、人海和谐的新局面。

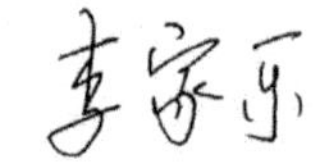

2020 年 5 月 20 日于上海

译者序

生长在沿海地区，译者童年最美好的记忆里总是有海滩的身影。大海深处是怎样的，虽未曾亲历，却在脑海里构建了瑰丽的想象。现实中，占据地球表面71%面积的海洋，是重要的运输航道、是不可或缺的食物提供者、是能源宝藏、更是许多人的生存之道。译者曾看到新闻报道中海洋环境和海洋生物因人类原因而遭受困境，彼时内心的愧疚和担忧无法言表。但海洋与人类之间的互相影响并不是新鲜事，从成为地球居民那一刻起，人类对海洋的利用和影响便已在进行。只有更加科学、准确地认识人类给海洋带来的改变，才能为我们今后的海洋策略提供支撑。W. 杰弗里·博尔斯特教授的《海生而有涯：航海时代的大西洋捕捞》一书从历史视角解答了这个问题。该书以将海洋包括在内的新地理观看待早期近代世界，重新解读从业人员的典型叙述，并将海洋生物学作为大西洋历史的关键组成部分进行潜心研究。这是一个规模和尺度迄今少有的海洋故事。

人们曾经将大海视作永恒不变的所在，认为大海将永远产出，人类的捕捞行为不会产生任何影响。不仅渔民持此看法，至少到20世纪中期，博物学家和科学家也不相信弱小的人类可以撼动海洋。尽管每一代捕鱼者都注意到了恰恰相反的证据，并质疑他们赖以生存的渔业资源储量是否真的永无穷匮。然而，自19世纪起，新技术的出现使捕获量大幅增长，渔民来之不易的真知很快就被抛之脑后。丰硕的捕获量掩盖了现实：即在人手、装备、地点均相同的情况下，捕到的鱼是日渐减少的。这正是渔业资源储量下降的标志。陆地上的博物学家坚持海是永恒的，当地渔民则周期性地遗忘渔业资源储量正在减少这一认知，双方看法互相加持，共同掩盖了西北大西洋未曾诉说的伟大故事之一：一个真实的有关海洋变化的故事。

W. 杰弗里·博尔斯特教授通过翔实的数据和真实的记录揭开了这个故事的面纱，揭示了自手钓时期起，海洋已经受到捕捞业的影响：在几代人的时间里，过量捕捞导致鱼储量骤减，一些生物已经或近乎灭绝。集历史学教授、作家、水手、船长等身份于一身的博尔斯特教授有着丰富的航海经验、细致入微的洞察力和高超的写作技巧。在 1997 年出版的《黑杰克：航海时代的非裔美国海员》（*Black Jacks: African American Seamen in the Age of Sail*）一书中，博尔斯特教授利用十年的研究，聚焦了美国航海史上曾被忽视的非裔美国海员，并获得 1997 年美国历史学会的韦斯利–洛根奖。《海生而有涯：航海时代的大西洋捕捞》也曾获班克罗夫特奖和阿伯特·J. 贝弗里奇奖等奖项。历史与海洋背景的结合赋予了博尔斯特教授独辟蹊径的研究视角、从浩如烟海的记录中抽丝剥茧的能力以及在跨越千年的时光中透过现象看本质的本领。

以下这些特质加大了《海生而有涯：航海时代的大西洋捕捞》的翻译难度。首先是大量的专业术语。许多海洋生物名称可能会出现数种叫法，让人困惑；而各种捕捞工具和捕鱼手法，也让译者不得不多管齐下，全方位研究捕鱼这一行当。其次是语言上的难度。博尔斯特教授的语言逻辑严密、环环相扣，常常出现绵延数行的长句，这在转换过程中要颇费心思。同时，文中又常有文学灵感的闪现，来描绘瑰丽壮阔的海洋景色，或是某种美丽的海洋生物。历史学家的严谨和航海家的浪漫常常在字里行间相遇，让翻译的过程充满挑战却回味无穷。

说来惭愧的是，本书的翻译历时近 5 年。在这期间，译者经历了人生中怀胎十月的艰辛和初为人母的慌乱，同样也体会到了完成一部译作的种种艰难。但所幸，有上海海洋大学外国语学院的支持和外语教学与研究出版社的理解，让译者能够以自己的节奏安心地推进本书的翻译。翻译过程中，译者得到了多位前辈的帮助和指导。感谢刘纯副院长始终如一的支持和鼓励，让译者有底气坚持前行；感谢马百亮老师密密麻麻的修改建议，让译者重新审视了自己的翻译风格，在修改时有了明确的方向；感谢何妤如老师细致地修改文稿措辞，以自身的经历为译者加油打气；感谢杨德民老师给译者的鼓励和信心；感谢资深译审倪雨晴老师的指点，倪老师一丝不苟、严谨细致的态度让译者收获良多；感谢上海海洋大学海洋生态与环境学院高郭平教授，高教授细致专业的修改建议和对翻译的独到见解让译者获益匪浅。没有各位专家老师的帮助，也不会有这部译作的诞生。借此机会向各位老师表示感谢！

翻译W. 杰弗里·博尔斯特教授《海生而有涯：航海时代的大西洋捕捞》一书，对译者来说是一段学习、探索和感悟的历程。学习新的海洋和捕捞知识，探索文字的魅力和翻译的苦与乐，感悟人类该如何与海洋、与地球相处。看到书中描绘的未经人类打扰的原始海洋生态系统，那样的勃勃生机，是多么令人神往！然而，人类的生存离不开对海洋的依赖和利用，这是不争的事实。我们要决定的，是"度"在哪里。或许，读过此书，您也会有所感悟。最后，译文虽经数遍修改打磨，仍难免有错漏不当之处，恳请读者不吝赐教！

目　录

前　言

我虽算不上渔民，可也在北大西洋海上度过了千万个日日夜夜，对这个行当、对大海也算是略知一二。

那些年，我尽情体会了追逐鱼群时的紧张刺激以及收网时的万众期待，尽管我们从未真正了解过渔网另一端的捕获物。大约在 1960 年，乘着父亲的小船“爱尔兰流浪者号”，在美国康涅狄格州的诺瓦克群岛附近，我捕到了人生的第一条鱼：裸首梳唇隆头鱼，父亲称之为“黑斑”。之后，我还捕到过比目鱼、鳗鱼，青年时代还抓到了蓝鱼幼鱼。我后来的搭档，道格·哈迪可是捕鱼大师，他带我在缅因州的马斯康格斯湾钓鱿鱼；在特拉华湾抓捕狗鲨；在墨西哥湾流的边缘开展拖钓。20 世纪 70 年代末的一个难忘夏日，我在布朗浅滩用手钩钓鱼，船上钓到的鳕鱼乌泱泱一片，几乎没过膝盖。在这片神秘的海域，三磅重的不锈钢汲钩，哪怕没有鱼饵，都能有鱼上钩。为了捞起被挂上钩的鳕鱼，我应接不暇，胳膊都麻了。

那会儿，我还不理解生机勃勃的海洋也面临困境，也不知道，一些思虑周全的渔民们早在几个世纪前就意识到他们有点赶尽杀绝了，而我还曾热切地到科德角以东、乔治浅滩的东北角进行剑鱼延绳钓。20 世纪 80 年代，尽管秋风凛冽，作为双桅纵帆船“哈维·戈马日号”的船长，我从哈特拉斯角出发朝着外海驶出 50 英里，用藏着吊钩的黄色羽毛假饵一路不停地诱钓金枪鱼。又一年的夏天，我担任调查船“R/V 西向号”的大副，在北大西洋的迷雾中，帮助科学家追踪鲨鱼。多年来我未曾停止与那些来自纽芬兰布里格斯、新斯科舍卢嫩堡、缅因布斯湾和马萨诸塞格洛斯特的捕鱼能手们的交流。可我永远踏不进他们的核心圈。因为我不会像鱼一样思考。看到一些名贵鱼类，如鲨鱼和蓝鳍金枪鱼等甩掉鱼钩，逃之夭夭，我的欣喜至今留存心底。它们熠熠闪耀，富有生命韧劲的眼睛，看过一眼，便无法忘怀。有时候，我觉得自己对海洋变化的认识过于清醒，以至于都不能再捕鱼了。可真正的问题却是尺度的把握：我们到底应该捕多少鱼？

如何掌握尺度也是历史写作中不可言说的痛。历史学家总是放眼于广袤无垠的过去，企图从中重建那些见微知著的时刻或趋势。我们这里挖掘一点，那里阐释几句，却也深知过去的事情大部分终将湮没。难就难在找到恰如其分的尺度，大到足以说明问题，又不至于太大而无法把握。对工程师而言，准确是第一要义。他们习惯于将草稿和计划标记为“不成比例”（N.T.S.），从而为呈现出精准的成品留有余地，真是让人羡慕。历史写作并非如此，每个人都会选定一个看起来合适的尺度，然后尽己所能运用这个尺度范围来解决手头的问题。这事儿一点都不简单，尤其我想写的又是海洋的历史，这更加令人生畏。因为海洋占据了地球表面 71% 的面积，自天地混沌之初时，大海的历史已经开始。

作为一名早期美国历史学者，我接受了这个领域的正统训练，可我也坚信，历史学家应该认真把富有生机的海洋纳入自己的写作体系。我希望重现一段生动明了的历史，讲述有血有肉的个人在他们面临的情境中，做出他们所希冀的最佳抉择。同时，我的故事也应足够宏伟，能够展现沧海桑田的变迁，能够将所谓“传统”历史抽丝剥茧，拨开迷雾。所以，你手中的这本书讲述的不是七大洋的故事，而仅仅是北大西洋。自维京时代讲起，本书时间跨度超过一千年。当然，着重讲述的是人类进入工业化捕鱼时代前的漫长转变，即 1520 年到 1920 年这四个世纪的故事，而我的老根据地——大西洋西部，在这期间占据了历史舞台的中央。故事从工业化时代远未到来前讲起，一方面强调人类因鼠目寸光对海洋造成影响是由来已久的，另一方面则突出现代科技并非破坏自然平衡的必然条件。故事追根溯源，对从欧洲移民而来的美国人而言，这大概是描述他们与自然环境相互影响的最完整的历史叙述，其中充满了不切实际的希望，频繁流露的担忧，还有破坏和否认。

几个世纪来，尽管有证据表明事实并非如此，传统上文学界和科学界一直坚信，海应该是永生的。这个结论直到最近几十年才被推翻。我们这一代人大概是被这种错误观念影响长大的最后一代人了。对于一个在海上度过漫长时光，自认对其了解颇多，实则知之甚少的人而言，去揭示人类影响海洋的证据，探寻这证据长久以来被视而不见的原因，应该是值得一试的挑战。

对在我之前的环境历史学家们和历史海洋生态学家们，我满怀感激。当然，我也得承认，给我最大鞭策的是约瑟夫·康拉德，维多利亚时代的水手、小说家，当我看到他写的这段话，就仿佛看到他给我下的指令："我想实现的任务，即是通过文字的力量，让你听见，让你感觉到，最重要的是，让你看见。就这样而已，这就是一切。"

这是一个宏大的故事。我希望我把握了正确的尺度范围。至少，这本书能够解释我为何不再捕鱼了，以及为何，倘若不以朴素的历史观看待海洋变迁，我们便无从知晓修复大海所要面对的巨大挑战。

序
历史中的海洋

在栖居地球的短暂岁月里，人类攻城略地，使洲陆臣服，但他们却不能如此这般控制或改变海洋。

——蕾切尔·卡逊《我们周围的海洋》(1951)

倘若置身于航海时代的新英格兰北部和加拿大大西洋海岸，在那些晴朗无云的日子里，鱼儿会跃过船舷，自投罗网，即使见多识广的老渔夫也会心动不已。葱郁的岛屿和貌似贫瘠的黑礁石从蕴养着无数生命的水面冒出头来，灰白的藤壶和芥黄的墨角藻附着在水线附近，犹如姑娘裙上的穗饰。近岸处，挑嘴的海燕在海面飞掠，采食海里的微小无脊椎动物。翼展达六英尺的白色塘鹅猛扎进成群的饵料鱼中大快朵颐，后者也是鳕鱼赖以繁衍的食物保障。海中骑兵鼠海豚大军拱跃出海面，如同装甲铁骑在平原上隆隆前进。用渔民的话说，每一条从钩子上被粗鲁扯下的鳕鱼，嘴里都含着一枚钱币。然而，当东北风刮起，低压压的云层迫近海面，想从这片生产力令人咋舌的生态系统中获利，则要付出点代价了。

半潮礁潜伏在鱼类繁多的水底，一不小心，便会着它的道。这里的环境变化无常。气压的急剧降低会带来足以摧毁船只的狂风巨浪。而一旦起雾，几分钟之内，视野便会被压迫至船只周围的三个浪宽处。17 世纪 50 年代，一位从康沃尔郡来到新英格兰的移民，赫拉克勒斯·亨金乘着结实牢固的小舟在新罕布什尔州浅滩群岛手钓，他深知这片灰色海域发起脾气来不好惹。1900 年前后，漂亮的弗里多尼亚纵帆船在船长们的指挥下出海，“埃菲·M. 莫里西号”便是其中著名的一艘。船长们在近海浅滩放出平底小渔船进行延绳钓捕捞鳕鱼作业，并将腌制后的鳕鱼运送到波士顿的T码头，他们也对这片海域的狂暴深有体会。这片海域加诸渔民身上的威压横亘几个世纪，在其中总结得出的、经过时间考验的经验方法，指引着那些敢于在北大西洋的惊涛骇浪中谋生的人们。经验判定了特定长度的船适用多宽的横梁；经验影响了人们如何布网下钩，以及在某个浅滩的特定季节该选择哪种手钓钩。有时，正是这些经验保证了渔民在完成他们危险的使命时得以活命。

在沿海地区，经验有时会以讹传讹。几百年间，从科德角到纽芬兰，每逢各种鱼类、鸟类和海洋哺乳动物按各自的时节在迁徙和洄游中归返之际，渔业村镇的居民便会在心头默喜。这些社区之中，许多居民除了靠海吃海，几乎别无他计，而渔民则选择相信海是取之不竭的。这个想法与博物学家和科学家的态度不谋而合，至少到20世纪中期，他们依然坚称海是永恒不变的。尽管每一代捕鱼者都注意到了恰恰相反的证据，开始困惑地质疑他们赖以生存的渔业资源储量是否真的永无穷匮。然而，自19世纪起，新技术的出现使捕获量得以增长，渔民来之不易的真知总是很快就被抛之脑后。丰硕的捕获量掩盖了现实：即在人手、装备、地点均相同的情况下，捕到的鱼是日渐减少的。这正是渔业资源储量下降的标志。岸上的博物学家坚持海是永恒的，当地渔民则周期性地遗忘渔业资源储量正在降低这一认知，双方看法互相加持，共同掩盖了西北大西洋未曾诉说的伟大故事之一：一个真实的有关海洋变化的故事。

尖锐如杜父鱼脊般的讽刺贯穿了这个故事。航海业对于规避灾害的重视，恐怕没有哪个行业能出其右。船员们本能地预测危险，持续警惕瞭望，无时无刻不在巡视四周，绝不忽视哪怕最轻微的问题，因为放松警惕就会招致灾祸。然而灾难依然侵袭着渔民和鱼类，它在17、18、19世纪定期造访，在20世纪末则是全线进攻。这一定程度上是因为，渔民、科学家和政策制定者们统统拒绝相信眼前正在发生的事实——海不是永生的。

在新千年伊始的当下，大量证据证实了海洋生物的严峻困境，以及这对地球其他区域的牵连和影响。刊登于《自然》杂志的一篇文章估计，全球范围内大型捕食性鱼类数量已下降90%。随后，2003年7月14日《新闻周刊》的封面故事打出了“海洋正在死去吗？”的标题。联合国环境规划署在其2007年发布的《全球环境展望》报告中指出，过去20年里，存储量标记为“耗尽”的鱼类资源数量翻了一番，占比高达全部鱼类资源的30%。报告还预警，若捕捞量保持现有水平不变，到2050年，全球所有的捕捞对象都会面临枯竭的境地。危机得到生态学家、渔业从业者和环境保护主义者关注的速度之快引人瞩目。正如颇受敬重的科学家托尼·J. 皮彻在2005年所言："十年前，如果听到全球渔业大危机之类的报道，大多数渔业科学家都会觉得难以置信。如今鲜少有人提出异议。"[1]

从历史角度入手可以客观地看待此次危机。倘若将北大西洋看作历史舞台上的角色，影响人类又为人类所影响，而不仅仅是作为区分新世界和旧世界的一种叙事手段的话，我们对于过去的理解又会产生怎样的变化？这种方法需要以将海洋包括在内的新地理观看待早期近代世界，需要重新解读水手的典型叙述，需要将海洋生物学作为大西洋历史的关键组成部分来潜心研究，还需要以长远的眼光看待海洋和捕捞者们。这将是一个规模尺度迄今未有的海洋故事。

在海洋时代期间（约公元1500—1800年），欧洲人不仅远渡重洋，并通过海洋缔造商业帝国，成就帝国价值，对海洋产品和服务也产生空前的依赖。重要联结不仅经由海洋实现，也在人和海之间发生。早已为人熟知的是，西欧人在中世纪晚期和近代商业革命早期的转型包括了对远洋鲸油和适销渔产的追逐[2]。人与海之间的其他联结则少人问津。且举一例，人们掌握并利用泰晤士河及其他水域的潮汐规律，从而建成供船只停泊的封闭港。这样的河滨工程不仅影响了河口区域的水流量和泥沙淤积情况，也导致潮差变化，影响生物生长，并最终影响沿岸居民遭受的洪灾量级。几乎与此同时，人们（至少西方传统下的人们）重构了对海滨的心理认知，原本令人惊恐的深渊边界变成了妙不可言、充满魅力的福地。随着人群抵达海岸并适应此地的生活，欧洲及殖民地的海滨资源受到了直接而深远的影响。[3]

17世纪期间，自然学家首次开始系统地研究海洋，低地国家、阿卡迪亚、南卡罗来纳和佐治亚等地纷纷填海造陆。与此同时，殖民者和奴隶们正在拉丁美洲水域下潜采珠，进入加勒比海猎捕僧海豹和海龟，并到达切萨皮克以及大西洋的其他角落捕鱼。欧洲人的帝国和殖民扩张并非仅仅局限于海洋表面，而是无远弗届，以至于重塑了人们所认为的不朽的大洋。这一现象在西北大西洋丰富的海洋生态系统中表现得尤为明显。[4]

尽管近来，有关大西洋史的研究层出不穷，而大西洋新世界的形成如何影响了环境的故事却依然是犹抱琵琶半遮面；而不断变化的自然环境又是如何影响欧洲人、殖民者和当地土著，这个问题亦不甚明朗。近岸海域是工作场所，是藏宝库，是复杂的生态系统，也是绵绵不尽的传说故事的出处，着眼于此重述北美洲新大陆的发现和殖民活动，会很大程度上改变叙事的本质。新的叙事将围绕“大海中的变化”展开：在地中海地区，这一深远的历史进程在罗马帝国时期就已发轫，而到了中世纪晚期，这一进程在北欧的河口区域和近岸海域已颇为明显。该进程与欧洲人抵达美洲的航行互为因果，并且随着大西洋经济向着一体化的演进加快了脚步。而这些变化本身既不仅仅是自然现象，也不全是人类活动对于当地资源造成的损耗，而是自然事件和人类对海洋影响之间复杂的互动结果。

讲述这样的故事及其对人类的影响，需要对欧洲的过去有更深的认识，美洲历史研究中对欧洲历史的常规涉及远远不够。因为这个故事的规模之巨大，一如其所展现的海洋变化之剧烈。当然回报也是相当可观的：其中，连通海洋的时间尺度与人类的时间尺度，以及将海洋载入史册是最可观的两点。尽管听起来荒谬，可人们从未完全了解北美洲海岸第一代探险者们的观点视角，因为他们的叙述还未曾被置于 16 世纪欧洲海域所谓“常规”的语境下予以考量。对人类历史而言，该维度下的跨大西洋海洋故事及其影响的重要程度可能不亚于欧洲殖民北美以及北美洲国家的创建。眼下，这故事才刚刚进入人们的视野。

本书将从中世纪的欧洲出发，集中关注科德角与纽芬兰之间的地带，这片区域在 16、17 世纪成为大西洋上的十字路口，是原住民、熙来攘往的欧洲人和寻求海洋资源的移民之间互动的关键区域。这片海域及其毗连的海岸线支撑起北美洲最知名的渔场[5]，即被海洋学家认定为东北大陆架的大海洋生态系统（LME）。该大陆架及毗连海岸线是研究前工业化时代人类如何与海洋环境互动的理想地点，而对大部分西北大西洋渔场而言，前工业化时代一直延续到 20 世纪早期。16、17 世纪，西北大西洋还是一个处于未开发状态的生态系统，成批的探险家、移民和渔民曾前赴后继来此并写下了细致的记载；随后，到此的学者、商贾为自己在这里的活动留下了富有启发性的记录；再后来，这里成了现代海洋科学的重要发端地之一。因此，西北大西洋既有充足的历史积淀，又有丰富的实地证据来支持我们将海洋写入史册。

这里的叙述始于穿梭海上的欧洲渔民还未到达西北大西洋之前，直至一战时期，蒸汽动力和汽油动力的小型拖网渔船的出现昭示了渔业大规模工业化时代的到来。20 世纪后期，配备了涤纶渔网和探鱼声呐的拖网加工渔船将渔业从手钓渔夫的手艺活变成了高效的工业产业，但早在那之前，人类就已经用双手重塑海洋。这段历史着眼于“铁人木船”时代（以帆、桨、鱼钩和手持鱼叉为特点的前机械化时代），揭示出当今“非自然”的海洋背后的起源。[6]在这段叙事里，对时间和空间规模的把握至关重要。本书中，每一章所覆盖的时间跨度有意按照“逐章递减”的特点来安排，第一章跨越千年，第二章走过几百年，最后一章则只阐述区区20年间的事。然而，虽然时间长度缩短，但生态变化的步伐却一直在加速。

几个世纪来，科德角到纽芬兰海域沿岸的渔民社区间或出现因为当地生态系统变化而陷入混乱的情况。早在1720年，《波士顿时事通讯》便曾经刊登这样一则报道：“我们从科德角的城镇中听闻，今冬那里的捕鲸业很不景气，过去几年冬天也是如此。”1754年，行政委员约翰·哈利特向省府请愿，由于持续的萧条，请求免除雅茅斯镇（位于科德角）向立法机关派送代表。[7]1879年，缅因湾的油鲱捕捞业崩溃，一名天鹅岛居民回忆道：“镇上很多人因此损失惨重……还有一些人从此一蹶不振。”10年之后，鲭鱼捕捞业也经历了崩溃。此前，由于很多城镇大力投资建造捕捞鲭鱼的纵帆船，帕培港镇也陷入崩溃的境地。在位于缅因州诺斯黑文的一个岛镇上，气馁的渔夫把地卖给了夏天来乡下度假的人。后者为了迎合自己的审美趣味，拆除了原有的建筑、码头和捕鱼台，这个渔镇基本上算是消失了。[8]

城镇并非唯一陷入混乱的沿岸群落。海洋生态学家用“群落”（community）一词指代生活在同一区域的不同物种：例如，缅因湾的海底群落生活着海草，软体动物，多毛虫（包括经常被垂钓者用作鱼饵的环节沙虫），扇贝，杜父鱼（小型、多刺、杂食的海底鱼科，没有商业价值），龙虾以及鳕鱼、比目鱼等在海底巡行觅食的移动捕猎者。欧洲人及其后代在西北大西洋捕鱼的五个世纪里，海边的人类群落始终依赖这些海洋生物群落的繁荣和多产。17世纪期间，沿海水域的捕捞对象主要是露脊鲸，19世纪是比目鱼，20世纪是蓝鳍金枪鱼；到了21世纪早期，捕捞龙虾则占据了渔民工作量的最大份额，这一切并非巧合。尽管市场喜好和科技发展也是导致这些变化的部分原因，可人们能够有幸捕获什么，更多的还是取决于生态系统能够提供什么，而这，反过来又受到自然因素和前辈捕捞者的影响。[9]

一直以来人们认为海洋存在于历史之外，因而人类海岸社区与海洋生物社区的互动始终未能得以调查研究。而大部分历史记载中的海洋则是一个海天相交的二维平面——船只作业之区域和文化交流之途径。剥离了神秘特质的大海被当作是一成不变的，其角色也遭到降格，仅仅成了壮丽的风景并提供运输通路。尽管土著居民和移居者取得成功的关键都在于他们熟悉大海及海洋资源的变化特性，可针对海洋的严肃探查却依然空白。19 世纪 50 年代，亨利·戴维·梭罗来到科德角，发出如下感慨："我们不会把大海跟古老相联系，也不会好奇它 1000 年前的样子，因为它的狂野和莫测始终如一。"[10] 诸如此类的感叹十分普遍。可实际上，海洋并非如此。

温斯洛·霍默的著名画作《大雾预警》描绘了这样一幅场景：一艘平底小渔船在北大西洋灰色的海浪上漂浮，船上孤独的渔夫迎风而坐，望向令人不安的浓雾。这幅画作通常被认为是对传统捕鱼业的绝佳描绘。霍默于 1885 年在缅因州普莱斯特耐克半岛作此画，当时，美国的斯库纳纵帆船还在近海浅滩成群结对地捕鱼。这幅描绘传统捕鱼业的画作令人观之心安，因为即便镀金时代的生活中存在诸多变迁和不确定性，新英格兰英勇的渔夫们依然在永恒的海面上作业。可事实是，霍默画中渔夫在 1885 年用平底小渔船桶延绳钓大比目鱼在当时却跟传统沾不上边；新英格兰渔夫最初从纵帆船上派出平底小渔船也不过是不到 30 年前的事。19 世纪中叶，由于捕获数量的下降，人们开始离开双桅纵帆船，从平底小渔船上放出长线进行作业，拓展捕捞区域并增加所使用的鱼钩数量。木桶延绳钓（因为鱼线是盘绕在一个桶里的）将渔民的捕鱼力从 4 钩增加到 400 钩甚至更多。尽管这么做加大了渔民面临的风险，可平底小渔船和桶延绳钓的组合逐渐得到采纳，以弥补数量不断减少的大比目鱼、鳕鱼及其他底栖鱼类捕获量。大西洋庸鲽，即画中捕获的死鱼，是鲽形目鱼中最大的一种。 19 世纪 30 年代，商人打开了大比目鱼的市场销路，在此之前，大西洋庸鲽一直是渔民眼里的"杂鱼"。不过，这种体型较大、成长缓慢的鱼进入成熟期、进行繁殖的时间也较晚，面对捕捞压力时也显得格外脆弱。到 1885 年，在新英格兰和加拿大大西洋海岸，该物种遭到过度捕捞情况已非常严重；前一年，一位专家曾记录道："大比目鱼十分稀少……船只不得不开辟新海域并在深水里寻找。"一些扬基船长甚至远赴冰岛，直达欧洲北缘，以达成捕捞任务。[11]

由此看来，霍默的《大雾预警》实则描述了历史和生态进程中的一个特定时刻，而非永恒不变的捕鱼场景。技术角度上，画作展现了短暂的木桶延绳钓捕鱼时代（19 世纪 50 年代到 20 世纪 20 年代）；生态角度上，画作呈现的时刻正值相对短暂的大比目鱼大丰收期的尾声，之后这种西北大西洋最大的顶级掠食者几近灭绝。历史角度上，画作则反映了一个鲜为人知的时期，它处于两个广为人知的节点之间：一是雅克·卡蒂埃和约翰·史密斯船长等探险家所见到的海洋生态系统的肥美丰饶，一是我们如今所面临的大洋生态系统的贫瘠残存。这两个节点定义了欧洲人和美洲人在西北大西洋海岸生态系统中的经历。

大约与霍默发表画作《大雾预警》备受赞誉的同时，约瑟夫·纳德每年夏天从大博尔斯黑德海角（新罕布什尔州汉普顿向大海突出的一个海角）出发，利用平底小渔船从事龙虾捕捞。只要天气允许，纳德就去设置捕捉陷阱；他妻子和姐姐则蒸煮龙虾，供应给在海岸租住的夏日观光客。他的曾孙鲍勃，曾于2007年秋站上汉普顿附近的一处码头。35年的捕鱼生涯令他从容不迫、见多识广、不惧任何艰难。但是，他赖以生存数十载的海岸生态系统，以及控制这个系统的经理人却让他犯了难。当我们谈到他的工作和捕鱼的祖业时，他声音嘶哑，难掩激动之情。"捕鱼业沦落至此是一场悲剧，"他说道，"我对渔业的管理方式非常不满。他们剥夺了我捕鱼的权利。我的家族1643年来到汉普顿。据我所知，我们家的每一代都至少有一人从事捕鱼业或沿海贸易。360年后，我却要成为纳德家族中从事渔业的最后一人。我成了这个始于1643年的传统的终结者。"[12]

鲍勃于20世纪70年代入行，最初在一艘近海拖网渔船上工作，后来则成为一名出色的龙虾捕捞者，乘坐他35英尺（11米）长的布鲁诺斯蒂尔曼快艇"希拉·安妮号"出海，每天下1200网。1991年，缅因湾的底栖鱼存量锐减，他开始每年冬春用刺网捕各类鳕鱼，其余时间依然捕龙虾，偶尔去斯特勒威根海岸及其他地方捕金枪鱼供给东京市场。他满意道："每天手钓蓝鳍金枪鱼对我来说比度假美妙得多！"在讲述其他有关曾经的辉煌渔获量的故事中，他话语中流露出同样的兴致勃勃，脸上的笑容也不能自抑。比如，"离岸七八英里"便能"想捕多少黑线鳕就有多少"；或者"70年代我刚入行那会儿，我们船上总会有一张诱饵网。把网在海岸上铺开，就能抓到一整网的鲭鱼"；以及"我小时候，河里有各种鲱鱼、鲭鱼和绿青鳕。所有龙虾猎手都用手电筒抓过鲱鱼"，即用手电筒的光吸引鱼儿。这个心思缜密、安静却能干的男人出生于1947年，他扎根在一地的方式鲜有美国人能够想象。在他看来，他的有生之年见证了大海发生的巨大变化。"现在从事捕鱼业的人，"他强调，"即使赚得盆满钵满、心满意足，依然无法体会真正的好时候是什么样的。"[13]

要想理解鲍勃·纳德所经历的大海变化，很有必要重回《大雾预警》那个时代甚至更早以前，欧洲人与北美洲海岸原始生态系统相遇的那一刻。鲍勃·纳德这代人并非第一代缅怀"好时候"的渔民。17世纪末以来，大海一直在发生着改变。几乎每一代都有警告信号，很多情况下，往往是渔民最先注意到这些信号。19 世纪中期之后，改变来得如此迅猛，连“传统渔业”的说法都一下子过时了。但令人稍感安慰的是，“传统渔业”在一些有影响力的作家笔下存留，比如萨拉·奥恩·朱厄特。她于 1896 年发表了《冷杉高耸的乡野》，描绘新英格兰渔村的自力更生和永恒不变。[14]

最早到达北美洲的探险家和渔民带来了关于中世纪晚期和近代早期欧洲生态系统的一手资料，欧洲生态系统的情况与新世界的十分相似，不同之处在于前者已经承受了几个世纪大量的捕捞活动。探险家对后者富饶的描绘自然时刻为欧洲河口海岸的贫瘠所衬托。到乔治·华盛顿就职之时，科德角和纽芬兰之间的海域已经因为资源耗尽、生物活动范围缩小甚至几近灭绝而模样大变。人类造成的生态变化影响海洋及河口结构和功能。这些变化反过来又决定了沿岸居民所能获得的机遇。经济损失、技术革新、地理探索以及社会身份的重塑也随之而来。

有关过量捕捞的担忧早已不是新闻。同样数量的人，使用同样的装备，在同一地点捕相同时间的鱼，渔获量越来越少，这一点至少在 19 世纪的某些时代和地方已经是众所周知。海洋环境历史恰恰阐释了生态学家丹尼尔·保利所说的“变动基准线综合征”。每一代人都将自己最初看到的情况作为正常标准，将随后的衰减视作异常。可没人能够想象他们从业之前所发生的变化之巨。霍默画作中的比目鱼捕猎者和龙虾捕猎者鲍勃·纳德都各自经历了渔获量的减少，而他们绝非是首个有此经历的人——这是 500 年渔业史中最无法辩驳的发现。[15]

比如说，来自马萨诸塞的斯库纳纵帆船船员到新斯科舍的海里捕鱼，1852 年到 1859 年间，他们眼见鳕鱼捕获量下降了不止 50%。自然波动、过度捕捞抑或二者的某种结合，到底哪个因素是导致鳕鱼减少的元凶，我们还不甚清楚。不过，当时的渔民将其归咎于法国加工船的过度捕捞，每一艘加工船都配备了挂有成千上万只鱼钩、用于延绳钓的多钩长线。19 世纪 50 年代，出于对延绳钓这种新科技可怕的高效率的顾虑，一些精明的手钓渔民向马萨诸塞州立法机构请愿，要求取缔延绳钓。他们力争，若不对延绳钓加以禁止，鳕鱼和其他底栖鱼不用多久就会变得“像三文鱼一样稀有”。可到了 19 世纪 60 年代，新英格兰人自己也纷纷开始延绳钓，把过度捕捞导致渔获量减少这一行业认知彻底抛诸脑后。到了世纪之交，新英格兰人哀叹大西洋庸鲽的商业性灭绝，科德角北部鲱鱼的消失，缅因湾鲭鱼和龙虾数量的锐减以及近岸底栖鱼的衰竭。有的人还在一如既往地坚称，他们拥有“神赋”或者宪法保障的捕鱼捞蛤蜊的权利；另一些人则指出情况已经发生改变，无限度的捕捞正在将他们赖以生存的资源榨干摧毁。[16]

同时，世纪之交的科学家们推崇加大商业捕鱼的强度，尽管此时大自然的产力已无法满足持续增加的需求。随后，一战前后，以蒸汽、汽油和柴油为动力的渔船开始取代纵帆船钩钓法。渔获量呈指数性增长。大量廉价鱼类的袭来让有环境保护意识的渔民哑口无言。1900 到 1920 年间，渔民普遍接受了捕鱼的新科技，而他们祖辈和父辈曾抗议过这些科技，因为它们赶尽杀绝般的效率，也因为他们感知到海里的鱼越来越少。我所作出的尝试，即为新一代海洋故事建立一个框架基础，便止于此了。这是一个关于机械化捕捞兴起前海岸生态转变的故事，一个从新英格兰和加拿大大西洋海岸的村落经济、海产公司、法律以及艺术角度展开的故事。这也是一个关于海洋魅影的故事。

人类一直为大洋的故事所着迷，痴迷于它的喜怒无常，它的雾霭重重，它的潮涨潮落，它孕育的神奇生物以及它对人类想象力和人类社区的影响。可我们很少会认识到人类与海洋的命运其实是共通的：牡蛎礁、蓝鳍金枪鱼和入侵物种厚壳玉黍螺都是历史的组成部分。正如科学家最近所观察到的，占据这个蓝色星球约 71% 表面的大海是地球的心肺，也是气候的调节和稳定器，它的存在令我们的星球变得适于居住，然而这并不是全部。地球物理学的视角，尽管博大和宏伟，却是建立在超越历史的“深时”基础上。调整时间刻度到历史的范畴里，集中注意力到可记录和被记住的现象上，广袤又脆弱的海洋则与人类社会产生了紧密、时间明确的联系。这似乎是个值得讲述的故事，一个真正把海洋纳入的大海故事。或许这个故事还会帮助重建海洋生态系统。纽芬兰渔民说过的话历久弥新：“我们必须充满希望地活着。”[17]

参考文献：

1. Tony J. Pitcher, “Back-to-the-Future: A Fresh Policy Initiative for Fisheries and a Restoration Ecology for Ocean Ecosystems,” *Philosophical Transactions of the Royal Society B 360* (2005), 107–121.
2. Richard W. Unger, *The Ship in the Medieval Economy, 600–1600* (Montreal, 1980); E. M. Carrus Wilson, “The Iceland Trade,” in *Studies in English Trade in the Fifteenth Century,* ed. Eileen Power and M. M. Postan (New York, 1933), 155–183; Kenneth R. Andrews, *Trade, Plunder and Settlement: Maritime Enterprise*

and the Genesis of the British Empire, 1480–1630 (Cambridge, 1984); Brian Fagan, *The Little Ice Age: How Climate Made History, 1300–1850* (New York, 2000); Fagan, *Fish on Friday: Feasting, Fasting, and the Discovery of the New World* (New York, 2006).

3. Michael S. Reidy, *Tides of History: Ocean Science and Her Majesty's Navy* (Chicago, 2008); Alain Corbin, *The Lure of the Sea: The Discovery of the Seaside in the Western World, 1750–1840*, trans. Jocelyn Phelps (Berkeley, 1994).
4. Margaret Deacon, *Scientists and the Sea, 1650–1900: A Study of Marine Science* (London, 1971); J. A. van Houte, *An Economic History of the Low Countries, 800–1800* (New York, 1977); Jan de Vries and Ad van der Woude, *The First Modern Economy: Success, Failure, and Perseverance of the Dutch Economy, 1500–1815* (Cambridge, 1997); J. Sherman Bleakney, *Sods, Soil, and Spades: The Acadians at Grand Pré and Their Dykeland Legacy* (Montreal, 2004); Mart A. Stewart, *"What Nature Suffers to Groe": Life, Labor, and Landscape on the Georgia Coast, 1680–1920* (Athens, Ga., 1996).
5. Kenneth Sherman and Barry D. Gold, "Large Marine Ecosystems," in *Large Marine Ecosystems: Patterns, Processes, and Yields*, ed. Kenneth Sherman, Lewis M. Alexander, and Barry D. Gold (Washington, D.C., 1990), vii–xi; Lewis M. Alexander, "Geographic Perspectives in the Management of Large Marine Ecosystems," ibid., 220–223. Although the area that had been known as the northeast continental shelf LME was reclassified into three smaller LMEs in 2002, with one in American territorial waters and two in Canadian waters, the region's history and ecology suggest that envisioning it as one unit still makes considerable sense.
6. Callum Roberts, *The Unnatural History of the Sea* (Washington, D.C., 2007).
7. For a useful chronology of the decline of shore whaling, constructed from eighteenth-century documents, see John Braginton-Smith and Duncan Oliver, *Cape Cod Shore Whaling: America's First Whalemen* (Yarmouth Port, Mass., 2004), quotations 143–146; William Douglass, *A Summary, Historical and Political, of the First Planting, Progressive Improvements, and Present State of the British Settlements in North America 2 vols.* (Boston, 1755), 1:58–61, 1:294–304, 2:212.
8. H. W. Small, *A History of Swans Island, Maine* (Ellsworth, Maine, 1898), 194; Philip W. Conkling, *Islands in Time: A Natural and Cultural History of the Islands*

in the Gulf of Maine (Rockland, Maine, 1999), 26–28; B. W. Counce, "Report of the Commissioner of Sea and Shore Fisheries," in *MeFCR for 1888* (Augusta, 1888), 37; Counce, "Report of the Commissioner of Sea and Shore Fisheries," in *MeFCR for 1889–1890* (Augusta, 1890), 28.

9. Robert S. Steneck and James T. Carlton, "Human Alterations of Marine Communities: Students Beware!" in *Marine Community Ecology* ed. Mark D. Bertness, Steven D. Gaines, Mark E. Hay (Sunderland, Mass., 2001), 445–468.
10. Henry D. Thoreau, *Cape Cod* (1865), ed. Joseph Moldenhauer (Princeton, 1988), 148; Heike Lotze et al., "Depletion, Degradation, and Recovery Potential of Estuaries and Coastal Seas," *Science 312* (June 23, 2006), 1806–09; Lotze, "Rise and Fall of Fishing and Marine Resource Use in the Wadden Sea, Southern North Sea," *Fisheries Research 87* (November 2007), 208–218; J. B. C. Jackson et al., "Historical Overfishing and the Recent Collapse of Coastal Ecosystems," *Science 293* (July 27, 2001), 629–638.
11. Bruce Robertson, "Perils of the Sea," in *Picturing Old New England: Image and Memory,* ed. William H. Truettner and Roger B. Stein (Washington, D.C., 1999), 143–169; Franklin Kelly, "Deflection of Narrative—Works of American Paint er Winslow Homer," *Magazine Antiques*, November 1995; Paul Raymond Provost, "Winslow Homer's *The Fog Warning*: The Fisherman as Heroic Character," *American Art Journal 22* (Spring 1990), 20–27; Glenn M. Grasso, "What Seemed like Limitless Plenty: The Rise and Fall of the Nineteenth-Century Atlantic Halibut Fishery," *Environmental History 13* (January 2008), 66–91.
12. Joseph Dow, *History of the Town of Hampton, New Hampshire, from Its Settlement in 1638 to the Autumn of 1892* (Salem, Mass., 1893). Author's interview with Hampton, N.H., October 24, 2007.
13. Author's interview with Robert Nudd.
14. Sarah Orne Jewett, *The Country of the Pointed Firs* (1896; reprint, Boston, 1991).
15. Daniel Pauly, "Anecdotes and the Shifting Baseline Syndrome of Fisheries," *Trends in Ecology and Evolution 10* (October 1995), 430.
16. Andrew A. Rosenberg, W. Jeffrey Bolster, Karen E. Alexander, William B. Leavenworth, Andrew B. Cooper, and Matthew G. McKenzie, "The History of

Ocean Resources: Modeling Cod Biomass Using Historical Records," *Frontiers in Ecology and the Environment 3* (March 2005), 84–90. For the Swampscott petitioners, see *FFIUS*, sec. V, 1:159; G. Brown Goode Collection, series 3, Collected Material on Fish and Fisheries, box 14, folder "Misc Notes, Mss, Lists, Statistics," RU 7050, Smithsonian Institution, Washington, D.C.

17. Ove Hoegh-Guldberg and John F. Bruno, "The Impact of Climate Change on the World's Marine Ecosystem," *Science 328* (June 18, 2010), 1523–28. In a media interview after this article was published, the lead author referred to the ocean as the Earth's "heart and lungs." Gerald Sider, *Culture and Class in Anthropology and History: A Newfoundland Illustration* (Cambridge, 1986), 158.

第一章 欧洲海洋的枯竭和美洲大陆的发现

每个国家的主食都是该国取之不尽、用之不竭的丰饶财富。无论是陆上走兽，空中飞禽，还是海下游鱼，都能自然而然地繁衍生息。

——尼古拉斯·巴尔本《论贸易》，1690

1522年，麦哲伦舰队中残存的船只历经险阻，结束了史无前例的环球航行，抵达西班牙塞维利亚。此后，文艺复兴时期的航海家和制图师开始连连对航行时遇到的“大洋海中伟大而神奇的事物”感到惊叹。随后几年内，幸存船员中文笔最好的安东尼奥·皮加菲塔，谱写出关于那片大洋之壮阔、奇异和丰饶的难忘篇章。他描绘了赤道无风带的“逆风、静风和雨水”，南大西洋“牙齿可怖、体型巨大的蒂伯罗尼鱼（tiburoni）”，还有婆罗洲附近大到不可思议的贝类——“其中有两只的贝肉分别重达26磅和44磅”，这些描述令人心驰神往。其他探险家的类似叙述，沿着西印度群岛－麦哲伦海峡－亚洲列岛这条遥远的航线，慢慢传回了欧洲，海洋边疆和其中的生命之网从未如此神秘，如此撩人心弦。[1]

与此同时，巴斯克人、布列塔尼人、葡萄牙人还有英国西部渔民在每年春天静悄悄地穿越大西洋，到纽芬兰和圣劳伦斯湾附近捕鱼。这片区域的海洋生态系统让他们感到十分熟悉，唯一不同的是，它尚未遭到使用先进技术捕捞、保存和兜售海鱼的渔民的系统性开发。菲律宾海则呈现出一番不同的景象，麦哲伦舰队的船员曾在此见到了“外表华美的巨型海螺”，很可能是珍珠鹦鹉螺(学名 *Nautilus pompilius*)。美洲热带海域也十分独特。难以置信的是，那里的牡蛎竟然长在了红树林的树上。清澈见底的海水让欧洲外来者连连惊叹，不由得诉诸笔端，以飨读者。例如，哥伦布曾写道，这里的鱼“与我们海域中的鱼如此不同”，它们“拥有世界上最耀眼的颜色——蓝的、黄的、彩色的，颜色千变万化”。贡萨罗·费尔南德兹·德·奥维耶多所著的《西印度群岛自然史概述》早在 1555 年就译成英文，其中的描述更是增强了加勒比海的奇异诱惑力。书中向英文读者介绍了一个随处可见“海牛、海鳝和很多我们语言中未被命名的鱼类”的生态系统。英国人安东尼·帕克赫斯特的所见所闻跟麦哲伦、哥伦布和奥维耶多的经历却大相径庭。1578 年，安东尼来到纽芬兰，附近海域令他熟悉而心安。“除鳕鱼外，还有其他鱼类数种，”他写道，“从鲱鱼、三文鱼、背棘鳐、鲽形目（或许我们应称其为比目鱼），到白斑角鲨、牡蛎等不一而足。”光顾英国鱼贩摊子的客人们既不会弃如此美味于不顾，也无需培养新的味蕾来适应这些外来鱼货。美洲东北沿海水域中的鲜活生命，同英国人本土海岸生态系统如出一辙。[2]

现代人牢牢扎根于以陆地为中心的地理环境，故而难以想象大西洋世界诞生之初，作为资深船员“第二天性”的大海具有多么重大的意义，也无从得知人类活动已对大洋沿岸地区造成了何种改变。以汉弗里·吉尔伯特爵士于 1583 年对纽芬兰的勘察为例，16 世纪的航海行动几乎总被视作是从旧世界步入新世界的旅程，而非仅仅在同一片海域内展开的活动。不过，吉尔伯特小船上经验丰富的船员们却同时认可上述两种观点：那个英国水手称之为“New-found-land（纽芬兰，意为新发现的大陆)”的新世界，也由一片熟悉的海洋所包围，只不过这片海里满载着游鱼。[3]

罗伯特·希区柯克在 1580 年出版的小册子中写道，当时人们把纽芬兰的渔场当作是爱尔兰海的某种延伸。希区柯克是一名军事战略家，参加过欧洲大陆的战争，同时也致力于推动渔业的发展。他曾游说国人建造 400 艘“渔船：按佛兰德帆船（ Flemmish Busses，当时对荷兰人捕捞鲱鱼船只的叫法）的样式建造”。按照他的设想，“正值三月，已存够五个月的粮食，也备好了鱼钩、鱼线、盐巴”，各城镇的船只可以“到想去的海域捕捞鳕鱼；或者到纽芬兰去”。伊丽莎白时代的希区柯克将横渡北大西洋的行为解读为再平常不过的一件事儿。这不仅让渔民回归到美国拓荒时代的叙事之中，更为重要的是，它将北大西洋的北部区域视作一个完整的生态系统，西起纽芬兰海滩，东连兰开夏郡海岸。在不同的海域，这一生态系统已受到人类活动不同程度的影响。[4]

当希区柯克和他的同辈们提议扩张英国渔业时，他们并不知道有个“大西洋”分隔着欧洲和美洲。那些在如今叫作“西北大西洋”的海域捕鱼的渔民，无论是英国人、巴斯克人、法国人、西班牙人或葡萄牙人，都清楚自己是在一大片水体的边缘进行捕捞作业。他们用不同的名字称呼这片海域：“西海”“北海（Mar Del Nort）”或“大洋海”。16 世纪 20 年代，北美洲殖民的重要性还远未显现，海盆也尚未以如今已经习惯的方式进行统一命名和解释。比如“大西洋”这个叫法，直到 17 世纪才开始流行起来，到了 18 世纪才成为统一的称谓。

当然，那时的人们已认识到大西洋是分隔欧洲和美洲的一片海域。然而到了 16 世纪，当圣劳伦斯湾的鲸油点亮了欧洲人的烛台、润滑了他们的轴承，当纽芬兰海岸的干鳕鱼片填饱了欧洲士兵、工匠和城镇居民的肚皮，当成千上万不停迁徙的欧洲船员每年光顾那些遥远的海岸，北美大陆依然只是远处的一个模糊景象。人们离海岸最近时，也还是在距海岸一个火绳枪射程的距离远观而已。直到 1612 年，人们才在地图上精确绘制出纽芬兰的轮廓。萨缪尔·德·尚普兰凭借高超的绘图技艺完成了此项重任。而这之前的一个世纪里，文艺复兴时期的航海家并不认为他们在“美洲”海域或者“大西洋”上作业，而是将该区域视作“大洋海”所延伸出的浅海。[5]

16 世纪欧洲渔民天天跟油麻绳和皮制捕鱼围裙打交道，对世界版图则不甚清楚；他们眉飞色舞地谈论当季的鱼饵和适宜的海底条件，却对全球地理状况一知半解。冷冽的灰色海水拍打着纽芬兰海岸，对他们而言，这不过是最普通的日常。在北海或英吉利海峡捕鱼的渔民每次收回渔网，或是对鱼儿拉扯鱼钩的行为做出回应，或者查看刚捞起的渔获的胃部，看看它都吃了啥，他们便对该海域的海洋生物做一番研究。16 世纪初，他们中的一些人开始到纽芬兰海域和圣劳伦斯湾捕鱼，发现这里的海况与家乡海域具有惊人的相似性。无论是在爱尔兰海或是纽芬兰的大浅滩，渔夫们都观察到管鼻藿在头顶盘旋，争先恐后地抢食鱼“下水”，即人类清理鱼时扔掉的内脏和下脚料。到了晚上，倘若条件适宜，甲藻虫和其他生物性发光有机体就开始活跃。有时测深锤入水或是海豚蜿蜒游过，水体中便留下一道道奇异的绿色痕迹。夕阳西下，银色鲱鱼成群结队浮上水面。鳕鱼在白天上钩；无须鳕则在晚上。大多数的海星、海葵、龙虾和海螺看上去都差不多。没牙的滤食性姥鲨也彼此相像，它们会张着巨型嘴巴，在营养丰富的海水中缓慢地破浪前进。有些姥鲨甚至比人类捕鱼所乘的小渔舟还要长。其他的海洋怪物，比如1532年被冲上泰恩茅斯河口的长达90英尺的大鱼（可能是蓝鲸），亦或是“海里那快行的蛇”（《以赛亚书》中提到），都被当作是异象或者超自然奇迹——这些偶然瞥见、无法解释的生物让渔民心生恐惧，也进一步证明了他们对船底世界的不甚了解。[6] 当渔民清理锚上的海藻，到船边查看钓线上的鱼时，他们不禁注意到，西北大西洋生态系统同他们抛诸身后的东北大西洋在生物和地理环境上都极为接近。

海洋学家把从英国岛屿延伸至纽芬兰的这片弧形海域称作北大西洋北部区域，包括北海、爱尔兰海、英吉利海峡、挪威海、冰岛和格陵兰岛南部海域，以及从科德角北岸到纽芬兰和拉布拉多南部的庞大海洋生态系统。这片海域的东西两岸均由更新世冰川作用塑造而成。该区域在海水温度、生产力、食物供给和捕食者－被捕食者关系方面有诸多相似性；鱼种相对统一，包括鲱鱼、鳕鱼和鲑鱼等北方鱼。由此可以看出，闻名已久的北大西洋北部海域是一个统一的整体。事实上，欧洲和美洲的北部海岸有着很多完全相同的动植物，以及其他众多十分相似的物种。

生物地理学，即生物体与地域区间的对应关系，是当代海洋学家将大洋划分成不同自然区域的基础。海水温度是划定这些区域的最重要因素。在16、17世纪，海员已经了解海水温度与本地物种之间的基本关联。他们初步认识到，地中海与北大西洋北部区域是两片独立的生物地理区域，而这二者又跟北冰洋相互分隔。水温和盐度较高的墨西哥湾流是整个北大西洋北部区域的南部边界，近北极的寒冷水域则构成了其北部边界。特定鱼种会从一片遥远的海域迁徙到另一片海域，如蓝鳍金枪鱼、剑鱼和座头鲸；但大多数种群只在某个水温范围内繁殖壮大。倘若一名生活在16世纪的船员从英吉利海峡出发至比斯开湾，他会碰到长鳍金枪鱼、鳀鱼、沙丁鱼和康吉鳗；如果从凯尔特海向北去往法罗群岛，他又会发现鲟鳕、鲱鱼和港海豹。水温是关键因素。据丹尼尔·佩尔于1659年所述，“格陵兰岛”是世界的“屠宰场”，因为这里生活着大量“身形伟岸、骁勇善战的海洋之马”，也就是如今我们熟知的“海象”，一种对温度较为敏感的海洋哺乳动物。跟大多物种一样，海象通常在大海的某个特定区域聚集。16、17世纪从法国北部和不列颠群岛出发至纽芬兰的水手们，他们选择的航线有时完全在北大西洋北部区域。但更常见的情况是，倘若碰上盛行西风带，帆船右舷受风，船长会被迫向南行驶至较温暖的水域，据克里斯托弗·列维特在1623年所言，“我们在那里看到了一些奇特的鱼类”，包括“一些长着翅膀在水面飞行的鱼类”。飞鱼，还有头部宽大、艳丽多彩的鲯鳅，都是热带和温带大西洋表层洋流中的居民，几乎不在北部海域活动。[7]

16 世纪，欧洲渔民对东北大西洋的海洋生态系统十分熟悉，他们对此颇为自满，可这种熟悉并未很好地在以美洲作为新世界的主流叙事话语中得到体现。19 世纪，浪漫主义民族历史作品风靡，有些至今仍吸引着许多读者的目光。这些作品往往热衷于描述殖民历史的开端，例如“五月花号”航行或魁北克定居。民族历史学家把海洋视作一片“无所在的处所”，它更像是一个鱼类和鲸鱼的永恒产地，一个变幻莫测的试验场，在需要的情况下，也是一种危险的运输方式。然而，欧洲人最终殖民北美并在此建立国家，却掩盖了这样一个事实：在超过一个世纪的时间里，北美洲的海岸生态系统让欧洲人倍感亲切，也是这片土地唯一能让他们始终关注的部分。如今我们看到的 16 和 17 世纪早期的加拿大大西洋区和新英格兰地图，都是用简单的一条线段将海洋和海岸区分开来，基本没有展现出大陆内部的细节，而是着重标示浅滩、岛屿、海盆和河口地区，因为欧洲水手在这些地方发现了露脊鲸、黑线鳕、大西洋鲭鱼和鲱鱼。在永久定居开始前的一个多世纪里，渔民一直是北美沿海地区的两栖居民，捕鱼季捕鱼，其他时间则住在岸上。但不管是荒凉的岸边还是沿岸的渔场，都无法给予他们真正的归属感。欧洲殖民开始后很长的一段时间里，海洋捕捞依然在沿岸人民的经济文化发展中占据核心地位。

时间长河中的海洋生态系统

欧洲渔民对北海、英吉利海峡和爱尔兰海了如指掌，他们在这些世界上最高产的渔场学到了高超技艺。逾千年来，人类一直都不同程度地参与到了这一系列生态系统中。生态系统可以理解成由包括人类在内的一切生物体组成的功能单元，随着时间推进，这些生物体之间互相作用，并与物理环境发生互动。生态系统具有自然属性，但这并不意味着它永恒不变。陆地和海洋生态系统中皆是如此，“自然的”并不等同于“静态的”；生态系统运转复杂，其中必然会有波动。非人类因素造成的自然事件（例如：暴风雨或气候变化），或者高强度人类活动带来的压力（例如：过度捕获或栖息地变动）都会使其发生重大改变。用简略图表呈现生态系统的发展，很容易传递出一致性的印象，但在研究生机勃勃的海洋时，我们尤其应当注意时间维度和历时性的改变。

海洋环境极富变化，比很多陆地环境都要多变。陆地环境会发生季节性或年度变动，海岸的物种构成、生态系统生产力和其他特征也存在着周期性变化和渐变性趋势。海洋本身由温跃层清晰分隔成不同区域，温跃层是指将不同水温的区域隔开的水层。但海洋绝非一成不变。较长的时间跨度下，如一个生物演化进程或一个地质时期中，海洋会发生改变；然而海洋又是每一天、每一季、每段历史时期都在发生变化。[8]

海洋生态的时间尺度与陆地不同。微生浮游植物是位于海洋食物链底端的初级生产者，寿命只有几日。与之相对，陆地上的初级生产者包括多年生禾草和寿命长达数十年甚至几个世纪的树木。从这个角度而言，海洋系统比陆地系统对轻微气候变化的反应要更为即时。上升或下降的大气温度会对特定地点的海水水体造成影响，进而影响到浮游植物、浮游动物（微生动物）和鱼类浮游生物（仔鱼和鱼卵），这反过来又会导致人类追捕的鱼类种群的变动。

对于有志研究历史进程中的生态系统和人类如何对其施加影响的人们来说，确定一条特定基线，将其作为参照来记录变化，实为必要之举。然而这并非易事：越来越多的研究表明，那种最为原始的、未受影响的、可以作为绝对稳定基线的海洋生态系统从未存在过。波动实属常态，因而可能存在一种暂时的、另类的稳定状态。须将人类的影响置于频繁发生的自然变化中加以观察。关于后者，一位生物学家如是说："无法感知的环境变化事实上可能导致生物的变化，从而给经济带来巨大冲击。"[9] 同样地，为追求经济利益过度捕捞，破坏生态环境，也会导致生物发生实质改变，这些会使得海岸生态系统进入一种新的、波动性稳定状态。

要想区分导致海洋生态系统变化的是人类还是非人类原因，就需要对环境变异性的影响有所了解，包括长期气候变化和周期性波动。一千年来，北大西洋涛动（NAO）一直是欧洲天气变化的主要推手之一，它决定着军队何时行进，船只何时开船，以及某个冬天是不是冷得无法忍受。冰岛和亚速尔群岛之间的相对大气压力差形成了 NAO。如果欧洲出现暖冬，西风强劲，NAO 指数就高。相反，较低的 NAO 指数对应弱西风带，寒冷的西伯利亚空气席卷欧洲海岸，带来更为严峻的冬季。

涛动所决定的不止是哪个港口会结冰，或者需要多少柴火和泥炭来对抗寒冬。它们影响的是能不能捕到鲱鱼。罗马天主教历法规定斋戒期不能吃肉，鲱鱼成为欧洲基督徒在无数个斋戒日里赖以生存的食物。它是中世纪的欧洲人吃得最多的鱼类。无论是有钱人还是普通人的餐桌上，顿顿都有熏制、盐腌或泡制的鲱鱼。虔诚的天主教徒也不是唯一消费鲱鱼的人群。宗教改革后，从英国到斯堪的纳维亚的新教徒依然保持着对这种银白色小鱼的喜爱。可鲱鱼不是随时随处可见的。实际上，在英吉利海峡、比斯开湾还有瑞典东部水域能够大量捕获鲱鱼的时节正值西欧严峻的冬日、冰岛周围海域海冰密集以及西风较弱之时。反之，如果欧洲经历漫长的暖冬，鲱鱼的捕获量就相对较低。1997 年的一项研究呈现了从 1340 年到 1978 年的 6 个世纪间气候波动与鲱鱼捕获量之间的相互关系，直到此时，人们才完全理解了两者的相关性。关键点在于，人类对北大西洋涛动等自然循环几乎没有影响，这些自然循环形成了背景“噪声”，而我们必须从中寻找那些能够表明人类对海岸系统影响的“信号”。[10]

海洋环境非常复杂，要从噪声中分辨出信号并非易事。西英吉利海峡的鲱鱼和沙丁鱼种群数量交替变化，长久以来，这个典型例证可以充分说明问题。自中世纪以来，康沃尔和布列塔尼的渔民依靠捕捞鲱鱼和沙丁鱼为生。他们深知，鲱鱼的丰年和荒年相互交替，而且鲱鱼可能会被沙丁鱼取代，反之亦然，这种情况有时还会持续相当长的一段时期。西英吉利海峡中鱼类种群的更迭已经发生了数个世纪，给渔民及他们所在社区带来了切实的影响。当作为鲱鱼最喜欢食物之一的某种箭虫大量存在时，鲱鱼会占据主导地位。而当环境条件变化，浮游动物主要由另外一种沙丁鱼食谱中的箭虫组成时，沙丁鱼数量便会超过鲱鱼。[11]

虽然人类对鱼类数量的影响已持续了几百年，在一些海岸区域甚至持续了上千年，但有一点毋庸置疑：很多海洋鱼类多年际以及十年际的波动是“正常的”，包括那些人类热衷于捕获的种群。这是在海洋环境史这一新研究领域内隐现的一个十分复杂的因素。在该领域，对海岸群落和海洋环境的跨学科研究必须关注在千差万别的各时间尺度下发生的互有关联的现象。很大的挑战在于如何避免错误的二分法，即将海洋系统中发生的变化要么归结于人类因素（如过度捕捞、污染或环境破坏），要么归因于自然环境影响。捕捞的影响发生在环境影响背景之下，反之亦然。比如说，如果环境条件变得不利于沙丁鱼的生存，那么对沙丁鱼持续的捕捞行为会加剧环境的恶化，使得该鱼种的储量更加难以为继。海洋的环境富于变化，它既不会无限供给，又不会永远产出。海洋在自然和人为因素的影响下发生变化，这一事实意味着它的身上负载着历史。而人类对海洋的依赖以及带来的变化，则意味着大洋的历史与人类的历史彼此交织。

海水是所有媒介中最具欺骗性的一种。从表面上看，或者对不借助仪器的观察者来说，海水是统一而均匀的，可实际上海洋大多数区域的水体自然地分成了密度不同的水层，这种分层是温度和盐度变化的结果。科学家用“水层”的概念来阐释这种分层现象。其区分就跟沿岸城市的分区一样明显。透光层，即阳光能够穿透、植物能够生长的水层，位于海洋表面。与此同时，生物的排泄物和死亡的有机体下沉至海底，形成密度较大且富含养分的底层海水。未经混合的海水所含生命体相对少一些；海洋生命依靠植物，而那些微生植物生长必须既有阳光又有营养物质。主要的营养物质包括碳、氮、磷和二氧化硅。倘若养分停留在底部，而阳光又只能到达顶层，海洋便会沦为一片荒漠。这种情况在七大洋都十分典型。然而，地球上某些海域，包括北太平洋北部区域的东西两侧，水流冲刷着相对较浅的海岸，不断搅动有光透入的海水，使不同水层混合，为孵化生命提供了温床。比如，营养丰富的北极海水向南流至不列颠群岛，与墨西哥湾流的最东端相混合，由此形成了诸多历史上著名的渔场，如巴里纳辛茨浅滩、法斯特耐特渔场和帕奇渔场。在西大西洋，寒冷而富含养分的拉布拉多洋流向南流动，与墨西哥湾流的温暖水体在鱼量丰沛的大浅滩和乔治浅滩处混合，二者交汇水域还出现了另一些规模较小的渔场，它们当中有的还获得了由入海径流所带来的额外养分。每日两次的潮涨潮落使海水形成漩涡，旋转的潮水进一步影响了浅滩的水层分布。随之而来的混合流和上升流为自由漂浮的浮游植物（一种处在海洋食物链金字塔底端的微生植物）提供了理想的生长条件。

海洋生产力切实影响渔民生计。在不列颠群岛、挪威海岸、西波罗的海以及科德角和纽芬兰之间的大西洋西岸水域，海洋生产力十分突出。而这取决于海洋学家所说的“初级生产力”：即在有光的条件下，植物和微藻类进行光合作用，将养分转化成富含能量的有机化合物的能力。[12]1583 年，爱德华·海耶斯在纽芬兰的普拉森舍湾和大海湾附近观察到了“满载鲸鱼的景象”，他同时注意到成群结队的银色“鲱鱼，那是至今见到的最大的鲱鱼群，甚至超过挪威马斯特隆德（Malstrond）的鲱鱼群”，他当时行驶的水域就如同一锅味美的浓汤，里面充满了蛋白质、碳水化合物和脂肪，都是处于夏季繁盛期的浮游动植物。[13]

大海里的初级生产力取决于浮游植物的丰富度。那些被称作浮游植物的微藻要么是单细胞有机体，要么是由完全相同的细胞构成的短链生物。虽然寿命只有短短几日，浮游植物却是海洋中最为重要的植物。区区一桶海水中就有数百万计的浮游植物。北部的浮游植物以硅藻和腰鞭毛虫为主，它们当中有一些身上长满了针刺，让人联想到雪花。这些微小的植物在海水的表层自在漂浮，吸收阳光和二氧化碳，产生大大小小草食性动物赖以生存的氧气和碳水化合物。浮游植物通过细胞分裂的方式繁殖，然后继续生长。时至冬季，温度降低，阳光减少，它们没有多少能量以供繁殖。而到了春季，当光照、温度和营养物质创造了有利条件，浮游植物的数量就会发生爆炸式增长，它们形成的“水华”将海域变成广阔的海洋牧场。配有海洋叶绿素探测分光仪的卫星记录显示，北大西洋的浮游生物牧场面积达到6万平方公里，有时甚至高达300万平方公里。但这些植物分布最集中的区域通常是在浅滩渔场，例如在缅因湾和北海的那些渔场。[14]

肥沃的浮游植物群落滋养着体型微小的滤食性动物，统称为浮游动物。仔鱼（鱼类浮游生物）和无脊椎动物列数其中，同样还有箭虫这样的物种。世界上数量最多的动物便是浮游动物。一种名叫桡足虫的微小甲壳纲动物个头只有米粒儿那么大。渔民认为，桡足虫跟磷虾共同位列在浮游动物排行榜的首位，后者一英寸长，为杂食动物，既吃浮游动物，也吃浮游植物。桡足虫生活在阳光充足的表层海水中。有一种学名为 *calanus finmarchius* 的桡足虫是鲱鱼、美洲西鲱、大西洋油鲱、大西洋鲭鱼、须鲸类和其他一些有商业价值的鱼类最喜欢的食物。成熟的露脊鲸用鲸须板来过滤嘴巴里的海水，它一天能吃重达一吨的浮游动物，其中大多是桡足虫。跟露脊鲸一样，大西洋鲱鱼也是滤食性动物：它们用鳃耙将浮游动物从海水中分离出来。几个世纪以来，渔民都对鲱鱼到底吃了什么而感到困惑不已。肉眼压根分辨不出鲱鱼肚子里的东西，其实那里面基本上都是些浮游动物。哪怕到了16世纪50年代，当日渐衰落的斯卡诺尔鲱鱼业仍在瑞典和丹麦间的海峡继续开展时，一位瑞典渔民依然记录如下：“这种鱼压根就没有小肠，哪怕是很小很薄的一根，因此它的胃里也不会有东西。”显微镜和浮游生物采集网的发明终于让人们发现，鲱鱼出没的海域中总是有大量桡足虫。磷虾是须鲸和上层鱼类（生活在表层或水层中，而非水底或暗礁上的）最喜欢的食物，它们基本生活在同一水域。由于磷虾透明身体上长有红色斑点，几个世纪来渔民都将其称作“红饲料”；自20世纪起，人们开始用磷虾的挪威名字 krill 来指代它们。[15]

就像新英格兰草地上的草一样，北大西洋北方的浮游植物通常在一年内经历两次大规模繁殖，一次在冬末或早春，一次在夏末，后者的繁殖规模略逊于前者。迅速增殖的浮游植物滋养了整个食物网：微小的浮游食草动物，包括桡足类和仔鱼；底栖无脊椎动物，如多毛纲动物和海蛇尾；滤食性动物，如姥鲨和露脊鲸；数量庞大的底栖无须鳕、鲽鱼和鳕鱼；上层鱼类，如鲱鱼和大西洋鲭鱼；以及甲壳类动物，如蛤蜊和贻贝。

跟新英格兰和加拿大大西洋区省份一样，欧洲沿海地区也是河口众多，属于复杂的潮间带生境。无论是像斯贝河这样满载鲑鱼的苏格兰河流，还是伟大的莱茵河，这些汇入沿岸海洋的河流中无一不富含各种鱼类。从比斯开湾到斯堪的纳维亚，这些水生和海洋微环境是显著增加欧洲大西洋沿岸渔业整体生产力的功臣。事实上，根据生态学家以每立方水中所含碳的毫克量测定出的初级生产力结果，北欧海岸线和新英格兰北部及加拿大大西洋区省份海岸的初级生产力极为相似。例如，北海南部（又称作瓦登海）的初级生产力与圣劳伦斯湾南部的几乎完全相同。换言之，就海洋沿岸生产生物量（小到浮游生物，大到鲸鱼）的能力而言，新世界并不比旧世界厉害多少。然而，16 世纪的渔民一致认为，美洲水域的鳕鱼体型更大、数量更多，且大型鱼类的生活区域离岸边更近。大西洋北部生态系统西侧的丰度和生产力似乎远超过东侧。为何会出现这种差异？[16]

被捞空的欧洲大海

考古学家依靠传统采挖技术，通过不厌其烦的筛选来获取骨头和其他动物遗体，同时经由对人类骨骼遗骸中稳定碳氢同位素的分析，已经能够确定欧洲人类群体何时开始大量食用越来越多的海产品。中石器时代（通过放射性碳测定，距今 10,000—50,000 年）之后，北海海盆附近区域的海产品摄入量大幅下降，直到公元 1000 年左右才有了较为明显的回升。西欧人那时候对海鱼的重新关注标志着他们与大海关系的一个重大转折点。[17]

证据表明，直到公元 1000 年左右，欧洲西部被食用的大多数鱼类都是当地可获得的淡水鱼，如梭鱼、河鲈、欧鳊、丁鲷、鳟鱼；另有一些溯河产卵和下海产卵的鱼类。溯河产卵的鱼类如鲑鱼、鲟鱼、美洲西鲱出生在淡水河流或溪流中，迁徙到海洋度过大半生，然后回溯到河流中产卵。下海产卵的鳗鱼是生物界颇具神秘色彩的物种，在古代及中世纪欧洲也被长期食用。幼鳗出生于马尾藻海，体型较小、呈半透明状。它们溯流而上，在淡水河或者淡盐水中度过一生，然后再次回到大海进行一生只有一次的产卵。溯河产卵和下海产卵鱼类一生中都有一段时日，可以让人类无需走出河岸安全地带，便能轻易地将它们捉住。这样的食物配给，如同上天的馈赠，将深海的鱼类送到了家门口。古时候及中世纪早期，不列颠群岛和欧洲大陆居民热衷于捕捉淡水鱼和溯河产卵的鱼类，基本忽视了距离他们海岸咫尺之遥、成群游过的海鱼。[18]

低地国家的考古发掘证实了这种说法。比利时发掘的史前和原史时代遗址上发现了淡水鱼的骨头，却没有发现海鱼的骨头。直到10世纪中期，在比利时当时的主要城市根特市，人们才开始食用海洋软体动物，但依然没有海鱼。然而，10世纪中期到12世纪末期，海鱼在人们餐桌上的重要性逐步增加。事实上，考古发现表明，鲽形目鱼，如比目鱼和鲽鱼，是海鱼中第一批被频繁食用的鱼类，随后是鳕鱼，最后是鲱鱼。鲽形目鱼在较浅的河口度过很长时间，它们比鳕鱼和鲱鱼更易被抓到，比如低地国家的海岸两边便有这样的河口。相较鲱鱼或鳕鱼，捕捉鲽形目鱼也不需要那么复杂的科技手段；在浅水里用鱼叉就能叉到。第一个千禧年世纪之交时，佛兰德渔民跟英国同行一样，开始将捕鱼事业开拓到北海南部。海鱼最初是由海岸区域交易至内陆，一开始是卖给斯海尔德河沿岸日益增多的城镇居民，几个世纪后是默兹河沿岸。到了1300年左右，在根特市或安特卫普这样的大城市，几乎所有的食用鱼类都是海鱼了。[19]

基督纪元伊始（公元前50年至公元50年），罗马士兵和行政官攻克高卢和不列颠，理所当然地带来了对牡蛎、鱼和一种被称作 garum 的咸鱼酱的喜爱。随之而来的还有带倒刺的鱼钩、铅制或黏土做的网坠等捕鱼工具。在兰特威特梅杰，罗马人住在别墅里，享受着贻贝、扇贝、帽贝、峨螺以及牡蛎的美味。可这些只是例外。整个罗马征服时期以及基督纪元的第一个千年期间，西欧人基本没有大范围捕获海产品。在不列颠和欧洲大陆生活的多数人，包括海边居民，所食蛋白质的主要来源都是陆地上的生物或淡水鱼。即使在苏格兰北部的奥克尼和设德兰群岛，人们以为那里四面环海，居民会靠海吃海，鱼和海洋动物也是直到9世纪或10世纪才开始被集中捕捞。生活废物堆里发现的鱼骨头都是小的近岸物种，渔民不用冒多少风险用简单的工具就能抓到。除此之外，一队考古学家发现，"人类骨胶原稳定同位素分析表明，那会儿海洋蛋白质在北部群岛餐桌上是几乎可以忽视的组成部分。"[20]

维京入侵者是来自北方的异教徒，是无可匹敌的航海家。他们在不列颠和欧洲大陆成为传播捕鱼手艺的鱼贩子，他们带来的技术和技能让深海捕鱼成为可能。早在8世纪，斯堪的纳维亚人就在抓捕挪威海的鳕鱼，晒干以后通过未经商业化的"契约交换方式"进行售卖。他们制作的鳕鱼应该是风干的，不放盐，被称作鳕鱼干，可以保存数年。鳕鱼干变成维京文明的主食，也是他们进行无比漫长的航行时的食物来源。这也是第一种在北欧通过远距离运输进行交易的鱼类，比汉萨同盟的鲱鱼买卖还要早。到了12世纪，这些古斯堪的纳维亚的首领们已经开创了鳕鱼干的大好事业。至此，维京人一度基于信誉和拳头的经济概念，从财富积累的角度得到了重塑。当时新兴的以银行业和信用贷款为中心的国际系统加速了这种转变。除此之外，维京人大离散期间，他们在法罗群岛、设德兰群岛、奥克尼群岛、赫布里底群岛、爱尔兰、冰岛和格陵兰岛定居，也使得经济转型得以提速。维京人还征服并殖民了英格兰和法国的部分地区，在这里“北方人”（Northmen）变成了诺曼底的“诺曼人”（Normans）。晾干的鳕鱼，曾经是配给打家劫舍的异教徒士兵的上等口粮，在中世纪不知不觉地进入了平民大众的菜单。欧洲天主教徒遵教义禁食期间日益依赖鳕鱼干，需求愈加旺盛。[21]

公元850—950年间，维京定居者到达奥克尼群岛，海鱼捕捞和食用有了显著增加。在英格兰约克郡，海鱼捕捞始于大约975—1050年；在诺威奇，始于10世纪晚期至11世纪晚期。在牛津郡，对海产品摄入的增加始于艾恩汉姆修道院，时间约为11世纪晚期至12世纪早期。虽然10世纪中期苏格兰已经存在鲱鱼捕捞产业，将鲱鱼出口至荷兰；但英格兰和低地国家相对大范围的海洋捕捞业，主要是对鲱鱼和鳕鱼科（鳕鱼、黑线鳕、无须鳕等）的捕捞直到公元1000年左右才兴起。值得注意的是在斯堪的纳维亚人到达英格兰之前，盎格鲁撒克逊语言中压根儿就没有“鳕鱼”这个词。[22]

维京水手在欧洲和北大西洋岛屿留下的印记臭名昭著；他们对海洋生物留下的影响则不那么广为人知。斯堪的纳维亚殖民者在脆弱的岛屿生态系统定居，给当地及附近岛屿造成了严重的损耗，影响了人们对“何为正常水平”的基线认知。公元9世纪，定居者走下维京船只，来到冰岛，很快便将那儿的海象捕捞殆尽。维京人随后前进到格陵兰岛，把那里的海象群捕获了相当的数量，并对挪威北部的海象群持续带来压力。维京时代结束时，海象的数量和地理分布都有所减少。在冰岛和法罗群岛发现的维京定居地生活废弃物里，发现了相当数量的海鸟，它们应是到岸上的岩石或悬崖筑巢时被抓到的。两名考古学家注意到，“有两个早期的冰岛遗址都反映出原本大规模自然资源的缩减现象，一个代表便是南海岸以前未曾被捕猎过的鸟类，那会儿第一批殖民者带来的小型家禽家畜还不足以饱腹。”被捕猎的鸟类主要是海雀属海雀科。也许这些鸟是以一种可持续的方式被捕猎，因而像海象一样，它们的数量没有锐减。但可能由于人类的持续猎杀（以及采集鸟蛋），还是使它们的数量减少到低于人类捕食者到来之前。在法罗群岛发掘的维京遗址（Junkarinsfløtti）上，30% 的动物遗骸是鸟类，主要是海鹦。到了中世纪甚至更往后，法罗群岛居民继续捕获海鹦，这表明这些鸟儿一直在被可持续性地捕猎，尽管它们的数量可能比之前有所减少。鸟类和海象的例子，一些区域可能还有海豹，证明了维京捕猎者改变了人们对“何为正常水平”的认知，改变了基线水平。[23]

来到文兰的维京船员则留下了一种不同的生物印记。19 世纪，欧洲的厚壳玉黍螺作为入侵物种来到新斯科舍，现已成为新英格兰和新斯科舍崎岖海岸上数量最多的一种海螺。然而，玉黍螺第一次穿越大西洋，搭的是维京人的便船。考古学家从纽芬兰北部的维京人定居地拉安斯欧克斯梅多挖掘出最早的美洲玉黍螺。那些海螺搭载着莱夫·埃里克松的船，或许是附在压舱石上，和船员一起向西跨越大西洋。它们成功到达了美洲却没有成功繁殖，算是一次失败的物种入侵。尽管如此，这次入侵依然表明早在中世纪，人类对大海的生物改造已经开始。另一种显然由维京人向东穿越大西洋运过去的无脊椎动物则在欧洲海岸生态系统成功与本土物种产生了竞争关系。这种学名为 *Myaarenaria* 的砂海螂，从北美出发游历到北海和波罗的海，并于 13 世纪开始大规模繁衍。用放射性碳定年法测定丹麦的砂海螂壳发现，“毫无疑问”这些蛤蜊的到来早于 1492 年的哥伦布航行。跟玉黍螺的到来不同，砂海螂的迁移是人类有意安排的。“哥伦布交换”促发旧世界和新世界间的物种大传递，包括陆生植物、动物、微生物；但远在此之前，携带海洋有机体的船只进行长途航行时已经开始重塑当地的生态系统。到达波罗的海和北海之后，砂海螂开始跟其他软体动物竞争，比如常见的可食用蛤，当地人也会捕捞它们。不过，这些物种入侵，尽管令人着迷，却只是中世纪人类与海洋互相关联的历史中的小小插曲。真正的舞台在捕鱼浅滩和西欧的鱼市上。[24]

对中世纪的欧洲人来说，没有鱼的生活简直无法想象。到 11 世纪末期，他们吃的鱼越来越多地来自大海。无论是晒干、熏制、腌制还是鲜鱼，鱼是罗马天主教徒的生活必需品。“禁欲、赎罪、斋戒和忏悔是基督教信仰的核心”，布莱恩·费根解释道，并且“从最早开始，鱼跟这些环节便有着特殊的联系”。在基督教徒的宗教节日里，包括所有的周五周六、持续六周的大斋节以及重要节日如平安夜的前夕，禁欲和斋戒都是必须的，据说这可以抑制信仰者对肉体的欲望，增强他们的精神灵性，并且净化他们的灵魂。教徒赎罪和忏悔的日子里不吃肉以遵从教义。然而，在斋戒日吃鱼肉是适宜的，鱼肉被粗略地定义为包含海豹、鲸鱼、海鸟甚至海狸，因为普林尼在《自然历史》中解释说“海狸有鱼的尾巴”，这本书是中世纪欧洲时有决定性意义的作品。在英格兰，海狸是早期的生态受害者：忏悔期间的人们为了寻找斋日能吃的合法肉类，将它们消灭殆尽。海鸟也深受其害。一名英国食物历史学家解释称，“1504 或 1505 年 3 月，为了庆祝坎特伯雷大主教就任，举办鱼宴，烤海鹦是其中一道菜品。”这些例外情况，或者说是宽松界定的鱼肉并不常见。多数情况下，斋戒日优质蛋白质的来源是真正的鱼肉和鳗鱼，尤其对贵族家庭和僧侣以及中层阶级而言。[25]

到中世纪晚期，粗糙腌制的鲱鱼成为欧洲人餐桌的主要鱼肉，普通人也吃得起。就跟现在美国人吃汉堡一样，在中世纪的英格兰，鲱鱼得到广泛食用。大规模的鲱鱼捕捞业在如今丹麦和南瑞典之间的海峡上进行，由汉萨联盟的商人们控制。12 世纪，英格兰东海岸形成鲱鱼集市，惠特比和雅茅斯都有。这些集市往往在大群产卵鲱鱼到达的时间开放，最大的集市可以吸引成千上万的渔民、贸易商和加工商。1086 年伊利的僧侣收到了敦威治镇作为租金上交的 24,000 条鲱鱼；国王则从这个镇收到了 68,000 条。成桶的腌制“白”鲱鱼和熏制“红”鲱鱼堆在地窖里，被运输至遥远的内陆。中世纪后期，鳕鱼、黑线鳕、无须鳕和狭鳕（都是白肉鳕科的成员）也被普遍食用，另有鳐鱼、鲑鱼、鲭鱼和鲻鱼。[26]

人们开始大范围捕捞海鱼，不仅是因为维京的技术，也因为淡水渔业在西欧和不列颠的式微。中世纪晚期，人口增加，给河湖溪流中的鱼储存量带来了压力。森林砍伐、水坝修建以及生活污水、家畜粪便和商业污水向河道的排放都使得淡水鱼生活环境恶化。水闸阻断了迁徙的鱼类，降低了水流速度。由于农业淤泥沉积、水温变暖，河流不再适合某些物种产卵。可捕鱼业的需求依然旺盛。法兰西国王腓力四世在 1289 年哀悼“我们疆土中每一条河流和水岸，无论大小，都因渔民作恶，无所不用其极而一无所出”。中世纪天主教徒一年中约三分之一的时间不能吃肉，所以在河流因过度捕捞和生态环境破坏而无鱼可捕以后，他们将目光转向了海鱼。[27]

河流里安置了大量的捕鱼设备，而这些河流往往标示着不同庄园的界限，边界线随河流延伸。为了合理分配资源，确保船只正常行驶，鱼簖通常只安置在岸边到河流中心。“流域长的主要河流会设有一系列捕鱼设备，通常分属不同的庄园，”一名中世纪学者注意到。用木桩抻网做成的鱼簖最多，也有用灌木条编制而成的，还有篓状以及其他鱼簖变体。有些“工具”（engíness），那个时代的人如此称呼永久性捕鱼结构，是十分庞大的。由很重的木材建成用以固定渔网，这些工具遍布各种水道。[28]

13 世纪早期，鱼簖成了司法惩治的对象。1224—1425 年，议会下令“全英格兰的鱼簖应全部拆除……除了海边的”。1285 年，爱德华一世统治期间，通过了“鲑鱼保护法案”，规定用网或工具在“四月中旬到施洗圣约翰诞生日[a]间”捕捉幼年鲑鱼将受到惩罚。出于对鲑鱼储量可持续性发展的长期担忧，这个法案在 1389 年和 1393 年两次被重申。1389 年法案明确禁止使用“stalker”，一种能抓幼年鲑鱼和七鳃鳗的细孔渔网。“英格兰四大河流（泰晤士河、塞文河、乌斯河、特伦托河）治理法案”在 1346—1347 年通过，整治影响船只顺畅通行的永久性捕鱼工具。五年后又一规定出台，所有“鱼梁、工具、水坝、鱼桩和鱼簖”，凡阻碍船只在英格兰大型河流中通行的，应该被“完全拆除”且不可重建。这项法案在 1370 年后超过一个世纪的时间里被反复重申，清晰反映出它没有效力，未得到有效执行的情况。常见的景象是，某条狭窄的河流，曾一度是鲑鱼、鲟鱼、美洲西鲱、七鳃鳗、鳗鱼和海鳟游向产卵地的通路，却被各种捕鱼陷阱堵塞。装在很上游的工具会困住梭鱼、河鲈、斜齿鳊和丁鲷等淡水鱼，不过其他河段的捕鱼设备则让相当多的溯河产卵鱼类消失殆尽。在大河流的河口，也就是入海口附近，鱼簖经常捕到鼠海豚、比目鱼、鲱鱼、鲻鱼、胡瓜鱼以及其他海鱼。[29]

至少从 10 世纪开始，除了河流里的鱼簖，英格兰人已开始在河口和海岸建造由灌木篱笆或石头墙建成的、原始的围栏式鱼簖。退潮时，鱼就被困其中。956 年到 1060 年间，巴斯修道院在格洛斯特郡的提登汉姆拥有大片地产，其中装有至少 104 个鱼簖，大部分都在塞文河上。木桩被埋进沙子或泥土中，中间固定上渔网，这些鱼簖可绵延数百英尺，在河流中或者海岸上形成有效拦截。到 13 世纪，在埃塞克斯海岸和艾克斯河口，前滩鱼梁尤其普遍，专门捕捉鲽鱼、比目鱼、鳎目鱼等。[30]

在埃塞克斯和北肯特郡的河口展开的牡蛎捕捞产量颇丰。其中科尔恩河口所产的牡蛎尤其对罗马人的胃口。到 13 世纪，科尔切斯特市申明了对于科尔恩河口牡蛎捕捞的所有权。中世纪对牡蛎、鸟蛤和贻贝的记载出现于 10 世纪到 15 世纪。10 世纪时，多塞特郡的埃尔弗里克在渔民的捕获物中发现了它们。15 世纪时，方廷斯修道院在约克、赫尔和斯卡伯勒购买牡蛎。牡蛎也是位于法尔茅斯的法尔河口的重要自然特色。法尔茅斯是英国最好的港口之一，也是自中世纪以来康沃尔郡的贸易和渔业中心。[31]

---

a　6 月 24 日。——译者注

12 至 13 世纪，在瓦登海、北海南部从荷兰经德国延伸到丹麦的海岸以及法国海岸，都有牡蛎商业捕捞。浅水中很容易抓到牡蛎。早在罗马人还控制着地中海区域时，牡蛎已成为第一批被人类捞尽的河口物种之一。这对环境的冲击十分严重，因为牡蛎礁为其他的物种提供栖居地，还可以减少海水对陆地的侵蚀。更重要的是，牡蛎可以过滤海水。牡蛎通过绒毛进行成千上万甚至数百万次脉动将海水泵进体内，分离出浮游植物、细菌和碎屑。牡蛎把能吃的吃掉，将无机沉淀物就近排出使之沉淀，不再悬浮于水体之中。一只牡蛎每天可过滤十到二十加仑水。一片大的牡蛎礁，横跨数公顷，能过滤大量的海水，对阳光穿透水层和提高河口生产力功不可没。海绵、贻贝、藤壶以及其他滤食性生物也有类似功能，但牡蛎最高效。将大量牡蛎从河口移除会使水体退化。[32]

千禧年之交以后，商业海洋捕捞在欧洲迅速扩张，打头阵的是改良的鲱鱼船队。到 13 世纪，英格兰东海岸的捕鱼业“组成复杂，商业活动传播广泛，以中世纪标准看来，其范围实为巨大”。14 世纪晚期，英格兰东南部海洋捕捞活动迅速增加。到 15 世纪，德文郡和康沃尔郡海港输出的鱼量要超过英国任何一个区域。西南岸新兴的捕鱼业活力十足，应用多重技术、捕捞无数物种，令曾为主要食用鱼类的鲱鱼都黯然失色。14 世纪早期，经由海上运输抵达埃克塞特的鱼类 99% 都是鲱鱼；一个半世纪之后，鲱鱼只占了 29%，共有 22 种不同的鱼类被运往埃克塞特。14、15 世纪间商业捕捞将经济扩张的引擎向英格兰西南部推进，与此同时，荷兰鲱鱼产业依靠新技术，在渔船上即把鱼类加工装桶，开始爆发式增长。因为无需回岸腌制捕获物，荷兰人捕鲱鱼的曲艏船，又叫作“鲱鱼巴士”，一趟出海可达数星期甚至数月，一直跟随迁徙的北海鲱鱼群。[33]

到 1630 年，在德文郡市场上能买到 83 种鱼类。西南部各郡资本化程度较高，渔民会定期到整个不列颠群岛周围捕鱼，甚至抵达更远的挪威、冰岛、纽芬兰和缅因湾。文艺复兴时期，水手兼博物学家安东尼·帕克赫斯特、约翰史密斯船长以及詹姆斯·罗齐尔刚开始记叙美洲海岸北部河口的丰饶，而那时对欧洲北部河口、河流和海岸的侵夺已经持续了数个世纪。17 世纪 30 年代，威廉·伍德热情洋溢地描绘了马萨诸塞湾的生产力，同时，爱德华·夏普写下“险恶的帆上人”，控诉那些在小船上劳作的人“毁掉了泰晤士河，连鱼苗和小鱼都不放过，所有抓进网里的鱼照单全收，不管能否食用或者买卖”。[34]

在欧洲，有些鱼类的捕捞是可持续的。17 世纪早期北海鲱鱼每年捕捞总产量一般是 60,000 到 80,000 公吨[a]，从未超过 95,000 公吨。虽说荷兰人完成了鲱鱼捕捞量的 80%，丹麦人、苏格兰人和挪威渔民也有其贡献。如果参考 2005 年北海鲱鱼产卵族群的生物量估测数据，17 世纪的捕获量应该能够充分保证鲱鱼的可持续性发展。[35]

其他物种和系统作为一个整体的发展就没有这么幸运了。北海、英吉利海峡和比斯开湾是多数开往美洲船只的出发地，这些生态系统在 16 世纪的状态如何，尽管证据零散，仍有迹可循。迁徙水禽群落的大小、牡蛎礁的量级、溯河产卵鱼群春季产卵情况，近岸水域有或没有大鲸鱼以及钩钓渔民抓到鳕鱼或黑线鳕需要多少工夫：这些正是编年史家初到北大西洋北部西缘时，默认用来作为参照的自然基线。虽然缺失中世纪晚期和现代早期对这些生态系统的具体测定，但总体的趋势是明确的。

生物学家清楚欧洲海岸水域是数种鲸鱼的适宜栖息地。北海生产力尤其强盛，对鲸鱼来说更宜居：其一度无疑也曾稠密分布着大量鲸鱼。不列颠群岛的罗马居民对罗马诗人朱文纳尔命名的“不列颠鲸鱼”相当熟悉。这种熟悉度只有对某种在岸边常见的物种才会存在，它与地中海的鲸鱼不同，可能是露脊鲸。中世纪时期，巴斯克、弗兰德和诺曼底的捕鲸人基于海岸作业捕捉鲸鱼。巴斯克人自 11 世纪开始在比斯开湾猎杀鲸鱼，甚至可能更早。北大西洋露脊鲸，学名 *Eubalanena glacialis*，一度被叫作“比斯开鲸”；后来在极北边被捕杀，也叫“北角鲸”（Nordcaper）。1334 年，卡斯提尔国王阿方索十一世意识到鲸鱼数量在下降，下令减少对莱凯托捕鲸人的赋税，不过有证据表明巴斯克人直到 16 世纪还在英吉利海峡捕捉露脊鲸。诺曼底和弗兰德的捕鲸人在英吉利海峡和北海追捕露脊鲸和灰鲸，鲸肉定期出现在中世纪许多城镇的市场上，如布伦、尼乌波特、达默、加来等等。1580 年的一项英国渔业调查表明，到那时，露脊鲸数量已大幅下降。这项调查没有提到本地的鲸鱼，但表示英国人夏天总是去“从拉什到莫斯科维和圣尼古拉斯的海岸”捕鲸。国际捕鲸委员会报告称到“17 世纪前叶……[欧洲] 本土的 *E.glacialis* 数量已受到严重影响”。这一情况解释了为何理查德 · 马瑟牧师在 1635 年到达新英格兰时，见到“众多成年大鲸鱼，看起来普通又正常”

a 1 公吨为 1000 千克，相当于中国人使用的吨。——译者注时欣喜异常了。像马瑟这样的旅者以及经验老到的船员都注意到，西大西洋的生态系统因为大鲸鱼的存在而形成了不同的架构。[36]

港海豹和灰海豹曾经在北海和不列颠群岛附近很常见。灰海豹（学名*Halicheorus grypus*）比港海豹要大得多；公的身长超过八英尺，重量超过600磅。出生以后，灰海豹幼崽会在岸上待几个星期，此时极易被捕猎者抓住。在荷兰和德国，灰海豹的半化石遗骸比港海豹的要常见。仅在荷兰，考古学家就在至少八个遗址发掘出灰海豹遗骸，日期从公元前2000年到中世纪早期不等。低地国家旁边的北海东南部海域，自1500年以来，关于灰海豹存在的报道几乎缺失。这表明到中世纪末期，由于持续捕杀，灰海豹几乎消失殆尽，只有法罗群岛还留有一小撮繁衍的群体。随后，欧洲人在北美洲北部海域碰到大群的灰海豹和港海豹，因他们数量之多而目瞪口呆。[37]

绒鸭（学名*Somateria mollisisma*），是又一种在东西大西洋一度都很常见的北方物种，可能直到中世纪，还在整个北欧的大部分地区繁衍生息。绒鸭是欧洲最常见也是最大的海鸭，它的肉、蛋和无与伦比的羽绒都是人类珍视的资源。早在7世纪，在英格兰东北海岸的林迪斯法恩，卡斯伯特主教和他的僧侣们就试图保护绒鸭巢穴。面对人类的捕杀，绒鸭脆弱无比。大多数海鸟换毛都是一次一根地换，轮流替换掉坏的羽毛。绒鸭却是一次性脱掉所有羽毛。因而绒鸭在每年八月，都有几个星期的时间无法飞翔，这段时间它们只能在水面游荡。捕猎者乘着船，利用绒鸭换毛期间无法飞翔的弱点，把毫无还击之力的它们成群地赶到岸边选好的地点，以待屠戮。最理想的地点是狭窄的沟涧和漏斗状的冲沟，实在不行，哪怕开阔的海滩也管用。证据显示，到中世纪结束，由于人类的猎杀，绒鸭在北海大部分区域已被赶尽杀绝。虽说绒鸭尤其受到人类偏爱，可其他的海岸鸟类，尤其是集群繁衍的海鸟，上千年来也同样因它们的羽毛、羽绒、肉和蛋而被捕获。尽管没有绝根儿，它们的数量却是一直在减少的。[38]

溯河产卵的鱼类，如欧洲鲟、美洲西鲱、白鲑属，还有亲缘关系十分接近的鲑鱼和海鳟属鱼类为中世纪晚期欧洲河口和河流的退化提供了最有力的证据。南波罗的海考古挖掘中发现了成千上万块鲟鱼骨，揭示出从10世纪到13世纪，抓到的鲟鱼的平均体型明显变小，也就是说鱼还未成熟便被抓到了。另有记录显示低地国家11到14世纪捕获的鲟鱼平均体型也在变小。在1100年至1300年期间的下诺曼底，从小型河流中捕获的鲑鱼数量大幅下降。犁耕农业、淤积、水闸、水温变暖和过度捕捞都对鲑鱼造成了伤害。鲑鱼跟鳟鱼、鲟鱼、美洲西鲱和白鲑属鱼类一样，在清澈、富氧、寒冷和急速流动的河流中才能蓬勃生长。一名历史学家写道，“到 1500 年左右，即使在富饶的巴黎家庭和繁荣的弗兰德修道院中，大家曾经喜爱的鳟鱼、鲑鱼、鲟鱼和白鲑鱼的摄入量也已经减少至几乎没有。”[39]

显然，中世纪晚期和现代早期的捕鱼业捞空了莱茵河和泰晤士河等河口和河岸系统，虽说其对鲱鱼的捕捞是可持续性的。关于北欧渔业对鳕鱼、鲟鳕、无须鳕及其他海鱼的影响，答案则不确定。中世纪晚期和现代早期的渔业基本没有可靠的定量数据。然而，今天的生物学家深知，人类在捕捞诸多鱼类过程中，往往是最大的鱼最早被抓。在持续捕捞压力下，捕到的个体在平均体型和年龄上逐渐降低，而鱼类的应对方式是提早成熟，在更年幼、体型更小的时候开始产卵。体型越大的雌鱼产卵越多，这是不言自明的，而且通常是指数级增多。因而产卵的鱼体型变小会阻碍鱼类繁殖。尽管无法确切言明欧洲的大部分鱼类数量是否受到影响，但到 1500 年，鲸鱼、海豹、海鸟和溯河产卵鱼类数量锐减，这一点明确告诉我们，系统作为一个整体已遭到严重破坏。500 年的渔业改变了欧洲海岸生态系统的本质，并且影响了现代人以之为正常的基线水准。[40]

富饶度评估

1527 年 8 月，在纽芬兰圣约翰狭窄的港口，英国人约翰·鲁特正在整理鼓满了风的亚麻帆布。当他行驶过港口时，发现了“11 艘诺曼底人的船、一艘布列塔尼人的船还有两艘葡萄牙人的船，都是渔船”，他所遇到的正是欧洲渔民、鱼贩和鱼市网络在西部的前哨。这些鱼市从挪威北极圈延伸至地中海、从阿尔卑斯山附近的内陆城市延伸到法罗群岛等海岛前沿、从低地国家广阔的浅海渔场延伸到俯瞰西大西洋的纽芬兰附近的渔场。仅仅 30 年前，一个名叫佐安·卡波特（Zoane Caboto）的威尼斯人，他更为英国人所熟知的名字是约翰·卡伯特（John Cabot），此人与一行 18 名船员乘坐“马修号”到达纽芬兰，“马修号”是布里斯托尔商人的船只。斯堪的纳维亚人曾经几次航行来到纽芬兰兰塞奥兹牧草地，短暂定居之后在公元 1000 年左右舍弃此处。在此之后，卡伯特 1497 年的航行跨越北大西洋北部区域东西两岸，是我们所知道的两岸最早的联系。“马修号”返回英格兰不久之后，一个出使英国宫廷的意大利使团针对这次航行修书一封给当时的米兰公爵。“佐安先生其人，非我族人，身无长物，倘非与其同行者皆为来自布里斯托尔之英国绅士，且证实其所言非虚，应当不为人所信……其确称彼处之海鱼虾成群，以篮坠石且有所获，遑论以网捕鱼……与其同行之英国人称其可带回鱼类数量之多，王国竟再无需冰岛之供给，无需其所供之大量鳕鱼干。”[41]

14、15 世纪间，强大的汉萨同盟使用的纹章上突出显示了鳕鱼干的图像。随着维京人的支配地位早已今非昔比，汉萨商人在如今的德国、波兰、低地国家、法国和英格兰区域垄断了鳕鱼干买卖，可总有闯入者迫切地想分一杯羹。所以当约翰·卡伯特及其船员在 1497 年勘察西大西洋水域时，他们是从国际鱼市的角度看待这个生态系统的。这里的鱼类储量之巨绝非冰岛海域所能比拟。

除了鳕鱼的数量明显更胜一筹，西北大西洋跟北欧海岸生态系统基本相似，可仍有其独一无二的神奇魅力。杰奎斯·卡地亚是指出这些区别的第一人。登得上松甲板，用得了笔杆子，卡地亚既灵活敏锐、又沉思镇静。在同侪之中，他与大海之亲密和对其研究之投入无人可比。1491 年出生于圣马洛，一个背靠凶猛大海，围墙耸立的布列塔尼古镇，卡地亚深知大海有自己的秘密。卡地亚在 1534 年命两艘“载重 60 吨，全员 61 人”的船只驶过圣马洛狭窄的通海闸门，出发前往纽芬兰和圣劳伦斯湾，此时他的航海经历已十分丰富，其跨越数千海里的海上旅程中包括穿越大西洋到巴西和纽芬兰以及数不清的欧洲沿岸航行和捕鱼行程。

没有人比他更适合报道圣劳伦斯湾的海鸟集群，他在那里发现了“大量的刀嘴海雀 [大海雀体型较小的亲戚] 和海鹦，红脚赤喙，像兔子一样在地上挖洞筑巢”；他还记录，纽芬兰西海岸“是捕捞大型鳕鱼的最佳地点”；以及“他们 [米科马克人] 在海岸附近用网捕到了大量大西洋鲭鱼”。虽然卡地亚在出海航程中观察缜密、准备充分，他却从未产生错觉，以为自己可以决定航行的结果或者能保证自己的回归。他的宿命论中另有一丝他自己的理智色彩，即一个人“既不能理性地理解又不能主动地控制他所生活的世界”。文艺复兴时期的欧洲人也凭借这样的理智与非人类的自然世界相处，他们相信自然是无限的，是势不可挡的，人类试图驯化或改进它的尝试都可能是无用功。[42]

1535 年 9 月，正如卡地亚所解释的，他的人在圣劳伦斯河流“发现了一种鱼，我们之中没人曾见到或听说过。这种鱼跟鼠海豚一样大，但没有鳍。它的身体和头部跟长须鲸十分相像，通体雪白……这个国家的人们叫它‘Adhothuys’，并且告诉我们它很可口”。来自布列塔尼圣马洛的水手们对大海里的生物自然是见多识广，但这种叫白鲸的海洋哺乳动物是北极物种，体长 12 至 16 英尺，因其缺少背鳍而十分独特，很少在西欧的水域中见到。这似乎值得一提，因其是西大西洋独一无二的标志。[43]

另一种欧洲海域并不熟识的物种是笨拙的鲎，又叫马蹄蟹，是缅因湾的海滩和浅水中的常见无脊椎生物。1605年，塞缪尔·德·尚普兰在新法兰西和美洲海岸细细观察，看到马蹄蟹赞叹不已。在科德角和圣劳伦斯河之间的旅途上，芬迪湾也在其内，尚普兰遇到了数百种鸟类、鱼类、哺乳动物和无脊椎动物。对于在法国已被熟知的北部生物，他几乎不费心做出详细描述。而马蹄蟹的异域魅力激发了他的想象力。这是“一种像乌龟一样背上有壳的鱼”，他好奇地写道，“但又不一样；因为沿着它的中线两边各有一排小刺，颜色像枯叶，其他部分的颜色也是如此。这个壳的末端是另一个壳，更小，且边缘是十分尖利的长刺。尾巴的长度根据鱼的大小而不同，这些人[土著人]用尾巴的末端做箭头……我见到最大的一只有一英尺宽，一英尺半长（30厘米宽，45厘米长）。”[44]

尚普兰发现，马蹄蟹在缅因海岸数量非常多，它的卵和幼虫是其他无脊椎动物、鸟类和鱼类十分重要的季节性食物。春天，半蹼鹬、三趾鹬和矶鹬等滨鸟面对马蹄蟹卵大快朵颐，另有一些螃蟹和腹足类动物，包括峨螺也会如此。条纹鲈、鳗鱼、各种鲽形目鱼和其他海鱼在春天光临河口地带时，也消耗了惊人数量的马蹄蟹卵和幼虫。这种奇怪的“像乌龟一样背上有壳的鱼”对于缅因湾标志性的高生产力实在功不可没，虽然这位法国探险家对此可能并不清楚。[45]

“海马，或者说是海牛”，另一位水手1591年如是称呼海象，这个物种也需费点笔墨。在欧洲，除了偶尔几只离群的，海象已经数世纪没有被看到过：过度捕捞减少了它们的活动范围，把它们赶到了北方遥远的挪威和斯瓦尔巴特群岛。16世纪期间，巴斯克、法国和英国水手们在圣劳伦斯湾碰到大群的海象。据估计，欧洲人到达时，这群海象数量约有25万只，另有塞布尔岛（新斯科舍）和纽芬兰的一群约12.5万只。如果这些估计准确的话，这个区域海象群加起来的活重（生物量）是45万吨。这37.5万只海象中的每一只每天平均要吃99磅的食物，基本以水底无脊椎动物为主，比如蛤蜊、牡蛎、扇贝、海星还有海鞘。[46]

圣劳伦斯湾是一处巨大的河口，为海象等生物提供各式餐品。其主要的海洋学特征是来自五大湖和圣劳伦斯河的淡水流，其沿着贾斯珀半岛北部海岸以每天10—20海里的速度向东流，涨潮时流速增加，落潮时流速减缓。次表层海水上涌，经由百丽岛海峡和卡伯特海峡进入海湾，极大地维持了水流里的生命。海水上涌及持续的运动保证了营养物质在相对较浅，光照充分的水层中均衡分布——为浮游生物的繁殖提供了完美的条件。很多海洋无脊椎动物都是滤食性的。圣劳伦斯湾的很大一部分成为这些生物的食品储藏室，跟法国西南部的吉伦特河口类似，卡地亚和尚普兰熟悉的南布列塔尼海岸边上的小河口也是如此。圆蛤、扇贝、牡蛎、砂海螂、蛏子、鸟蛤、峨螺及其他无脊椎动物在这儿蓬勃生长，为底栖掠食性鱼类提供食物，如鳕鱼、黑线鳕、大比目鱼，也有海象。一只成熟雄性海象重达2600磅（1179千克），长达12英尺（3.66米）。这样的动物在海里没有多少敌人，不过它每天需要吃掉自己体重6%重量的食物，这意味着卡地亚在布里翁岛看到的每一头这种“大野兽”每天都要吃掉7000只贝类。[47]

对欧洲人来说，海象是西北大西洋生态系统中颇具震撼力的成员，且立刻就被认定能够用来赚钱，方法是贩卖它的油、皮还有象牙。它们同时也很新奇。到了16世纪，海象已经基本从欧洲船员的集体意识中消失了，尽管几个世纪前，在维京时代鼎盛期（约公元750—1050年），海象牙和一英寸厚的海象皮在整个欧洲海洋圈都是珍贵的交易物品。给海象剥皮时，从尾部开始，以宽约一英寸的细条沿着身体剥离，最终形成一根很长的一英寸厚的皮绳，比当时任何的纤维绳都要结实。皮绳在给维京船只装帆时至关重要。[48]

船员大声发出质疑，这些笨重又吓人的海兽到底是牛、马、狮子还是鱼？卡地亚将它们描述成“有着马一样外表的鱼，晚上待在陆地上，白天待在水里”。爱德华·海耶斯于1583年陪同汉弗莱·吉尔伯特爵士到纽芬兰，他尽己所能描绘出海象的精髓，尽情运用各种比喻类比。他满怀惊奇，以极高的精准度写道，“看起来就是头狮子，无论体型、毛发还是颜色，但却不像野兽一样通过脚的动作游泳，而是用整个身体（脚除外）在水中滑动。也不像鲸鱼、海豚、金枪鱼、鼠海豚及其他所有的鱼类一般，一会儿潜到水底，一会儿跃出水面：而是自信地、毫不掩藏地把自己展露在水面上。”[49]

16年后，圣劳伦斯湾的一个小岛上，另一个英国人观察到了海象，他称其为“海牛……在石头上睡觉：我们行船靠近的时候，它们纵身跳进海里，怒气冲冲地追向我们，能够逃离，我们倍感幸运”。1591年至1600年间以英语和法语发表的文章如是描写圣劳伦斯湾的海象，“拉丁语叫Boves Marini，很大：长着两条长牙，皮像水牛皮一样。”屠杀熬制后，它们会产出“很甜”的油。他们的长牙可以以两倍于象牙的价格“卖给英格兰的梳匠和刀匠”。此外，根据一个来自布里斯托尔“技艺高超的医士”，那些长牙磨成粉“解毒的效果可以媲美任何独角兽的角”。[50]

不过，总体来说，西北大西洋的新奇也好，海洋生物的神奇特质也罢，都不如其熟悉度和极高的丰度更令欧洲渔民着迷。比如说，在1597年几个连续的夏日里，老船长查尔斯·利驶进了圣劳伦斯湾一片富饶海域，他对所见所闻感到无法置信。“一小时多一点的时间里，我们用四个钩子抓到了250条”鳕鱼，他写道——速度比每分钟每个钩子抓一条鱼还要略快一筹。在伯德群岛，利看到的“鸟类之多简直让人应接不暇”。塘鹅、海鸦、刀嘴海雀、海鹦还有其他的，落在“地上，就像是石头铺满了道路”。在如今新斯科舍悉尼附近，他碰到了“很多的龙虾，凡是听闻过的都有；我们用小拉网一次就打上来超过150只”。关于北部海域令人目瞪口呆的生产力，各种描述层出不穷。约翰·布里尔顿记录道，1602年5月的一天，在科德角的背风处，“只用了五六个小时，我们的船上就满是鳕鱼，以至于我们不得不把很多又扔下船。”贝类也很多：“扇贝、贻贝、鸟蛤、龙虾、螃蟹、牡蛎还有峨螺，品质不是一般的好。”布里尔顿几乎有些抱歉了。“此地的鳕鱼是大自然的馈赠，切不可吃太多以致腻烦，”他写道，“相比较而言，英格兰最富饶的部分看起来也几近荒凉。”[51]

16、17世纪，安东尼·帕克赫斯特、塞缪尔·德·尚普兰以及约翰·史密斯等人对大西洋西北海岸的叙述描绘出一个跟欧洲大西洋在某些方面十分不同的北方海洋生态系统，尽管物种十分相似。而在1578年之后的十年中，则鲜有描述论及西北大西洋生物的有关细节，比如物种丰度和分布，物种出现及离开海岸水域的季节，捕猎者–被捕食者关系的本质，一般和极端生物体体型的大小，系统整体的生物生产力，以及鱼类、海鸟还有哺乳动物和无脊椎动物的行为等。似乎这期间对生态系统的打扰有所减少，进入一个缓冲期。如果欧洲北方海岸曾一度跟北美洲海岸相似的话，那人类对欧洲水域长寿生物的影响，如哺乳动物、鸟类和大型鱼类等，是清晰可见的。探险家们的叙述不仅描绘了渔民和定居者所抵达的环境，也极其详尽地评估了几乎未受人类打扰的北大西洋海洋生态系统。

这些描绘，有时会被批评成是夸张的宣传，尽管它们数量很多，且互相引证，由不同的作者、用不同的语言、为不同的目的在超过一个世纪的时间内陆续被写成。[52]所有描绘的都是西北大西洋未经打扰的、超凡的富饶。查尔斯·利1597年在圣劳伦斯湾观察道，“大海产出大量的各种各样的鱼类。”[53]约翰·布里尔顿1602年在缅因湾写道，“我们越往南，鱼就越大，比如鳕鱼，在英格兰和法国，比新陆[纽芬兰]的鱼更有销路。”这是布里尔顿第一次航行进入缅因湾并留下记录，并且他第一次就准确定位了这片海域的特点：从拉布拉多到马萨诸塞，越往南鳕鱼体型越大。最后的几个世纪里，后来者将这一特点确定为这片区域最显著的标志。他还提到了“鲸鱼和海豹数量巨多”，并且敏锐地认识到，“它们的油对英格兰是重要商品，可以用来做肥皂，以及诸多其他用途。”除了鳕鱼和海洋哺乳动物，布里尔顿注意到“鲑鱼、龙虾、有珍珠的牡蛎还有无数其他种类的鱼，在美洲的西北海岸比已知世界上其他任何角落的都要多”。在讲述巴塞洛缪·戈斯诺德船长1602年到缅因湾的航行时，加布里埃尔·亚契回忆道，“我们在这个海角附近下锚，深度15拓[a]，在那儿抓到了很多鳕鱼，因此我们把这个海角的名字改成了科德角[b]。在这儿我们看到了成群的鲱鱼、大西洋鲭鱼和其他小鱼，数量都很多。”[54]约翰·史密斯船长总结了缅因海岸带来的惊喜，把它跟家乡的海进行了含蓄的比较，用预言性的话语写道，“一天之内，用钩和线抓不到一、两、三百条鳕鱼的话，就不是好渔民：……难道仆人、主人、商人不应该对这样的收获异常满足吗？”[55]

利、布里尔顿和史密斯等人在把在欧洲海域常见的物种进行量化时，比如鳕鱼、大西洋鲭鱼、牡蛎、露脊鲸、海豹和海鸟，他们都不知不觉地以自己在欧洲北方海域多年摸爬滚打积攒的认知为基线。这些老航海家知道对大海里的生物该有怎样的预期。这些以警觉和观察为第二天性的人们仔细研究了他们的周遭并进行孜孜不倦的描绘，却没有意识到美洲的富饶恰恰反映出欧洲的贫瘠。

在这些早期的航行中，欧洲人觉得值得一提的不仅是单个鱼的大小，或者在一个地方能看到或抓到的总量，还有它们的质量。1605年，詹姆斯·罗齐尔，乔治·韦茅斯船上的一名绅士，在船停靠缅因中海岸孟希根岛时写道，船员“用几个鱼钩子，捕获了超过30条鳕鱼和黑线鳕，让我们品尝到了这个海岸以后到达的任何地方都能碰到的大量鱼类……到了晚上，我们在很靠岸的地方用一张20拓深的小网打鱼：我们捕到了约30只品相极优的龙虾，很多岩鱼，一些鲽鱼，还有一种叫圆鳍鱼的小鱼，味道都很鲜美：我们注意到，我们捕到的所有的鱼类，无论什么品种，都是营养充足、肉质肥美、鲜美无比”。罗齐尔大概是第一批前来的英国人中最好的自然学家，他感到这个生态系统并没有以别的物种为代价产出某一物种，而是所有的无脊椎动物、饵料鱼，底栖食用鱼、海鸟和海洋哺乳动物都在繁荣生长。[56]

人们反复描述、坚持不懈，有的用英语，有的用法语。这些描述有的是神职人员所写，有的是世俗人所写；一些是有经验的水手所写，一些则是陆上工作者

---

a 拓，也称英寻，为水深单位，1英寻=1.829米。——译者注

b 科德角英文为Cape Cod，cod即鳕鱼。——译者注

所写；一些写于 16 世纪，另一些则写于 17 世纪，使其真实性倍增。一次又一次，观察者们比较他们所熟知的已被毁坏的欧洲北方生态系统和西大西洋这一新的系统。在 1612 年，马克·莱斯卡博如此描写新斯科舍的春天："鲟鱼和鲑鱼沿多芬河溯流而上，到上述的皇家港口，其数量之多，将我们布下的网都拖走了。""所到之处，鱼的数量之众，显示这个国家鱼类之肥沃。"[57]

对美洲出土的距今 5000 年至 400 年的肥堆进行鱼骨分析，发现史前的人类在近岸水域捕到的鳕鱼长 1—1.5 米。17、18 世纪间，也许更早，鱼贩子把新世界的鳕鱼分成四类，以大小分类。头两种"钩拉鳕鱼[a]"和"官员鳕鱼"，指的是长度 1—2 米的鱼。鳕鱼的体型代表了年龄。当地的渔民，以及后来的法国渔民，在近岸水域捕的基本都是 3—5 英尺（0.9—1.5 米）长的鳕鱼——表明鱼的储量还在一种未受打扰的原始状态。过去的几个世纪里，欧洲人已经把家乡水域最易捕捉的鱼类捕捞殆尽。所以西北大西洋北方海洋生态系统对欧洲来的前几代人来说，其富饶程度难以置信。在纽芬兰遇到的所有富庶之中，约翰·梅森在 1620 年写道，"最不可思议的是大海，鱼的种类之繁、数量之多，仅仅是想到便让我神魂颠倒，其富饶既令我无法置信又难以言表。"[58]

梅森的措辞表达，跟其他早期作家的一样，需置于创作环境中予以考量，那并非是一种夸大其词。他那个时代以及更早期的人们，哪怕是受过教育，算术能力也十分有限。对大规模群体数量进行估计的系统方法还未建立。不过在 1520 年或是 1620 年，这样的估计也几乎没有必要。计数和测量主要是针对贸易开展。除非一件商品要进行远距离运输和买卖，否则不可能进行准确测量和计数。针对食品和布匹等商品有标准化计量，不过单位各异。比如说，酒桶的体积就跟橄榄油桶和咸鱼桶的不同。除此之外，标准化测量，尤其是液体，国家与国家之间也不同。[59] 直到 1643 年，为了方便交易，普利茅斯殖民地决定把他们的"蒲式耳"单位标准化，以适应马萨诸塞湾殖民地的标准。此前，这两个英国人的前哨，彼此间只有半天的路程，测量单位蒲式耳的大小都不一样。18 世纪后期之前，测量和估值，还有准确计数和计算，即使对饱学之士而言也不是常见的技能。[60]

没有统一的标准，令人头晕目眩的各种测量、单位、距离和容器限制了文艺复兴晚期及现代早期的系统性计数比较。然而，有一种基于经验发展而来的实用算法，其比较的单位每个人都很熟悉，也无需特殊的工具。用步距测量距离时，

---

a　gaff(e) cod。Gaff(e) 一词意为鱼钩，尤指将捕到的大鱼拉上船的长柄钩子。——译者注

以英尺为单位的距离能够轻易再现，且有一定的准确度。长度的一个很小的单位，大麦粒（约 1/3 英寸，0.85 厘米），在所有的英国农场村庄都使用。即使不懂数学的人也可以用英尺和大麦粒等单位测量传统的东西。在一些较为特殊的情况下，比如新世界中碰到的那些情况，观察者通常会回归一种类比的体系。这种呈现的方式在现代早期自然主义者和有识之士之中十分常见，一如今日的科学家使用的测量方式之准确。梅森是一名受过教育的皇家官员，他直接承认现有的类比都无法传达纽芬兰海洋资源的量级。

约翰·史密斯船长或者约翰·梅森没想过在某个特定的日子和特定的海湾抓一网鱼，再让底下人数数或称称所有捕到的鱼。附近没有市场，也不太可能有秤。计数的话则需在去皮的木棍上留下许多的划线标记。史密斯和梅森的同时代人没有预料到精确计数会有用，否则像史密斯这样的推广者便会进行称重或计数。16 世纪中期至 17 世纪中期对西北大西洋生态系统进行基线描述时，比喻是用来传达大量级的常用手段。查尔斯·利在估计圣劳伦斯湾岛屿上鸟类数量时，用了比喻“像街道上铺的石头一样密集”。但比喻并不意味着夸张。尽管 17 世纪探险家们不太看重量化，但他们的观察亦有其价值。

这么多人在美洲海域有一手的经验，说明夸张程度并不高。倘若对美洲海岸生态系统的描述极其夸张或不准确，会有很多有经验的水手们进行矫正。欧洲人在詹姆斯敦、魁北克或普利茅斯永久性定居之前，成千上万欧洲渔船曾往返于纽芬兰、圣劳伦斯湾和缅因湾之间。由于数据分散、不完整，确切的数量我们永远无法得知，但趋势是清晰的，因为数万欧洲海员 16 世纪前在西北大西洋有亲身的经历。16 世纪大部分时间里，英国人所捕到的鱼，可能只占理查德·哈克卢伊特所说“法国人、布里塔尼人、巴斯克人和比斯开人每年多种收获”中很小的比例。巴斯克人主要在位于纽芬兰西北角和拉布拉多海岸之间的百丽岛捕鲸鱼，也花费少部分精力捕鳕鱼。16 世纪后半段，每年的捕鱼季，会有逾两千名巴斯克捕鲸人和渔民集中于此，尽管没人打算在这个遥远的海岸殖民或永久定居。另有确凿证据表明，在新世界，法国的捕鱼业发展也十分强劲。1559 年，据公证记录，至少 150 艘开往纽芬兰的船只在波尔多、拉罗谢尔和鲁昂港整装待发。1565 年，这三个港口至少发出了 156 艘船。实际的数量远多于此：很多重要渔港的记录早已不复存在。欧洲渔民远渡重洋是因为欧洲生态系统不能稳定地产出足够满足需求的鱼类和鲸鱼。仅 1578 年夏天，此时英国人在跨大西洋渔业领域还只是个小玩家，该国人安东尼·帕克赫斯特在纽芬兰和圣劳伦斯湾就记录了约350艘船只，包括法国、西班牙、巴斯克、葡萄牙和英国船只。大多数都捕鳕鱼，尽管有20—30只巴斯克船捕鲸鱼。当布里斯托尔的西尔韦斯特·耶特乘坐“格蕾丝号”于1594年抵达圣劳伦斯湾和纽芬兰时，他碰到了“22艘英国人的船”和“60多艘船”分别属于“圣约翰德鲁兹、西布勒和比斯开的渔民”——仅在两个海港就有大约85艘船。当然，不管是来自公证记录或一手的观察，这些数据都不完全，却表明16世纪期间，“情况远非寥寥数个渔民到一块边缘海域工作，美洲北部海域已成为到新世界进行航海活动的重要目的地之一。”每艘船上的船员都对危险的航行充满了同样的渴望以及抱负：在他们的货舱中堆满来自那个丰饶海岸的活物。统计有多少种鱼，或者有多少条鱼，并不是优先的关注点。但值得注意的是，这个时代成千上万对西北大西洋海岸生态系统有着一手经验的欧洲船员中，没有一人曾发表过指责别的探险家的描述言过其实的任何言论。[61]

新水手们固然写了一些描述西大西洋富饶的话语，但很多是在欧洲海洋系统有着丰富经验的海员们的作品。[62]这些人自幼便知道“兰开夏郡的鳕鱼季始于复活节，持续至夏季中间”，知道无须鳕能在“威尔士和爱尔兰之间的深渊”中找到，也知道捕鲱鱼最好的时节“始于斯卡伯勒的巴赛缪罗潮[a]直至万圣节，在海岸到泰晤士河口捕捞”。乔治·韦茅斯在家乡卡金顿世代捕鱼，也在纽芬兰和爱尔兰捕鱼，他于1605年出发至缅因中部海岸，作出了“收获颇丰”的旅行。面对着西北大西洋中熟悉的鱼类、海鸟和海洋哺乳动物，韦茅斯等人都是以他们亲身经历的陈旧的欧洲海洋生态系统为出发点去构建和描绘新世界的丰度。[63]或许他们自己没有察觉到，但海耶斯、布里尔顿、利、史密斯以及其他早期西北大西洋观察者们不仅在系统商业开发前就见识到美洲海域的富饶，也瞥见了北大西洋北部区域的欧洲河口和海岸数千年前可能的面貌，那会儿新石器时代的人们刚结束捕猎采集的生活方式，开始在欧洲海岸建设固定的农耕村落。因而探险者们的航行不仅跨越了空间，也穿越了时间——生态时间；他们的叙述不仅反映了美洲海域的丰饶，也暴露出欧洲海岸生态系统在中世纪末期的匮乏。否则无法解释约翰·卡伯特、雅克·卡地亚及其他文艺复兴航海家行驶到北大西洋北部区域最西边时的惊讶。他们一直认为理所当然的基线标准不再有意义。[64]

a　圣巴赛缪罗节，8月24日。——译者注第一批记录美洲海域的欧洲观察者们基于他们对“何为正常”的认知而写作。1567 年出生于法国西南部的皮埃尔·比亚尔神父，后来成为去往新斯科舍第一批耶稣会使团的首领。他受过良好教育且观察仔细，去往阿卡迪亚之前，曾在坐落于罗纳河和索恩河交叉处的里昂待过数年。他还在波尔多市住过至少一两年，该市是法国最大河口吉伦特河口的上游城市。他无疑知道罗纳河中有七鳃鳗、鲑鱼、鲟鱼、海鳟和美洲西鲱，也大概清楚沙真银汉鱼出现在罗纳河下游的三角洲流域。鱼贩子和厨师买卖所有这些鱼种，可能除了鲟鱼，因其在法国河流中已十分匮乏。比亚尔神父一向以其把北美物种和法国物种进行翔实的对比而闻名，而他对于新斯科舍春季下卵鱼群的描述，却不能表明这是一个曾见到过任何相似之物的人。“三月中旬，”他在 1611 年搬到新斯科舍后写道，“鱼类开始产卵，从大海溯流而上到某些河流中，数量多到河水中随处可见鱼群拥堵。看到的人都感到难以置信。把手放进水里，很难不碰到鱼。这些鱼当中，沙真银汉鱼是最先来的，这鱼是我们河里的两三倍大；随后来的是鲱鱼，在四月末……同时还有鲟鱼、鲑鱼以及小岛上的鸟蛋大搜寻，因为此时大量水禽来到开始产卵，它们的鸟巢遍布小岛。”[65]

比亚尔神父的惊奇与来自其他旧世界河口的人们遥相呼应。马丁·普林格 1603 年从埃文河口出发前往新英格兰。埃文河是布里斯托尔的锚泊地，地处塞汶河口。塞文河是英格兰最大的河流之一，大部分流域都可以航行，不过该河流神奇的潮汐和涌潮也使人闻风丧胆。普林格驾船从英格兰较大的北方河口驶出，却依然惊奇于他在马萨诸塞看到的生物生产力。他写道，六月有“可以制油的海豹、鲻鱼、大比目鱼、鲭鱼、鲱鱼、蟹、龙虾和内有珍珠的蚌”，十分惊异于“诸多好鱼的数量之巨”和“别的河海禽类的巨大数量”。[66]

塞缪尔·德·尚普兰，后来成为他那个时代最好的美洲自然学家和制图师，成长于一片河流、湿地和海洋交汇的生态系统边缘，当地人尤擅利用海洋资源。1580 年左右，尚普兰出生于布鲁阿日，这是比斯开湾在吉伦特河口北部的一个小镇，以盐场闻名。布鲁阿日面向一片湿地，位于奥莱龙岛和艾克斯岛的圣东日湾边缘，吸引来自苏格兰、佛兰德、德国和英格兰的船只。这儿的人都是在海上谋生，尚普兰的父亲和叔父都是船长。到他第一次进行海外航行时，或许是跟叔叔一起去西印度群岛，尚普兰对家乡周围的环境已十分了解。[67] 然而他面对北美海岸生态系统的丰饶和生产力时，感到的却只有惊异。其他北大西洋北部区域西海岸的记录者们也都有相似的经历，不管是从伟大的泰晤士河出发的利或罗齐尔；

从法尔茅斯出发的亚契或布里尔顿；抑或爱德华·海耶斯，其跟随汉弗莱·吉尔伯特爵士向西行进的旅程始自塔马尔河口的普利茅斯。他们都十分清楚对于北大西洋北部的鲟鱼、鲑鱼、海鸟、露脊鲸、海豹、比目鱼、鳕鱼和鲱鱼该有怎样的预期，但他们所有人都惊叹于西大西洋的惊人生产力。

欧洲人来到大西洋世界，成为其主宰，这相当程度上是由于比斯开湾、英吉利海峡和北海已无法满足欧洲人的需求。与任何一个生态系统都相似，自然变化随时都在改变着海洋生态系统。“波动”，正如当代生态学家指出的，是“生态系统的本质”，那些被人类捕获的物种，包括鲭鱼、鲱鱼和沙丁鱼，有很剧烈的数量波动。比如，德文郡的沙丁鱼捕获量 1587 年很低，1593 年又很低，到 1594 年几乎就不存在了。爱尔兰的鲱鱼 1592 年就所剩无几了。法罗群岛的鳕鱼捕捞 1625 年锐减，1629 年再度崩溃。这一“短缺”，也就是生态系统无法产出捕捞者所需数量这一情况，促使渔商们另觅他处。温度下降也有可能促进了中世纪晚期渔业的地理扩张。科学家现在知道了低于某个温度的海水会抑制鳕鱼的繁殖能力。15 世纪进入小冰河期，挪威海岸曾经高产的渔场开始衰落，资金充足的英国渔民开始向西而不再向北行驶，最初是到冰岛，后来抵达纽芬兰和缅因。到底是如一份 16 世纪的记录所证明的，北欧曾经丰饶的水域是因为“长时间的持续捕捞和捕捞过程中的浪费”而变得匮乏，还是这个生态系统的产出之所以无法满足增加的需求是由与小冰河期到来有关的温度变化所致，我们并不清楚。但清楚的是，在家乡水域中能捕到鱼的数量无法满足欧洲渔民的欲望。[68]

捕鲸人和渔民成为西行旅途上的突击队，激励了如理查德·哈克路特等记录者向海外进发的步伐。随着欧洲人在大西洋边缘建立哨岗，生态变化也随之而来。从美洲生态系统中收获的商品被定期从新世界生产中心运往旧世界消耗地。有机产品大批量、远距离运输的迅速增加，主要包括食物、原木、烟草和鲸油，形成了被勉强承认的生态革命。比如，到 17 世纪，每年有多达 20 万公吨（活重）的鳕鱼离开纽芬兰被运往欧洲。而到了 19、20 世纪之交，拉迪亚德·吉卜林的小说《怒海余生》使得船队在文字中得以永生，里面的鳕鱼捕获量不足这个数量的两倍。[69]

美国独立战争前的一个世纪里，运输效率的显著提升降低了每吨 / 公里运输大宗货物所需的成本。叙述的视角也变成了应付账款、货物运输以及盈利还是亏损。然而这种叙述没有谈到的，是从一个生态系统转移到另一个生态系统的生物量和能量。正如理查德·霍夫曼所说，当时大量欧洲消费者所吃的，“是当地自然生态系统界限以外的东西，”因而，他们也在重塑遥远的环境。海洋对此并不免疫。资本主义世界幻想西北大西洋极其富饶，带来了商业捕捞的重重压力，西北大西洋海岸迅速变成退化的欧洲海洋的延伸，我们只有在跨大西洋的视角下才能理解这种变化。[70]

参考文献：

1. Antonio Pigafetta, *The First Voyage around the World 1519–1522: An Account of Magellan's Expedition*, ed. Theodore J. Cachey Jr. (Toronto, 2007), 3, 7, 76.
2. Ibid. 48; Christopher Columbus, *The Log of Christopher Columbus,* trans. Robert H. Fuson (Camden, Maine, 1987), 84; Gonzalo Fernandez de Oviedo y Valdes, *The Natural History of the West Indies (1526),* in *The Fish and Fisheries of Colonial North America: A Documentary History of Fishing Resources of the United States and Canada*, ed. John C. Pearson, *Part 6: The Gulf States and West Indies*, NOAA Report No. 72040301 (Rockville, Md., 1972), 1103; Anthony Parkhurst, "A letter written to M. Richard Hakluyt of the middle Temple, conteining a report of the true state and commodities of Newfoundland, by M. Anthonie Parkhurst Gentleman, 1578," in Richard Hakluyt, *The Principal Navigations, Voyages, Traffiques & Discoveries of the English Nation*, 8 vols., ed. Ernest Rhys (London, 1907), 5: 345.
3. David B. Quinn, "Sir Humphrey Gilbert and Newfoundland," in Quinn, *Explorers and Colonies, America, 1500–1625* (London, 1990), 207–223; Samuel Eliot Morison, *The European Discovery of America: The Northern Voyages*, A.D. 500–1600 (New York, 1971), 555–582.
4. Robert Hitchcock, *A Pollitique Platt for the honour of the Prince* (London, 1580), n.p.; D. J. B. Trim, "Hitchcock, Robert (fl. 1573–1591)," in *Oxford Dictionary of National Biography* (Oxford, 2004), http://www.oxforddnb.com/view/article/13370 (accessed November 12, 2007).
5. David B. Quinn, "Newfoundland in the Consciousness of Eu rope in the Sixteenth and Early Seventeenth Centuries," in Quinn, *Explorers and Colonies,* 301–320; Martin W. Lewis, "Dividing the Ocean Sea," *Geographical Review* 89 (April 1999), 188–214; Joyce Chaplin, "Knowing the Ocean: Benjamin Franklin and the Circulation of Atlantic Knowledge," in *Science and Empire in the Atlantic World*, ed. James Delbourgo and Nicholas Dew (New York, 2008), 73–96. On the

multiplicity of names for the Atlantic, see James Atkinson, *Epitome of the Art of Navigation; or a Short and Easy Methodical Way to Become a Compleat Navigator* (1686; reprint, London, 1718), 156.

6. Olaus Magnus, *Description of the Northern Peoples* (Rome 1555), 3 vols., trans. Peter Fisher and Humphrey Higgens, ed. Peter Foote (London, 1998), 3:1081–1156, esp. 1095.
7. Michael Berrill and Deborah Berrill, *A Sierra Club Naturalist's Guide to the North Atlantic Coast, Cape Cod to Newfoundland* (San Francisco, 1981), 6–29; Nicholas J. Bax and Taivo Laevastu, "Biomass Potential of Large Marine Ecosystems: A Systems Approach," in *Large Marine Ecosystems: Patterns, Processes and Yields*, ed. Kenneth Sherman, Lewis M. Alexander, and Barry D. Gold (Washington D.C., 1990), 188–205; Á. Borja and M. Collins, eds., *Oceanography and Marine Environment of the Basque Country* (Amsterdam, 2004), 493–511; Hein Rune Skjoldal, ed., *The Norwegian Sea Ecosystem* (Trondheim, 2004); Daniel Pell, *Pelagos, nec inter vivos, nec inter mortuos, neither amongst the living, nor amongst the dead, or, An improvement of the sea* (London, 1659), 209; Christopher Levett, "A Voyage into New England, Begun in 1623 and Ended in 1624," in *Collections of the Massachusetts Historical Society*, 3d ser., vol. 8 (Boston, 1843), 161. For shipmasters' preferred routes across the Atlantic see Edward Hayes, "A report of the voyage and successe thereof, attempted in the yeere of our Lord 1583 by sir Humfrey Gilbert," in Hakluyt, *Principal Navigations*, 6:7–11; Ian K. Steele, *The English Atlantic, 1675–1740: An Exploration of Communication and Community* (New York, 1986), 79.
8. Invocations of the sea's timelessness have been a staple in western culture. See T. S. Eliot, "The Dry Salvages," in *Four Quartets* (New York, 1943); Henry D. Thoreau, Cape Cod (1865), ed. Joseph J. Moldenhauer (Princeton, 1988), 148; Herman Melville, Moby-Dick; or, The Whale (1851; reprint, New York, 1972), 685; Joseph Conrad, The Nigger of the "Narcissus" (1897; reprint, New York, 1985), 17, 80, 87, 135, 143; John Peck, *Maritime Fiction: Sailors and the Sea in British and American Novels*, 1719–1917 (Houndsmill, U.K., 2001), 80.
9. John H. Steele, "Regime Shifts in Fisheries Management," *Fisheries Research* 25 (1996), 19–23; Steele, "Regime Shifts in Marine Ecosystems," *Ecological*

Applications 8, no. 1, suppl. (1998), S33–S36; Nancy Knowlton, "Multiple 'Stable' States and the Conservation of Marine Ecosystems," *Progress in Oceanography* 60 (2004), 387–396; A. J. Southward, "The Western English Channel—an Inconstant Ecosystem?" *Nature 285* (June 5, 1980), 361–366, quotation on 366.

10. Jürgen Alheit and Eberhard Hagen, "Long-Term Climate Forcing of European Herring and Sardine Populations," *Fisheries Oceanography 6*, no. 2 (1997), 130–139. A recent history drastically misinterpreted this phenomenon. See Brian Fagan, *Fish on Friday: Feasting, Fasting, and the Discovery of the New World* (New York, 2006), 125–127. The analogy to "signal" and "noise" is Jackson, "What Was Natural in the Coastal Oceans?" *Proceedings of the National Academy of Sciences* USA 98, no. 10 (May 8, 2001), 5411–5418.
11. The arrow worms favored by herring are *Sagitta elegans*; those favored by pilchards are *Sagitta setosa*. Arrow worms are in the phylum Chaetognatha. See Southward, "Western English Channel"; Wendy R. Childs and Maryanne Kowaleski, "Fishing and Fisheries in the Middle Ages," in *England's Sea Fisheries: The Commercial Sea Fisheries of England and Wales since 1300*, ed. David J. Starkey, Chris Reid, and Neil Ashcroft (London, 2000), 19–28; Michael Culley, *The Pilchard: Biology and Exploitation* (Oxford, 1971), 37–56.
12. My discussion of marine productivity is based on K. H. Mann, *Ecology of Coastal Waters with Implications for Management* (Oxford, 2000), 3–7; Berrill and Berrill, *North Atlantic Coast, Cape Cod to Newfoundland*, 45–59; Deborah Cramer, *Great Waters: An Atlantic Passage* (New York, 2001), 27–43; Raymond Pierotti, "Interactions between Gulls and Otariid Pinnipeds: Competition, Commensualism, and Cooperation," in *Seabirds & Other Marine Vertebrates: Competition, Predation, and Other Interactions*, ed. Joanna Burger (New York, 1988), 205–231.
13. Hayes, "A report of the voyage and successe thereof," 24.
14. Charles Yentsch, Janet W. Campbell, and Spencer Apollonio, "The Garden in the Sea: Biological Oceanography," in *From Cape Cod to the Bay of Fundy: An Environmental Atlas of the Gulf of Maine*, ed. Philip. W. Conkling (Cambridge, Mass., 1995), 61–76.
15. Magnus, *Description of the Northern Peoples*, 3: 1062.

16. Benthic species live on the bottom of the sea. Pelagic species live in the water column or are associated with the open sea, such as pelagic birds. Polychaetes are a class of segmented marine worms, including the sandworms often sold to anglers as bait. On comparative primary productivity in European and American boreal seas, see T. Laevastu, "Natural Bases of Fisheries in the Atlantic Ocean: Their Past and Present Characteristics and Possibilities for Future Expansion," in *Atlantic Ocean Fisheries*, ed. Georg Borgstrom and Arthur J. Heighway (London, 1961), 18–39, esp. 19–20; Heike Lotze et al., "Depletion, Degradation, and Recovery Potential of Estuaries and Coastal Seas," *Science* 312 (June 23, 2006), 1806–1809, table 1; Simon Jennings, Michael J. Kaiser, and John D. Reynolds, *Marine Fisheries Ecology* (Oxford, 2001), 21–38.
17. Geoff Bailey, James Barrett, Oliver Craig, and Nicky Milner, "Historical Ecology of the North Sea Basin: An Archaeological Perspective and Some Problems of Methodology," in *Human Impacts on Ancient Marine Ecosystems: A Global Perspective*, ed. Torben C. Rick and Jon M. Erlandson (Berkeley, 2008), 215–242; Sophia Perdikaris and Thomas H. McGovern, "Codfish and Kings, Seals and Subsistence: Norse Marine Resource Use in the North Atlantic," ibid., 192–199. Analysis of stable carbon and nitrogen isotopes in bones of the deceased can indicate the relative proportion of marine protein and terrestrial protein in a human's diet.
18. Lotze et al., "Depletion, Degradation, and Recovery Potential"; Richard C. Hoffmann, "Economic Development and Aquatic Ecosystems in Medieval Europe," American Historical Review 101 (June 1996), 631–669; James H. Barrett, Alison M. Locker, and Callum M. Roberts, "The Origins of Intensive Marine Fishing in Medieval Europe: The English Evidence," Proceedings of the Royal Society of London B 271 (2004), 2417–2421; Inge Bødker Enghoff, "Fishing in the Southern North Sea Region from the 1st to the 16th Century A.D.: Evidence from Fish Bones," Archaeofauna 9 (2000), 59–132.
19. Anton Ervynck, Wim Van Neer, and Marnix Pieters, "How the North Was Won (and Lost Again): Historical and Archaeological Data on the Exploitation of the North Atlantic by the Flemish Fishery," *Atlantic Connections and Adaptations: Economies, Environments and Subsistence in Lands Bordering the North Atlantic,*

ed. Rupert A. Housley and Geraint Coles, Symposia of the Association for Environmental Archaeology no. 21 (Oxford, 2004), 230–239.

20. C. Anne Wilson, *Food & Drink in Britain: From the Stone Age to the 19th Century* (1973; reprint, Chicago, 1991), 18–59; Bailey et al., "Historical Ecology of the North Sea Basin," 215–242, quotation on 231; Perdikaris and McGovern, "Codfish and Kings, Seals and Subsistence," 192–199.
21. Sophia Perdikaris, "From Chiefly Provisioning to Commercial Fishery: Long-Term Economic Change in Arctic Norway," *World Archaeology* 30 (February 1999), 388–402; Perdikaris and Thomas H. McGovern, "Cod Fish, Walrus, and Chieftains: Economic Intensification in the Norse North Atlantic," in *Seeking a Richer Harvest: The Archaeology of Subsistence Intensification, Innovation, and Change*, ed. Tina L. Thurston and Christopher T. Fisher (New York, 2007), 193–216; Perdikaris and McGovern, "Codfish and Kings, Seals and Subsistence," 187–214.
22. Bailey et al., "Historical Ecology of the North Sea Basin," 215–242; Perdikaris and McGovern, "Codfish and Kings, Seals and Subsistence," 187–214.
23. Perdikaris and McGovern, "Codfish and Kings, Seals and Subsistence," 192–199, quotation on 194.
24. Jeffrey S. Levinton, *Marine Biology: Function, Biodiversity, Ecology* (New York, 2001), 424; K. S. Petersen, K. L. Rasmussen, J. Heinemeier, and N. Rud, "Clams before Columbus?" Nature 359 (1992), 679; Alfred W. Crosby Jr., *The Columbian Exchange: Biological and Cultural Consequences of 1492* (Westport, Conn., 1972). The common periwinkle is known by scientists as Littorina littorea. Softshell clams are Mya arenaria; the common cockle is Cardium edule.
25. Fagan, Fish on Friday, quotation on xiii; Wilson, Food and Drink in Britain, quotation on 38.
26. D. H. Cushing, *The Provident Sea* (Cambridge, 1988), 77–101; Maryanne Kowaleski, "The Commercialization of the Sea Fisheries in Medieval England and Wales," *International Journal of Maritime History* 15 (December 2003), 177–231.
27. Childs and Kowaleski, "Fishing and Fisheries in the Middle Ages," 19; Richard W. Unger, "The Netherlands Herring Fishery in the Late Middle Ages: The False Legend of William Beukels of Biervliet," in Unger, *Ships and Shipping in the*

North Sea and Atlantic, 1400–1800 (Aldershot, U.K., 1997), 335–356; Hoffmann, "Economic Development and Aquatic Ecosystems," 648. For the intensification of estuarine and coastal fisheries in the west country of England during the late Middle Ages, see Harold Fox, *The Evolution of the Fishing Village: Landscape and Society along the South Devon Coast, 1086–1550* (Oxford, 2001).

28. C. J. Bond, "Monastic Fisheries," in *Medieval Fish, Fisheries, and Fishponds in England*, ed. Michael Aston, 2 parts, BAR British Series 182(i) (n.p., 1988), 1: 69–112, quotation on 86–87.
29. This paragraph closely follows Bond, "Monastic Fisheries." See also S. Moorhouse, "Medieval Fishponds: Some Thoughts," in Aston, *Medieval Fish, Fisheries and Fishponds*, 2: 479–480. The seminal study of the impact of medieval economic activity on aquatic ecosystems is Hoffmann, "Economic Development and Aquatic Ecosystems."
30. Bond, "Monastic Fisheries," 79; Moorhouse, "Medieval Fishponds," 479–480; Kowaleski, "Commercialization of Sea Fisheries," 190.
31. Kowaleski, "Commercialization of Sea Fisheries," 190; Bond, "Monastic Fisheries," 79; Wilson, *Food and Drink in Britain*, 21; Colin Platt, *Medieval England: A Social History and Archaeology from the Conquest to 1600 A.D.* (London, 1994), 187–188.
32. Heike K. Lotze, "Rise and Fall of Fishing and Marine Resource Use in the Wadden Sea, Southern North Sea," Fisheries Research 87 (November 2007), 208–218.
33. Childs and Kowaleski, "Fishing and Fisheries in the Middle Ages," 19; Maryanne Kowaleski, "The Expansion of the South-Western Fisheries in Late Medieval England," *Economic History Review 53*, no. 3 (2000), 429–454; Kowaleski, "Commercialization of Sea Fisheries," 177–231; Unger, "Netherlands Herring Fishery," 335–356.
34. Edward Sharpe, *England's Royall Fishing Revived or A Computation as well of the Charge of a Busse or Herring-Fishing Ship* (London, 1630), p. E 3.
35. Bo Poulsen, *Dutch Herring: An Environmental History, c. 1600–1860* (Amsterdam, 2008), 40–80.
36. A. Rallo and Á. Borja, "Marine Research in the Basque Country: An Historical Perspective," in Borja and Collins, *Oceanography and Marine*

Environment of the Basque Country, 3–26, esp. 5; Survey of Fisheries, 1580, reproduced as app. 3.1 in Todd Gray, "Devon's Coastal and Overseas Fisheries and New England Migration, 1597–1642" (Ph.D. diss., University of Exeter, U.K., 1988), 357–358; Alex Aguilar, "A Review of Old Basque Whaling and Its Effect on the Right Whales (*Eubalaena glacialis*) of the North Atlantic," *Reports of the International Whaling Commission (Special Issue)* 10 (1986), 191–199, quotation on 194; Wim J. Wolff , "The South-eastern North Sea: Losses of Vertebrate Fauna during the Past 2000 years," *Biological Conservation* 95 (2000), 209–217; W. M. A. De Smet, "Evidence of Whaling in the North Sea and the English Channel during the Middle Ages," in *Mammals in the Seas,* FAO Fisheries Series no. 5, vol. 3: *General Papers and Large Cetaceans: Selected Papers of the Scientific Consultation on the Conservation and Management of Marine Mammals and Their Environment* (Rome: Food and Agricultural Organization of the United Nations, 1981), 301–309; Richard Mather, *Journal of Richard Mather* (Boston, 1850), quoted in Joe Roman and Stephen R. Palumbi, "Whales before Whaling in the North Atlantic," *Science 301* (July 25, 2003), 508–510.

37. Wolff , "The South-eastern North Sea: Losses of Vertebrate Fauna," 210–213.
38. Ibid., 211; Cornelis Swennen, "Ecology and Population Dynamics of the Common Eider in the Dutch Wadden Sea" (Ph.D. diss., Rijksuniversiteit, Groningen, 1991); Lotze, "Rise and Fall of Fishing and Marine Resource Use."
39. Hoffmann, "Economic Development and Aquatic Ecosystems," 649–650.
40. Jennings, Kaiser, and Reynolds, *Marine Fisheries Ecology*, 242–243; Tony J. Pitcher, "Fisheries Managed to Rebuild Ecosystems? Reconstructing the Past to Salvage the Future," *Ecological Applications* 11, no. 2 (2001), 601–617; Poulsen, *Dutch Herring*, 40–80.
41. David B. Quinn, ed., *New American World: A Documentary History of North America to 1612*, 5 vols. (New York, 1979), 1: 93–98.
42. Ramsay Cook, ed., The Voyages of Jacques Cartier (Toronto, 1993), 8, 12, 25; Robert Mandrou, *Introduction to Modern France, 1500–1640: An Essay in Historical Psychology* (London, 1975), 239. For Europeans' attitudes to nature during the Renaissance and early modern eras see Clarence J. Glacken, Clarence J. Glacken, *Traces on the Rhodian Shore: Nature and Culture in Western Thought*

from Ancient Times to the End of the Eighteenth Century (Berkeley, 1967); Keith Thomas, *Man and the Natural World: Changing Attitudes in England*, 1500–1800 (London, 1983).

43. Cook, *Voyages of Jacques Cartier*, 48.
44. Quinn, *New American World*, 4: 343–344.
45. Carl N. Shuster Jr., Robert B. Barlow, and H. Jane Brockman, eds., *The American Horse shoe Crab* (Cambridge, Mass., 2003), 5–32, 133–153.
46. Farley Mowat, *Sea of Slaughter* (Boston, 1984), 300–323; Tony J. Pitcher, Johanna J. (Sheila) Heymans, and Marcelo Vasconcellos, "Ecosystem Models of Newfoundland for the Time Periods 1995, 1985, 1900, and 1450," *Fisheries Centre Research Reports* 10, no. 5 (Vancouver, Fisheries Center, University of British Columbia, 2002), 5, 44–45.
47. *The Ice Regime of the Gulf of St. Lawrence*, Enfotec Monograph no. 1 (Ottawa, n.d.).
48. Perdikaris and McGovern, "Codfish and Kings, Seal and Subsistence"; Niels Lund, ed., *Two Voyagers at the Court of King Alfred: The Ventures of OTHERE and WULFSTAN together with the Description of Northern Europe from the OLD ENGLISH OROSIUS,* trans. Christine E. Fell (York, U.K., 1984); Mowat, *Sea of Slaughter*, 300–323.
49. Cook, *Voyages of Jacques Cartier*, 46; Hayes, "A report of the voyage and successe thereof," 32.
50. For walrus in coastal Europe, see Sir Alister Hardy, *The Open Sea: Its Natural History, Part II: Fish and Fisheries, with Chapters on Whales, Turtles and Animals of the Sea Floor* (Boston, 1959), 287, 291; Charles Leigh, "The Voyage of M. Charles Leigh, and divers others to Cape Briton and the Isle of Ramea" (1598), in Hakluyt, *Principal Navigations,* 6: 101; Thomas James to Lord Burghley (September 14, 1591), in Quinn, *New American World*, 4: 59–60; Richard Hakluyt, "A briefe note of the Morsse and the use thereof," in Hakluyt, *Principal Navigations*, 4: 60.
51. Leigh, "Voyage of M. Charles Leigh," 101, 107, 113; John Brereton, "A Briefe and True Relation of the Discoverie of the North Part of Virginia" (1602), in *The English New England Voyages, 1602–1608*, ed. David B. Quinn and Alison M. Quinn (London, 1983), 152.

52. For reference to "Bunyanesque" exaggerations see Patricia Cline Cohen, *A Calculating People: The Spread of Numeracy in Early America* (Chicago, 1982), 50. Stephen Greenblatt Stephen Greenblatt refers to the authors of the first anecdotes about the New World as "liars." Greenblatt, *Marvelous Possessions: The Wonder of the New World* (Chicago, 1991), 7.
53. Leigh, "Voyage of M. Charles Leigh," 114.
54. Brereton, "Briefe and True Relation," in Quinn and Quinn, *English New England Voyages*, 171; Gabriel Archer, "The Relation of Captaine Gosnols Voyage to the North Part of Virginia" (1602), ibid., 118.
55. John Smith, *A Description of New England (1616) in The Complete Works of Captain John Smith (1580–1621)*, 3 vols., ed. Philip L. Barbour (Chapel Hill, 1986), 1: 347; Leigh, "Voyage of M. Charles Leigh," 101, 107, 113; Frederic A. Lucas, "The Bird Rocks of the Gulf of St. Lawrence in 1887," *The Auk: A Quarterly Journal of Ornithology 5* (April 1888), 129–135.
56. James Rosier, "A True Relation of the Most Prosperous Voyage Made this Present Yeere 1605, by Captain George Waymouth, in the Discovery of the Land of Virginia," in Quinn and Quinn, *English New England Voyages*, 260, 264.
57. Marc Lescarbot, *History of New France*, 3 vols. (1616; reprint, Toronto, 1914), 3: 236; Robert Juet, "The Third Voyage of Master Henry Hudson, Written by Robert Juet, of Lime-House," in *Sailors' Narratives of Voyages along the New England Coast, 1524–1624*, ed. George Parker Winship (1905; reprint, New York, 1968), 179–192.
58. For bone analysis of large cod landed in prehistoric eras, see Bruce J. Bourque, *Diversity and Complexity in Prehistoric Maritime Societies: A Gulf of Maine Perspective* (New York, 1996); Catherine C. Carlson, "Maritime Catchment Areas: An Analysis of Prehistoric Fishing Strategies in the Boothbay Region of Maine" (M.S. thesis, University of Maine, Orono, 1986). For seventeenth-century fishmongers' categorization of cod by size, see Cushing, *The Provident Sea*, 60; John Mason, *A Briefe Discourse of the Newfoundland, with the situation, temperature, and commodities thereof, inciting our Nation to go forward in that hopefull plantation begunne* (Edinburgh, 1620), n.p.

59. My discussion of numeracy and estimates is based on Frank J. Swetz, *Capitalism and Arithmetic: The New Math of the 15th Century* (La Salle, Ill., 1987); Alfred W. Crosby, *The Measure of Reality: Quantification and Western Society, 1250–1600* (Cambridge, 1997); David Hackett Fischer, *The Great Wave: Price Revolutions and the Rhythm of History* (Oxford, 1996). While Patricia Cline Cohen's assessment of "the narrow scope of numeracy" among seventeenth-century Englishmen in America is spot-on, her dismissive attitude with regard to the "extravagant claims" in promotional tracts about the coast of North America is not warranted. Cohen, *A Calculating People*, 47–51.
60. Darrett B. Rutman, *Husbandmen of Plymouth: Farms and Villages in the Old Colony, 1620–1692* (Boston, 1967), 19.
61. Richard Hakluyt, "A Briefe Note Concerning the Voyage of M. George Drake," (1593), in Hakluyt, *Principal Navigations*, 6: 97; Parkhurst, "A letter written to M. Richard Hakluyt," 5: 344; Sylvester Wyet, "The Voyage of the Grace of Bristol" (1594), ibid., 6: 98–100; Laurier Turgeon, "Bordeaux and the Newfoundland Trade during the Sixteenth Century," *International Journal of Maritime History 9*, no. 2 (1997), 1–28. See also Selma Huxley Barkham, "The Mentality of the Men behind Sixteenth-Century Spanish Voyages to Terranova," in *Decentring the Renaissance: Canada and Europe in Multidisciplinary Perspective*, 1500–1700, ed. Germaine Warkentin and Carolyn Podruchny (Toronto, 2001), 110–124.
62. These chroniclers include, but are not limited to: Jacques Cartier (1534), Anthony Parkhurst (1578), Gabriel Archer (1602), John Brereton (1602), Martin Pring (1603), Samuel de Champlain (1603), James Rosier (1605), Marc Lescarbot (1612), Captain John Smith (1614), Mourt's Relation (1622), Francis Higginson (1630), Thomas Morton (1632), William Wood (1634), Roger Williams (1643), William Bradford (1620–1650), John Winthrop (1630–1649), John Josselyn (1638–1671), and Samuel Maverick (1660).
63. Gray, "Devon's Coastal and Overseas Fisheries," 27, 357–358.
64. Lotze, "Rise and Fall of Fishing and Marine Resource Use"; Lotze et al., "Depletion, Degradation, and Recovery Potential"; J. B. C. Jackson et al., "Historical Overfishing and the Recent Collapse of Coastal Ecosystems," *Science* 293 (July 27,

2001), 629–638; Barry Cunliffe, *Facing the Ocean: The Atlantic and Its Peoples, 8000 B.C.–A .D. 1500* (Oxford, 2001), 109–158.

65. Pierre Biard, "Relation of New France, of Its Lands, Nature of the Country, and of Its Inhabitants" (1616), in *The Jesuit Relations and Allied Documents: Travels and Explorations of the Jesuit Missionaries in New France, 1610–1791*, ed. Reuben Gold Thwaites, 73 vols. (New York, 1959), 3:20–283, esp. 79–81; Lucien Campeau, "Biard, Pierre," in *Dictionary of Canadian Biography Online, http://www.biographi.ca* (accessed January 14, 2009).
66. "Martin Pring's Voyage to 'North Virginia' in 1603," in Quinn and Quinn, *English New England Voyages,* 212–230, quotation on 226.
67. Nathalie Fiquet, "Brouage in the Time of Champlain: A New Town Open to the World," in *Champlain: The Birth of French America*, ed. Raymonde Litalien and Denis Vaugeois, trans. Käthe Roth (Montreal, 2004), 33–41.
68. Tim D. Smith, *Scaling Fisheries: The Science of Measuring the Effects of Fishing, 1855–1955* (Cambridge, 1994), 8–37, quotation on 8; Gray, "Devon's Coastal and Overseas Fisheries," 107, 126–127; Brian Fagan, *The Little Ice Age: How Climate Made History, 1300–1850* (New York, 2000), 69–78; E. M. Carrus Wilson, "The Iceland Trade," in *Studies in English Trade in the Fifteenth Century*, ed. Eileen Power and M. M. Postan (New York, 1933), 155–183. For the complicated relationship between climate fluctuations and marine ecology, see Jean M. Grove, *The Little Ice Age* (London, 1988), 379–421; Geir Ottersen et al., "The Responses of Fish Populations to Ocean Climate Fluctuations," in *Marine Ecosystems and Climate Variation: The North Atlantic, A Comparative Perspective*, ed. Nils Chr. Stenseth and Geir Ottersen (Oxford, 2004), 73–94; Holger Hovgård and Erik Buch, "Fluctuation in the Cod Biomass of the West Greenland Sea Ecosystem in Relation to Climate," in Sherman, Alexander, and Gold, *Large Marine Ecosystems*, 36–43.
69. John Brewer and Roy Porter, eds., *Consumption and the World of Goods* (London, 1993), ignore the environmental impact of globalization and consumer culture. Peter E. Pope, *Fish into Wine: The Newfoundland Plantation in the Seventeenth Century* (Chapel Hill, 2004), 19–20; Pope, "The Scale of the Early Modern Newfoundland Cod Fishery," in *The North Atlantic Fisheries: Supply, Marketing*

and Consumption, 1560–1990, ed. David J. Starkey and James E. Candow (Hull, U.K., 2006), 27–28; George A. Rose, *Cod: The Ecological History of the North Atlantic Fisheries* (St. John's, Newf., 2007), 241, 286. 70. Richard C. Hoff mann, "Frontier Foods for Late Medieval Consumers: Culture, Economy, Ecology," *Environment and History* 7 (May 2001), 131–167, quotation on 133; Gary Shepherd and James Walton, *Shipping, Maritime Trade, and the Economic Development of Colonial North America* (Cambridge, 1972), 3.

70. Richard C. Hoffmann, "Frontier Foods for Late Medieval Consumers: Culture, Economy, Ecology," *Environment and History 7* (May 2001), 131–167, quotation on 133; Gary Shepherd and James Walton, *Shipping, Maritime Trade, and the Economic Development of Colonial North America* (Cambridge, 1972), 3.

第二章
采低垂的果实

没有哪片海不受渔业之困。

——埃德蒙·伯克《与美国和解》，1774 年

16、17 世纪，没有哪个欧洲社区对大海的依赖能超过米科马克和麦勒席人的狩猎者们。他们分布在如今的缅因州、新不伦瑞克省和新斯科舍省。海洋滋养他们的身体和灵魂。他们猎捕海豹、收集鸟蛋、建造鱼簖；有鲸鱼搁浅，他们赶来拾荒；他们还用鱼钩捕鱼、用鱼叉叉鱼。米科马克和麦勒席人研究潮汐，并对来自海洋的生态信号保持警惕。他们摄入的卡路里中有高达 90% 来自海洋资源。他们不仅了解海洋，而且真切地感受海洋。芬迪湾及新斯科舍海岸的米科马克和麦勒席人认为自己是动物的后代，他们的祖先可能是鳗鱼等海洋生物。在他们生活的图腾社会中，人类作为大自然不可分离的一部分参与其中。同样，在缅因州南部和马萨诸塞湾沿岸，阿布纳基的农民同时也是技艺高超的渔民，“十分熟悉所有种类的鱼饵”且“深知何时在河流捕鱼、何时在石头下、何时在海湾以及何时进大海”。一名游历者注意到，在阿布纳基人从英国人那里购买铁钩子和工业制造的鱼线用于捕鱼之前，“他们自己用麻绳做线，比我们的材料更结实，鱼钩则是骨头做的。”[1]

成功的本地捕捞者理解海洋的方式与欧洲后来者自是不同，但二者都知道，与陆地生物一样，海洋生物只在特定的地方、特定的时节才有生产力。然而，本

地人认定鱼类、鲸类和鸟类与它们的所属地不可分割，它们标志性的高生产力也会永续。一些英国渔民则深知情况并非如此。英国人建造的鱼簖曾在泰晤士河、塞文河和乌兹河里高效运行，最终却使溯河产卵鱼类消耗殆尽；等到人们来到新英格兰永久定居之时，渔民通过钩钓已经清除了欧洲海岸生态系统中体型较大的鳕鱼和黑线鳕。

克里斯托夫·莱维特曾在 1623 和 1624 年行船至缅因州南海岸。他注意到，渔民面临灾难，他们的“生意在英格兰已经衰落”。英国水域中的鱼类储量当然没有完全消耗殆尽，但在传统捕捞区域，仅仅通过加强劳作，英国渔民已无法用简单渔具保持丰硕的捕获量。这种模式将持续重复数个世纪。渔民面临苦难，有两个选择。要么发明更好的装备继续在熟悉的海域增加劳作强度，要么寻找处女地或未知海域扩大捕鱼范围。两种方案都遮掩了鱼类在加剧减少这一现实：二者都降低了曾经被认为是“正常”的捕捞基线。约翰·史密斯船长认同莱维特的看法。他对比了西大西洋的新捕捞区与疲软的欧洲渔业。“虽说荷兰人仍为东部以及有需要的地方供给鲱鱼和鳕鱼；给欧洲东部的绝大部分地区供给鲟鱼和鱼子酱，给白岬、西班牙、葡萄牙和黎凡特地区供给鳐鱼……但渔民太多，到处人满为患。渔业渐衰，很多人归来都是收获甚微。”据史密斯所言，新英格兰的海却不一样，“她的财宝仍待发掘，她的本真仍未被浪费、消耗抑或滥用。”[2]

弗朗西斯·希金森，来自莱斯特郡，是神职人员，也是第一批到马萨诸塞的定居者之一。他一到达，便证实了新渔区的潜力。“海鱼的丰饶简直让人难以置信，”他在 1629 年写道，带着一种习惯被人聆听的笃定，“当然倘不是亲眼所见，我定然不会相信。我看到大量的鲸鱼和灰海豚。鲭鱼数量多到让人眼花缭乱，鳕鱼也是如此……除了鲈鱼，我们还抓到很多鳐鱼、棘背鳐和龙虾。连庄园里最小的男孩子，无论想吃多少，都能自己抓到。”[3]

保守的中级阶层如希金森，他们在英国从未出过海，来到新大陆却投入了大海的怀抱，这一点或许他们自己都没有意识到。甫一到达新英格兰，他们就模仿当地人，研究潮汐，以捕捉利用季节性的海鱼、海鸟和海洋哺乳动物。没有了观之可亲的英式风貌，如果园、酒馆和道路，第一代移居者调整自身以适应新英格兰的现实。租船到来的一代人用能够代表新世界生物特色的名称命名河流。普利茅斯殖民地成立十年之内，那里的宗教分离主义者便命名了胡瓜鱼河、鳗鱼河、蓝鱼河、第一鲱鱼溪以及“那条叫作鹰巢的溪流”。塞勒姆的定居者把如今的贝弗利叫作“鲈鱼河”。17 世纪 20 至 40 年代，在皮斯卡塔夸河流域的先驱者们把它的支流叫作七鳃鳗河、牡蛎河、鲑鱼河和鲟鱼溪。人们每到一个新地方，都会格外注意到此地极为高产的、可食用的某种生物，并将其体现在地名上。

像城镇选址这样的重要决策，都跟海洋资源的分布息息相关。威廉姆·伍德于 1634 年这样记录，海湾边上的新城镇“从海洋的鱼类和禽类中获益巨大，因而他们比那些内陆的庄园生活得更加舒适”。在切尔西，“陆地给居住者提供了不亚于任何地方的珍品，海洋则提供更多。”他所列举的海洋的馈赠包括胡瓜鱼、小雪鱼、鲈鱼、鳕鱼、鲭鱼以及落潮时“连续两英里的海底浅滩上有大量的贻贝礁和牡蛎礁，石头底下、海草丛生的洞里还有龙虾”。[4] 在多尔切斯特和塞勒姆，伍德写道，没有“灰西鲱河流，这是美中不足”。灰西鲱在欧洲不为人知，却是美洲殖民地大海中的“候鸽”。有目击者称，“据经验，在四月份，会有一种跟鲱鱼很像的鱼来到新普利茅斯的小溪流里产卵。把手放在不及膝深的水中，它们会在你手指间争相游过。哪怕用棍子击打，也是如此，数量之多，让人难以置信。”不过，据伍德的记载，在罗克斯伯里，有一条“清澈灵动的溪水流经城镇”，虽然没有灰西鲱，却以“大量胡瓜鱼”为特色。胡瓜鱼体型纤细，背部呈浅绿色，肚皮呈银色。沿身体两侧有较宽的银色带，比灰西鲱小，只有 6—9 英寸（15—23 厘米）长。胡瓜鱼在河流入海口的盐水中过冬，然后，在古老的生物钟驱使下，到了春天，溯流而上产卵。跟灰西鲱一样，可以用围网大量捕捉胡瓜鱼，也可用鱼簖困住它们；还是跟灰西鲱一样，可用煎烤后直接食用，腌制或熏制以后再吃也可，或者用来给土地施肥。跟灰西鲱不同的是，胡瓜鱼在欧洲也广为人知。[5]

宣扬新世界一片美好的故事让殖民者对水产之富饶做好了准备，却没有预设他们会如何适应大海，或说影响大海。到 1628 年，此时普利茅斯男女老少还不足两百人，定居者匠心独运，已经在一条流速快、水不深的淡水河里下了抓鱼工具。这个工具让人联想到中世纪时期英国河流中十分有效的鱼簖，并引起了一名荷兰游客的注意。他写道，在“四月至五月初，许多美洲西鲱从大海来，想要溯河而上，这景象十分惊奇。英国人把这条河流用木板隔住，木板中间有扇小门，可以上下滑动，木板两边则呈网格状，水可以流过，但他们也能用活板将网格关闭……两个（水闸）之间形成方形水池，前面提到的鱼儿会游进来，试图继续向上游去产卵，一次涨潮能带来 10,000 到 12,000 条鱼，退潮时他们把下游的小门关掉，并把上游的网格也关掉，这样水就进不来了；然后水从下游的网格流走，人们就可以用篮子来捞鱼。根据他们耕种土地的大小，把捞来的鱼倒在地里，每隔一段距离堆放三到四条鱼，然后种上玉米”。[6]接受了鱼的滋养，哪怕是喂饱殖民者的玉米也跟大海有了因缘。

除了建造如此巧妙的陷阱，定居者用了仅仅一代人的时间，就在海岸上几乎每条能通行的河流中都建造了鱼梁。他们在满载条纹鲈的溪流中用围网捕捞，在崎岖的小岛栖居地采集鸟蛋，在科德角海域追赶懒散游荡的露脊鲸，为捕捞鳕鱼打造了桨帆船舰队，并在任何可能的地方拾取牡蛎、蛤蜊和龙虾。清教徒历史学家爱德华·约翰逊认为，一片“遥远、崎岖、荒芜、原林丛生之荒地，豺狼虎豹横行之地，气球火箭着陆之所”，能够通过一代人的努力转变成“肥沃的第二个英格兰”，在所有新英格兰有如神助般的奇迹中，这一事实当属其一。[7]殖民者赞颂上天的慷慨和自身境况的“改善”，但到乔治·华盛顿就职之时，科德角和纽芬兰之间的海域已是伤痕累累，过量捕捞导致鱼量衰竭，鱼类活动范围缩小甚至几近灭绝，河口生产力衰减。一些殖民者明白，即使是在富饶的大海中，捕鱼和猎鸟会也会带来有害结果，因此，为了保护海洋捕鱼业，前两代新英格兰定居者的治安法官们已然颁布了各类法律，尽管那时海洋里的生物数量可观，人们对海洋也满怀憧憬。这是 17 世纪新英格兰定居者与海洋关系间最值得注意的一点。

保护富饶大海的法律法规

站在 17 世纪渔民的角度来看，他们兢兢业业打拼的这片熟悉的大陆架，从科德角向西北延伸至纽芬兰，是由各种浅滩、已被命名的盆地、水下暗礁和深沟组成的迷宫，正是冰河后退所留下的典型地貌。这片地区的水下地貌特点与岸上差异并不大，它如此危险而诱人，且正如《圣经》所说的，能够在一定时节展现“深渊之赐”。[8]定居后几十年内，岸边居住的村民可能一生从未在内陆待够过一整天，却一定对水下疆域 10 万平方英里中各个遥远的部分无比熟悉。

自 20 世纪中期到 21 世纪早期，海洋学家称这片与新英格兰和加拿大大西洋区交叠的水下疆域为东北大陆架的大海洋生态系统（LME）。LME 是指从海岸延伸至大陆架外沿（有的情况则是延伸至主要近岸流外缘）的海岸带。海洋学家根据独具特色的“海洋测深学、水文学和生产力”对 LME 进行认定，“其内的海洋生物已形成适应性的繁殖、生长和进食策略”，这是术语表达，通俗来说，即海底的地势、其循环方式、其温度的正常范围以及生产力水平会影响那里的生物种类以及食物链。当然，科学家认为这些系统的边界并不精确。到 2002 年，经过数十年的研究，也作为一项推动海岸生态系统成为独立研究和管理对象的全球倡议，科德角和纽芬兰之间的区域被重新划分为三个 LME——美国东北大陆架、苏格兰大陆架和纽芬兰－拉布拉多大陆架。然而，同时从历史和生态角度来看，将科德角和南部纽芬兰之间的区域视作一体则更为合理。约翰·史密斯船长在 1616 年正是如此划分的，他描述那里的渔业“在深海及岸边”“沿科德角海岸向纽芬兰延伸，至少长达七八百英里”。在整个 17 世纪和 18 世纪大部分时间里，那个区域对新英格兰的出口和经济延续至关重要。[9]

新普利茅斯和马萨诸塞湾的第一批法律跟各处法律法规类似，充斥着各种价值观、假定以及对未来的推断。早期的法规反映出所采取的行动以及讲述的故事。它们关注公共安全、侵权行为、欺诈、意外死亡、懒惰闲散、私有财产保护、偷盗、薪资、通奸以及“我主欣然赐予的许多伟大仁慈”。它们也涉及自然资源的分配、收获和保护。17 世纪，人们相信天神因人类之故而创造所有动植物，因此，普利茅斯殖民地的自由民和地方法官在通过第一批法律时，确保了所有居民“可自由捕禽、捕鱼和捕猎”。十年后，他们再次确认了自由捕获的基本准则，但有所改进，确保辛勤劳作者能获得自己劳动的果实。修正过的法律这样陈述，“任何人意欲改善某地，在其中饲养鱼类以供己用，法院应依法提供许可，并禁止其他人捕捞。”1633 年，清教徒至马萨诸塞湾的大迁移之后不久，普利茅斯的地方法官通过一条法律，规定将灰西鲱“保留给那些已经或将要居住在普利茅斯城镇的人”。他们在“没有玉米”时要依靠这些鱼，同时，他们深信鱼类并非取之不竭，下定决心阻止外来者盗取春季产卵鱼群。[10]

在 17 世纪的马萨诸塞，条纹鲈鱼的保护也引起关注。鲈鱼对第一代定居者而言有着神授般的意义。正如地方长官威廉姆·布拉德福特所言，若非大海赐予他们食物，第一代移民定然无法在饥饿中幸存。第一年，“他们能摆上饭桌最好的菜”，他写道，“是一只龙虾或者一片鱼肉，还有一杯甘甜的泉水，没有面包或什么别的东西。”跟英国人珍爱的面包、牛肉和啤酒相比，这鱼餐未免太过惨淡。布拉德福特总是将条纹鲈鱼与饥荒年代的定量口粮相联系，不像与他同时代的威廉姆·伍德那般热情，后者称赞条纹鲈“鲜嫩、美味、肥而不腻……别的鱼很快就吃腻了，条纹鲈人们却永远吃不够”。[11]

条纹鲈在河口前段的咸水中或是近海的淡水里产卵。与所有的河鱼一样，他们在固定季节于河流中聚集，这一习性使它们很容易被抓到。夏季，从科德角到缅因州南部的条纹鲈数量很多，从缅因州中部向东则略少。据伍德所述，“涨潮水位达到高点时，英国人会用围网或鲈鱼网拦河捉鱼。”约翰·史密斯在 1622 年进一步观察到，“一网能抓一千条鲈鱼。”[12]

条纹鲈重量可超 100 磅。正如伍德 1634 年所观察到的，“一些三英尺、一些四英尺长，有的大、有的则小一点。”大一点的鱼善于单独游走。成群的通常有 10 磅重，有时也达 20 到 25 磅。即使一网抓到的鲈鱼平均只有 10 磅左右，捕获量也是相当可观的。前辈清教徒移民组成小队出海，比如伍德观察的那些，他们装备简陋，一网也能捞起上万磅的条纹鲈。第一批移民者后来把腌鲈鱼成桶运至西班牙，但没有找到买家。当季的鲈鱼通常是在当地食用。[13]

这样的高捕获量预示着麻烦。到 1639 年，“五月花号”抵达后不到 20 年，从康涅狄格州到缅因州南部一共才居住着两万英国人，成群的银色鲭鱼、油鲱、鲈鱼和鳕鱼令弗朗西斯·希金森和威廉姆·伍德等观察者眼界大开，此时，马萨诸塞湾的地方法官禁止了鳕鱼和鲈鱼被用作田野里的饲料。这大概是新英格兰第一条旨在保护鱼类的条规，地方法官意识到了浪费之恐怖，认识到过度捕捞导致鱼类匮乏带来的威胁。讨论是否通过该法律的会议并没有留下记录，但推断可知，这些长官不相信当地海洋资源是无穷无尽的，哪怕只是一小部分人口在进行捕捞。[14]

关于鲈鱼储量的争议持续了数十年。17 世纪 40 年代间，新普利茅斯州议会把科德角的鲈鱼捕捞权租给了赫尔的约翰·斯通，其人隶属马萨诸塞湾殖民地。租赁期间，斯通可以使用“科德角的陆地、溪流、木材等”。斯通每年春天与助手从赫尔出发，穿越科德角海湾，并在鲈鱼产卵的河流搭建临时捕鱼帐篷。鲈鱼跟鳕鱼不同，不需风干，要用盐腌制于桶中。捕捞鲈鱼需要木桶板及其他制桶所需供应，需要围网或鱼簖，需要可供整个捕鱼季使用的足量盐巴，还需要桨帆船或其他船只，用以运输以及给渔民的供给。1650 年 10 月，此时普利茅斯殖民地的总人口不过 2000 人，州议会取消了对约翰·斯通的租赁。法院成员明确表示他们想把鲈鱼捕捞权归还给自己殖民地的人。然而他们并没有把捕鱼业向所有人开放，情况可以说是远非如此。“我们被告知，”他们写道，“两拨人，有网、有船和其他工具，已是这个地方能承受的极限了。”记录并未表明是谁告知法院科德角的河流只能承受两拨渔民捕鲈鱼，但合理推测是，法院只有可能是受到对渔业颇为精通的个人所影响。在他们看来，至少至 1650 年为止，鲈鱼储量的情势并不允许开放的捕鱼业，尽管有无数条鲈鱼可能在其中产卵的河流，从海角高地倾数流进了科德角海湾。这些河流包括鲱鱼河、黑鱼溪、鲜溪、鲱鱼溪、鲈鱼溪、米尔溪、马拉萨平溪和司戈屯溪。考虑到过度捕捞的可能性，法院采取了预防策略。[15]

1639年的法律禁止将鲈鱼作为肥料，1647年通过的法律则要求所有鱼簖“从每周最后一天中午至第二天早上保持开放”，此类保护法案不仅反映出地方法官认为社会秩序来源于有效管理，也反映了他们认识到曾富饶得让人吃惊的海洋资源是有限的，珍贵无比，不能随意挥霍。在长安息日间开放鱼簖极大地减少了捕鱼压力，增加了未来持续捕鱼的可能性。海岸对羽翼未丰的殖民地十分重要，1636年波士顿委任“水官”，“负责确保海岸之上无死鱼、木头、石头以及其他烦扰之物留存。”这也体现出当时人们对海岸的重视。[16]

尽管有保护措施，定居者还是很快建造了曾遍布旧英格兰河流的永久性鱼簖。马萨诸塞湾定居者在抵达两年内就建造了第一个鱼簖。伍德记录道，有“一道瀑布从查尔斯河流进大海。瀑布下方，沃特敦的居民建造了鱼簖抓鱼，他们捕到了大量的美洲西鲱和灰西鲱。两次潮涨便能抓到十万条”。到1632年秋天，马萨诸塞州最高法院批准在索格斯建造另一个鱼簖，两年后又准许依斯拉尔·斯托顿“在那彭塞河上建造水闸、鱼簖和桥梁”的“权利”，这条河流从波士顿南端流入马萨诸塞湾，法院还允需斯托顿“以千条5先令的价格售卖他捕到的灰西鲱”。罗克斯伯里居民未经州议会允许就建造了鱼簖。新镇的居民于1634年获准在维诺托米河建鱼簖，下一年则是在梅塞尔河。达默和斯宾塞成功请愿，获准在纽伯里河流的瀑布边建造水闸和鱼簖。1639年，普利茅斯殖民地批准了建造鱼簖以“在莫顿斯涧、鹰巢和蓝鱼河捕鱼”的权利，另有一鲱鱼鱼簖建造在琼斯河。还有几个鱼簖已经存在于新普利茅斯。农民或渔民认为大量鱼类存在，自己可以按需随意取用。在调解桑威奇镇关于灰西鲱归属权的争论时，新普利茅斯法院1655年裁决“托马斯·伯吉斯每年可捕获一万条鲱鱼”。[17]

到17世纪40年代，捕获力巨大的网格状鱼簖遍布在缅因湾南部三分之一的许多河流中，这片区域从科德角延伸至缅因州的基特里。井喷式涌现的新建鱼簖和水闸必然减少了前来产卵的鱼类数量，但准确的比例不得而知。土著居民、游历探险家和第一代定居者都曾赞颂那些河流里的美洲西鲱、灰西鲱、胡瓜鱼、鲑鱼、鲟鱼、鲈鱼及其他大量产卵的鱼群。这些溯河产卵鱼类是缅因湾标志性高生产力的其中一环。这些鱼何时开始在缅因湾流域产卵并不清楚，但我们的确知道这个海湾是世界大洋中最年轻的一个海湾。其成因包括13,000年前的冰河后退，被冰川挤压而后弹回的大陆块还有冰川融化而上升的海平面，其功能年龄，或说具备今天这样独具特色的潮汐特性的时间只有几千年——“比有记录的人类历史还要短”，正如一队科学家所写，“比人类最早到达这个现在叫作缅因湾流域的时间还要晚。”在维京人到达北美洲时，这个海湾的地理、水文和生物生产力特性不过是刚刚形成，远非海洋永恒不变的组成部分。前3000年里对海湾溯河产卵鱼类的冲击，无一能够跟17世纪20年代之后40年间建造的鱼簖相比拟。[18]

17世纪新英格兰书面历史基本围绕天意论和高丰度展开。在记录者的眼中，大片未开垦的土地，松木阔叶林原始森林还有难以想象的大量鱼类，这些让勤劳、虔诚的人们在温和的新世界伊甸园中过上了富庶的生活。17、18世纪间，北美大陆英属13个殖民地的经济增速几乎是英国本土的两倍。至美国独立战争爆发，后来成为美国领土的那些省份人均GDP比世界上任何一个国家都要高很多，甚至在可预见的未来里他国都难以望其项背。这种繁荣得益于英属北美殖民地丰富的自然资源，以及殖民者充分开采土地和雇佣劳工的意愿。[19]

然而这种繁荣为主调的叙述，虽说很多方面确实如此，也忽略了一个重要的背景情况：移居者来到新世界，深知资源匮乏带来的窘迫，所以早期定居者对于保护资源十分关注。第一代移居者对英格兰和欧洲大陆海岸及河口过度捕捞的认知成为他们在美洲保护资源的动机。几代人的时间里，定居者都明确表明需要对海洋渔业采取预防性手段，要取得短期需求和长期消耗间的平衡，即便有时他们会以急切的热忱利用海洋资源，彼此也会因海洋使用权而争论不休。

农民认为灰西鲱是重要的肥料，如何保证其持续高产，始终是人们的关注点。1664年5月，“陶顿整个镇，”以约瑟夫·格雷、萨缪尔·林克豪恩和乔治·沃森为代表，“控诉一种极其错误的做法”，因陶顿镇的锯木厂横亘于鲱鱼河上，没有“给鲱鱼或灰西鲱留下充足的通路”。用水闸拦住河流阻止上游农民获取鱼类，也使得鱼类无法到达他们的产卵地。每个人都明白这样做的后果。1664年5月，产卵季已基本结束，破坏已被造成，尽管法院立即指示工厂主人詹姆斯·沃克“趁小部分灰西鲱产卵时节尚未结束，快速采取行动确保灰西鲱自由上行的通路”。法院同时下令，来年产卵季开始前，工厂长需为鱼类创造“自由、通畅、充足的通路”；否则“这个城镇……会遭受极大损失”。城镇也采取其他措施，充分重视居民如何获取海洋资源。1659年，在波斯特堡和雅茅斯镇，二者都是在普利茅斯殖民地，同意即日起他们共同的城镇边界将延伸至“出海一公里”，这一做法颇具远见，可以避免对甲壳类和有鳍鱼类的争端。[20]

然而，官员对过度捕捞的担忧远不止针对条纹鲈鱼和灰西鲱等溯河产卵鱼类。虽说条纹鲈并非东大西洋北部的本地鱼种，可新英格兰的移民深知，任何溯河产卵鱼类都会由于过度捕捞而减少。鉴于在旧世界的遭遇，不管是通过禁止将其作为肥料还是限制鲈鱼捕鱼者的数量，可以理解地方法官保护条纹鲈的决心。

对鱼类保护的担忧最明显的表现却是集中在鲭鱼上，可以说这是海洋里数量最多的一种鱼了。事实上，在17、18世纪，马萨诸塞的渔业管理对海鱼的关注更甚于对溯河产卵鱼类的关注。1660年，新英格兰联合殖民地长官们亲自上阵以阻止新英格兰鲭鱼储量的减少。那年的一项法案陈述道：

> 本国多地资深渔民均已控诉，于鲭鱼产卵前进行过早捕捞会导致极大消耗乃至损毁；另有人至远海捕捞亦使其不敢靠岸；长官认为此鱼乃本国最主要之产品，倘加以睿智管理，应有比如今更有益之效用；故而向法院提请几项判决，每年7月15日前禁止捕捞鲭鱼，希冀此鱼数量上升繁衍。

新英格兰联合殖民地，俗称“新英格兰同盟”，于1643年建立，以期“在未来有关事务中彼此合作，互利共赢”。在这个友谊同盟中，每个殖民地派出两名代表，代表们自选一名主席。该同盟联合马萨诸塞湾、新普利茅斯、纽黑文、康涅狄格，中心则设于哈特福特。（很明显，罗德岛不在其内，其他地区认为其在宗教上搞分立。）同盟条例明确规定长官不能插手任何政府的独立司法权，只关注会影响共同安全和友谊的相关事宜。同盟最成功之处在于通过外交手段（以及威胁）共同抵御本地区的土著、法国人和荷兰人，不过长官们偶尔也将注意力转向其他事情，比如经济发展。1660年关于鲭鱼捕捞管理的法案意义重大，不仅因其植根于资深渔民的控诉，也因为其得到了新英格兰大部分地区的支持。它反映出靠海吃海社会的脆弱和担忧。[21]

（大西洋）鲭鱼形体光滑，游速快。肚皮呈象牙白色，背部呈斑斓的蓝绿色，有横向波浪状虎纹，颇具特色。成熟时体长通常是12—16英寸，重约1—2磅。肉质滑腻，口感跟鲱鱼或青鱼类似，口味鲜美，颇受人们喜爱。可将此鱼进行熏制、腌制或新鲜食用。肉质的滑腻多汁恰恰使其不如鳕鱼这样的白肉鱼类易于保存。自罗马时代以来的欧洲，从比斯开湾到挪威海岸，鲭鱼作为主要食物为渔民和鱼贩子所熟知，尽管每到冬天它们就消失不见。渔业科学家现在已经知晓其在远离海岸的较深水域过冬。对捕鱼群体来说，鲭鱼的回归是迎接春天到来的标志。不过鱼群迁移变化无常，没有规律，且总是在移动中。因为需要大量的氧气，它们不停地游动以增加流经鳃部的水流量。为了追随浮游动物、鱿鱼以及小鱼等食物，鲭鱼基本上是白天活动，游到海水深处，晚上浮出水面，尽管也有鱼群白天在水面出现。17 世纪水手经常看到大量在水面快速游动的鲭鱼群。平静的夏日里，眼神好的人倘若爬到桅顶，背对太阳，就能看到成群结队的鲭鱼在距离水面 8—10 英寻处游动。到了晚上，鱼群浮出水面，打破发光微生物的游动轨迹，从而暴露自己的位置，让海水看起来像“着火”一样。阴天或没有月亮的夜晚，生物发光体发出有些可怖的蓝光，令人观之着迷。在令人生畏的深海，成群的鱼儿滑动、前冲和旋转，在蓝光中留下清晰的行迹，非常神奇。到了春夏时节，鲭鱼群靠近岸边，非常便于捕捞。正如威廉姆·伍德 1634 年在切尔西注意到的，“成群的鲈鱼把鲭鱼群追逐至海滩边缘，居民把它们捡起来放进独轮手推车。”[22]

这些鱼群只不过是冰山一角。20 世纪晚期研究鱼类结群行为的生态学家曾报告，在北大西洋过冬的单个鲭鱼群竟有 5 海里长，1.5 海里宽，12 米厚，其中有大约 7.5 亿条鱼。科学家如今知道了鲱鱼、鲭鱼和油鲱是北大西洋里数量最多的鱼。因此，17 世纪来自纽黑文、达克斯伯里和波士顿的几位渔民，用着最普通的渔网和鱼钩，行驶在笨重的小舟里，如何想象自己能够“消耗甚至摧毁”弗朗西斯·希金森在 1629 年所提到的“多到让人眼花缭乱的鲭鱼”呢？[23]

问题是他们真的做到了。到 1660 年，当地渔民对鲭鱼的未来无比担忧，他们说服当选官员，只有“智慧地管理”，这种鱼才能“增加繁衍”。可能他们觉得 1660 年的鲭鱼丰度远不如几十年前。可能他们连续几年观察到的鲭鱼群年龄构成都差强人意，其中幼鱼和成年鱼数量不达标。也可能 17 世纪 50 年代末那几年刚好没有像往常一样多的鲭鱼来到岸边。我们不知道是什么引起了他们的担忧，但很清楚的是他们相信人类活动会影响鲭鱼储量。[24]

然而，捕捞依然在继续，一如那些关于捕捞的故事。十年以后，1670 年 10 月，马萨诸塞州议会在“被告知在不恰当的时节捕捞鲭鱼会对其繁衍造成极大伤害，而且后果很可能是毁掉整个产业”后，采取了行动。他们命令“即日起，每年 7 月 1 日前不能继续捕捞鲭鱼，除非是新鲜食用”——也就是即捕即吃。第二年，马萨诸塞湾赫尔的居民向新普利茅斯殖民地请求获得“在科德角派出几艘船只及人手，并用网捕捞鲭鱼的权利”，法院批准了他们“派出仅仅两艘船的权利”。

赫尔的居民本意是否是请求派出多于两艘船（原文是几艘船），我们无从得知。法院也许只是在行使发放许可的特权，并且“向外国人”收取“殖民地应得的”收入，而非出于保护鱼类的目的。那个时代，大自然的大部分都是高深莫测的，尤其是海洋，非常神秘。可新英格兰人会从某些角度去看待这个世界，并且基于这些预设采取行动。到 1670 年，马萨诸塞的渔民和官员已经深信他们使用的围网技术足以影响鲭鱼等集群鱼类的数量。[25]

例如，1684 年，一位名叫威廉姆·克拉克的资深渔民说服普利茅斯州议会重视“本殖民地以及毗邻区域因用渔网和围网在科德角捕鲭鱼而可能遭受的巨大损失，否则本殖民地内任何一个海滩都会遭遇鱼类大破坏，令渔民失望而归”。克拉克言行一致。假设法院真的会禁止围网捕鲭鱼，他愿意向殖民地财务总管付钱购买在科德角捕鲈鱼的权利，他愿意每年支付 30 镑“新英格兰钱币”，并且购买未来七年的鲈鱼捕捞权。克拉克相信，没有了大量鲭鱼供应作为饲料，条纹鲈也不会光顾科德角附近的近岸水域，他还坚信用围网捕鲭鱼会把他们赶尽杀绝。[26]

从 1660 年到 1702 年，在新英格兰同盟和马萨诸塞湾，各管理部门纷纷表示了对鲭鱼未来储量及可能过度捕捞的担忧，在新普利茅斯也有类似的担忧，但相对缓和。虽说当时渔民具体说了什么，由于时间久远已无从知晓，但可以公平地说，长官和州议会发出的保护主义之声凝聚了“最资深渔民”无数对话的精髓。这些对话包括：捕捞未产卵鲭鱼会“毁掉他们”；捕鱼业会影响鲭鱼的迁移路线；以及“睿智地管理”对人类有益的产品相当重要。到 17 世纪 60 年代，渔民和商人中有一些是生于斯长于斯，但仍有一些人，如“罗伯特·威利，别名威利斯，来自康沃尔郡的米尔布鲁克，是后来才到新英格兰萨科的冬日港”。1652 年，他参加了在普利茅斯附近的一次鲭鱼捕捞行动。如威利这般对旧英格兰和新英格兰海洋生态系统有着亲身经验和对比认知的人来说，是有理由担忧过度捕捞的。[27]

1668 年，新英格兰的商业捕捞尚处于萌芽期，马萨诸塞却通过了最严厉的预防性限制措施。众所周知，渔业的真正收入并非来自鲭鱼、鲈鱼或鲱鱼，而是来自鳕鱼。到 17 世纪中期，干鳕鱼已成为新英格兰殖民地出口经济的基石。然而，在 17 世纪二三十年代，尽管有立法推动和土地许可，建立基于新英格兰的商业捕捞业并不成功，除了缅因州的佩马奎德定居点是个例外。虽说科德角东北部的海洋生态系统是世界上最好的渔场，这是众所周知的事。可来自英格兰东部和南部的清教徒中，鲜少有人有技巧或商业联系来开展成功的捕鱼业。来自英国西南部各郡的老粗们虽然了解这个行当，却没有得到“圣人们”的完全认可，清教徒正是这样称呼自己的契约群体。而以固定的季度薪资雇佣帮手，在纽芬兰超过一个世纪里的时间里一直如此操作，这在马萨诸塞或南缅因州却行不通。这两个地方遍地都是别的岗位，渔民雇的帮手有时会突然消失，去挖自己的一桶金。[28]

尽管有诸多问题，在清教徒大迁移高峰期，鳕鱼捕捞业还是在马萨诸塞州西部紧紧毗邻波士顿的地方启动了。1632 年，托马斯·维尔德教士给他以前在英格兰的教区居民乐观地写道，“庄园现在已经准备好捕捞一种主要鱼产品……桨帆船已备好，装备也已到位，捕到以后会将其运至其他国家来换取各种其他货物。”同年，位于斯基尤特的一个捕鱼站也启动了。在多尔切斯特，亨利·威到 1631 年已拥有两艘桨帆船，一艘在当地捕捞，另一艘出海到东部水域。至 1634 年，马修·克拉多克，一名长期在外地的资本家，拥有一支从马布尔黑德驶来的、由八艘桨帆船组成的船队。船队由艾萨克·阿勒顿管理，船员为雇工。阿勒顿跟其他移民先驱分道扬镳之前，曾是新普利茅斯的副长官和商务代办。由于各种原因，阿勒顿和雇工的捕鱼事业竟未有起色。这些错误的开始和小范围的尝试促使马萨诸塞湾政府赋予几位绅士“权力，对捕鱼业的事先准备和后续管理提供建议、做出咨询并发出命令”，此外还为这项工作拨款。1639 年，也就是他们禁止将鳕鱼和鲈鱼用于施肥的那一年，地方法官命令“在安角建立一个捕鱼农场”，任命莫里斯·汤姆森全权负责。[29]

跟农夫用网便可施行的季节性条纹鲈捕捞不同，跟只需简单船只、用鱼簖捕捉的灰西鲱捕捞也不同，鳕鱼的商业捕捞令人望而却步。需要准备充足资金购置装备，还要进行大批量干鳕鱼的捕捞、加工、储藏、运输以及售卖工作。正如杰出史学家丹尼尔·维克斯所解释的那般，“与技艺高超、资金充足的西欧渔业争夺市场，与海湾殖民地发展中的乡村经济抢夺劳动力和资金，并非易事。”[30]

英国内战（1642—1651）给了殖民地商人亟需的喘息之机。西南部各郡在纽芬兰作业的渔船数量从 1634 年的 340 艘下降到 1652 年的少于 200 艘。在新英格兰海岸作业的西南部各郡船只则彻底消失。产量下降，以及随后而来的供给不足，使得欧洲南部的鳕鱼价格上升。所有这一切都给新英格兰商人提供了再次尝试渔业的契机。在随后的几十年里，新英格兰的干鳕鱼输出量稳步增长。鳕鱼最初由英国船只运送到西班牙、葡萄牙和大西洋的岛屿，但很快就由美洲船队以惊人的数量出口至欧洲南部的天主教市场以及加勒比海的种植园，后者有数量日益增长的奴隶工人需要喂养。腌制的干鳕鱼逐渐成为新英格兰经济的关键，刺激了新英格兰经济快速发展的命脉——造船业和运输行业。1645 年至 1675 年间，新英格兰鳕鱼总输出量每年增长 5%—6%，从 12,000 公担上升至 60,000 公担（一公担合 112 磅干鳕鱼）。[31]

1668 年 10 月，渔业大扩张正如火如荼进行，州议会叫停了鳕科鱼类的对外开放，命令“即日起，12 月至 1 月间，任何人都不允许捕杀鳕鱼、无须鳕、黑线鳕及狭鳕以制干售卖，因其时乃鳕鱼产卵季”。[32] 为什么一心谋发展的当局会缩短鳕鱼季，每年关闭两个月的鳕鱼捕捞呢？

大西洋西北部的鳕鱼捕捞业，最初在纽芬兰，其后转移至新斯科舍和新英格兰。其捕获量在 16、17、18 世纪一直有着剧烈的波动。1592 年对纽芬兰渔民来说是很差的年头，同年“赶巧碰上康沃尔和爱尔兰渔业收获甚微”。1621 年也不景气。17 世纪 20 年代，多尔切斯特公司之所以没能在马萨诸塞安角附近发展捕鱼业，部分原因是公认的鱼量的减少。正如克里斯托夫·莱维特 1624 年所写，“今年在此捕鱼的船只，要行驶 20 英里去捕鱼。一位师傅在我家向我坦言，他们对这个航行十分惧怕。”在 1651 年 6 月的波士顿，约翰·勒夫莱特没能向他的代理人威廉姆·斯特拉顿兑现 308 公吨的鱼。勒夫莱特解释道，斯特拉顿“清楚不是有钱就能捕到鱼”。一位诺顿太太代其丈夫表明，“如果她丈夫能捕到鱼，他一定会全力以赴。”可那年波士顿附近鱼量稀少。渔民永远无法准确预测每一季的捕获量。而这也不仅仅是运气的问题。[33]

今天的科学家将历史上渔获量的波动归因于气候变化和其他影响鳕鱼储量多少的自然因素，也有来自捕捞的压力。雌鳕鱼每年产卵数百万计，但能够孵化者很少，长成幼鱼的则更少。年龄组比例不佳似乎影响了 1723—1725 年间以及 1753—1755 年间纽芬兰南部海岸的渔业。1748 年，在科德角伊斯特汉，有居民抱怨“近来渔业大幅度衰退”。楠塔基特岛渔民 1751 年哀叹“岛周围的鳕鱼量年年衰退，抓到的鱼还不够居民现吃，连一半都不够。浅滩渔业衰落至此几乎可忽略不计了”。这样的自然衰减，每个世纪都有那么几年，对渔民来说后果十分严重。[34]

长期来看，自 17 世纪中期到 19 世纪中期，西北大西洋生态系统似乎足以产出渔民每年 15 万至 25 万吨的捕获量。年与年间的巨大波动十分常见，最好的解释则是气候变化。异常春寒会导致鳕鱼捕获量锐减，正如 1660 年至 1683 年期间。然而，这种总体上的可持续性，可能掩盖了当地鱼量减少的趋势。早在 18 世纪中期，纽芬兰人就开始将捕鱼行动从捕获量渐少的区域转向未开发的区域。住在纽芬兰岛南部和西南部的居民曾习惯于用小船在岸边抓鱼，也开始到拉布拉多东边捕鱼。那里地处偏僻、不宜居住，渔民需要在捕鱼季进行迁移。到 18 世纪晚期，他们更多地来到纽芬兰北部海岸的圣母院和怀特湾捕鱼，为了在一片茫茫大海中建立海岸捕鱼作业基地，也需要季节性地艰苦跋涉。虽然证据远不足以得出结论，但纽芬兰人哀悼某些近岸鱼类日益缩减的捕获量可能反映出过度捕捞导致当地鳕鱼量衰减的情况。[35]

如此看来，马萨诸塞州议会 1688 年做出于每年 12 月和 1 月不进行鳕鱼商业捕捞的决定，表明了政府早在 1688 年就感知到了马萨诸塞湾的鳕鱼捕捞业存在的问题。历史记录过于单薄，不足以得出绝对确定的答案。可站在当地生态生产力的角度去审视农场建设、城镇建设及捕鱼业的过程，本身就揭露出早在 17 世纪 60 年代，马萨诸塞湾范围内安角和科德角的鳕鱼捕捞与安角东部已是各走各路，后者范围从马萨诸塞埃塞克斯郡延伸至缅因荒野。

马萨诸塞湾的鳕鱼储量基础似乎比安角东部的更为脆弱一些，这是由缅因湾独特性带来的结果。缅因湾水下地形独特，水流主要以逆时针流动，形成了独一无二的浮游生物分布。从生物角度看来，缅因湾是个花园，是世界上最具生产力的海洋生态系统之一。从地理角度看来，海湾属于半包围的内陆海，这一点也增强了它的生产力。巨大的乔治沙洲和布朗沙洲浅滩是缅因湾跟大西洋之间的重要屏障，防止海湾更冰冷、盐分没那么高的海水跟大西洋海水自由混合。无数条河流中冰冷、富氧的淡水汇聚到缅因湾，并与那里养分充足的海水在阳光照射下混合，给浮游植物繁殖提供绝佳条件。然而，海湾基本上封闭的地势意味着其水流以逆时针回旋进行循环，主要从东北部流向西南部。沿新布鲁斯维克、缅因和新罕布什尔海岸流动。科学家现在将这个水流称作缅因湾海岸羽流，浮游生物随羽流沿海岸来到伊普斯威奇湾，这里是重要的鳕鱼产卵区。羽流在安角发生转向，因而富含浮游生物的海水流入乔治浅滩，却不进入波士顿港口或马萨诸塞湾从塞勒姆到普利茅斯区域的内部流域。"由于在多数天气状况下，转向的羽流从马萨诸塞湾的西北湾绕道而行，喜食浮游生物的鱼类就不会被大量吸引至这片区域，比如鲱鱼或油鲱，而这些鱼才会吸引鳕鱼等更大捕食者。不过，在欧洲人到来前，安角西部沿岸的盐沼和河口生产力足以保持一定数量的溯河产卵鱼类以维持当地的鳕鱼数量。简而言之，安角保证了布罗得和塞勒姆海峡底栖鱼的主要食物来源：溯河产卵鱼类。"[36]

到 17 世纪后半叶，也就是马萨诸塞常设法庭禁止在产卵季捕捞鳕鱼之时，新英格兰的鳕鱼捕捞方式有两种。从安角东部至缅因中部沿岸，渔民主要基于海岸捕捞，使用相对小型的装备在近岸区域追捕鳕鱼，他们的后代直到 19 世纪后期依然如是。然而安角西部则孕育了深海渔业捕捞，一开始是在马布尔黑德，后来是格洛斯特和波士顿。这些社区的人们并未发展渔、农、林、海混合经济，而是成为全职渔民，在遥远的离岸浅滩维持生计。安角到科德角海岸水域的鳕鱼储量不足以支撑集中的海岸渔业，尤其在城镇建设和土地开垦破坏了灰西鲱、美洲西鲱和胡瓜鱼等溯河产卵鱼类必须的生态环境之后。

流向马萨诸塞湾的短河流中建造的鱼簖加重了犁耕农业和沼泽排水导致的生态环境破坏。清教徒定居后的四五十年内，已经给鳕鱼和黑线鳕等掠食性鱼类的觅食地造成损害。虽然这些物种继续在东南部繁衍，但在波士顿港和马萨诸塞，依靠小渔船展开的捕鱼业大部分都萎缩了。只有前往中间地浅滩的航行仍然存续，该浅滩位于普罗文斯敦和格洛斯特之间，如今叫作斯特勒威根浅滩。

一直以来，人们理所应当地认为安角东边的捕鱼社区之所以跟安角本身及其西边的不同，是由于社会因素。然而事实是，早在 17 世纪 60 年代，人类对海岸海洋环境的冲击可能已经影响了渔业社区的未来形态。至 17 世纪晚期，马萨诸塞湾的渔民开始到新斯科舍大陆架海岸捕捞鳕鱼，因为到离家不远的海域捕捞根本不值当。而新罕布什尔和缅因的渔民总能继续在近岸浅滩找到有生产力的水域，这多亏了缅因湾海岸羽流的滋润。

17 世纪末，马萨诸塞湾鳕鱼的处境大概类似于文艺复兴结束时爱尔兰海和北海的鳕鱼。鳕鱼当然没有被赶尽杀绝。但最大的鱼已经被捕光了，而大鱼正是产卵最多的鱼。渔民使用的简单渔具本质上跟中世纪时期没有太大变化，一旦他们发现就像"牛奶最上层的乳皮已被撇取"，当地容易上钩的大鱼已被捉光时，寻找新的渔场要比固守原地更易获利。捕鱼行动从未止步于爱尔兰海或者北海，英国渔民甘冒风险，不嫌路远，早在 15 世纪就航行至冰岛，只因那里捕获量更高。到 16 世纪，英国渔民以及来自西班牙、法国和葡萄牙的渔民开始驶向纽芬兰。同样，到了 17 世纪后 30 年，马萨诸塞湾沿岸城镇的渔民宁愿驶出几百英里到东边新斯科舍海岸捕鱼，而不愿待在科德角海湾——那里水域的高生产力仅仅 60 年前还让早期探险家们吃惊不已。定居者群体正对新英格兰海岸生态系统产生着影响。

有人哀叹了在一个地方持续捕鱼所产生的破坏性后果。1703 年，一个英国人在纽芬兰海岸写道，"鱼变少了，原有的存储正被我们持续的捕捞所消耗。"他这种切实的担忧驳斥了当时的自然哲学家对于大海永恒性的假设。比如，18 世纪前半叶，孟德斯鸠坚称大洋里的鱼类是无穷尽的。这样的想法总是占到上风，跟鱼类会由于过度捕捞而匮乏的担忧相矛盾。[37]

一些新英格兰人则更进一步。他们借用了应用于陆地生态系统的主导说法“改进”（improvement），指一片原始森林可以通过皆伐[a]和有序的耕地规划而得以“改进”，或者如果把水排掉转化成草地，一片湿地也能够得以“改进”。海边的新英格兰人则认为他们可以通过捕鱼“改进”海洋。然而，愈是刻意的行为往往愈会导致问题。1680年，威廉姆·哈伯德注意到，“这片海岸的第一个改进”是由“船员和水手带来的”。定居者社会一边摘取海岸区域低垂的、唾手可得的果实，一边深信人们可以通过捕鱼改进大海。1786年来自新罕布什尔纽卡斯尔镇的请愿者在写给州议会的信中，先是说明了他们因美国独立战争所遭受的灾难，然后表达了“他们希望”通过重新捕鱼“改进大海，这是他们致富的唯一来源”，这个小镇“几乎完全”依靠鳕鱼捕捞便能自给自足。最晚到1832年，洛伦佐·赛宾重申了捕鱼业可以被“改进”的概念。到18世纪中期，人们推崇努力工作，赞成将野生环境转化成有序的文明生产区域，这让新英格兰人更加不会觉得他们在海洋的探索可能会损害到其所依赖的资源。[38]

对海洋最初的打扰

1620年11月11日，“五月花号”停泊在普罗温斯敦的科德角海湾。“我们每天都看到鲸鱼在旁边嬉戏，”一位乘客观察道，“在那里，如果我们有工具的话，可能通过抓鲸鱼大赚一笔……船长、大副和别的有捕鱼经验的人都说，我们可能获得价值三四千英镑的鲸油。”[39]几天以后，一支“五月花号”的巡逻队遇见“十或十二个印第安人”在海岸上“忙着什么东西”。正如威廉姆·布拉德福特的叙述，他们在“切割一条大鱼，似乎是圆头鲸”，也被叫作黑鲸或领航鲸。移民先驱者们“又发现两条这种鱼死在沙滩上”，根据布拉德福特所言，“在那里，暴风雨之后，这种事常发生。”黑鲸带来了鱼肉和鲸油，给“五月花号”接风。[40]

鲸鱼无处不在，跟欧洲海岸很不同。很明显，17世纪初期，缅因湾有成千上万只大鲸鱼。[41]即使像布拉德福特这种海洋新人也注意到了区别。有经验的渔民们则不可避免地注意到西大西洋的生态系统因为大型鲸鱼的存在而有了不同的构架，尽管他们并没有把结论更推进一步，承认家乡水域中鲸鱼的稀少是过度捕捞的后果。[42]

---

a 皆伐是指将伐区内的成熟林木短时间内全部伐光或者几乎全部伐光的主伐方式，伐后采用人工更新或天然更新形成同龄林。——译者注

在欧洲人到来之前，居住在科德角到圣劳伦斯湾一带的土著人可能偶尔捕到过大型鲸鱼，但考古证据不够确定，早期的民族志记录亦然。不过，毫无疑问的是当地土著人珍爱鲸鱼。米科马克人“最大的喜好是吃油脂……跟我们吃面包似的”阿卡迪亚的早期定居者尼古拉斯·德尼斯如是说，他本人也是渔民。据他所说，阿卡迪亚的米科马克人极喜食“经常来到岸上的”鲸鱼的鲸脂。来自楠塔基特岛东边的土著人，除了捕捉领航鲸和鼠海豚，也常常会碰到漂流上岸的鲸鱼——搁浅的活鲸或者是被冲上沙滩的死亡鲸鱼。在海岸的某些区域，“来到岸上的鲸鱼数量多到根本没必要再到海里捕杀它们。”[43] 土著人很少甚至从未到海里捕捉大鲸鱼这一事实表明新英格兰沿岸的鲸鱼数量在欧洲人到达时基本上未曾受影响。鲸鱼储量充足，土著人口密度相对较低，不时被海浪冲上岸的鲸鱼足以满足他们的需求。

英国人永久定居后，马撒葡萄园岛和长岛的土著人很快失去了上岸鲸鱼的使用权。不过，1673 年在楠塔基特岛，开始有法律保护这个权利。“法院规定……所有的鲸鱼或其他漂流上岸的鱼类都属于印第安酋长。”在 1684 年和 1701 年，英国买家向印第安酋长购买海岸空地，他们之间的一系列交易基本遵循了这个规定，但上岸鲸鱼是个例外。至少在楠塔基特岛和长岛东部，由于“印第安人对上岸鲸鱼的所有权损害了国王的权利……他们的鲸油有可能不交税就出口了”。定居者们具体是怎样一步一步由拾荒搁浅鲸鱼演化到从海岸出发追捕鲸鱼的，时光掩埋了这个问题的答案，但鲸鱼的重要性却没有因时间变化。1635 年，约翰·温斯罗普长官注意到“我们之中有人到科德角，从搁浅的鲸鱼身上制取了鲸油”。普利茅斯殖民地从 1652 年开始向这一行当征税。科顿·马瑟牧师称鲸油为“殖民地的一项重要商品”。[44] 马萨诸塞的海岸捕鲸业始于 17 世纪五六十年代，但区区几代人的时间里，近岸鲸鱼充足的储量就消耗殆尽。早在 1720 年，《波士顿新闻通讯》报道“我们听说海角一些城镇的鲸鱼捕捞今冬收获惨淡，一如前几个冬天”。到 1740 年，当时的人声称近岸捕鲸地已经“被捕空了”。经济影响十分可怕：固定设备遭到闲置，预期收益无法实现。随之而来的也有轻微的政治后果。1754 年，由于近岸捕鲸的失利，行政委员约翰·哈雷特向省里请求免除雅茅斯镇向立法机构派送代表。[45]

根据一项保守的研究，1696 至 1734 年间，殖民者们在特拉华湾和缅因州沿海区域之间至少捕杀了 2459 至 3025 头露脊鲸，还有相当数量的领航鲸以及偶尔会有一些其他的大型鲸鱼。另有可靠估计则表明捕鲸量远不止这些。1794 年，马萨诸塞巴恩斯特步的约翰·梅伦牧师写道“七八十年前，船只从岸边出发，在海湾捕捞鲸鱼，且收获丰厚。这项工作需雇佣接近200人，每年秋季至冬初进行三个月。可如今鲜少有鲸鱼入湾，捕鲸已经被放弃很长时间了（至少在这个镇如此）”。[46] 大约在“五月花号”航行前一个世纪，西北大西洋鲸鱼捕捞业如火如荼地展开了。1530年至1620年，巴斯克捕鲸人在拉布拉多和纽芬兰之间的百丽岛海峡捕杀了成千上万头露脊鲸和弓头鲸。随后，1660年至1701年，新英格兰人还在当地捕捞时，荷兰和巴斯克的捕鲸人来到西北冰洋，用鱼叉捕获了35,000至40,000头鲸鱼，极大减少了鲸鱼数量，并且影响了鲸鱼的迁徙模式。[47]

马萨诸塞海岸鲸鱼储量急剧下降，酋长们对上岸鲸鱼的拥有“权”也没有实际意义了。在科德角和楠塔基特岛海岸，瞭望塔无人值守，捕鲸人客栈不再营业，提炼炉（用来提取鲸鱼油脂的蒸煮设备）也遭到丢弃。在马萨诸塞湾北海岸的城镇，比如伊普斯维奇镇，那些曾经尝试海岸捕鲸的商人，都将注意力完全转向了捕鱼业和航海贸易。当然这个转变历时甚久。捕鲸人并没有一下子全都放弃。但到18世纪早期，被猎杀的、搁浅的和死亡后冲上海岸的鲸鱼数量急剧减少。到18世纪中期，海岸捕鲸已不再是一项稳定的季节性收入。荒芜的气氛笼罩在不久前还熙熙攘攘、大有赚头的海滩设施上空。威尔弗利特的格里特岛屿上有一家捕鲸人客栈，大约1740年因海岸捕鲸的终结而被舍弃。在威尔弗利特，近岸鲸鱼数量锐减之后，捕鲸人已无必要在小客栈里小憩或休整。到18世纪50年代，资金充足的科德角船只开始驶往向东将近1000英里的拉布拉多和纽芬兰捕鲸鱼。同时，由于海岸生态系统生物量变化，鲸鱼量减少，楠塔基特岛剩余的印第安人也作为“桅前人”（men before the mast）走上了捕鲸船。他们在沙滩上就能捡到鲸鱼的日子一去不复返了。[48]

海岸捕鲸所带来的后果不止有转向深海捕鲸进行的地理扩张，不止有城镇收入的匮乏和一度活跃的捕鲸设备的舍弃，也不止是对楠塔基特岛和长岛土著居民生活的重新定义。在相对较短的时间里捕杀大量的鲸鱼移除了它们对生态系统稳定性作出的质的贡献。须鲸并不是顶级掠食者。然而，作为大型、长寿生物，鲸鱼形态稳定，含有巨大生物量。成熟的蓝鲸通常重达125吨；大的有170吨。一头露脊鲸可重达100吨。商业捕捞开始之前，自然出现的鲸鱼群将数十万吨的生物量聚集在大陆架生态系统。它们中的每一头动物在一生的时间里都有效地“锁住”了组成其本身的生物物质。数量众多的长寿动物对大量生物量的集成限制了系统的生物可变性，帮助维持自然的平衡。过度捕捞须鲸使得相当数量的被捕食者免于被捕杀，因而可能造成被捕食者数量震荡得比以前更为剧烈。[49]

殖民地新英格兰人称北大西洋鲸鱼中的一种为 scrag，这个名字现在看来是个时代错误。俄备得·梅西在《楠塔基特岛史》中声称楠塔基特岛被捕杀的第一条鲸鱼就是 scrag。马萨诸塞居民保罗·达利于 1725 年在《伦敦皇家学会哲学学报》上就鲸鱼的自然史发表文章，他解释道，“scrag 鲸鱼跟背鳍鲸是近亲，但背上没有鳍，背脊后半部分长着半打瘤状突起，或说是关节；其体型和鲸油产量跟露脊鲸接近。”俄国商人向托马斯·艾奇派出的代表团于 1611 年提到一种鲸鱼 otta scotta，其描述跟达利的“scrag”（某种大西洋灰鲸）类似。灰鲸的半化石样本曾在欧洲海岸发现，佛罗里达到长岛东部也有。通过放射性碳进行年代测定，这一物种大约消失于 1675 年。证据显示大西洋灰鲸曾在大西洋两岸生活，并且跟其他的鲸鱼一样，也被捕杀过。其灭绝于 17 世纪晚期到 18 世纪早期。对其灭绝，人类猎手到底是罪魁祸首、是帮凶还是无辜的，我们无法得知。然而，鉴于那时鲸鱼被捕杀的速率，这种北大西洋哺乳动物的灭绝——后更新世第一纪灭绝的动物——似乎有可能是由于开发西大西洋水域和建立大西洋世界所带来的集中捕鲸产业而导致的。[50]

所有的海洋哺乳动物都有其价值，但在 19 世纪以前，鲸鱼和海象比海豹和鼠海豚更受捕杀者青睐。对 16 世纪来到圣劳伦斯湾的欧洲探险家来说，海象皮、象牙和油脂有着极大的吸引力。杀死并炼制后，每只海象能产出一到两桶油。历史上，从塞布尔岛东北到圣劳伦斯湾和拉布拉多海岸，海象数量充足。它们是群居动物，尽管体型巨大、行动笨拙，但每次陆地“出动”能聚集 7000 到 8000 头。渔民把他们出动的地方称作“出动地”（echourie）。出动地通常至少 80 到 100 码宽，可能是沙滩，也可能是岩石，但都是从海里呈缓坡上升至岸边，并且足够容纳大群海象。这些出动地位于圣劳伦斯大海湾区域，在夫人岛群岛、马格达伦群岛、拉米亚群岛以及米斯库岛等地。最南端的出动地位于新斯科舍以东的塞布尔岛，此地因其总是流动的沙滩成为凶险的船只葬身地。在 4 月至 6 月产犊季期间，海象总是花费大量的时间在岸上。数千只一起出动时，每只海象可以几星期不吃不喝。[51]

海象鲜少有天敌，但他们聚居的天性使其极易为人类捕捉。一名 18 世纪的作家介绍道，捕猎者“利用海风或岸上斜刮的风，防止被海象闻到气味（它们嗅觉十分灵敏，可以保障它们的安全）。捕猎者借助优秀猎犬的帮忙，在夜间行动，驱散离水边群体最远的那些海象，把它们赶往不同的方向。他们把这叫作‘各个击破’”。一旦有的海象被赶到了出动地的坡顶，它们就只能“任人宰杀”了，有时数百头被杀。1591 年产犊季，在塞布尔岛，一艘欧洲船只的船员杀死了 1500 头海象。其后，一旦“各个击破”的技艺娴熟了，一次被宰杀的海象有成百上千头。[52]

1641 年的夏天，波士顿商人派出一艘 12 人的船只前往新斯科舍的塞布尔岛捕杀海象。约翰·温斯罗普写道，“他们带着 400 对海象牙齿 [海象长牙] 回家，价值约 300 镑”，一部分船员留在岛上，还有“12 吨油和许多海象皮”。商业捕杀开始以前，最大的海象群很显然生活在圣劳伦斯湾的马格达伦群岛，群岛由海贝床包围，且有不少十分方便的斜坡“出动地”。18 世纪最大型的海象捕杀发生于美国独立战争时代的马格达伦群岛。这样规模的屠杀无法持续下去。到 18 世纪晚期，曾在塞布尔岛到拉布拉多的岛屿和海滩上出动的大规模群居海象群被连根拔除。海象还没灭绝，但它们遭受了大航海时代比任何海洋动物都严峻的活动范围收缩。到 19 世纪早期，它们在西大西洋的活动范围缩减至拉布拉多北部、巴芬岛东南部、哈德逊海峡和哈德逊湾——换言之，北极和紧邻的亚北极区域。[53]

在 18 世纪的缅因湾，人们只是偶尔才会猎捕海豹和鼠海豚。鼠海豚跟伊斯特汉的人争夺鳕鱼和鲭鱼。18 世纪 30 年代，科德角上的伊斯特汉镇宣布鼠海豚是害虫，并给提供鼠海豚尾巴的人发布赏金。最成功的赏金猎人，以利沙·杨在 1740 至 1742 年交了 500 条尾巴。除了偶尔出于赚赏金的目的猎捕海洋哺乳动物，渔民有机会也会猎杀港海豹和灰海豹，一是消除竞争者，一是从它们的油和皮获利。然而，在 18 世纪的圣劳伦斯湾以及拉布拉多南部沿岸，渔民和捕猎者会用网抓海豹，包括格陵兰海豹，开展大规模商业捕捞。在春夏两季捕鱼的人到了初冬会去捕海豹，海豹的皮运给英格兰的皮毛商。一只海豹的脂肪能够产出几加仑到十加仑或更多的油脂，取决于海豹的品种和大小。海豹油的价格会根据国际油市的价格而变化，油市价格则取决于当年全球捕鲸业的成功或失败。[54]

“有两种捕海豹的方法，”爱德华·查普尔，一名皇家海军长官解释道，“一是把结实的网固定于海底；二是在一些小海湾的海岸附近建造所谓的‘网架’。”第一种方法用的网一般是 40 英寻长，两英寻深。工作原理跟捕鱼的刺网相同，不过网用更结实的线织就。海豹捕猎者将脚缆系在“桨帆船的旧锚索上”，捕猎老手乔治·卡特赖特写道，用“几个石锚”（原始的锚）固定住。这样网的底部就会保持在海底，而首缆上的软木塞使网能够垂直竖立。“海豹在潜到海底捕鱼的时候，”卡特赖特注意到，“它们撞进网里被困住。”另外一种方法则更为复杂，需要长得多的网，更多的锚，岸上还要有起锚机以升高或降低网栏的某一边。这样的框架是半永久性的，捕猎者在海豹集中出现的海岸沿岸建造，通常位于狭窄的沟渠附近，帮助将海豹汇集到网栏里。

1770 年 12 月，卡特赖特“欣慰”地听闻“盖伊和他的手下捕杀了将近 800 头海豹”。一年以后，“我们捕杀了 972 头，这是据我所知最多的。”1775 年 1 月，他记录道，“达比船长的一名下属今天来了；他告诉我，他们雇主的一名船员杀了 700 头海豹，另两个各杀了 30 头。”捕海豹的设备数量少，距离远，且正如这些相对较小的计数显示，18 世纪的海豹捕捞是很有限的。海豹捕捞者不仅要靠着海豹主动走向他们，还要企盼有利的天气条件。正如卡特赖特 1775 年 12 月 8 日所写，“天气过于温和海豹就不来了。寒冷天气开始了才可期待它们出现；可由于现在离海豹季还早着呢，到时候结冰会很厉害……我们的网都会被冻住。”跟这种被动的、规模有限的捕捞形成鲜明对比的，是始于 1795 年的纽芬兰海豹捕捞。纵帆船载 15 至 40 人主动出击，行驶到海豹下崽的冰面，抛锚于此，船员则四散到冰上，棒击或射击倦怠的海豹。这种情况下，一艘船的船员可在一周内杀死 3500 头海豹。1795 年后，海豹屠杀每年呈数量级增多。[55]

大量鲸鱼、海象、部分海豹和鼠海豚在大海中被迅速清除，这些被捕杀者的数量、它们捕食的对象以及船员的数量都受到了影响。美国独立战争爆发前夕，以鲸鱼为主的海洋哺乳动物产品占新英格兰出口总额的 15%。[56] 鲸鱼捕捞业是大生意，尽管在远离家乡的地方进行，却依然是基于大西洋的；直到 18 世纪 80 年代中期，洋基捕鲸人才开始来到高南纬区和太平洋各处的大海角周围捕杀鲸鱼、海豹和海象。可在之前的半个世纪里，大西洋鲸鱼的数量、它们的地理分布、它们对稳定海洋生态系统中所起的作用以及新英格兰捕鲸业的本质都发生了重大变化。新英格兰人用相对较短的财富积累期、他们对鲸鱼季节性迁徙和进食习惯的了解和他们围绕追踪、猎杀、加工以及买卖鲸鱼进行的技术发展都是以生物复杂性和生态恢复力的下行趋势为代价而展开的。

来自大海的河鱼

1607 年，罗伯特 · 戴维斯船长沿肯纳贝克河溯流而上行驶，他注意到“我们两边有很多大鱼在水面跳跃”，这是五、六、七月间鲟鱼溯河而上到淡水里产卵时的典型行为。鲟鱼的样貌惹人注目。在水底觅食的大西洋鲟，体型巨大、没有牙齿、身体两侧和背部各有一排棘状突起；口鼻下方有奇特的微小触须，绝不会被错认成别的鱼。考古证据表明史前土著居民的季节性饮食依赖于大西洋鲟。每年破冰之时，以及每年春季，浮游植物繁殖茂盛，海岸水体变成朦胧的棕褐色，鲟鱼、鲑鱼和灰西鲱等产卵鱼类会回归，带来土著人的年度大餐。麦勒席和米科马克人十分依赖溯河产卵鱼类，他们甚至以归来的鱼类命名了几个月份。一位英国人观察到土著人用“自己的麻绳”制作了“很结实的捕鲟鱼的网”。据威廉姆·哈蒙德，早在1630年，印度人便在梅里马克河为英国买家捕捉“大量鲟鱼”。“全国各处都有鲟鱼，”威廉姆·伍德写道，“但在科德角的浅滩和梅里马克河里能抓到最多，捉到的鲟鱼经腌制被送往英格兰。有一些长达12、14、18英尺长。”一条12英尺长的鲟鱼重达600磅。[57]

约翰·乔斯林于1638—1639年和1663—1671年生活在缅因中部海岸，他描写道，佩希普切克河（如今叫作安德鲁科琴河）“以数不胜数的巨大鲟鱼闻名”。皮斯卡塔夸河口的一条支流被命名为鲟鱼溪。鲜少有定居者曾在英格兰看到过鲟鱼，因为那里800年的捕鱼狂欢已经使鲟鱼消失殆尽。但每个英国人都像托马斯·莫顿一样，认为鲟鱼是“帝王鱼”。在英格兰和法兰西，鲟鱼是国王才能吃的。不过在新英格兰，正如莫顿1632年所指出的，每个人都“可以想抓多少抓多少，鲟鱼数量相当之多”。[58]

17世纪中期，由于欧洲水域生态系统衰退，鲟鱼成了联系足智多谋的土著渔民、殖民定居者、伦敦鱼贩子和高雅的英国消费者的纽带。在14世纪，法国和英格兰的大厨都有道菜谱“如何‘用嫩牛肉做出鲟鱼的味道’，这充分显示出这种几乎绝迹的食用鱼所享有的盛名和偏爱”。[59]因而新英格兰早期定居者知道他们能够为鲟鱼找到市场。1620年，约翰·史密斯船长注意到，一艘从早期普利茅斯殖民地开往英格兰的船只装载了“80桶鲟鱼”。塞缪尔·梅弗里克曾于1660年因没有正经的鲟鱼捕捞业而惋惜。他写道，在梅里马克河流中，“夏季鲟鱼、鲑鱼及其他淡水鱼类遍布。倘我们知晓捕捉及保存鲟鱼之法，则有极大益处，国家会提供醋以及其他所有材料。”[60]

鲟鱼是海洋资源藤架上低垂的果实，唾手可得，很快它们就在新英格兰北部所有的大河里被“采摘”。以海岸为基地的兼职渔民用鱼簖、渔网和鱼矛都能抓到鲟鱼。英国人从土著人那里学到了成功捕鲟鱼的技术。乔斯林解释道，“漆黑的夜晚，他们来到某个沙坝附近的渔场（鲟鱼在此捕食小鱼……）印第安人点燃一根干的桦木条，他们把冒着火焰的木条举在小舟旁边，看到耀眼火光的鲟鱼纷纷游到水面，被人用鱼叉逮住。”[61]

到1673年，也就是莫顿写下“可以想抓多少抓多少”后不到50年，来自梅里马克河城镇的人做出决定，认为鲟鱼数量已不足以支撑开放式捕捞。纽伯里的威廉姆·托马斯已74岁高龄，他向州议会请愿禁止任何人腌制或保存鲟鱼作运输之用（即不用于个人食用），除了“法律规定有权如此者”。托马斯成功地推动了部分垄断：自此梅里马克河的鲟鱼捕捞仅限于“有能力且适合的人”，他们经州议会批准可以进行“鲟鱼熬制及腌制”。检察员们被冠以“鲟鱼搜查员和检验员之名”，被雇佣来监督鲟鱼生意。纽伯里和萨利斯伯里有资质的居民随后广泛开展了鲟鱼包装生意。1687年波士顿通过的一项法案规定“所有新鲜的、制干的、腌制的鲟鱼肉或油，凡是要运往国外市场的，都应进行检查及检验”。另一相似的规定“防止包装欺骗”，明确提及了鲟鱼，于1719年在新罕布什尔通过。那时，英国人在新罕布什尔和马萨诸塞的永久性定居大约开始了一个世纪，两省总人口才不过10万人，跟欧洲人到来前的土著人口差不多，可古老的鲟鱼已然走向了困境。1761年6月，马修·帕滕在梅里马克的埃默斯基格瀑布抓了一条6英尺长的鲟鱼，引起轰动。过去的6年里，帕滕作为一名成就斐然的渔民和作家，自己从未捕到过，也未曾见到别人抓到一条鲟鱼。到那时，鲟鱼在梅里马克河、皮斯卡塔夸河及新英格兰北部其他河流中已相对少见。尽管1774年，在托马斯·杰弗里绘制的“新英格兰人口聚集区地图”中，梅里马克河依然被标注为“梅里马克或鲟鱼河”。[62]

大西洋鲟需要长到4英尺才能达到性成熟。这一物种之所以能存活下去，正是基于它们的长寿：作为大型有甲的鱼类，它们自然天敌很少，即使繁殖率低，物种也能延续。英国人在新英格兰定居后的一个半世纪中，每年春天，几乎每一条河流的两岸都挤满了急切的、拿着渔具、围网和鱼矛的渔民。城镇售卖最佳渔场捕捞权或年度捕捞权，围网公司则投资绳索、麻线、铅坠和船只，笃定他们的收益绝不止回本。未成熟的鲟鱼跟大一点儿的一起被包装和售卖，捕捞的时候渔民对它们一视同仁。规定也好，习俗也罢，都未能阻止渔民抓住一切它们能抓的鱼。到18世纪末期，在新英格兰北部河口，过度捕捞和鲟鱼天生的低繁殖率给这种“帝王鱼”带来了灭顶之灾。且举一例，1793年马萨诸塞州议会通过一项法案“允许纽伯里镇管控帕克河里的美洲西鲱、鲈鱼和灰西鲱捕捞”，此时鲟鱼已经成为一个遥远的记忆，根本未被提及。[63]

其实，无论在切萨皮克、特拉华湾，还是在哈德逊河里，鲟鱼真正的灭绝都发生在1870年到1900年的鱼子酱狂热之后。不过，一种在自然状态下是很可能是死于年迈的鱼类，数量遭遇严重滑坡，这一在欧洲花了1000年完成的“壮举”在新英格兰北部仅用了两个世纪的时间便实现了，因为在这里，新兴的大西洋经济竞争力依赖于渔业和贸易。从生态角度来说，我们并不确切了解鲟鱼有哪些特点，对生态系统有哪些具体贡献，也不清楚多个年龄组的存在，即群体中拥有不同体型或年龄的个体，这一点会如何作用于一个生态系统。不过早期的生态系统确实因鲟鱼的消失而遭受损害。正如著名生物学家E.O.威尔森提醒我们的，“大自然的生命活力存在于复杂性带来的可持续性。”复杂性的每一分减少都会导致退化，使得整个系统产生质变，可持续性下降。鲟鱼是跟鲸鱼一样的大型长寿动物，作为北美洲海岸生态系统中重要的水底觅食者，它们对系统稳定性做出了贡献。此外，它们也对土著人和第一代英国移民的文化与美学价值观的建立有所裨益，二者均通过这些价值观了解了自身，了解了这个地方。对土著人来说，鲟鱼及其他海洋物种的丰饶证实了他们对自己的传统认知，即他们是与自身互依共存的图腾生物的后代。对英国定居者而言，鲟鱼的出现表达出安定、繁荣和进步。到美国独立战争爆发时，鲟鱼对新英格兰居民身份认同和生态系统稳定性的贡献已基本逝去，一如曾经在纽伯里等旧镇一度繁荣的鲟鱼捕捞和包装行业。[64]

跟鲟鱼相似，条纹鲈鱼也在海潮以外的淡水中产卵。威廉姆·哈伯德17世纪写的《新英格兰通史》中介绍道，饥饿的早期移民用网捕捞了“很多的鲈鱼，是他们一整个夏天的口粮。这种鱼不逊于鲑鱼，每年夏天来到岸边，随着涨潮涌向几乎每一条大河……有时在一条河流中能截住1500条”。尽管1639年马萨诸塞湾法律禁止了将鲈鱼用作地里的肥料，可这种肥美的鱼类承受的捕捞压力一直都在。乔斯林注意到缅因南部的定居者仍在鲈鱼“产卵的河流里”捕捉它们，而且目睹了一网“抓3000条”。[65]

鳕鱼和鲸油是新英格兰远距离贸易的基石，与此不同，鲈鱼成为本地交换经济的一部分。兼职渔民捕捞鲈鱼，一是供自家食用，二是用新鲜的或装桶的鲈鱼抵债，有时也会卖掉。随着波士顿和朴次茅斯等城镇人口的增长，兼职渔民开始自己叫卖鲈鱼或出售给鱼贩子再卖到消费者手里。如果捕的鱼很多，几乎要把渔网撑破，多余的条纹鲈就成为耕地的“肥料”。在新英格兰腹地，过度捕捞威胁了居民的生计，在边缘地区则有碍治安。17世纪80年代间，缅因南部定居者和阿布纳基人之间剑拔弩张，科顿·马萨认为，这是由于新来者在萨科河里用网捕鱼，阻止了溯河产卵鱼类到达土著渔民那里。[66]

到1770年，据新罕布什尔政府数据，在皮斯卡塔夸河流中，捕鱼业“已基本清除了鲈鱼和蓝鱼”。对此，杰里米·贝尔纳普于18世纪90年代有过详细记录：“以前鲈鱼在帕斯卡塔夸河流里被大量捕捞；可由于渔网的不当使用……这种鱼类的捕捞业几乎被毁。”同样在马萨诸塞：1771年来自纽伯里的请愿者哀叹帕克河里条纹鲈的减少，并恳请马萨诸塞州议会保护它们。议会颁布了法规，这些法规要么被无视要么未被执行，鱼量并未回升。1793年，纽伯里镇的长官们禁止了“任何季节向帕克河里安放围网、栅栏、鱼簖或拖网”以“捕捉鲈鱼”。这些规定微不足道且为时已晚。到那会儿，在科德角和缅因南部之间，那些丰饶的鱼类，那些曾经拯救威廉姆·布拉德福特和早期定居者们免于被饿死的鱼类，已经因商业捕捞而处于灭绝的边缘。居民叹惋这样的损失。大约在1797年，来自缅因州南贝里克的本杰明·查德博恩写道，“以前，鲑鱼、鲈鱼和美洲西鲱等大鱼成群来到河流里，但它们放弃了这里，现在只有大西洋小鳕，我们叫作小雪鱼的，会在12月来，胡瓜鱼4月来，灰西鲱六七月来，还有鳗鱼全年各个季节来。”[67]

查德博恩揭示了捕鱼业如何改变鱼类物种组成，并且因此使河口生态系统发生变化。河鱼在大多数家庭的生计中是关键的一环，太过珍贵以致无法有效地进行管理。为了确保有“可以过上舒适生活的收入”，也就是可以保障自身以及家人的经济独立，户主们每年春天都瞄准了产卵的鱼群。查德博恩忽略了鲟鱼，因他从未识得此鱼，尽管鲟鱼溪（1649年以前命名的）离他家南边只有几英里。他目睹了鲑鱼、美洲西鲱和鲈鱼的消失——都是长寿、珍贵的鱼类。他的评价略显哀伤，反映出了一个河口自嵌入大西洋经济圈以来，因人口压力和无效管控而逐渐陨落。这个地方的本质以及人类与它的关系都发生了巨大的变化。[68]

查德博恩的哀叹谈及了18世纪河流渔业管理的无效。大多数新英格兰的省份，开始是马萨诸塞（1710），随后康乃狄克（1715）和罗德岛（1735），都通过立法禁止“阻碍鱼类在河流里通行的做法”。尽管新罕布什尔在殖民时期没有通过这样的法律，各种请愿者也曾为此向地方长官和议会提出申请。在新英格兰，针对海洋渔业管理而采取的预防性手段于18世纪第一个十年就各有发展。7月1日前禁捕鲭鱼，任何时候都禁止用围网或渔网，这项规定曾在1692年撤销，但1702年又重新确立。到18世纪早期，立法人员的注意力转向了溯河产卵鱼类的困境上，主要是鲑鱼、美洲西鲱和灰西鲱。马萨诸塞的第一条法律规定在有关郡县，未经治安法官全体大会允许，“在产卵季或春季，河流里不准设置鱼簖、栅栏、鱼堰、木桩、鱼梁或其他障碍拦截鱼类”。随后的法案关注到持续的匮乏，指出“虽然梅里马克河曾经富有大量鱼类，对周围数镇居民而言是极大裨益”，可过量捕捞已致使珍贵的鱼类放弃这条河流。法律规定需给鱼类留出通道，以游过水坝，禁止围网或拖网，不过允许技术含量低的抄网。然而，渔民依然认为灰西鲱、美洲西鲱和鲑鱼的数量在下降，并且鱼类从他们天然的路线上转向了。1767年，马萨诸塞就梅里马克河流鱼类的衰退进行立法，这呼应了1710年的立法。[69]

跟康乃狄克河类似，梅里马克河流经几个省份。马萨诸塞控制的是梅里马克河流的下游，鱼类会游经此段，新罕布什尔控制的则是水塘和多沙砾的流段，鱼类在其中产卵。对当地熟悉的人们深知发生了什么。1773年82位新罕布什尔请愿者解释道，“本省梅里马克河段里的美洲西鲱和鲑鱼捕捞业急剧衰落，只因在过去的这些年里，人们采取大肆建造水坝、修建鱼簖、拉长网或围网等不必要且过度的手段。在上述河流中，鱼类被烦扰、追捕和破坏……程度之甚使我们有充分理由担心河流渔业会被整个毁掉，除非采取适宜的措施预防或移除这些阻碍。”几年后，来自新罕布什尔德利菲尔德的约翰·戈夫指明了重现往日富饶的希望。他写道，“20年来没有一条鱼游过”科哈塞河，这是梅里马克河的一条支流，“我以为它们已经彻底离开这条河流，可两年前的一个安息日，大量鱼类出现。”戈夫放开了自己的水闸并让上游的邻居也这样做，满怀感激地希冀明年鱼类会“大量增加”。可惜，依他之见，其他目光短浅的人捕捞得太凶狠了。“我认为，如果将所有的捕捞禁止至少一年，会是带来巨大增长的一种途径，因为自由的通行会鼓励鱼类再来。”当然，戈夫是个磨坊主，他虽然举双手赞成保护鱼类，却不希望议会要求拆除所有的水坝，因为那样“就不能再碾磨了”。[70]

戈夫的愿景与其自身的利益冲突概括出症结所在。问题很明显。随着18世纪的推进，足够多的人对此进行了评论，已没有什么可怀疑的：灰西鲱、美洲西鲱和鲑鱼的鱼群变得越来越小。然而多数利益相关者都只支持对别人进行规范。水坝所有者希望禁止捕鱼，抄网捕鱼者希望严惩围网捕鱼或鱼簖看管者。尽管存在这样的共识：鱼类十分珍贵、储量日益匮乏并且减少捕鱼活动能够逆转问题，可是没人有充足的政治意愿去实施一个可行的解决方案。结果变成了短期内河鱼过于珍贵不能放任其存活。可以现吃，也可以装进桶里以备日后，可以售卖、交易或用作肥料。各家的男主人不仅十分享受春天产卵季一起抓鱼的同志友谊，也确实要依靠来自大海的河鱼，这是一年中他们家庭生计的重要环节，是结清账款和抚养孩子之道。在整个18世纪间，尤其到世纪末时，新英格兰溯河产卵鱼类的捕捞不是可持续的。对此，河边的居民十分清楚。然而，他们还是宁愿将清算日向未来推迟。

殖民经济中的海鸟

鳕鱼捕捞很早就影响了海鸟数量，它们的匮乏在整个人类社区和非人类自然社区中激起涟漪。在纽芬兰和科德角间的海面上，可能至少有 85 种鸟类被看到过，包括涉水滨鸟（比如矶鹬）、海鸭（比如绒鸭）、钻水鸭、鹅和天鹅（比如绿翅鸭）以及来到岸上只为产卵的真正的海鸟（比如海鹦）。海洋鸟类种类繁多，迁徙路线多样，繁殖策略也各不相同。一些鸟类，像双冠鸬鹚，在当地繁殖，夜晚栖息于沙堤、岩石或树木上。其他的鸟类，包括渔民最喜爱的鱼饵来源剪水鹱，则在遥远的南大西洋筑巢，只在夏天出现于西北大西洋，在远离岸边的海面上捕食鱿鱼和鱼类。海鸟体型也各异，北边的塘鹅是一种白色的俯冲潜鸟，体型巨大，翼展达六英尺；威尔森小海燕则体型微小，比知更鸟还要小。海鸟虽为海洋生态系统的重要组成部分，对大海的异常却并不十分敏感。它们数量相对稳定，个体比较长寿，即使在歉收年，所依靠的食物来源也足以供给它们繁殖。[71]

虽然土著人很早便开始食用鸟类的蛋、肉并利用它们的羽毛，但鸟类的数量，尤其是离岸岛屿栖息地上的鸟类数量，仍然让第一批欧洲人大吃一惊。1535 年，雅克・卡地亚注意到在纽芬兰的芬克岛上，"鸟类数量繁多，哪怕所有法国船只都装满海鸟回去，也不会有人注意到鸟类有减少。"这样的丰度预示着良好的商业捕捞前景。鳕鱼对吃的东西并不挑剔，除了毛鳞鱼和鲱鱼，鸟类也是不错的鱼饵。所有蹼足海雀科潜鸟，比如海鸽、海鸦、海鹦、刀嘴海雀和海雀，都在遥远的、岩石多的岛屿大量筑巢。科德角和纽芬兰之间有数不清的鸟岛和鸟类在上面产卵的大石头，对鸟儿们而言，在寒冷、黑暗的茫茫大海中，这是安全的前哨。随着商业捕捞的兴起，岛屿由避难所变成了屠宰场。海鸟的蛋、羽毛、油和肉都能售卖，因而被渔民大批量杀害。自 16 世纪以来，多数在西北大西洋捕鱼的船员，至少在捕鱼季的某些时段，都杀死了大量的鸟类做鱼饵。1620 年，一名老船员注意到"渔民用海禽做饵，挂在鱼钩上"。[72]

没有哪种鸟类能够比经过 3000 万年进化的大海雀更适合渔民的需要了，早期作家称它们为"企鹅"。大海雀站起时有两英尺半高，骨质硬实，退化的翅膀短而粗硬，是游泳和潜水健将。大海雀被捕猎者抓住后没法飞走，因为跟北大西洋别的鸟类都不同，它们进化过程中牺牲了飞行能力而成全了游泳技能。它们甚至通过在巨大的筏子上划水进行迁徙，从纽芬兰游到科德角，有时甚至向南到达卡罗莱纳，再回到纽芬兰相对安全的、石头很多的岛屿筑巢。像南极的企鹅一样，大海雀一年只下一只蛋。1578 年，据安东尼·帕克赫斯特记录，纽芬兰芬克岛上的水手用一块木板连接地面和船，将“企鹅”驱赶到“我们的船里，直到船里装不下”。[73]

海员利用鸟类导航。J. 塞勒所著的《英国领航》于 1706 年出版，里面提到在向西的海上航行中，看到独特的、不会飞的鸟就意味着大浅滩在不远处，谨慎的水手应该开始探测水深了。水手常常在航行日志里提到大海雀，比如 1733 年 3 月，约翰·科林斯船长在从新罕布什尔的朴次茅斯开往伦敦，他在航行中写道，“晚上六点看到几只企鹅和别的鸟类。主桅顶帆收起两个缩帆部。”[74]

大海雀跟候鸽一样，只有在庞大的集群中才能蓬勃生长。它们不会飞行，喜欢集群，适应栖居于富饶的渔场中，这会让它们跟商业捕捞的渔民迎头碰上。最晚到 1833 年，依然有拉布拉多的渔民向约翰·詹姆斯·奥杜邦保证，大海雀在“在纽芬兰东南边的一个海拔低、岩石多的岛屿上筑巢，在那里他们 [渔民] 摧毁了大量的幼鸟做诱饵”。这些渔民说错了。到那时大海雀几乎已经不见踪影了。至 18 世纪末，在西大西洋只能零星见到几只落单的大海雀。1844 年，在冰岛旁的埃尔德岛，这个物种最终灭绝。[75]

大多数海鸟都是在种群中繁殖。海鸟翼展长，蹼足在身体很靠后的位置，还有为了在海洋环境中生存而做出的其他适应性改变，这些使得它们在岸上十分笨拙，极易被捕获。对海鸟而言，理想的群栖地是没有陆地哺乳动物生活的离岸小岛，并且周围水域能为它们提供充足的食物。在遥远的、多岩石的小岛上繁殖的鸟类会遭遇鸟类捕食者，比如鹰、海鸥还有贼鸥。为了抵御侵袭，它们往往大量聚集在一起。已经适应了在遥远的岛屿孵化后代以免受侵袭的海鸟对前来寻饵的渔民却毫无招架之力，他们拿着大棒和麻布袋在鸟类筑巢地大肆抢掠。在悬崖筑巢的鸟类也未能幸免，例如北方的塘鹅：乐于此道的捕猎者用梯子和绳子找上门去，既捉鸟也取蛋。哪怕是微小如威尔森小海燕等在亚南极区筑巢的鸟类依然无法逃开寻饵者的魔爪。渔民用长而坚硬的捕鱼麻绳制成鞭子。一位渔民回忆道，小海燕受到鳕鱼肝脏味道的吸引：“当它们集合在一起形成密集的一群，鞭子发出嗖嗖的响声切过拥挤的鸟群，一鞭子就能杀死或弄伤 20 只或更多。”除此之外，每年春天，从马萨诸塞到纽芬兰，住在岸边的人们会出发到野外找鸟蛋。他们捡到的鸟蛋数量巨多：来自哈利法克斯的 4 人有一年捡了将近 4 万颗蛋，且有大批的人都在捡。到 19 世纪 30 年代，寻蛋者开始航行到拉布拉多去，部分原因是科德角和纽芬兰之间的栖居地中鸟类数量已经大幅匮乏。约翰·詹姆斯·奥杜邦那时观察到“这场灭绝之战不可能再持续很多年了。寻蛋者将是最先为众多鸟类的消失而后悔的人”。[76]

1800 年以前，猎枪对水禽和海鸟造成的危害可能不如渔民捕鸟做饵和搜寻鸟蛋带来的危害大，但也使得数量曾让早期来访者惊异的一些鸟类数量减少。托马斯·莫顿于 1632 年写道，可以“在其时节发现大量的”天鹅。“三种”鹅都数量众多：“倒在我枪口之下的常有 1000 只。”鸭子、绿翅鸭、赤颈鸭、鹤还有三趾鹬——全都能打到。伍德观察到可以把滨鸟“像赶羊一样赶到一堆，然后瞅准时机进行射击”。早在 1710 年，马萨诸塞立法者观察到由于在桨帆船或浮舟上的枪手“用干草、莎草或海草及其他进行伪装”并“在水面或鸟类捕食地射杀”，滨鸟的数量正在减少。当年的一项法案禁止了这样的方法，但没有证据表明这项法案得以有效实施。[77]

某些鸟类的天然特征使得它们尤为脆弱。西北大西洋的绒鸭跟欧洲海岸的绒鸭一样，在换毛期，羽毛一次性全脱掉。8 月期间，在新羽毛长出来的过程中，它们一般成群浮于水面，无法飞行。1717 年，在缅因的阿罗斯克，塞缪尔·彭哈络记录了阿布纳基人乘舟驱赶绒鸭的情景，“像赶羊群一般将它们驱至溪流中。”“没用火药没开枪，一次性就杀死了 4600 只，”彭哈络写到。阿布纳基人用船桨和木棍杀死绒鸭，大批量地卖给“英国人，一个便士 12 只，这是他们每年都做的生意”。绒鸭存在了多久，缅因岛民就用它们谋利了多久。每年 8 月，渔民集结小型船队，将鸭子驱赶到提前选好的捕杀地。鸭港就是一处绝佳的地点，位于高岛的西南边。它狭窄的入口和四周高耸的墙壁能将鸟类困住。据博物学家菲利普·康克林，“在维纳哈芬，一次驱赶能抓住 2100 只，这可能是那年在西海湾 [佩诺布斯科特湾] 筑巢的绒鸭数目的一半了。18 世纪 90 年代之后，随着绒鸭数量下降，以驱赶的方式捕捉绒鸭也一次不如一次成功了。”[78]

早在 1770 年，乔治·卡特赖特就清晰地感知到了施加于海岸生态系统上的压力。他曾花费数年在纽芬兰和拉布拉多南部捕捞鳕鱼、捕捉海豹和猎杀鸟类。1770 年他观察到土著人“再过几年就完全消失了”。他的原话是“捕鱼业持续增长，几乎每条有鲑鱼的河水和溪流都被我们的人占领，鸟岛也一直被抢掠，可怜的印第安人现在一定发觉，获得食物比以前难多了”。当乔纳森·科戈斯韦尔牧师 1816 年发表他的自由海港史时，他观察到“在缅因，没有任何一种鸟类数量多”。

海事经济几乎灭绝了缅因湾的海鸟和滨鸟，并且一路到纽芬兰，鸟类数量都遭受了极大的损害。[79]

真正的海鸟，比如海鸥、海燕和塘鹅，几个王朝以来便一直作为鳕鱼饵被捕杀。实际上，它们跟海洋哺乳动物有很多共同点。一位生态学家解释道，二者都“长寿、性成熟晚、繁殖率低”，且“社交行为较为发达”。二者都“迁徙度高”且都不是“食物链的顶端”。此外，鸟类和多数鲸鱼喜食的小鱼繁殖率高，意味着鸟类吃掉的幼鱼是“维持该鱼类繁衍所需幼鱼之外富余的”。因而海鸟在一个生态系统中跟海洋哺乳动物起的作用类似，即稳定生态以及减少极端震荡。如果情况的确如此，“那丰富的鸟类实际上可以对捕鱼业的稳定做出一定贡献。”[80] 生态系统间的互动要比简单的线性因果关系复杂得多。大规模的鸟类屠杀除了极大地破坏了一项本可以永久再生的资源，使鸟类数量匮乏，因而重塑了海洋生态系统，也有可能给西北大西洋经济的基石——捕鱼业带来不稳定因素。海岸居民为自己塑造的神枪手或终极寻蛋人等名声是有代价的，一如渔民为制鱼饵对海鸟进行的投机式屠杀。

1775 年，在英国下议院，埃德蒙·伯克起身，向国王陛下的臣属致意，他们在北美洲取得的成就不可谓不重要。他这样做无疑证实了美国捕鲸人别出心裁的捕捞手段和勤劳致富的职业道德。伯克说道“没有哪片海不受渔业之困”。[81] 这是雄辩大家说出的中肯之辞。伯克表明，新英格兰人不仅在海里捕捞；他们还带来麻烦。当然他不可能意指生态变化。但他的用词却揭露出采掘工业中的辛苦劳动和这种劳动给环境带来的伤害之间的联系。现在回想一下，几个世纪以来，人们挥舞着鱼叉、鱼钩、围网、鱼簖、盆罐、猎枪、生蚝耙子和盛鸟蛋的篮子大肆侵扰海洋生态系统，很明显，这不可能没有任何后果，不管是生态上的还是文化上的。

对于前工业时代的捕鱼活动，人们常用“传统捕鱼业”的概念进行简单指代，却模糊了海洋生态系统在不同的历史阶段发生的变化。这一概念迎合了毫无根据却深入人心的假设，即海洋存在于历史之外。可早期现代人不仅给他们所生活的陆地环境带来改变，也改变了他们日益依赖的海洋生态系统。一个生态系统远不止是独立单元的集合；然而，海洋哺乳动物、溯河产卵鱼类和海鸟，它们的数量在 18 世纪以前陡然下降，这仍旧是大海发生变化的标志。17 和 18 世纪人类与海洋的接触日益亲密，这促进了新的商业发展机会，激发了人类对自然的好奇，诞生了新的文化形态也改变了生态系统。

截至1800年，西北大西洋开始变得与欧洲的海洋相似。17世纪对海洋的冲击，因人口基数少，总归是节制的。讽刺的是，17世纪的定居者反而对海洋捕鱼业施加了限制。为了保持鳕鱼、鲭鱼和条纹鲈数量，他们采取捕鱼季闭海以及限制准入等措施。更讽刺的是，这些限制并非施加在遭受最大捕鱼压力的物种身上，如鲸鱼、鲟鱼和海鸟。不过，17世纪定居者为了鲭鱼、鳕鱼和鲈鱼捕捞而采取的预防性措施依然显露出他们相信人类会影响海鱼的数量。18世纪期间，几乎所有的限制措施都是针对溯河产卵鱼类的，但日益减少的却是鲸鱼、海象、鲈鱼、鲟鱼、灰西鲱、海鸟以及贝壳类。除了鲜少几个例外，这种衰退后的生态资本逐渐被接受为常态。生态学家把这个叫作“变动基线综合征”；到1800年，这个情况在西北大西洋似乎早已发生。尽管总有故事记载清楚地传达出一些物种在当地的匮乏和另一些物种的活动范围缩减，尽管总有人不停强调保障鱼类储量是“对公众的绝大利好”，但捕捞压力依然继续。少有的试图缓解这种压力的尝试也失败了。[82]

参考文献：

1. William Wood, *New England's Prospect* (1634; reprint, Amherst, Mass., 1977), 107; Bernard Gilbert Hoffman, “The Historical Ethnography of the Micmac of the Sixteenth and Seventeenth Centuries” (Ph.D. diss., University of California, Berkeley, 1955), 151–171, 235; Carolyn Merchant, *Ecological Revolutions: Nature, Gender, and Science in New England* (Chapel Hill, 1989), 44–50; Kathleen J. Bragdon, *Native People of Southern New England*, 1500–1650 (Norman, Okla., 1996); Harald E. L. Prins, *The Mi'kmaq: Resistance, Accommodation, and Cultural Survival* (Belmont, Calif., 2002).
2. Christopher Levett, “A Voyage into New England, Begun in 1623 and Ended in 1624,” *Collections of the Massachusetts Historical Society*, 3d ser., 8 (Boston, 1843), 184–185; John Smith, *A Description of New England* (1616), in *The Complete Works of Captain John Smith* (1580–1631), 3 vols., ed. Philip L. Barbour (Chapel Hill, 1986), 1:330, 333.
3. Everett Emerson, ed., *Letters from New England: The Massachusetts Bay Colony, 1629–1638* (Amherst, Mass., 1976), 33.
4. Wood, *New England's Prospect*, 62– 63.

5. Wood, *New England's Prospect*, 58, 64. On alewives as passenger pigeons of the sea, see William Cronon, *Changes in the Land: Indians, Colonists, and the Ecology of New England* (New York, 1983), 23; Captain Charles Whitborne, in *The True Travels of Captain John Smith*, quoted in Henry B. Bigelow and William C. Schroeder, *Fishes of the Gulf of Maine* (Washington, D.C., 1953), 102; Karin E. Limburg and John R. Waldman, "Dramatic Declines in North Atlantic Diadromous Fishes," *BioScience* 59, no. 11 (December 2009), 955–965.
6. Nathaniel B. Shurtleff , ed., vols. 1–8 , and David Pulsifer, ed., vols. 9–12, *Records of the Colony of New Plymouth in New England*, 12 vols. (Boston, 1855–1861), 1:17; Isaack De Rasieres to Samuel Blommaert (ca. 1628), in *Three Visitors to Early Plymouth: Letters about the Pilgrim Settlement in New England during Its First Seven Years by John Pory, Emmanuel Altham, and Isaack De Rasieres*, ed. Sidney V. James (Plymouth, Mass., 1963), 75–76. The "shad" at Plymouth to which De Rasieres referred were probably alewives.
7. Edward Johnson, *Wonder-Working Providence of Sions Saviour in New England (1654) and Good News From New England (1648)*, ed. Edward J. Gallagher (Delmar, N.Y., 1974), 173.
8. Genesis 49:25.
9. Kenneth Sherman, Lewis M. Alexander, and Barry D. Gold, eds., *Large Marine Ecosystems: Patterns, Processes, and Yields* (Washington, D.C., 1990).
10. John Noble, ed., vols. 1–2 , and John F. Cronin, ed., vol. 3, *Records of the Court of Assistants of the Colony of Massachusetts Bay, 1630–1692*, 3 vols. (Boston, 1901–1904), 2:37; Pulsifer, *Records of New Plymouth*, 11:5, 16; Shurtleff, *Records of New Plymouth*, 1:17.
11. William Bradford, *Of Plimouth Plantation, 1620–1647*, ed. Samuel Eliot Morison (New York, 1953), 122–123, 130–131.
12. Wood, *New England's Prospect*, 55; John Smith, *Advertisements for the Unexperienced Planters of New England, or Anywhere* (1633), in Barbour, *Complete Works of Captain John Smith*, 3:282.
13. Average weight of twentieth-century fish from Bigelow and Schroeder, *Fishes of the Gulf of Maine*, 390. Wood corroborated Smith's observations on bass landings, noting that "sometimes two or three thousand" bass were taken in one set of a net.

Wood, *New England's Prospect*, 55. Samuel Eliot Morison, *The Story of the "Old Colony" of New Plymouth, 1620–1692* (New York, 1956), 122.

14. Bradford, *Plimouth Plantation*, 122, n. 3.
15. Shurtleff, *Records of New Plymouth*, 2:161–162.
16. *Second Report of the Record Commissioners of the City of Boston; Containing the Boston Records, 1634–1660, and the Book of Possessions* (Boston, 1881), 11.
17. Nathaniel B. Shurtleff, ed., *Records of the Governor and Company of the Massachusetts Bay in New England*, 5 vols. (Boston, 1853), 1:100, 102, 114; Wood, *New England's Prospect*, 60; Shurtleff, *Records of New Plymouth*, 1:131, 3:76; William B. Leavenworth, "The Changing Landscape of Maritime Resources in Seventeenth-Century New England," *International Journal of Maritime History* 20, no. 1 (June 2008), 33–62.
18. Charles S. Yentsch, Janet W. Campbell, and Spencer Apollonio, "The Garden in the Sea: Biological Oceanography," in *From Cape Cod to the Bay of Fundy: An Environmental Atlas of the Gulf of Maine*, ed. Philip W. Conkling (Cambridge, Mass., 1995), 61–76, quotation on 71.
19. John J. McCusker, "Measuring Colonial Gross Domestic Product: An Introduction," *William and Mary Quarterly*, 3d ser., 56 (January 1999), 3–8; McCusker and Russell R. Menard, *The Economy of British America, 1607–1789* (Chapel Hill, 1985), 5.
20. Shurtleff, *Records of New Plymouth*, 4:57, 4:66, 3:175.
21. Pulsifer, *Records of New Plymouth*, 10:251; Harry M. Ward, *The United Colonies of New England, 1643–1690* (New York, 1961); The Articles of Confederation of the United Colonies of New England, May 19, 1643, http://avalon.law.yale.edu/17th_century/art1613.asp.
22. Bigelow and Schroeder, *Fishes of the Gulf of Maine*, 317–333; Wood, *New England's Prospect*, 63.
23. J. W. Horwood and D. H. Cushing, "Spatial Distribution and Ecology of Pelagic Fish," in *Spatial Pattern in Plankton Communities*, ed. J. H. Steele (New York, 1978), 355–383; Emerson, *Letters from New England*, 33.
24. Pulsifer, *Records of New Plymouth*, 10:251.
25. Shurtleff, *Records of Massachusetts Bay*, 4 (pt. 2):450, 462; Shurtleff, *Records of New Plymouth*, 5:63; Pulsifer, *Records of New Plymouth*, 11:228.

26. Shurtleff, *Records of New Plymouth*, 6:139–140.
27. Shurtleff, *Records of Massachusetts Bay*, 4 (pt. 2):462; Shurtleff, *Records of New Plymouth*, 5:63, 5:107, 3:15–16.
28. Neill DePaoli, "Life on the Edge: Community and Trade on the Anglo-American Periphery, Pemaquid, Maine, 1610–1689" (Ph.D. diss., University of New Hampshire, 2001); Daniel Vickers, *Farmers and Fishermen: Two Centuries of Work in Essex County, Massachusetts, 1630–1850* (Chapel Hill, 1994), 85–100, quotation on 98; Christine Heyrman, *Commerce and Culture: The Maritime Communities of Colonial Massachusetts, 1690–1750* (New York, 1984), 31–35.
29. Shurtleff, *Records of Massachusetts Bay*, 1:158, 230, 256; Emerson, *Letters from New England*, 94; Leavenworth, "Changing Landscape of Maritime Resources"; Vickers, *Farmers and Fishermen*, 85–100.
30. Vickers, *Farmers and Fishermen*, 98. This section closely follows Vickers.
31. Ibid., 91–98.
32. Shurtleff, *Records of Massachusetts Bay*, 4 (pt. 2): 400.
33. Peter Pope, "Early Estimates: Assessment of Catches in the Newfoundland Cod Fishery, 1660–1690," in *Marine Resources and Human Societies in the North Atlantic since 1500: Papers Presented at the Conference Entitled "Marine Resources and Human Societies in the North Atlantic since 1500," October 20–22, 1995*, ed. Daniel Vickers (St. John's, Newf., 1997), 7–40, quotation on 12; Bernard Bailyn, *The New England Merchants in the Seventeenth Century* (Cambridge, Mass., 1955), 14; Levett, "A Voyage into New England," 180; *A Volume Relating to the Early History of Boston Containing the Aspinwall Notarial Records from 1644 to 1651* (Boston, 1903), 390–391.
34. Pope, "Early Estimates," 12; Petition of Samuel Knowles, Agent for the town of Eastham, to the House of Representatives of Massachusetts, October 25, 1748, Massachusetts Archives, 115:419–420, MSA; Petition of Grafton Gardner et al. of Nantucket to the House of Representatives of Massachusetts, June 1751, Massachusetts Archives, 116:127–129, MSA.
35. W. H. Lear, "History of Fisheries in the Northwest Atlantic: The 500-Year Perspective," *Journal of Northwest Atlantic Fisheries Science 23* (1998), 41–73; Peter E. Pope, *Fish into Wine: The Newfoundland Plantation in the Seventeenth*

Century (Chapel Hill, 2004), 33–37; George A. Rose, *Cod: The Ecological History of the North Atlantic Fisheries* (St. John's, Newf., 2007), 240–241, 286–387; Jeffrey A. Hutchings, "Spatial and Temporal Variation in the Exploitation of Northern Cod, *Gadus morhua*: A Historical Perspective from 1500 to the Present," in Vickers, *Marine Resources and Human Societies*, 43–68.

36. Leavenworth, "Changing Landscape of Maritime Resources," 36–37.
37. William Monson, Naval Tracts (1703), in *The Fish and Fisheries of Colonial North America: A Documentary History of Fishing Resources of the United States and Canada,* ed. John C. Pearson, *Part 1: The Canadian Atlantic Provinces,* NOAA Report No. 72040301 (Rockville, Md., 1972), 85–86; Montesquieu quoted in Clarence J. Glacken, *Traces on the Rhodian Shore: Nature and Culture in Western Thought from Ancient Times to the End of the Eighteenth Century* (Berkeley, 1967), 659; J. B. Lamarck, *Zoological Philosophy: An Exposition with Regard to the Natural History of Animals* (1809; reprint, Chicago, 1984), 45.
38. Petition of Henry Prescott, New Castle, New Hampshire, December 12, 1776, Petitions to the Governor, Council, and Legislature, New Hampshire Department of Archives and Records, Concord; Petition of George Frost Jr. on behalf of the town of New Castle, New Hampshire, December 1786, ibid.; William Hubbard, *A General History of New England from the Discovery to MDCLXXX* (Cambridge, Mass., 1815), 25; Lorenzo Sabine Papers, box 1, folder 10, "Fisheries as a Source of Wealth," October 7, 1832, New Hampshire Historical Society, Concord.
39. *Mourt's Relation or Journall of the Beginning and Proceeding of the English Plantation Settled at Plimoth in New England* (London, 1622), 2. Mourt's Relation is considered to be the work of several authors, primarily William Bradford and Edward Win slow. John Braginton-Smith and Duncan Oliver, *Cape Cod Shore Whaling: America's First Whalemen* (Yarmouth Port, Mass., 2004), 148.
40. Bradford, *Plimouth Plantation*, 68.
41. Joe Roman and Stephen R. Palumbi, "Whales before Whaling in the North Atlantic," *Science 301* (July 25, 2003), 508–510; C. Scott Baker and Phillip J. Clapham, "Modelling the Past and Future of Whales and Whaling," *Trends in Ecology and Evolution* 19, no. 7 (July 1, 2004), 365–371; Spencer Apollonio,

Hierarchical Perspectives on Marine Complexities: Searching for Systems in the Gulf of Maine (New York, 2002), 59.

42. A. Rallo and Á. Borja, "Marine Research in the Basque Country: An Historical Perspective," in *Oceanography and Marine Environment of the Basque Country*, ed. Á. Borja and M. Collins (Amsterdam, 2004), 3–26, quotation on 5; Todd Gray, "Devon's Coastal and Overseas Fisheries and New England Migration" (Ph. D. diss., University of Exeter, 1988), 357–358; Alex Aguilar, "A Review of Old Basque Whaling and Its Effect on the Right Whales (*Eubalaena glacialis*) of the North Atlantic," *Reports of the International Whaling Commission* (special issue) 10 (1986), 191–199; Richard Mather, *Journal of Richard Mather* (Boston, 1850), quoted in Roman and Palumbi, "Whales before Whaling in the North Atlantic," 508–510. For an alternative but less convincing view that Basque whalemen probably did not diminish stocks in the Bay of Biscay, see Jean-Pierre Proulx, *Basque Whaling in Labrador in the 16th Century* (Ottawa, 1993), 12–13; Roger Collins, *The Basques* (Cambridge, Mass, 1986), 234–235.
43. Archaeologists point out that "the interpretation of data on ... large whales [at Native sites is] poorly understood." See Arthur E. Spiess and Robert A. Lewis, *The Turner Farm Fauna: 5000 Years of Hunting and Fishing in Penobscot Bay,* Maine (Augusta, Maine, 2001), 141, 154, 157–159, quotation on 141. Russel Lawrence Barsh, "*Netukulimk* Past and Present: Mi'kmaw Ethics and the Atlantic Fishery," *Journal of Canadian Studies 37*, no. 1 (Spring 2002), 15–42; Hoffman, "Historical Ethnography of the Micmac"; Elizabeth A. Little and J. Clinton Andrews, "Drift Whales at Nantucket: The Kindness of Moshup," *Man in the Northeast* 23 (Spring 1982), 19; Nicolas Denys, *The Description & Natural History of the Coasts of North America (Acadia)*, trans. and ed. William F. Ganong (1672; reprint, Toronto, 1908), 403. During the seventeenth century Marc Lescarbot and Chrestian LeClerq referred in passing to Mi'kmaq whaling from seagoing canoes off eastern Canada. The only reference to Natives hunting whales off New England is found in James Rosier's *A True Relation*, describing Maine in 1605.
44. Little and Andrews, "Drift Whales at Nantucket," 33–35, 21, 29; John A. Strong, *The Montaukett Indians of Eastern Long Island* (Syracuse, N.Y., 2001), 25–26.

Mather quoted in Glover M. Allen, "The Whalebone Whales of New England," *Memoirs of the Boston Society of Natural History* 8 (1916), 105–322, quotation on 154.

45. William Douglass, *A Summary, Historical and Political, of the First Planting, Progressive Improvements, and Present State of the British Settlements in North America,* 2 vols. (Boston, 1755), 1:58–62. Braginton-Smith and Oliver, *Cape Cod Shore Whaling*, 143, 145.
46. For conservative estimates of whale kills, see Randall R. Reeves, Jeffrey M. Breiwick, and Edward D. Mitchell, "History of Whaling and Estimated Kill of Right Whales, *Balaena glacialis*, in the Northeastern United States, 1620–1924," *Marine Fisheries Review* 61 (1999), 1–36. For more expansive estimates see Apollonio, *Hierarchical Perspectives*, 60–61. Mellen quotation in Donald G. Trayser, Barnstable: *Three Centuries of a Cape Cod Town* (Hyannis, Mass., 1939), 326–327.
47. Laurier Turgeon, "Fluctuations in Cod and Whale Stocks in the North Atlantic during the Eighteenth Century," in Vickers, *Marine Resources and Human Societies*, 87–122; John F. Richards, *The Unending Frontier: An Environmental History of the Early Modern World* (Berkeley, 2003), 584–589.
48. Braginton-Smith and Oliver, *Cape Cod Shore Whaling*, 145. Occasional references to shore whaling and whaleboats occur in Ipswich records as late as 1707, but not thereafter. Thomas Franklin Waters, *Ipswich in the Massachusetts Bay Colony: A History of the Town from 1700 to 1917*, 2 vols. (Ipswich, 1917), 2:235–236. For the abandonment of a Cape Cod whalers' tavern in Wellfleet, probably because of the failure of the inshore whale fishery, see Eric Ekholm and James Deetz, "Wellfleet Tavern," *Natural History* 80, no. 7 (August–September 1971), 48–56. On Indian whalemen, see Daniel Vickers, "The First Whalemen of Nantucket," William and Mary Quarterly, 3d ser., 40 (October 1983), 560–583; Vickers, "Nantucket Whalemen in the Deep-Sea Fishery: The Changing Anatomy of an Early American Labor Force," *Journal of American History* 72 (September 1985), 277–296.
49. On whales as constraints in ecosystems, see Apollonio, Hierarchical Perspectives, 14–15, 53–71. For a similar ripple effect from whaling in the Louwrens Hacquebord, "The Hunting of the Greenland Right Whale in Svalbard, Its

Interaction with Climate and Its Impact on the Marine Ecosystem," *Polar Research* 18 (1999), 375–382; Hacquebord, "Three Centuries of Whaling and Walrus Hunting in Svalbard and Its Impact on the Arctic Ecosystem," *Environment and History* 7 (2001), 169–185.

50. Obed Macy, *The History of Nantucket: Being a Compendious Account of the First Settlement of the Island by the English, Together with the Rise and Progress of the Whale Fishery; And Other Historical Facts Relative to Said Island and Its Inhabitants* (Boston, 1835), 28; Paul Dudley, "An Essay upon the Natural History of Whales, with a Particular Account of the Ambergris Found in the *Sperma Ceti* Whale," *Philosophical Transactions (1683–1775)* 33 (1725), 256–269; James G. Mead and Edward D. Mitchell, "Atlantic Gray Whales," in *The Gray Whale*, ed. Mary Lou Jones, Steven L. Swartz, and Stephen Leatherwood (Orlando, 1984), 33–53; P. J. Bryant, "Dating Remains of Gray Whales from the Eastern North Atlantic," *Journal of Mammalogy* 76, no. 3 (1995), 857–861.
51. E. W. Born, I. Gjertz, and R. Reeves, *Population Assessment of Atlantic Walrus*, Meddelelser No. 138 (Oslo, 1995), 7–8, 31–32.
52. Molineux Shuldham, "Account of the Sea-Cow, and the Use Made of It," *Philosophical Transactions* (1683–1775), 65 (1775), 249–251; Joel Asaph Allen, *History of North American Pinnipeds: A Monograph of the Walruses, Sea-Lions, Sea-Bears, and Seals of North America* (Washington, D.C., 1880), 65–71.
53. John Winthrop, *History of New England, 1630–1649*, 2 vols., ed. James K. Hosmer (New York, 1908) 2:35–36; Born, Gjertz, and Reeves, *Population Assessment of Atlantic Walrus*, 10, 31–32.
54. Henry C. Kittredge, *Cape Cod: Its People and Their History* (Cambridge, Mass., 1930), 184.
55. Edward Chappell, *Voyage of H.M.S. Rosamond to Newfoundland and the Southern Coast of Labrador* (London, 1817), 197–198; George Cartwright, *A Journal of Transactions and Events during a Residence of Nearly Sixteen Years on the Coast of Labrador; Containing Many Interesting Particulars, both of the Country and Its Inhabitants, Not Hitherto Known*, 3 vols. (Newark, U.K., 1792), 1:xiv, 75, 186, and 2:48; Lorenzo Sabine, *The Principal Fisheries of the American Seas* (Washington, D.C., 1853), 58–60.

56. McCusker and Menard, *Economy of British North America*, 108, 115.
57. David B. Quinn and Alison M. Quinn, eds., *The English New England Voyages, 1602–1608* (London, 1983), 431; William Hammond to Sir Simonds D'Ewes (September 26, 1633), in Emerson, *Letters from New England*, 111; Spiess and Lewis, *Turner Farm Fauna*, 135–136, 155; Wood, *New England's Prospect*, 55, 107; Bigelow and Schroeder, *Fishes of the Gulf of Maine*, 82–83. Bigelow and Schroeder note that mature sturgeon up to twelve feet long and 600 pounds were landed occasionally in the Gulf of Maine during the early twentieth century, "but 18 feet, reported for New England many years ago, may not have been an exaggeration." For Natives' month names, see Hoffman, "Historical Ethnography of the Micmac," 243–246.
58. Paul J. Lindholdt, ed., *John Josselyn, Colonial Traveler: A Critical Edition of "Two Voyages to New England"* (Hanover, N.H., 1988), 140; *York Deeds*, 18 vols. (Portland, Maine, 1887), 1: fol. 13; Thomas Morton, *New English Canaan* (Amsterdam, 1637), 88. For an identical mention of sturgeon as "regal," see Lindholdt, *John Josselyn, Colonial Traveler*, 76.
59. Richard C. Hoffmann, "Economic Development and Aquatic Ecosystems in Medieval Europe," *American Historical Review* 101, no. 3 (June 1996), 631–669, quotation on 649.
60. Smith, *Advertisements for the Unexperienced Planters of New England; Notebook Kept by Thomas Lechford, Esq., Lawyer, in Boston, Massachusetts Bay, from June 27, 1638 to July 29, 1641* (1885; reprint Camden, Maine, 1988), 377; *Aspinwall Notarial Records*, 423–424; Wood, *New England's Prospect*, 55. For the sturgeon fishery that began on the Pechipscut River (now the Androscoggin) in Brunswick, Maine, in 1628 and lasted until 1676, see George Augustus Wheeler and Henry Warren Wheeler, *History of Brunswick, Topsham and Harpswell, Maine* (1878; reprint, Somersworth, N.H., 1974), 552; Samuel Maverick, *A Briefe Description of New England and the Severall Towns Therein Together with the Present Government Thereof* (Boston, 1885), 11.
61. Lindholdt, *John Josselyn, Colonial Traveler*, 100.
62. Petition of William Thomas to the General Court, May 7, 1673, Massachusetts Archives, 61:3, MSA; John J. Currier, *History of Newbury, Mass., 1635– 1902* (Boston,

1902), 282; Joshua Coffin, *A Sketch of the History of Newbury, Newburyport, and West Newbury* (Boston, 1845), 113–114; George W. Chase, *The History of Haverhill, Massachusetts* (Haverhill, 1861), 118–119; Jack Noon, *Fishing in New Hampshire: A History* (Warner, N.H., 2003), 61–64, 152–154; Matthew Patten, *The Diary of Matthew Patten of Bedford, N.H., from Seventeen Hundred Fifty-four to Seventeen Hundred Eighty-eight* (Concord, N.H., 1903), 96.

63. Currier, *History of Newbury, Mass.*, 283; Noon, *Fishing in New Hampshire*, 5–10, 61–64.

64. This is not to say that Atlantic sturgeon were extinct in New England's rivers, just that their populations had plummeted. Sturgeon were still being caught occasionally in rivers in Maine and New Brunswick at the end of the nineteenth century. See USCFF, *Report for the Year Ending June 30, 1898* (Washington, D.C., 1899), clxvi–clxvii; Theodore I. J. Smith, "The Fishery, Biology, and Management of Atlantic Sturgeon, *Acipenser oxrhynchus*, in North America," *Environmental Biology of Fishes* 14 (1985), 61–72; Inga Saffron, "Introduction: The Decline of the North American Species," in *Sturgeons and Paddlefish of North America*, ed. Greg T. O. LeBreton, F. William, H. Beamish, and R. Scott McKinley (Dordrecht, 2004), 1–21. E. O. Wilson, *The Creation: An Appeal to Save Life on Earth (New York, 2006), 32; Merchant, Ecological Revolutions*, 50–58.

65. Hubbard, *General History of New England,* 80; Shurtleff, *Records of Massachusetts Bay*, 1:258; Wood, *New England's Prospect*, 55; Lindholdt, *John Josselyn, Colonial Traveler*, 78.

66. For tension between Abenaki and settler fishers, see Bruce J. Bourque, *Twelve Thousand Years: American Indians in Maine* (Lincoln, Neb., 2001), 157.

67. *Laws of New Hampshire: including public and private acts and resolves and the Royal commissions and instructions with historical and descriptive notes,* 10 vols. (Manchester, N.H., 1904–1922), 3:537; Jeremy Belknap, *The History of New Hampshire*, 3 vols. (Boston, 1791–1792), 3:130–131; Currier, *History of Newbury, Mass.*, 283–284; Judge Benjamin Chadbourne, "A Description of the Town and Village" (ca. 1797), ms. transcription, Old Berwick Historical Society, South Berwick, Maine.

68. Daniel Vickers, "Those Dammed Shad: Would the River Fisheries of New England Have Survived in the Absence of Industrialization?" *William and Mary Quarterly*, 3d ser., 61 (October 2004), 685–712; Tony J. Pitcher, "Fisheries Managed to Rebuild Ecosystems? Reconstructing the Past to Salvage the Future," *Ecological Applications* 11, no. 2 (2001), 601–617, quotation on 604–605.
69. Vickers, "Those Dammed Shad"; *The Acts and Resolves, Public and Private, of the Province of the Massachusetts Bay*, 21 vols. (Boston, 1869–1922), 1:71, 102, 507–508, 644–645, 907.
70. Petition to Governor John Wentworth, the Council, and Assembly, May 1773, box 5, Old Congress Collection, Historical Society of Pennsylvania, Philadelphia; Petition of John Goffe to the Council and House of Representatives, March 16, 1776, Petitions to the Governor, Council and Legislature, New Hampshire Department of Archives and Records.
71. David Allen Sibley, *The Sibley Field Guide to Birds of Eastern North America* (New York, 2003); Apollonio, *Hierarchical Perspectives,* 71–77.
72. Marc Lescarbot, *The History of New France*, 3 vols. (1618; reprint, Toronto, 1908), 3:172, 231; Pierre Biard, *Relation de la Nouvelle France, in The Jesuit Relations and Allied Documents: Travels and Explorations of the Jesuit Missionaries in New France, 1610–1791*, ed. Reuben Gold Thwaites, 73 vols. (Cleveland, 1896–1901) 3:81; Ramsay Cook, ed., *The Voyages of Jacques Cartier* (Toronto, 1993), 4–5, 13–14, 40, quotation on 40; Richard Whitbourne, *A Discourse and Discovery of New-found-land* (London, 1620), 9.
73. Anthony Parkhurst, "A letter written to M. Richard Hakluyt of the middle Temple, conteining a report of the true state and commodities of Newfoundland, by M. Anthonie Parkhurst Gentleman, 1578," in Richard Hakluyt, *The Principal Navigations, Voyages, Traffiques & Discoveries of the English Nation,* 8 vols., ed. Ernest Rhys (London, 1907), 5:347; Jeremy Gaskell, *Who Killed the Great Auk?* (New York, 2000), 39, 52–53.
74. Gaskell, *Who Killed the Great Auk?* 39, n. 6; Errol Fuller, *The Great Auk* (Southborough, Kent, 1999), 46; Capt. John Collings, mss. logbook, 1733–34, Portsmouth Athenaeum, Portsmouth, N.H.

75. John James Audubon, *The Complete Audubon: A Precise Replica of the Complete Works of John James Audubon Comprising the* Birds of America *(1840–44) and the* Quadrupeds of North America *(1851–54) in Their Entirety,* 5 vols. (Kent, 1979), 4:245; Fuller, *The Great Auk*, 60–77; Gaskell, *Who Killed the Great Auk?*
76. Anthony J. Gaston, Seabirds: A Natural History (New Haven, 2004), 143. Seabirds killed for bait included shearwaters, gannets, murres, gulls, puffins, terns, guillemots, auks, cormorants, and others.While John James Audubon did not witness seabirds being slaughtered for bait until the 1830s, his vivid accounts of a longstanding practice illuminate its impact on the ecosystem. See Audubon, *The Complete Audubon,* 4:45–47, 156, 163–164, 176, 238–241; Maria R. Audubon, *Audubon and His Journals*, 2 vols. (New York, 1897), 1:361–362. On egging see ibid., 1:374, 1:383, 2:406–411, 2:423; Philip W. Conkling, *Islands in Time: A Natural and Cultural History of the Islands in the Gulf of Maine* (Rockland, Maine, 1999), 134. The quotation about killing petrels is from a nineteenth century fisherman. See Captain J. W. Collins, "Notes on the habits and methods of capture of various species of sea birds that occur on the fishing banks off the eastern coast of North America, and which are used as bait for catching codfish by New England fishermen," in USCFF, *Report of the Commissioner for 1882* (Washington, D.C., 1884), 311–335, quotation on 334.
77. Morton, *New English Canaan*, 67–69; Wood, *New England's Prospect*, 48–53, quotation on 52–53; Bradford, *Plimouth Plantation*, 90; Pory to the Earl of Southampton (January 16, 1622/1623), in James, *Three Visitors to Early Plymouth,* 10; Yasuhide Kawashima and Ruth Tone, "Environmental Policy in Early America: A Survey of Colonial Statutes," *Journal of Forest History* 27 (October 1983), 176; *Acts and Resolves, Public and Private, of the Province of the Massachusetts Bay*, 1:667–669, quoted inin Kawashima and Tone, 176.
78. Samuel Penhallow, *The History of the Wars of New England, with the Eastern Indians. Or, A Narrative of Their Continued Perfidy and Cruelty, from the 10th of August, 1703. To the Peace Renewed 13th of July, 1713. And from the 25th of July, 1722. To Their Submission 15th December, 1725. Which Was Ratified August 5th, 1726* (1726; reprint, Boston, 1924), 80–84; George L. Hosmer, *An*

Historical Sketch of the Town of Deer Isle, Maine, with Notices of Its Settlers and Early Inhabitants (Boston, 1886), 16–18; Conkling, Islands in Time, 133–134. On Natives slaughtering molting eider ducks in the Bay of Fundy, see M. Audubon, *Audubon and His Journals*, 434–435.

79. Cartwright, *Journal of Transactions and Events,* 1:7; Rev. Jonathan Cogswell, "Topographical and Historical Sketch of Freeport, Maine," *Collections of the Massachusetts Historical Society,* 2d ser., 4 (1816), 184–189. Looking for gulls, guillemots, cormorants, and other species in the Gulf of Maine in 1832, John James Audubon wrote despondently from Eastport, Maine, "*Birds* are very, very few and far between." See Alexander B. Adams, *John James Audubon: A Biography* (New York, 1966), 400.
80. Apollonio, *Hierarchical Perspectives,* 76–77. The impact of destroying seabird colonies on fish stocks is mentioned in Ernst Mayr, *This Is Biology: The Science of the Living World* (Cambridge, Mass., 1997), 225.
81. Edmund Burke, "Speech on Conciliation with America," in *The Beauties of the Late Right Hon. Edmund Burke, Selected from the Writings, &c. of That Extraordinary Man*, 2 vols. (London, 1798), 1:20.
82. Daniel Pauly, "Anecdotes and the Shifting Baseline Syndrome of Fisheries," *Trends in Ecology and Evolution* 10 (October 1995), 430; Petition of the subscribers, February 7, 1778, Petitions to the Governor, Council, and Legislature, New Hampshire Department of Archives and Records.

第三章
海怪和鲭鱼汲钩

人类在地球表面扩张，或多或少改变了不同地区的
动物种群，或是通过终结某些物种，或是引进另一些。
——路易斯·阿加西斯和奥古斯塔斯·M.古德
《动物学原理》(1848)

1815年左右，在安角一个名为鸽子湾（因栖息于附近鸽子山的大量候鸽而得名）的捕鱼基地，亚伯拉罕·勒维向鲭鱼钩柄上浇铸融化的铅和锡，做出了汲钩。几十年后，人们将汲钩的发明归功于别人，不过发明者到底是谁远不如发明本身重要。以前的鲭鱼钩相对较小，是铁制的，很容易生锈。勒维发现若是用干鲨鱼皮或是砂纸打磨锡套，使其发亮，能代替鱼饵吸引鲭鱼。从大家能够回忆起的时代开始，渔民便是用“四枚半便士硬币[a]”大小的猪肉做饵，或者更常见的是直接用海里抓的鱼做饵。可鱼饵是有成本的，下饵也需要时间。使用闪亮的汲钩，鲭鱼咬钩的速度要远快于使用下饵的鱼钩。尽管勒维和跟他一起捕鲭鱼的人努力保守汲钩的秘密，消息还是不胫而走。[1]

灵巧的汲钩钓者轻抬鱼竿，将上钩的鲭鱼直接从海水中拉出，甩进甲板上的桶里，再用一种他们称作“抽板”(slatting)的手法将鲭鱼抖落，最后再把汲钩甩

a 半便士：halfpenny或ha’penny，英国旧时硬币，直径约2.5厘米。——译者注

回水中，这期间不用碰鱼、也不用碰钩，干脆利落，毫不拖泥带水。渔民将碾碎的鱼饵投到水里，吸引鱼类张口咬钩，如果鱼儿不怎么咬钩，就把少量的鱼饵下到鱼钩上以期更好的结果。但若鱼儿不停地咬食碎鱼饵，则无需再下饵，技艺高超者能在一小时内捕到几百磅鲭鱼，比以前的办法管用多了。洋基人最擅长的敲敲打打，看似简单，却制造出捕鱼效力更强的渔具。19 世纪，美国人开始大量捕捞鲭鱼，后来是捕捞鲱鱼和其他物种，都是依赖于日益高效的渔具。[2]

随后几个夏天，浇铸的铅锡鲭鱼汲钩在海滨地带引起热议，但却比不上 1817 年 8 月格洛斯特附近传来的海洋故事来得轰动。8 月 16 日的《埃塞克斯纪事》写道，在格洛斯特港，"渔民发现了一种不寻常的鱼怪或说蛇怪，行动敏捷"，体型很长，极具攻击性。据编辑所言，"所有想要抓住这鱼的尝试都失败了。"一些人声称看到了两条这种蛇怪，更有读者来信表达自己的担忧，"我们船只怕是难以胜任捕捞蛇怪的重任。"一位目击者说蛇怪看起来"一节节的，像渔网头缆的木桶浮子般串在一起，长达 100 英尺"。"头部高出水面 8 英尺，跟马头一样大。"这个月后来的一天，发表于波士顿的一篇文章让人们更加兴奋，文章确称"美国所见过的最大的海蛇"在格洛斯特附近徘徊。文章作者写道，这个怪物开始"被认为是想象的产物，但自从来到格洛斯特港，已有数百人见过"。见过蛇怪的人太多了，其中不乏正直的绅士，新英格兰林奈学会甚至请了治安法官来让目击者宣誓作证。学会成员渴望受到别处科学家的重视，他们深知若能确定一种引人注目且未列入目录的物种，还可能是活化石生物，不仅本地的博物学家会感兴趣，欧洲的学者也会兴致盎然。同时，渔民则下定决心"捉住它"，甚至组织了几拨人手。[3]

尽管捕鱼活动有所加强，但围绕海怪产生的讨论还是表明人们对波涛汹涌下的海底世界知之甚少。当时，无论欧洲还是美洲的博物学期刊都很少将海洋包括在内。相对于将大自然作为一个整体进行研究，并揭示各纲生物如何实现造物主之意志，海洋生物的丰度和分布情况研究，即使颇具商业价值，仍居于次要地位。虽说很多人认为造物主的计划深不可测，仍待上下求索的人类去理解，但这计划本身却被认定为"自诞生之际便至善至美，自始至终一以贯之；神之工作智慧无限，以永恒不变之规律管理自然"。两名颇受尊敬的博物学家如是说道。换句话说，在 19 世纪早期，人们认为大自然虽然充满未知，却是恒定不变的。每年统计的捕捞量确实有变化，大自然是永恒的还是在变化的，两种观点彼此矛盾却各有其拥趸。[4]

马萨诸塞博物家学会将大自然的造物术描述为“无可超越、无与伦比的鬼斧神工”，而海怪事件让人动摇了这一看法，也使人产生了对海洋生物的诸多困惑。这些问题曾经毫无关注度，但在1817年，它们却反映了科学以及自然历史学科在这个新国家已颇受重视。探讨海洋资源时，谁的话是可信的呢？除了农民，水手是这个国家第二大职业。不修边幅的劳动者与海洋生物的日常交道远多于学识渊博的博物学家。随着科学家开始系统性地探索大自然之神秘，并通过发表文章和参加学术团体日益加强交流，对于大海有着亲身体验的、手上结满老茧的渔民又会扮演何种角色呢？[5]

还处于萌芽期的科学思维看重印刷出版、积累成册的知识体系，博物学家对这一体系十分熟悉。一旦有关大自然的什么东西落笔成书，它便成为正典的一部分，正典兼收并蓄，包含《圣经》、普林尼作品、孔德·德·布丰作品、旅行日志及其他作品。可因为它是正典，就有了权威。挑战书面文字多少有些问题；现代早期的博物学家更愿意添加知识而非争论已有内容。由于在1817年关于海怪有很长的文本记录，因而仅通过观察便质疑其存在被认为是略有些不科学的，更别提仅仅出于怀疑的态度。[6]

以前在新英格兰，也有关于蛇怪的报告和记载，但未曾有人促成过较为持久的科学调查、未曾引起热烈的国际讨论，也没有过系统的追捕。*Scoliophis atlanticus* 是分类学家给海怪的名字（让人大跌眼镜的是，人们从未收集到或近距离检验过任何一个样本），这名字在1817、1818和1819年的夏季时不时地出现，产生大量的书面记录。尽管一些有识之士和科学家指出海怪乃是骗局，试图捕捉海怪的渔民也得出各种结论，但 *Scoliophis atlanticus* 在数十年后的正规文本中仍占据一席之地，比如罗伯特·布莱克威尔美国版的《地理学导论》（1833）和D. 汉弗莱斯·斯托勒的《关于马萨诸塞鱼类、爬行动物和鸟类的报告》（1839）。

没有哪一个称职的海洋环境历史学家能够忽略19世纪早期的海怪。人类基于情感、想象和传统而构建的自然知识并不少于基于实证观察而得来的。人们讲述的大自然的故事自有其重要性。共和国早期，新英格兰最夺人眼球的海洋故事的主角便是格洛斯特海怪。尽管海怪是否真实存在耐人寻味，它仍得到不少严谨之士的严肃对待。对他们而言，以科学的方法研究海怪是符合需要、合情合理的，当时紧跟潮流、装备精良的渔民捉住海怪的决心也同样合理。对我们而言，把海怪当作一种令人发狂的异常现象不予理会；或是更糟，将其当作骗人的戏法，都会影响我们认识大海变化和理解人们行为背后的原因。

1817 年的海怪故事证明古老、深邃的海洋依然过于浩瀚且充满未知，尽管当时美国野心勃勃的发明家和航海家都致力于掌握大海的神秘，如亚伯拉罕·勒维和纳撒尼尔·鲍迪奇(来自塞勒姆附近的数学天才，改进了实用导航)。17 世纪时，新英格兰人一方面认为海洋动物群中存在无法解释的海怪没什么稀奇的，同时又认为海洋的生产力是有限的，并颁布法令限制捕捞。不过，到了 19 世纪中晚期，新英格兰人就开始质疑海怪的存在并满怀信心地认为科技可以补偿日益减少的捕捞量。

总的来说，商业渔民迅速接受了鲭鱼汲钩，同时，他们极尽所能用科学去解释格洛斯特海怪，这都表明了 19 世纪前半叶海边的新英格兰人对大海的重新认识。[7] 这种重新认知的过程时断时续，偶尔也笼罩在对大海是否拥有无限生产力的担忧之中。18 世纪，人们已经注意到灰西鲱、鲑鱼和鲈鱼数量的下降，还有牡蛎床退化以及海岸鲸鱼的彻底消失。进入 19 世纪，蛤蜊、龙虾、鲱鱼、美洲西鲱、鳗鱼和鲭鱼也成为数量锐减的珍贵商业物种，至少有些渔民这样认为。另有人则抗议道这些抱怨都是臆想出来的。到底谁说的更权威，又该如何判断呢？

19 世纪前半叶，种种渔业新发展让人振奋，如编录新的海洋物种、在博物馆设立鱼类陈列柜、关注此前未充分利用的物种、开发新的鱼类市场以及改良渔船和渔具，提高运输和包装效率让人们更易获得海产品等。尽管如此，人们对海岸资源匮乏的担忧仍反复出现在立法和学术刊物之中。在这个时期，人类开始重视渔业科学、关心渔具创新以及大海中发生的变化，既相信古老海怪的存在，也关注现代汲钩的高效。这些一方面表明当时人们的信心与日俱增，相信自己能够理解造物主的意图，另一方面则揭示出在巨大的未知面前，他们未能采取有效的预防性措施，酿成悲剧。

谁的知识？

长时间以来，人们通过观察、想象和采集生物（还有错失的采集机会），得到的海洋生物信息流并不准确。渔民如果看到一条 50 英尺长的座头鲸，嘴部覆盖着硬壳藤壶，长长的胸鳍看起来像翅膀，多瘤状头顶喷出水柱，在落入大海之前习惯于先来几个大跳跃将自己推向天空，他们会以为这是什么呢？倘若浓雾弥漫，受惊的水手驾驶一艘不过 30 英尺长的笨拙小船，看到这景象又会作何感想呢？再者，如果健谈的水手看到了长尾鲨的镰刀型尾翼，岸上的人会听到怎样的消息呢？如果看到的是姥鲨的庞大躯体，甚至是潜伏在承舵柱旁、因水的折射看起来变形的锤头鲨，又会怎样？未知的事物总有很多伪装。数世纪来，没有科技的协助，人类的感觉让大型海洋动物显得倍加神秘。潜水钟和潜水面具发明以前，没有哪个游泳健将能一览处于自然状态下的鲸鱼真身。如果水手们杀死了一只，也没有哪艘船有能力将海洋最大的生物吊到甲板上。直到 19 世纪末期，造船工程师和造船工人才开始建造庞大的铁船，并装备蒸汽卷扬机和钢丝索。因此，异域大型海洋生物的尺寸和样貌依然掩盖在重重迷雾之中。如果长须鲸或者巨型乌贼等大型动物自己搁浅了，由于缺少了大海的浮力，重力也会使它们堆在地上，躯体变形无法认出。遇到这样的事情，19 世纪早期的人们只能靠自己的观感去编故事。在海岸社区，大海里生活着令人惊悚的生物这一点是常识。[8]

1793 年仲夏，克拉伯特利船长跟船员一行人抵达缅因州波特兰市。他们称在距沙漠山岛（此处海域在这个时节是重要的鲭鱼栖居地）30 海里远处遇到一只“体型巨大”的海蛇。其头部“高出水面大约 6 到 8 英尺”，身体估计“跟水桶的直径差不多”。据克拉伯特利船长描述，他们跟海怪可不只一面之缘。“将近一个小时的时间里，我们距离一直不到 200 码。它没打算出攻击我们，因此我们得以细致地观察它。它对我们的关注当然也一点不少。”克拉伯特利的观测颇有自然科学的感觉。他记录了这只生物的体长、周长、头的形状和眼睛的颜色，同时也写到“很明显并没有鳍或任何身体之外的附属结构”，此外，“它前进时像用身体在扭动，跟蛇一样。”最震惊的是他对于自己和船员看到的生物没有任何怀疑。他压根不认为有什么海怪。作为一名经验丰富的海员，又是这个新成立的民主共和国的有知公民，他知道自己看到了什么。“毋庸置疑，它是这片海域曾出现过的两只其中之一，”他写道，“所有的描述都是吻合的。”他记得“曾有两只（也可能是同一只）在蔓越莓岛出现过”，也就是沙漠山岛往南一点儿。他认为“这两只是咱们海里第一次看到，尽管以前在挪威海岸有人看到过”。[9]

克拉伯特利的记录既不歇斯底里又不离奇玄幻，且为亲身经历的一手资料，因而跟那些博学的中世纪学者的记录从本质上不同。比如，瑞典大主教奥拉乌斯·马格努斯于 1539 年出版了一份极为详尽的斯堪的纳维亚地图，上面的波罗的海和挪威海里画满了各种怪物。再如文艺复兴时期的学者塞巴斯蒂安·缪恩斯特，其撰写的《世界志》（*Cosmographia*）是 16 世纪欧洲最受欢迎的著作之一，里面记载了很多具有奇幻色彩又异常凶猛的海洋生物。在共和国早期，克拉伯特利是一名船长，后来成为博物学家，他的观察比 1674 年约翰·约瑟林的更为准确，后者的《两至新英格兰游记》中曾记载安角有“一只海怪，也可能是大蛇盘绕在岩石上”。克拉伯特利船长的叙述也不像发表于 1699 年的一篇文章那样耸人听闻。这篇题为《抓住并杀死海怪的完美真实叙述》的文章详尽描述了丹麦海岸一只长 70 英尺、重 50 吨的鲸鱼是如何被猎杀的，其中虚构想象随处可见，骇人听闻。“上半身像人，下半身则是鱼，有鱼鳍和鱼尾。头体积很大，重达几百磅，观之可怖。”至 18 世纪 90 年代，以克拉伯特利船长为代表的美国船员，哪怕仅仅以半个博物学家自诩，都开始致力于客观记录海里的见闻。[10]

当然像《格陵兰岛纪事》等书还是有相当影响力的。书中记录了 1734 年汉斯·艾吉提在北纬 64° 遇到一只“极为恐怖的怪物”。1738 年，艾吉提的书初次出版，语言为丹麦语，1745 年译成英文。作为挪威传教士，他致力于向曾属于挪威殖民地的格陵兰岛上的民众传教，同时，他也是一名颇具才干的博物学家，其作品描绘了极北之地的动植物，记录了因纽特人的生活及格陵兰岛的地理特征。他所描述的怪物把头伸出水面，“几乎跟桅顶持平”。“吻长而突出，如鲸鱼般喷出水柱；爪大而宽阔，且“皮肤凹凸不平”。此外，其下半身“如蟒蛇状”。艾吉提非常相信自己的感觉和描写能力，书中包含大量对独角鲸、麝牛、雷鸟和海怪的准确描述，尽管他有时参考的专家是普林尼，赫利奥多罗斯和《圣咏集》。1793 年在沙漠山岛遇到海怪的克拉伯特利船长成长于后林奈时代。那个时代的博物学家们理所当然认为有必要进行详细的观察，为人类认识自然的正统知识添砖加瓦。当然，这其中不乏关于海洋生物数量、分布及细微分类等方面的诸多不确定性。[11]

克拉伯特利的同时代人威廉·丹德雷奇·派克是一位备受尊敬的植物学家和昆虫学者，其早期的鱼类学著作基于皮斯卡塔夸河渔民的捕获物写成，是该领域的开山之作。自 1805 年至 1822 年派克稳坐哈佛大学自然历史学科第一把交椅。据下一代杰出博物学家奥古斯特斯·A. 古德回忆，派克在哈佛教学期间，“按照要求教授学生，但其实学生数量少之又少。”本科生对自然历史学科的兴致缺缺反映了该学科的弱势地位。1794 年 12 月，在卡特怀特记录沙漠山岛屿的海蛇后仅一年，派克写下了《四种鱼：捕于新汉普夏的皮斯卡塔夸河》，随后发表于《美国文理学院学报》。他注意到缅因湾里有“大量鱼类，人类对其中很多知之甚少”，派克详细描述了“不同属类的四种鱼”，并且尽他所能按林奈系统将它们分类。[12]

其中一种鱼是一个男孩带给他的。男孩在“皮斯卡塔夸河的一条浑浊小溪流里”抓到这鱼并称之为“白鳗”。算是某种鲇鱼，喜爱在岸边活动，是小型肉食鱼类，今天看来大概是锦鳚，学名 *Pholis gunnellus*。另一种鱼“在波士顿被称作亚口鱼”，在缅因地区被“错误地叫作触须白鱼”，如派克所写，该鱼其实已经由约翰·莱恩侯德·福尔斯特在《皇家协会会报》上发文描述过。派克只是描述了这种鱼，并没有给它命名。第三种，当地渔民称之为狼鱼或康吉鳗，是一条有着利爪尖牙的大鱼，“大概三四月份，在黑线鳕聚居地抓到”。这鱼至今仍被称作狼鱼。派克认为其“与其他林奈系统中的鲇鱼都不尽相同”，他也不确定是否曾有人纪录过。论文中的最后一种鱼连渔夫也不大熟悉，“可能是迁徙鱼类”“不属于常见的那些种类”，派克写道。其实，这种鱼现在称为三刺低鳍鲳，每年夏季迁徙到缅因湾。19 世纪末，渔民为满足市场需求而扩大捕捞种类，该鱼因而成为颇受喜爱的食用鱼类。“我给它起了个名字，把它定义为一个新物种；我这样做是出于无法将其归类于任何一种林奈系统的分类中。”派克是相当谨慎的科学家，这一点一如既往，但他还是进一步肯定了自己的结论，坚称“这样的探寻过程中，最大的目标是找到真相”。当然他也给自己留有一定余地，认为倘若自己弄错了，那他将“永远感激那位纠正我错误的、经验丰富的博物学家”。派克一方面通过渔民获取样本和背景知识，另一方面又屈尊俯就地认为他们对任何“不能吃”的物种“漠不关心”。[13]

早期共和国客观的自然历史本来会日渐集中于对新世界“动植物和矿物质的命名、分类和描述；对其地理结构的研究；其城镇经纬度的判定；其土著居民和文物古迹的研究测定；植物园、博物馆、标本室和科学团体的建立以及将西方科学的命名法和分类学的理论、技巧与系统移植于美国”。然而世纪之交时又出现了诸多竞争因素，分类学系统出现许多分支，研究痕迹器官的报告频出；简而言之，出现了“动物学权威真空”。[14] 对陆地上动植物充满不确定性，在大海里，这种不确定性加倍放大。

1817 年夏天，臭名昭著的格洛斯特海怪游进了那片真空。这一巨大的海怪出现在安角附近，激起了热烈的讨论，无论是绅士、渔夫、记者还是其他公众都参与其中。讨论的中心有一个问题鲜少被提及却始终萦绕其间。谁的说法最权威？又是基于什么而权威的？“听格洛斯特的人说，一只挪威海怪光临了他们的海港，就在十磅岛附近，”威廉·本特利教士在 8 月 15 日写道。本特利是塞勒姆东教堂的牧师，在波士顿海域的有识之士中声名显赫。他是毕业于哈佛大学的学术奇才，其私人图书馆为全国最大，在政治学和神学方面笔耕不辍，在哲学、语言学和科学研究领域颇负盛名。本特利在日记本写道，“它的头部在浮出水面时像渔网的浮标，又像一排木桶或者是大酒桶。伯麦荷的书中提到有一位丹麦海军船长曾于 1746 年做出了相似的描述，其相似程度之高，即使是彼此抄写对方的怕是也无法达到。”伯麦荷的全名是杰奎·克里斯托夫·弗拉芒·德·伯麦荷，是18世纪中期《自然历史通用词典》一书的作者。提起他的名字，人们会想到18世纪欧洲的科学革命。本特利自然而然会去参考这样一位学者已经出版的作品，去解释人们在几英里以南的海岸所看到的东西。[15]

这只海怪出现的时机恰恰是对大自然的理解经历挑战和重塑之时，不仅在新世界美国如此，在其他殖民地区和欧洲也是一样。虽然美国文理学院和新英格兰林奈学会成员也关注到了鱼和贝壳的分类，但更受重视的却是哺乳动物、植物、鸟类、矿物学和昆虫学。对自然的描述、分类和命名虽然已去中心化，但总体看来，海洋在这个大工程中依然处于边缘地位。当然，在家门口遇到一只海怪，面对如此让人好奇到心痒的挑战，1817年8月18日，林奈学会的人还是召开了一次紧急会议，会议指派了一个委员会去“收集这种动物存在及出现过的证据”。[16]

治安法官朗森·纳什“指派了八位证人：三位商人、一位海员、一位造船木匠还有小詹姆斯·约翰斯通”，最后一位只有17岁。他们都是“正直之人，品格毫无瑕疵”。呈给林奈学会的证词里对怪物的头部描述如下：“看起来像乌龟的头，但比任何狗头都要大”；“跟响尾蛇的头长得类似，却接近马头那么大”；“跟能盛4加仑水的木桶那么大”；只有“皇冠那么大”。对怪物狂躁仪态的描述则没有头部形状那么矛盾。但仔细读读证词，就能发现治安法官在迎合协会成员的期待，“引导证人甚至修改他们的描述”，一位历史学家如是说。林奈学会成立不过三年时间，其成员有多精英，其资金状况就有多么堪忧；即使卧虎藏龙，也只能勉强存活。海怪一出现，其他所有的“有趣事实和天才发现”等会议议题都靠边站了。学会计划于9月底出一份报告，其发现也许不仅能证明神秘莫测的海怪是一种新生物，也会给林奈学会带来新生。[17]

感兴趣的可不止林奈学会一家。9月期间，随着越来越多人看到海怪，有关讨论也随之增多。威廉·本特利将其跟以前看到的怪物相联系。“纽伯里港的N.布朗船长提到曾见过一只，在北纬60°东经7°，他曾在一个半小时的时间里得以保持30英尺的距离仔细观察。”布朗曾“观察到它的颈部有痕迹，他认为是打开的鳃……他估测怪物能把头浮出水面15英尺，这就说明头部一定也不短”。除了布朗的观察，还有“来自沙漠山的记录”（卡特怀特船长的）以及“来自安角和普利茅斯的证词”。“来自科德角的证词当时也有，不过因为担心别人觉得荒谬而被压下去了。”然而，证据纷至沓来，与前面的描述并存，本特利颇感歉意地写道“我们对事实太没有观察力了”。尽管没能用一艘马布尔黑德船“昼夜关注这条安角的鱼”，本特利确信了怪物的存在。“上周重复几次出现，这是毋庸置疑的。”[18]

9月底，在安角发现了一条不同寻常的蛇，这让海怪信奉者的热情更加高涨。这条蛇被认为是“大家都在谈论的海怪的后代，因为海怪曾在这条蛇被捕杀的海角出现过”，人们将蛇的样本收集并解剖，并记录了看到过它的人的证词。林奈学会为了等待这些惊人新发展的结论，暂停发表他们的报告。最让人震惊的是蛇的运动方式，虽然样子跟普通的黑蛇相去不远，“却是上下移动的。”所有已知的爬行动物都是弯曲迂回前进的方式。解剖结果显示出奇特的“脊柱弯曲”，意味着“垂直运动时灵活性和力量的增强”。依据这份匆忙写就的报告，林奈学会认为“这条蛇并无明显可辨认的特征，与其他脊柱呈弯曲结构的蛇类差别很大”，并且“认为有必要将其认定为一个新属类”。学会虽承认要对格洛斯特海港出现的“大海怪进行更仔细的调查”才能完全确定它跟海滩上抓到的小黑蛇之间的关系。但他们依然通过类比再加上目击者的佐证，得出了结论：这两者是同一个东西。[19]

学名为 *Scoliophis atlanticus* 的海怪借此进入了科学类文学的视野。1818 年初，林奈学会的报告有了伦敦版，随即科学家纷纷发文表态，支持其生物分类的划定。著名自然学家君士坦丁·塞缪尔·拉芬斯克发表了题为“关于水蛇、海蛇和海怪”的论文。曾是华盛顿将军下属的大卫·汉弗莱将军，为此给伦敦皇家协会主席约瑟夫·班克斯写了数封信件。哈佛自然历史学教授威廉·丹德雷奇·派克向《美国文理学院学报》投递了文章，其中写道“去年夏天在附近海域出现的巨大蛇形动物，不仅在此处引起关注……全世界博物学家都颇有兴趣”。一些科学家保持沉默，至少是没有公开发声，比如约瑟夫·班克斯爵士。另有一些作家则公开进行嘲讽。查尔斯顿的剧作家威廉·克拉夫茨用尖锐的语调讽刺了“格洛斯特骗局”。[20]

剩下的就是抓住怪物了。对此，格洛斯特的里奇船长志在必得。他是专业的海员，因而知道海怪总会在高气压时出现，那时的海面就如同玻璃般平滑。要抓住海怪，就要像海怪一样思考。一个平静无风的日子里，他将船开到了海怪曾出现过的地方。船上所有船员都是“体面且正直”之人，而且都看到过海怪。“我雇了这些人，因为我从没见过这个怪物，别等到它出现在我面前却认不出来。”《波士顿每周速递》随后的记载证实了他们的准备没有白费。捕鲸船严阵以待，渔叉船桨随时出击，全体船员一致同意“我们当时所见乃格洛斯特曾现‘海怪’无疑”。据里奇日后描述，那一时刻，他“愿起誓作证，海怪离我仅有不到百尺的距离”。既然看见了，他们决心用渔叉将其叉住。[21]

里奇后来承认，“又过了一会儿我们才发现上当了，因为跟近了才意识到那不过是我们曾抓住过的一种鱼的尾迹。”那是一条金枪鱼，里奇称之为马鲭，现在叫作蓝鳍金枪鱼。如今生物学家将蓝鳍金枪鱼认定是海洋里最快的鱼，它们会呈拱形高速掠过海面，然后没入水中，如此交替，颇具特色。里奇解释道，在平静的海面，“如此快速前行”，这种金枪鱼会掀起“跟大海同样颜色的小水浪，稍远一点看就是我们之前所描述的那样”——一只海怪背部的隆起。经过5天坚持不懈的追捕，里奇和船员抓住了一条体型颇为可观的马鲭，用船帆包裹放进了底舱。里奇发誓说他与之探讨此事的每一位船员都“同意一个观点，就是这条鱼让诸多人产生‘海怪’讨论的源头”。全体船员一致这么认为。此外，里奇船长还指出，所谓海怪“存在于这片海域”也是“部分基于他的船员所给出的证词”。[22]

然而，叉住这条金枪鱼却远远没有终结对海怪的讨论。面对里奇船长“血淋淋的”证据，克拉夫茨的冷嘲热讽以及亨利·德·布朗维勒的无情鄙夷（此人是一名法国学者，他压根儿不接受林奈学会对于新物种的认定），大多数开明的新英格兰人“宁愿相信他们伟大的海怪的存在”。直到1819年夏天还持续有新的目击者报告，有的甚至是颇具威望的绅士用小型望远镜观测到的。他们的叙述跟之前信奉者的描述遥相呼应。当然不是每个人都买账。1820年，《埃塞克斯纪实》的专栏作者实事求是地写道“关于大海怪和小海怪是否为同一物种这个问题，委员会简直荒谬至极”。简单来说，他继续写道，“目击证人看到的不过是一条戏水的鱼。”[23]

里奇船长应对海怪问题采取的手段条理清晰，表明他是思路清楚的经验主义者。但随后十年间关于鲨鱼的争议却显示，涉及确定谁是海洋最大的生物这一点，新英格兰的渔民跟博物学家一样思路混乱。1820年夏天，在马萨诸塞湾北岸抓捕到几条鲨鱼，一条是“长达9英尺的‘吃人’巨鲨”，另一条更大，不过是比较温和的滤食性姥鲨。《埃塞克斯纪实》一篇题为“是鲨鱼——不是海怪”的文章如是写道，“一如既往，只要有任何一只‘怪鱼’出现在这片海域，就会被当成是那只声名赫赫的海怪。这次如果不是鲨鱼被抓住了，又要给‘可怖海怪’的存在添油加醋了。”[24]不过仅仅依据物种（甚至是种属）来划分鲨鱼却不够直截了当，1830年夏天的一起悲剧证明了这一点。这场悲剧波及到了里奇船长和来自林恩的纳撒尼尔·布兰卡德船长，后者是位技艺娴熟的渔民，曾协助D.汉弗莱·斯托勒博士写出了那篇关于马萨诸塞鱼类的标志性论文。

1830年7月12日，布兰卡德船长驾驶自己的小型纵帆船从林恩向南行驶，经过一天的航行，停在了锡楚埃特东边。三人与他同行，其中一人——他的岳父，约瑟夫·布莱尼——独自驾驶一艘平底小渔船出海。几个小时以后，布莱尼挥舞帽子呼喊救命，众人还未及施救，只见小船上横陈一条大鱼，空中喷来一片白沫，随后鱼、船、人都消失不见了。布兰卡德和其他人只找回了受害者的帽子。小渔船再次浮出水面时已满是划痕，就像是"鲨鱼的粗硬鳞片刮擦所致"。科学家及渔民现在已经确定，只有途经缅因湾的大白鲨会有这样的行为。布兰卡德无比震惊，决意报仇。一两天后他重回这片海域，一心想要抓住施暴者。他和船员用整条鲭鱼做饵的巨大鱼钩和直径半英寸的马尼拉绳索，成功抓住了两条大白鲨，其中一条长16英尺，重达2500—3000磅，太大了拖不到船上来。他们把小的那条拉到了岸上。老船员们把这条鲨鱼称作"热带海域的吃人狂魔"，如今，感兴趣的观众花上12.5分钱就能在波士顿一饱眼福。不过，这起惨剧带来了关于鲨鱼分类的重重困惑，经验丰富的渔民则是加深了这种困惑。[25]

《波士顿公报》记载，"布兰卡德船长于过去15年间从事捕鱼业，他表示曾多次在海湾见过跟那条捕到的鱼不同种类的鲨鱼，但从未见过这样一头姥鲨。"当然那不是姥鲨，而是一头大白鲨。马萨诸塞海湾的姥鲨一度十分常见，却于18世纪早期因其昂贵高质的鱼肝油而在科德角一带遭到大量捕杀。一个世纪之后，可能无论里奇还是布兰卡德都对其不再熟悉了。尽管仅仅十年前当地的报纸还描述过姥鲨的具体样貌，由著名博物学家塞缪尔·米切尔详述，以证明姥鲨绝非海怪。"里奇船长从事捕鱼行业已有27年，他也作出了类似的阐述，"《波士顿公告》如是写道，"他告诉我们自己已经很久没在这片海域见过姥鲨了，直到最近，在距离布兰特角几日航程的马什菲尔德附近，他看到了至少20头。"同样地，这些也是大白鲨。布兰卡德抓住的那头供公众观赏的鲨鱼牙齿成排而锋利、锯齿状，正是大白鲨的显著特点。这份报纸也郑重解释道，"他的嘴巴吞下一个中等体型的人不成问题。"在缅因湾，大白鲨没有鼠鲨（又叫大西洋鲭鲨）那么常见，也不如双髻鲨特征那么明显，或是像长尾鲨那样有着镰刀型尾巴，一眼就可辨认。各种各样的鲨鱼经常在缅因湾被抓到，有的被渔网困住，有的是顺便抓住的，也有用渔叉叉住的。除了成群的鲭鱼，鲭鱼汲钩经常会钩住大青鲨或其他种类，然后便可肆意将它们刺穿叉起。分类学的归属毕竟不是多数渔民的关注重点，甚至那些跟博物学家有来往的渔民也是如此，如里奇或者布兰卡德船长。生物分类缺乏准确度，渔民对生物类属不甚清楚，使得对海洋生物的认知出现权威真空。[26]

19 世纪 30 年代间，新英格兰自然科学出版物数量骤增。有关马萨诸塞湾捕鱼业，杰罗姆 V.C. 史密斯博士和 D. 汉弗里斯·斯托勒博士各有论著出版。尽管斯托勒严厉批评了史密斯早几年面世的作品，又尽管二者都得到了水手和渔民的协助，参考了他们的看法，但二者都不很情愿承认水手们的贡献，也都没有完全放弃对海怪的信仰。史密斯煞费苦心地写道，“这样一只被描述为海怪的生物，其存在，经由最公正的证据证明，是毋庸置疑、无可辩驳的，其证词之确凿甚至超过任何真理。”斯托勒也在书中提到了海怪。他完全忽略了里奇船长关于格洛斯特海怪实际上是一条金枪鱼，且多次被目击到过的解释，转而宣称蓝鳍金枪鱼是“这个州的水域中极其罕见的物种”。事实上，蓝鳍金枪鱼被当作是海怪，在马萨诸塞湾所引起的轰动程度在联邦政府的历史上都是数一数二的。有学识有地位的绅士们尽管对真相无比执着，却不肯承认像里奇船长这样的水手竟然能在博物学家的专业领域胜过自己。[27]

当然，绝不能将里奇船长和林奈学会准专家之间的分歧当作是渔民整体和自然学家整体之间的鸿沟。早在海怪现身之日，一些渔民就相信它们是生态系统的一部分，来到格洛斯特只是为了捕食“巨大的一群鲱鱼”。几十年后的 1833 年，海怪的影响力依然不容小觑。《巴恩斯特步爱国者》报纸的一位作者写道，“这个海怪，或是别的什么东西，在科德角的好几处地方把相当数量的黑鱼赶到了岸边。”[28] 针对海怪和鲨鱼的争论，也表明了在南北战争期间，其实没有哪一方占据了海洋所有的真理。未知的大海如此神秘，人们也很容易将其想象成无边无垠、势不可挡的存在。这种权威真空让一些怀疑论者否认海洋资源已近枯竭，尽管另一些渔民们持续指出令人忧虑的海洋变化。

最变化无常的鱼类

在美国独立战争前夕，海怪远未在安角附近出现之前，新英格兰的鲭鱼捕捞业地位还无足轻重。那时，渔民用鱼钩、小的围网或者网丝（刺网在当时的叫法）捕捉鲭鱼。人们都知道“钩子捕到的最好，围网捕到的最差，因为多数遍体鳞伤”。人们偶尔会吃鲭鱼，但多数是用作鱼饵。有时也会“切开腌制并装桶”出口给“糖料种植园岛屿上的黑人吃”，威廉·道格拉斯于 1755 年如是写道。18 世纪间，有限的鲭鱼捕捞主要在马萨诸塞湾南部城镇进行。据说 1770 年锡楚埃特有 30 艘鲭鱼捕捞船，每年的捕捞量在 5 千至两万桶之间，大约是该区域鳕鱼捕捞量总量的十分之一。[29]

1812 年独立战争之前，鲭鱼捕捞一直是劳动密集型的次要产业。早春时节，因其新奇性，鲭鱼能在波士顿卖出高价——一条 8 分钱或者 10 分钱——但捕获量始终不多。1802 年春季，有记录记载格洛斯特渔民会用围网捕捉鲭鱼，以及鲱鱼和条纹鲈。到 1821 年，几乎所有格洛斯特船只捕捞的鲭鱼都是新鲜出售。那时，有一队切巴科渔船，七八艘来自格洛斯特，另有七八艘来自安角北边的鸽子湾附近。它们在夏天用围网和加铅鱼钩捕鲭鱼，卖到波士顿市场。切巴科渔船有两个桅杆，没有三角帆，只有主帆和前帆，一些有甲板，一些则没有。18 世纪末 19 世纪初，新英格兰人正在重建被独立战争摧毁的捕鱼船队，切巴科渔船因其体型小、造价低，被应用于近岸捕鱼。当时多数鲭鱼都被捕捞于位于安角和科德角之间的、离家不远的斯特尔威根海岸。捉到的鱼中，渔民只保留精华。一人回忆道，他们“只留下大鱼，装进桶里。小鱼则扔进排水阀，踩踩之后用作鱼饵”。为了尽可能保持新鲜，他们会在晚上出海，捕到鲭鱼之后立刻调味，并储藏在海水里。这样做的目的是尽可能低温保存，趁着清晨凉爽运到市场。到 1804—1809 年，马萨诸塞的渔民每年只捕捞 7000—9000 桶鲭鱼，一桶可盛 200 磅。战争以后，鲭鱼捕捞的步伐加快，1815 年在马萨诸塞湾南部城市欣厄姆，捕鲭鱼的渔民装了上万桶鲭鱼。等到海怪争议甚嚣尘上时，企业家们已经纷纷扩张生意规模。[30]

（大西洋）鲭鱼是季节性鱼类。自然学家认为，每年春季，海水温度上升，鲭鱼回到新英格兰。温暖的海水促使浮游生物生长茂盛，吸引大批鲭鱼在 4 月底抵达海岸。在前方侦察先锋的指引下，新斯科舍、新英格兰和纽约的渔民做好迎接鲭鱼的准备。鲭鱼迁移群规模大小不定，并无常态，自殖民时代早期，海岸居民就对此见怪不怪了。几个荒年之后可能是几个丰年。1781 年和 1813 年，一位纽约博物学家记录道“海湾、溪流、水坑里随处可见鲭鱼的身影，市场上也到处都是”。但无论是不是丰收年，每年早春都是鲭鱼的产卵季，此时的鲭鱼瘦骨嶙峋，没什么脂肪；经过一个夏天的大快朵颐，进食桡足类、虾、鱼卵、鲱鱼和鱿鱼，秋天的鲭鱼跟春天竟是完全两个样子了。以至于直到 1815 年，国内顶尖鱼类研究专家塞缪尔 · L. 米切尔还将春季鲭鱼和秋季鲭鱼当作是两个完全不同的物种：*Scomber vernalis* 和 *Scomber grex*。不过，渔民所担心的问题是捕鱼强度增大是否会影响鲭鱼。[31]

18 世纪末 19 世纪初，在汲钩成为优选技术之前，鲭鱼捕捉者依靠的是一套略显笨拙的拖钓系统，鱼线的一端固定在舷外撑竿上，另一端是下了鱼饵的鱼钩，通过慢速拖移进行捕捉。鱼钩加铅，非常笨重。有时候鱼发疯般咬住鱼钩，还要花大量时间把鱼弄下来并重新布饵。据渔民描述，整套系统看起来“十分奇异”，撑杆向船体外突出，有时就像“长腿蜘蛛”。鱼线很长，为了感知是否有鱼上钩或是把上钩的鱼拉上船，渔民还要拿一根缰绳连到鱼线上。据内撒尼尔·艾特伍德回忆，这套系统不仅笨拙，还要保证鱼钩始终向前移动。“我第一次捕捞鲭鱼时还是个小男孩，大约 1815 年，”他回忆道。船开得不够快时，艾特伍德和另一人就要划桨。这种拖曳系统，鲭鱼“不会上钩，除非将绳索向前拖曳”。另一方面，一旦起风，扬帆的鲭鱼船又会开得太快。一位缅因湾渔民回忆道，“压舵时要调整船帆，使帆船微微背风，平稳而缓慢地前进，鱼线也会逐渐与迎风舷保持一定的角度。”要整理一堆乱如鼠窝的绳索，还要随时保持特定的速度，因而曳绳钓鲭鱼跟便利二字挂不上钩。然而在 19 世纪第二个十年里，这已经是渔民最好的选择了。安角渔民第一次遇到迁徙鲭鱼群时，为了截住鱼群并在市场上卖个高价，用的便是加铅鱼钩，这是 1817 年。[32]

当闪亮汲钩的巨大成功被人们口口相传，渔民立刻抛弃了加铅鱼钩。1820 年左右，大量鲭鱼出现在马萨诸塞湾，其捕捞工具的转变也在此时发生。在汲钩代替了加铅鱼钩和围网以后，船长们开始为了腌制鲭鱼而特地出海，因为他们发现远航带来的大量腌鱼要比当天往返捕捉鲜鱼利润更加丰厚。这一趋势转而使得格洛斯特、欣厄姆和韦尔弗利特的包装行业迅速发展，跟波士顿已有的包装公司进行竞争。在 19 世纪，一名格洛斯特的史学家注意到，1820 年左右的“切巴科渔船体积增大，且船首装配斜桅日益普遍，这种船逐渐被叫作‘汲钩渔船’”。19 世纪 20 年代，人们开始建造为鲭鱼捕捞量身定做的尖翘艉纵帆船。1821 年，为了捕捞鲭鱼，伊普斯·W. 麦钱特先生建造了“沃朗特号”，这是一艘 37 吨的尖翘艉纵帆船，当时看来是一艘大船。尖翘艉纵帆船船比切巴科渔船更大、更适航，不过食宿条件依然十分原始。厨房就设在前桅后方，用砖头搭建。“木制的烟囱，用来排烟，不过并不总是管用。”[33]

鲭鱼会在海面留下标志性尾迹，是跟鲱鱼、油鲱完全不同的涟漪，跟风吹过海面留下的“猫爪印”也很不同。瞭望员能从主桅上观察到成群的鲭鱼，晴天甚至能看到一公里以外的鲭鱼群。船长们会把鱼饵扔下甲板吸引鲭鱼。在汲钩钓早期，渔民要把鲱鱼或其他饵鱼用斧头剁碎做饵，十分辛苦。1823 年前后，手摇式碎饵机代替了斧头，被喻作“老天的赏赐，渔民出海时能抽烟卷、侃大山了，不用一直剁鱼饵”。吉迪恩·L. 戴维斯回忆道。[34]

碎饵机安装在船只围栏上。几年以后，约定俗成地固定在了右舷一侧，在这一侧完成所有的捕鱼活动。负责碎饵机的人将油鲱、鲱鱼或小鲭鱼倒进机器然后迅速转动摇杆，小块碎鱼浆液随风洒落。一旦驶入鱼群，船体慢慢转向背风，船员从有风的一侧用汲钩钓鱼。

船长们确保随船装载所需模具和材料，以便能在途中制作汲钩。一人先把钩子放进铁质或滑石模具中，留大约 1/3 的柄在外面方便提拉，再浇注融化的铁锡混合物，一旦汲钩冷却，就将其递给另一人。据一位水手回忆，不捕鱼的时候，“所有人都围坐在甲板上，根据自己的喜好，手持锉刀、锉磨、砂纸或狗鱼皮，塑形、刮擦、打磨以及抛光汲钩。”汲钩捕鱼的早些年里，钩相对沉重，并不精致。随时间流逝，人们日渐以能打造出光滑美观的汲钩而自豪，并备有多种不同重量的汲钩以应对不同的天气。[35]

19 世纪 20 年代，新英格兰鲭鱼捕捞业自我革新，第一次给北大西洋鲭鱼储量带来了显而易见的压力。渔船变大、数量迅速增多。碎饵机和汲钩的使用几乎普及，岸上的包装工厂数量呈指数增长，为捕捉鲭鱼而覆盖的海域面积也急剧扩大。鲭鱼捕捞从最初的用一艘小船现捕现卖、几乎没什么影响到成为一项重要产业只用了十年时间。每年鲭鱼捕捞开始的时间更早，结束的时间更晚，航行的距离也更远。随着鲭鱼捕捞产业的扩张，自然而然地，人们愈加期待海洋能够产出更多。一段时间以内，海洋生态系统也颇为配合。尽管《格洛斯特电报》1828 年 7 月刊上发出哀叹，建议人们“好好珍惜自己所拥有的，今年可能是个荒年”，但那年整个新英格兰船队的捕捞总量约达 1.086 亿磅，是鲭鱼捕捞历史上第二高。后面一年也几乎同样好。虽然近岸捕捞量很大，但渔民已做好去更远海域的准备，这也体现了当时弥漫在产业迅猛发展过程中的扩张主义情绪。1830 年，安角一艘鲭鱼船首次抵达圣劳伦斯海湾，引起轰动。在那之前人们一直以为鲭鱼是家门口的海里才有，不过这趟来回各 1000 英里的航行，最终回报满满。一位渔民回忆道，查尔斯 · P. 伍德的“海员号”渔船“离开了四个礼拜，带回一整船的大胖鲭鱼”。[36]

19 世纪 20 年代期间鲭鱼捕捞量攀升，并且持续大幅攀升。1816 年之前，船队从未捕捞超过 800 万磅的量。至 1820 年几乎达到 5300 万磅；至 1822 年则有 7300 万磅；至 1825 年更是超过 1.16 亿磅。然后是在 1831 年，距亚伯拉罕 · 勒维锻造了第一套汲钩 16 年后，美洲的鲭鱼捕捞者使用钓丝和闪亮的汲钩在通常不到 50 吨的小船上捕捞了 1.75 亿磅鲭鱼，这一纪录一直未被打平或打破过，直到 1884 年，人们对鲭鱼的科学认知和捕捞科技有了显著改进之后才有突破。[37]

通常，解释历史现象远没有记录它们更简单直接，尤其当这些现象是人类行为和自然循环交叉作用的结果时。回过头来看，19 世纪 20 年代及 30 年代早期恰巧是人类欲望、捕捞行动和生态系统生产力都强劲的时期。新英格兰渔民首次展开大规模、系统性鲭鱼捕捞，就恰好发现这种鱼数量相当丰盈。鱼类数量会有波动，而鲭鱼，跟鲱鱼或其他深海集群鱼类一样，其数量波动要远甚于大型、长寿的捕食者鱼类，如大比目鱼和金枪鱼。19 世纪晚期，科学家相信水温对鲭鱼的影响很大，这一观点为现代科学所支持。所有的鱼类储量都在一定程度上随北大西洋涛动而有所变化，并受到其他天气动因影响，如决定风速风向、降水、气温及湿热转换等天气情况的因素。反过来，那些因素又会影响海表温度、温跃层的深度与密度（温跃层是温暖表层海水与低温深层海水之中的间隔层）、水循环及养分混合。在特定的海域，那些变量又会反过来给浮游动植物数量施加影响，诸如鲭鱼这样的捕食鱼类赖以生存的食物链基础正是浮游动植物。

生态条件永远不会一成不变，尽管人类是这样渴求的，又尽管当时盛行的假设是老天遵照万物不易之法则管理大自然。在取得破纪录捕捞量的 1831 年又过了 5 年之后，鲭鱼捕捞数量比 1831 年下降 50%，随后 10 年也依然保持在出乎意料的低谷。1837 年经济大萧条期间，《巴恩斯特布爱国者报》写下“整个联邦内部都在谈论艰难时刻的到来”的评论，此时，新英格兰人的鲭鱼捕捞量比过去 12 年间任何时候都要少。1838 年 8 月刊的《纽伯里波特先驱者报》针对美洲西部巨大的鲭鱼市场和未被满足的需求，悲观地评论道，“距离鲭鱼捕捞业式微已经不远了，即使这一产业不被迫放弃，也是前途未卜，从业人员及船只将大幅减少。最近，四个鲭鱼季里勉强能有一个还算丰收的就不错了。”[38]

仔细分析渔船总吨位和单位努力度渔获量之间的关联，可以揭示出生态、经济和人类欲望的共同作用。1830 年取得破纪录捕捞量之后，大吨位船只加入了鲭鱼捕捞船队。一些船只是特地建造，另一些则是从鳕鱼或其他鱼类捕捞船队调整过来的。这一行动在 1831 年立刻取得了漂亮的回报，产生了新的鲭鱼捕捞记录。随后两年间船只数量变动不大，但再后面就大幅增长。直到渔获量如自由落体般下跌，人力物力依然持续扩张，这一点似乎是 19 世纪末期和 20 世纪捕鱼业典型模式的预兆。这一趋势一直持续到 1836 年。1837 年大萧条后，渔民渔获量低，加上资不抵债，鲭鱼船吨位显著降低。自 1838 年至 1843 年，人力物力的投入减少，进行鲭鱼捕捞的船只和船员越来越少。

捕捞量在 1840 年触底之后开始反弹。19 世纪 40 年代后期鱼储量似乎又回升了，于是，毫无意外地，渔民又开始为鲭鱼捕捞注册更多的船只。随着注册船只数量的增多，这一点预示着捕鱼行动的增多，渔获量也有所增长。但 1851 年后又成断崖式下降。

至此所得的数据仍不能盖棺定论。看起来，丰收年之后渔获量会骤跌。换句话说，船队的成功似乎会使鱼储量衰减。19 世纪中期的捕捞者不像 19 世纪的治安法官和渔民那般谨慎克制，他们步步紧逼，永远在追求更高的捕获量。

讽刺的是，总体鱼量紧缺的那些年里，鲭鱼有时候会大批出现在近岸水域和港口。1937 年 8 月，在新罕布什尔州的朴次茅斯港口，曾有连续两三天，每天都抓到近 400 桶鲭鱼。当地人说鲭鱼很少以这样的方式出现。这似乎更印证了它们变幻无常、无法预计的天性。然而，19 世纪 30 年代末期，更多讨论反映出渔民对鲭鱼数量减少、行动更加敏捷以及迁徙到陌生水域等变化的哀叹。《巴恩斯特布爱国者报》评论道，“渔民的抱怨并非他们找不到鲭鱼，而是它们就是不上钩。”[39]

这些讨论之中隐隐透出一种担忧，也就是鲭鱼储量衰竭是否为人类干预的结果。1836 年至 1838 年期间，至少三家马萨诸塞报纸登载了新闻，其中都有饱学之士抗议“排钩渔叉这种捕捉鲭鱼的残忍手段”。编辑们坚称这是鼠目寸光：“如果这种破坏性的捕鱼法再持续个几年，就会毁掉捕鱼业。”新闻人并非唯一敲响警钟的。“一些最睿智的渔民告诉我，”波士顿内科医师兼博物学家 D. 汉弗莱斯·斯托勒写道，“捕捉鲭鱼的难度逐年递增，因为盛行的捕捞手段是‘渔叉’，极其残忍。”同时，新斯科舍议院委任专人成立委员会，“调查渔业现状”。他们向渔民和渔商收集证词证明“渔叉”会伤害鲭鱼群。鲭鱼渔叉是直径 1/4 英寸，长 3.5 英尺的铁棍，末端是两把锋利的钩子回弯至跟铁棍平行。渔叉固定在长长的木柄上。当密集的鲭鱼群出现在船周却不上钩时，渔民抛弃了汲钩，转而使用渔叉。“渔叉被猛推进鱼群又迅速回拉，”一人回忆道，“往往一次就能叉住一条甚至两条鲭鱼。”1850 年前的几十年间是渔叉使用的顶峰期，但很快渔民又抛弃了渔叉。批评者认为经渔叉致残的鱼类比捕到的还要多，而且会惊吓到剩下的。这些批评者坚称人类的行为会影响这种鱼。[40]

1839 年，一位马布尔黑德的渔民直言不讳，直接将捕捞方式与减少的产量联系在一起，并警告渔业同行要注意自己行为的后果。“所有出海来这儿的渔民都说鲭鱼少了，”他抱怨道，“同时，在科德角和别的地方，我又看到有人用网捕捞鲭鱼。政府如果对这种迫害式捕杀不加管制，海岸的鲭鱼难道不会变得跟企鹅那样稀少吗？独立战争之前，企鹅曾经数量庞大，渔民甚至能用渔叉抓到它们。”他嘴里的“企鹅”是指大海雀，当时在西大西洋已经灭绝。这位马布尔黑德渔民知道原因。“那些唯利是图、残忍至极的人经常光临东海岸（加拿大大西洋）的岛屿，而那里曾是这些鸟儿的繁殖地。最终整个种族都被摧毁了。”[41] 很明显，尽管海洋的神秘仍待人类去理解，但一些有经验的渔民并不认为大海不会受到伤害，也不认为其资源是无穷无尽的。

改善大海

1817 年 8 月，海怪在格洛斯特首次露面后几日之内，附近塞勒姆的一则报纸广告通知公众“一种比海怪更可口的鱼类将于下周一登陆”。登广告的人叫约翰·莱蒙德，是个混血儿，在当地以开饭馆闻名。他要在前街开一家“牡蛎馆”。“烤、炖、煎、炸或烹以他法，让您吃好、喝好，流连忘返。”塞勒姆的牡蛎供应已经不足以支撑商业发展，但莱蒙德是个懂行的生意人。他跟威尔弗利特、科德角的渔民签订合同，请他们提供牡蛎。至少在过去 15 年间，来自威尔弗利特舰队里的一个小船队，都是 30 吨左右的，已经在定期将牡蛎送往周围的城镇，包括波士顿、纽伯里波特、波特兰以及塞勒姆。[42]

世纪之交时，在较大的海滨城镇随处可见牡蛎摊或牡蛎店。在费城、纽约、波士顿、塞勒姆、波特兰、普罗维登斯以及别的城镇，居民会时常光顾那里的牡蛎酒馆。牡蛎床的自然产地在佩诺布斯科特湾及南部，曾经也在皮斯卡塔夸河口、埃塞克斯县的帕克河和罗利河以及波士顿港口发现有很大的牡蛎床。17 世纪 30 年代，约翰·约瑟林曾记录，在波士顿港口有“巨大的牡蛎床”，就在查尔斯河西南，这一河段后来被填埋了。50 年后，一名经过波士顿的法国难民注意到，作为该城镇的重要贸易，出口商品中赫然在列的是“桶装腌制牡蛎，其中相当数量是在这里捕的”。然而，到 18 世纪，大部分绵延数里的牡蛎床已然被挖空。城市居民只好吃来自更远生态系统的牡蛎。科德角海湾的浅水区依然是这片区域内优秀的贝壳生产地——比较著名的是马布尔黑德县的威尔弗利特、伊斯特汉及奥尔良。那里无尽延展的平坦海底以盛产牡蛎、蛤蜊以及圆蛤而闻名，自清教徒来到这里便是如此。[43]

1765 年，开始出现有关丰产的牡蛎床被破坏的担忧。那年颁布的一条法令，记录道“过去几年人和船只驶进河流与海湾，在威尔弗利特、弗里敦、斯旺西、达特茅斯、巴恩斯特普尔以及雅茅斯等镇，用耙子地毯式挖刮牡蛎床，带走了大量的牡蛎，导致上述的牡蛎床几近摧毁”。这条法令还规定，如果没有行政委员的许可，禁止在任何城镇用耙子刮取或者任何地毯式捕捞牡蛎，除非当地居民可以捞取牡蛎供“自家享用或在自己小镇的集市买卖”。然而一切太晚了，也太微不足道了。1770 年灾难初现，比林斯盖特海湾所有的牡蛎离奇死亡，这个海湾毗邻威尔弗利特、伊斯特汉、奥尔良和布鲁斯特。如今，要确切了解牡蛎的死因已经不可能。牡蛎对细菌毒素十分易感，比如塔式弧菌。尼氏单孢子虫等寄生性原生动物传播的传染性疾病也会杀死牡蛎，这是 1957 年在切萨皮克湾和特拉华湾爆发的牡蛎大灭绝的根源所在。研究者也认为或许是由病毒引发的赤潮会产生毒素，杀死牡蛎。有一点是无比确定的：生态系统受到的侵害越大，抵抗疾病的能力就越弱。系统性的过度捕捞为大灭绝铺好了道路。[44]

牡蛎捕捞是许多威尔弗利特居民的主要生计来源，部分原因在于海岸捕鲸业几十年前就已崩溃。这个区域的居民向法院请求修改之前在 1772 年颁布的法令，声称其保护力度不够。灾难面前，他们希望中止波士顿市场的牡蛎捕捞，并在七、八月份禁海，哪怕是本地消耗的牡蛎捕捞也禁止。1773 年，威尔弗利特镇下令“要有更加严厉的法规预防 [牡蛎] 的毁灭”。12 年后，伊斯特汉镇（约 30 年前威尔弗利特已从该镇划分出去）颁布另一项禁令，禁止其他城镇的人在该镇区域内挖蛤蜊做饵，这一举措也表明了贝壳类对该区域的重要性。[45]

大自然无法恢复的东西，当地人决心修正。独立战争后，牡蛎数量并没有很快回弹。于是，威尔弗利特的人开始到巴泽兹湾和纳拉干西特湾抓牡蛎，再运回去洒在自己浅滩的海底。理想的牡蛎床生长海域在低潮时水深 3—6 英尺。到最后水手每年能带回成千上万蒲式耳（1 蒲式耳约 35.2 公升）的牡蛎。运回的牡蛎帮助过滤了比林斯盖特海湾营养丰富的半咸水。尽管也有一些牡蛎在此繁殖了后代，但主要的增长——采捕牡蛎的人这样认为——来自移植的牡蛎。约翰 · 莱蒙德在 1817 年提供的美味牡蛎很可能是出生在新英格兰，在威尔弗利特浅滩牡蛎场变得肥美，然后又被采捕、运输并贩卖至塞勒姆、波士顿及其他地方。[46]

随后也有不少为了某种海洋动物而操纵海滨生态系统的行为，但都没有这么大规模。19 世纪早期，纽约首屈一指的鱼类学者塞缪尔 · L. 米契尔提到裸首梳唇隆头鱼，这种鱼常被叫作黑斑，“最初在马萨诸塞湾并没有；但几年的时间里 [即 1814 年前不久的一段时间] 就被带到了科德角，并且繁衍生息，以至于波士顿市场上供应十分充足。”裸首梳唇隆头鱼在海岸一带“如鱼得水”，在相对较浅的海水中捕食无脊椎动物。这种鱼身形短胖，平均重 2—4 磅，颜色较深，美味可口，深受消费者喜爱，经常可以在鱼摊上看到。但并非所有的博物学家都相信是人类的干预使得裸首梳唇隆头鱼的生存区域扩大。尽管前有米契尔的言论，权威著作《缅因湾鱼类》作者亨利·B. 比格罗和威廉·C. 施罗德更倾向于认为数年前裸首梳唇隆头鱼在这片水域数量就很多，经过一段贫乏期又重新出现。渔民尝试囤养裸首梳唇隆头鱼时，可能刚好赶上了这种鱼的自然增长。[47]

不过可以肯定的是，灰西鲱确实是被人为带到安角的湾流里，并被期望形成可持续的种群。此外，1833 年左右，当鲭鱼捕捞量正在衰减之时，一艘活水船船长从新贝尔福德运了一船活的变色窄牙鲷到波士顿。D. 汉弗莱·斯托勒解释道，“其中一部分直接由市场上的渔民买走，然后放进了海港里。”变色窄牙鲷长 8—12 英寸，是巴泽兹湾和温亚德海峡人们最爱吃的鱼类，可用鱼钩钓起，秋天的时候也可用鱼枪和网在海边拦截的小湖里捕捞。因为它们在科德角以北更为冰冷的海水里并不适应，野心勃勃的渔民在波士顿市场所做的实验以失败告终。变色窄牙鲷被转移到波士顿港两年以后，人们在波士顿码头捕到两条 ，随后两年又在纳罕特每一年捉到一条。在纳罕特它“被认为是很奇怪的鱼”。人们觉得这些偶得的变色窄牙鲷应当还是当初被转移的那群，大家一致同意他们没有繁殖后代。重点在于，直到 19 世纪 30 年代，人们对于自然历史的系统性认知还相当有限，但 19 世纪早期的渔民依然满怀信心，努力重建海岸生态系统生产力，乐此不疲地搬运牡蛎和鱼类。[48]

新英格兰的林奈学会，有其热忱也有其问题，一共存在的时间却不到十年。该学会于 1822 年终止会议，到第二年其“大量珍贵的收藏……由于缺乏看管而七零八落”。1830 年，一个新的组织——波士顿自然历史学会成立。一位著名的博物学家后来回忆道，在当时的“新英格兰，没有哪一个组织致力于自然历史研究，我们的领土之内竟没有一个现代科学博物馆，或是专门宣介科学的杂志。我们之中竟也没有哪个人对天上的飞鸟、水中的游鱼或是水陆都随处可见的低等动物有常识认知”。新协会的成员有杰罗姆·V.C. 博士和 D. 汉弗莱·斯托勒博士，他们希望能填补这一空白。但是学会 20 年间的会议出勤情况却不过尔尔，每年到场大约 15 人。渔民对大海的认识往往要比博物学家更到位，尽管后者常常对自己的学识有着莫名的自信。[49]

随着捕捞者点明海岸水域系统已经枯竭，现状堪忧，人们开始思考这一问题：到底谁有权利去解读生态系统呢？又是凭何原因呢？格洛斯特渔民在 1828 年抱怨道，从格洛斯特港抓走太多的龙虾会“破坏海湾其他的鱼类捕捞”。他们知道掠食性鱼类以幼年龙虾为食。1839年，也就是马布尔黑德渔民公开担忧鲭鱼会步大海雀后尘那一年，来自巴恩斯特布尔的89位渔民哀叹围网捕鱼会“严重干扰鱼类产卵，把它们从我们的海域吓跑”。在当时的新英格兰，围网是用手工制作的，相对较小。但巴恩斯特布尔的渔民还是希望能通过一项法令，“禁止任何人”在城镇水域内“用围网捕鱼”。他们坚信捕捞业“岌岌可危”，希望政府介入调停。将他们当作保守主义者可能不符合时代。但他们的担忧确是实打实存在的，他们对于未来的担忧也同样如此。然而另外52名镇民则反对他们关于“干扰鱼类产卵……吓跑”的言论，认为这“纯属想象而且毫无证据”。由于缺乏动物学权威，人们为了维护自身利益互相指责，争论不休。支持围网捕鱼那一方注意到围网捕捞鲱鱼时也会顺带捞上变色窄牙鲷，他们对此喜闻乐见。“如果能将它们一网打尽岂不是大快人心？众所周知，变色窄牙鲷以蛤蜊为食，蛤蜊是珍贵的贝壳类。在变色窄牙鲷还没有来到这片海域之前，约25年或是30年前，港口的蛤蜊数量众多，然而如今，它们的数量已经少得可怜，濒临灭绝。”操控生态系统，清除人类不需要的掠食性鱼类看起来无可厚非，却无疑进一步证实了人类对海洋生态施加的影响。[50]

那一年，马撒葡萄园岛的请愿书纷至沓来，淹没了马萨诸塞的立法机构。岛上的渔民坚信“各种鱼类数量日益减少”，亟须“立法干预”，同时也要限制“在浅滩和海岸采蛤蜊……（蛤蜊数量少，体型小，还需要用作鱼饵）”。请愿者深信鱼类的减少已经不容忽视，并希望通过限制使用围网、严格蛤蜊采捕许可以及杜绝外来者等措施能解决这一问题。查塔姆镇的渔民也希望得到保护。他们抱怨外面的“小渔船给港口捕鱼业带来极大困扰”，它们巧取豪夺“龙虾鲱鱼鲈鱼美洲西鲱和其他鱼类，令当地居民不胜其烦”。查塔姆不仅坐落于科德角拐角的位置，每年春季和秋季都有大群迁徙鱼类从这里拐弯儿，同时这个小镇还控制着一个巨大盐池的入海口。从渔民的视角来看，查塔姆位置极佳。[51]

查塔姆想要将原本人人都能分一杯羹的资源垄断，这一企图遭到来自科德角其他地方渔民的憎恨。尤其让人眼红的是，“科德角没有哪片海岸”的油鲱“能像在查塔姆海岸那样唾手可得”。油鲱可是捕捞鳕鱼、鲭鱼的绝佳饵料。相当一部分来自巴恩斯特布尔的人毫不客气，“我们相信所有的鱼类都是联邦政府全体居民的共同财产，平凡的人类既没必要也没权利提供保护。”查塔姆的人并不认同。楠塔基特岛民也不同意。几年以后，楠塔基特岛民坚称外来者“围网捕鱼、捕捞鳗鱼和采捕蛤蜊等行为几乎让我们的鲈鱼和鳗鱼消失殆尽，蛤蜊数量也锐减。以前供我们捕捞还绰绰有余，如今却捉襟见肘”。他们提出的方案很简单：本地资源仅供本地人使用。[52]

把鱼类数量的枯竭归咎于外来者的历史由来已久，并且在后来也是屡试不爽的策略。可掌握海洋知识、区分事实和虚构则完全是另一码事了，海怪的传说就充分证明了这一点。再拿鲱鱼举个例子，鲱鱼的重要性在19世纪中间的三十几年日益凸显。早在1821年，缅因州成立刚一年，立法者就对鲱鱼捕捞做出明确规定。然而19世纪40年代期间，逐渐放宽了限制。缅因州东部毗邻新不伦瑞克省的地区有一个小镇叫琼斯波特，那儿的渔民十分担心法律不严的后果。他们说原来的法律“防止我们的渔业被渔网摧毁”。他们要求，法律应“禁止布渔网，除非是为了捉鱼饵。允许用手电筒的光吸引鲱鱼进行捕捞。根据我们的经验，这种方法比渔网对鲱鱼的破坏性小得多”。他们继续解释道，“华盛顿县的鲱鱼捕捞业几乎已全线崩溃，因为渔网捕捞在那边一直都是合法的。”琼斯波特地处偏远，且成立时间不久。那里家家以鲱鱼捕捞为生计，他们用鱼篰、抄网和手电筒捕捞，并预言“如果渔业被毁”，他们将失去经济来源，“并且按照现行法律实施的话，我们非常确定会如此。”[53]

问题是，另一些经验颇丰的渔民并不认同手电筒有益处。1817年秋季，海怪当年在安角附近最后一次被目击到不久之后，威廉·本特利在日记中写道，“鲱鱼捕捞大获成功，在海岸附近就能捕到的数量十分之多。”鲱鱼来到伊普斯威奇附近的海湾，“是那一代人记忆中的第一次，”并且，正如本特利指出的那样，渔民“用手电筒吸引鲱鱼进行捕捞，取得巨大成功”。跟30年后琼斯波特人不约而同的是，没人觉得用手电筒吸引鲱鱼会有什么问题。然而到了19世纪30年代，波士顿的渔民却认为手电筒捕捞害处极大。“我们海岸线上一些地方，过去几年鲱鱼数量已经很有限了，”D. 汉弗莱·斯托勒1839年写道，“1835—1836年间，捕到的相对更少。渔民把鲱鱼数量的稀缺归因于夜晚的手电筒捕捞。鱼群会被手电筒的光分隔开，鱼儿被吓跑。”真相到底如何，没有人确切知晓。[54]

斯托勒是南北战争前马萨诸塞极具盛名的鱼类研究者，19世纪30年代期间，为了撰写马萨诸塞鱼类的书籍，他一定程度上依靠鱼贩子和渔民的经验。他感谢来自林恩的纳撒尼尔·布兰卡德船长，就是岳父葬身于鲨鱼之口的那位，感谢他“一直以来不知疲倦的帮忙”以及“提供的诸多睿智点评和珍贵细节”。但从他的文字中很明显能够看出，比起渔民，他更愿意相信那些博览群书的业余自然学者们（他们之中很多人，包括他自己，都是医学博士）。比如说，在“常见金枪鱼”

的讨论中，他根本就没有提到里奇船长坚持认为海怪其实是金枪鱼这一点。在1839年，他把颇具争议的*Scoliophis atlanticus*（大西洋蛇怪）收录进他的书里，尽管里奇船长并不认可。他写道，“这是一种新的神奇动物，为国外博物学家所认可。”[55]

不过，1842年，斯托勒对第一版做出修订时，他寻求了纳撒尼尔·安特伍德船长的协助。安特伍德船长来自普罗文斯敦，是一位经验老到的渔民。海怪第一次露面时，安特伍德才10岁，已经在跟随父亲每天出海打鱼，当天往返。同行的还有来自科德角外缘雷斯角的人。他们只有几艘自嘲是“五手”的、比捕鲸船略小一些的船。舷侧的船板重叠建造，呈鱼鳞式。每艘船配有四支桨，有时他们会在12英尺高的桅杆上装一面小帆。由于他们的船没有远航能力，所以依靠的是大海当季的馈赠。深冬和早春时节是手钓鳕鱼的季节。二月捕捞量最高，也最为残忍。每年大概从5月20日起，捕鲭鱼先头部队到来，他们在海港布网，捉到的鲭鱼新鲜贩卖到波士顿。鲭鱼季大约在7月的第一天结束，之后便是淡季，他们彻底检修船只装备，直到9月中旬“白斑角鲨向南迁徙路过这里”。从9月中至11月中，都是白斑角鲨捕捞季。多刺的白斑角鲨无疑是缅因湾体型最小的鲨鱼之一，但数量最多，是这个季节里最好的选择，因为白斑角鲨鱼油能卖出10美元一桶的价格。[56]

白斑角鲨捕捞季结束后就是冬天了，又到了手钓鳕鱼的时候，偶尔也能抓到几条黑线鳕。安特伍德回忆道，“那会儿是没有黑线鳕的……很多年间黑线鳕的价格都比鳕鱼要高，因为物以稀为贵。这是1817年的情况。”后面25年间他捕过大西洋鲭鱼、大比目鱼、鳕鱼、西鲱和白鳕，试验过各种各样的工具，最远到过长岛海峡、圣劳伦斯湾以及亚速尔群岛。当斯托勒请求他帮忙修订关于马萨诸塞鱼类的书时，安特伍德“认为自己捕鱼这么多年，知道的东西可不算少”。他回忆起自己“回答了斯托勒发来的报告中大约32种鱼类的问题……我仔细翻看，发现自己能做的还挺多。这就是我跟科学家熟识的开始”。安特伍德船长对学习的渴望之大，也许只能由其巨大的照相式记忆容量所匹敌。[57]

不到五年的时间里，安特伍德就（经邀请）加入了波士顿自然历史学会的精英团体。1848年学会承认他的巨大贡献，因他提供了“几种优质样本，其中两种”，托马斯·博维解释道，“是马萨诸塞水域的新物种。”在1849年，斯托勒已充分信任安特伍德，他允许自己的两个儿子，霍雷肖和弗兰克，加入安特伍德前往拉布拉多的航程。35岁的哈佛解剖学赫西教授杰弗里斯·怀曼，也加入了这次远航。怀曼 1839 年为斯托勒的《鱼类报告》创作了插画，二人的家庭也通过波士顿学会、哈佛大学和医学行业之间的血缘纽带而相互联结，能够被引入到这样的社交维度，是安特伍德这个来自普罗文斯敦的贫穷渔夫的儿子未曾想过的。[58]

启程去拉布拉多三年之前，怀曼作为博物学家和解剖学家已是声名显赫，因为他揭露了一场海怪骗局。在纽约百老汇的阿波罗沙龙里，阿尔伯特·科赫，一位派头十足的德国企业家，收集了至少五头鲸鱼的化石骨头，组装成一副 114 英尺长的骨架，并命名“*Hydrarchos sillimani*”，字面意思是“西利曼的海王”。这副骨架据说应该是一个“巨大的爬行动物化石”。科赫起的名字是为了纪念耶鲁教授本杰明·西利曼，此人曾在数十年前，跟林奈学会受人敬重的绅士们一起承认了海怪的存在。人们成群结队地来到，只为一睹怪物真容。可令人失望的是，怀曼指出那些黏合在一起的脊椎骨“不仅来自不止一个个体，而且是不同时代的骨头”。他还表明，“牙齿是鲸类的，而不是爬行动物的。”那时候的哈佛已经是美国自然科学的中心，教员之中像路易·阿加西、亚萨·格雷这样的牛人赫然在列。怀曼的报告并没有阻止人们继续目击到海怪，但改变了自然历史领域的既定认知。仅仅因为他们的绅士身份，林奈学会就坚称自己的成员比渔民，比如里奇船长知道得多，对这一点，人们不再信奉。怀曼也是一位绅士，而斯托勒更新的第二版《马萨诸塞鱼类史》于 1867 年出版，其中并没有提到海怪。[59]

在著名的怀曼教授和斯托勒教授两个儿子的陪同下，安特伍德船长于 1849 年向拉布拉多出发。据他后来回忆，这趟航行中商业捕捞与科学观测竟如此容易地合作共存。“我们寻找自然历史的研究对象和药用鳕鱼肝油。”安特伍德制作出 300 加仑的鳕鱼肝油，年仅 20 岁的霍雷肖·R. 斯托勒，则为自己有关新斯科舍和拉布拉多鱼类的专题论文做实地调查，并在两年以后发表。几年之内，D. 汉弗莱·斯托勒就称赞安特伍德是“本州最好的应用鱼类学家”。[60]

1851 年几乎是大西洋鲭鱼捕获量最高纪录的年份。捕获量非常之多，渔民赚得盆满钵满。一些鲭鱼是在近岸用刺网捕捞的，就跟安特伍德还是孩子时用的方法一样。但鲭鱼捕捞业大部分还是依赖于汲钩钓。然而随后几年里，一场技术革命改变了马萨诸塞和缅因州的鲭鱼捕捞业。这两个州几乎是美国所有鲭鱼船队的大本营，即使博物学家对如何繁殖鲭鱼有了突破性进展以后依然如此。1853 年，正当来自英属加拿大的武装捕捞者在圣劳伦斯湾骚扰美国渔民时，马萨诸塞的斯库纳帆船“艾达号”、“朗普号”和“先驱号”试验了有环围网捕鱼。有环围网是相对较新的科技，最近几年才在新开拓的鲱鱼捕捞中取得了不错的效果。有环围网是由两只小船将一张很长的网张开来围住一群鱼，只适用于鲱鱼、鲭鱼等在水面集群的鱼类。这种围网淘汰了亚伯拉罕·勒维的闪亮汲钩，对鱼的破坏也是成倍增长。“围网捕鱼的浪费非常厉害，”1849 年的鲱鱼季，霍雷肖·斯托勒在拉布拉多海域注意到，有“很多抓到的鱼无法腌制，因而成百上千桶鱼就这样被扔在海滩上腐烂；而且……方圆数英里内，海水上都覆盖着一层厚厚的、腐烂的碎鱼渣滓”。[61]

第二场革命是科学革命，却是一位渔民打了头阵。尽管大西洋鲭鱼捕捞业地位十分重要，博物学家对其产卵繁殖却知之甚少。1856 年春天，安特伍德船长决定对这一问题进行系统性探索。那时，他与斯托勒、怀曼以及其他波士顿自然历史学会成员共事已久，受他们影响，已经习惯了用科学的思路来思考问题。1852 年，路易·阿加西教授拜访了他，教授那时刚刚出版了跟奥古斯都·A. 古德合著的《动物学基本原理》一书，名声大噪。（书里并没有包含海怪。）安特伍德对鱼类学研究的贡献让他印象深刻，因而阿加西来到普罗文斯敦来拜访这曾经的船长，如今的博物学家。这次拜访“是两人结识、熟知并成为终身挚友的开始”，一个同时代人这样写道，这段友谊中最引人注目的是持续数年的、关于鱼类的通信。[62]

1856 年春天，安特伍德将自己的新船“鱼类学者号”，装备上流刺网，5 月 20 日捕到 2250 条鲭鱼、次晚则捕到 3520 条。他认为它们产下的卵还不能“自由游动”，尽管看起来已经完全成型且成熟了。自那以后他每天来收集鱼卵，放进酒精里保存。最终在 7 月 10 号，他认为这些鱼已经结束产卵，7 月 5 号可能那年产卵季的中点。“30 天后，我回到海湾，发现了小鲭鱼群，长度大约两英寸。”他收集、保存样本并记录日期。25 天后，又回来收集了更多样本。后来他满怀自豪地说道，“我联系阿加西教授，把样本给他。他说他从来都没能够如此清楚无疑地确定这些事实。”安特伍德的实地调查一直持续到那年 10 月底，他用特制的小网眼网袋捕捉小鲭鱼并记录他认为是当年产下的批次的成长。那年夏天，他被州里委任成为研究人工繁殖鱼类的三个委员之一，同年又被选为位于塞勒姆的艾克赛斯研究所的成员。他的当选模糊了这个行业里劳动者和绅士学者之间的界限，这对 1818 年林奈学会的成员来说，几乎是无法想象的，那一年，海怪还在安角附近“兴风作浪”呢。[63]

美国内战前的50年既见证了汲钩钓作为主流鲭鱼捕捞工具的兴衰，也见证了新英格兰博物学家对海怪关注度的涨落。对于印刷权威的信任逐渐让位于经验主义，虽不情愿，这却是进行系统科学观察的必经之路。同时，对过度捕捞的担忧由一丝半缕渐渐明朗，令人不安却与之共存的是要让自然科学为公众服务，带来利润和声望的决心。没有哪一个群体能够垄断自然历史的所有知识，也没有谁能决定那些要求谨慎的言论有没有道理——无论是预言式地警告鲭鱼会走上“企鹅”的不归路，还是围网会带来巨大浪费，抑或是“各种鱼类数量日益减少”亟须“立法干预”。然而，人们开发新技术收割大海，将其资源在公众间进行分配的速度却远远超过了海洋生物知识的积累速度，包括具有商业价值物种的丰度及分布情况的基准线这么简单的问题。

在新英格兰海洋环境历史中，格洛斯特海怪看起来或许并不起眼，但当博物学家和渔民最终揭开了 *Scoliophis atlanticus* 的面具时，一些东西发生了变化。数千年来，大海一直被想象成是无边无际、不可估量、无法改变而且狂野无度的。当海怪被宣布不存在，鲭鱼汲钩和后来的有环围网被发明，这几乎是同时发生的几件事驯服并改变了海的无边无垠。破除海怪迷信的一个结果就是海洋变得更易于接近、更客观、更科学了——或许也更可控了。南北战争前的数十年中，美国人更加自信于自己理智地理解甚至控制自然界的能力，这从他们试图改变自然的各种乐观尝试中就能看出。到19世纪50年代后期，博物学家和渔民愈加确信科技会打破大海的神秘并解决其生产力问题。然而，19世纪中叶的鳕鱼捕捞业很快表明，这种自信是有代价的。

图 1 “冰岛人号”：维京船复制品（冰岛首都雷克雅未克维京海事博物馆提供照片）

维京侵略者带来的风干鳕鱼和捕捉海鱼的科技彻底改变了欧洲人与大海的关系。9 世纪维京侵略前，住在海岸的欧洲人除了吃每年春天出现在河水里的溯流产卵鱼类，比如鲑鱼、鲟鱼和美洲西鲱外，很少吃海鲜。

图 2 挪威的深海捕鱼（插图出自奥劳斯·马格努斯的《北方民族志》，罗马，1555；伦敦重印版，1998，引用出自 1061 页；图片来源：新罕布什尔大学影像服务。）

图 3 数不尽的鲱鱼（插图出自奥劳斯·马格努斯的《北方民族志》，罗马，1555；伦敦重印版，1998，引用出自 1061 页；图片来源：新罕布什尔大学影像服务。）

图 4 荷兰鲱鱼船
（画家是简·波尔塞利斯之后的匿名画家，阿姆斯特丹荷兰国立博物馆供图）

欧洲淡水鱼类过度捕捞之后，大规模的海上渔业开始增长。到 14、15 世纪，欧洲天主教徒常吃的鱼类包括鳕鱼、鲽鱼和其他海鱼（图 2）。鲱鱼的数量多到一位主教是这样描述的："它们成群来到时……用力向鱼群中间扔一柄斧子，竟能竖直立于水中。"（图 3）后来，这种夸张的话语被用来描述新世界的鱼类。荷兰鲱鱼船（图 4）能出海几个礼拜，捕捉、保存中世纪欧洲最常吃的鱼类。

图 5　港口见闻及纽芬兰捕捞、腌制和风干鳕鱼的方法
（赫曼 · 摩尔，1720 年；布朗大学约翰卡特布朗博物馆供图）

但是欧洲海岸生态系统无法提供足够的鱼类来满足人类需求。到 16 世纪早期，渔民穿越大西洋向西推进，先是到了纽芬兰和圣劳伦斯湾，后来是新英格兰。赫曼 · 摩尔描绘了（图 5）1720 年纽芬兰人捕捞、腌制和晒干鳕鱼的场景。那时捕鱼业已经有超过 200 年历史，每年从海洋中捕捞 15 万公吨的鳕鱼。

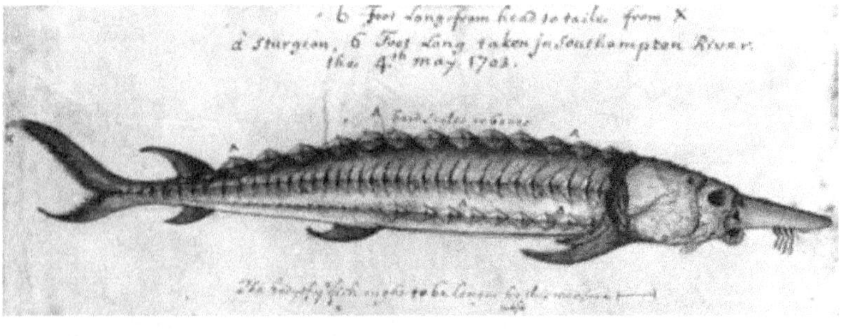

图 6　让 · 巴勃特画的鲟鱼（1703 年；图片经英国国家档案馆允许使用）

图 7　大海雀（约翰·詹姆斯·奥杜邦和罗伯特·哈斐尔制的凹版腐蚀制版画，来自奥杜邦所著《美国鸟类》，伦敦，1827—1838，第四册 4, 插图 341；图片由埃罗尔·富勒提供）

截至 1800 年，由于捕捞压力，科德角和纽芬兰之间的海洋生态系统已经大规模重塑。一些海岸鲸鱼种类几乎消失殆尽。南部海域的海象被终结，其存在范围逐渐向北极推进。定居者只用了两个世纪的时间就使得新英格兰的鲟鱼（图 6）数量变稀少，即使鲟鱼体型大、鱼鳞似装甲且鲜少有天敌。而大海雀（图 7），北美洲的“企鹅”，1800 年就已踏上了灭绝之路。最后一只是 1842 年被杀死的。

图 8 安角大海怪（约 1817 年；图片来源：麻省理工学院博物馆供图）

以前在新英格兰，也有人看到过海怪，但引发的关注度都不如1817年至1819年格洛斯特附近所报道及绘制的海怪。分类学家将他们归类为*Scoliophis atlanticus*。这个时代里，鱼类科学的发展、渔民的创新以及大海的变化都表现了人类的信心日益增强，更有能力去了解海洋生物。也揭露出他们的悲剧性失败，没能在面临巨大不确定性时采取预防手段。

图9 格洛斯特港（费兹·亨利·莱茵，1848；里士满弗吉尼亚美术馆供图。感谢阿道夫·D. 和威尔金斯·C. 威廉姆斯基金基金，照片由凯瑟琳·魏茨 © 弗吉尼亚美术馆拍摄）

费兹·亨利·莱茵在1848年所绘格洛斯特港，有着照片一般的准确度。清洁桌底下堆放的鳕鱼和黑线鳕重达二三十磅，这说明海岸附近当天往返的渔船仍能捕到大鱼。人类使用简单的小帆船和划艇，已经改变了海岸生态系统，不过海岸的鱼产量依然非常高。

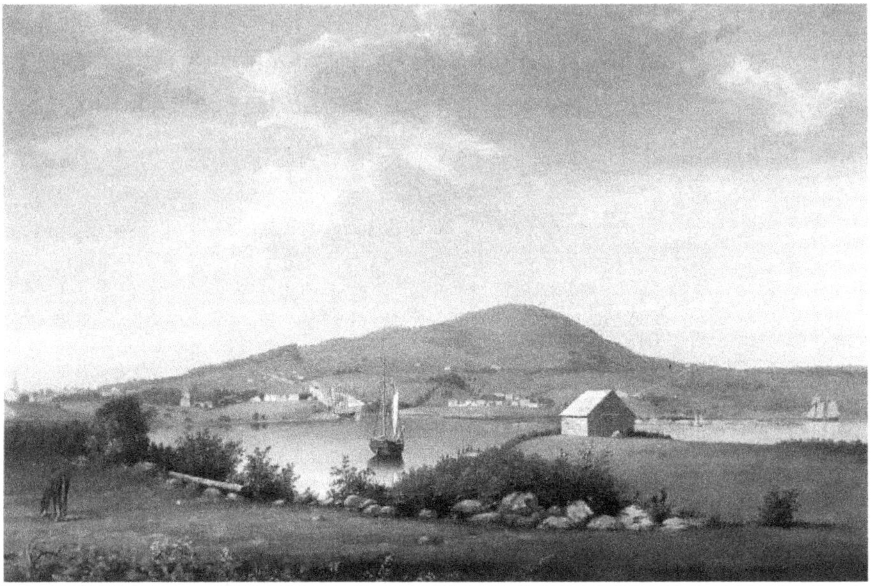

图 10 缅因布卢希尔镇（费兹·亨利·莱茵，约 1853—1857 年；私人收藏，华盛顿首都）

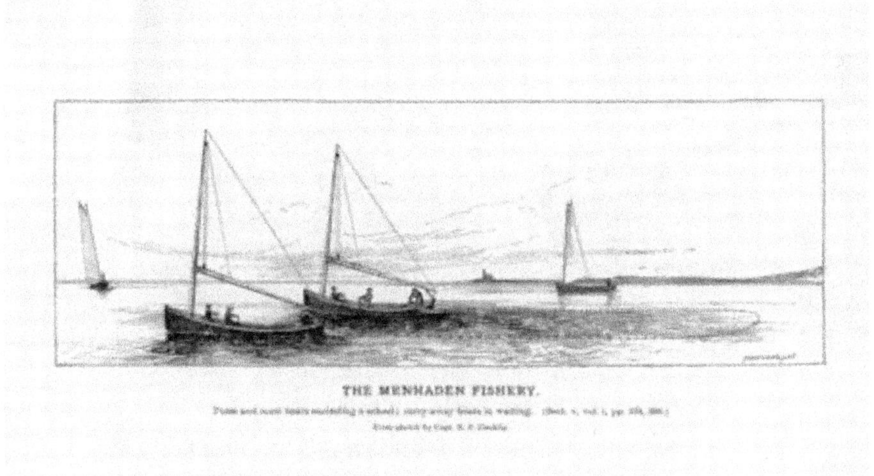

图 11 油鲱捕捞：围网渔船和副艇包围一群鱼（B.F. 考克林船长素描画雕刻品，《美国捕鱼业》，华盛顿特区，1887，第 V 部分，插图 101。）

缅因的油鲱战始于1850年左右，地点是布卢希尔小镇（图10）。渔民驾驶简单的小帆船和划艇，使用自制的渔网，开始追逐油鲱鱼群（图11），为的是制作鱼油。另一些渔民则激烈抗议，围网捕捞油鲱会破坏鳕鱼和鲭鱼捕捞所依赖的饲料基础，这两种鱼类已经稀缺。

图12“缅因号”尖翘艉纵帆船
（图片由缅因州锡斯波特的皮纳布斯海洋博物馆提供，Boutilier收藏。）

那时，19世纪20年代开发出来的尖翘艉纵帆船是当时新英格兰北部最常见的捕鱼船。有着“鳕鱼的头和鲭鱼的尾”——既能全速前进又有精巧船尾——安全又适航，但无法近风航行。这些简单的船是用汲钩捕捞鲭鱼鼎盛期的常规装备，1831年的捕捞量还破了纪录。

图13　克兰伯里群岛鱼类风干（缅因，约1900年，弗雷德·摩尔斯；照片由玛莉·洛克提供）

图 13 的照片拍摄于 19 世纪末的缅因。近 400 年来，新世界的鳕鱼就是在这样的搁架上风干。斯库纳帆船越来越大，马力更足，但捕捞方法无疑还是前工业化的。缅因湾的鳕鱼捕捞量稳步下降，从 1861 年的 7 万公吨到 1880 年的 5.4 万公吨，到 1900 年的两万公吨。1873 年美国渔业委员会发起的“鳕鱼复兴”从未出现过。

图 14　斯宾赛 · F. 贝尔德 (史密森学会档案馆供图，图片 MAH-16607)

图 15　乔治 · 布朗 · 古德 (史密森学会档案馆供图，图片 SA-63)

斯宾赛·F. 贝尔德（图 14），是美国鱼类协会自其 1871 年建立至 1887 年瓦解期间的领头人。他跟英国顶尖鱼类科学家托马斯·赫胥黎都认为人类不会对集群鱼类产生影响，比如鳕鱼、鲭鱼和鲱鱼。贝尔德的助手，乔治·布朗·古德（图 15），在 19 世纪 80 年代间编辑了七卷的《美国渔业》，也同意他们的看法。

图 16 乔治·H. 唐奈端着一桶鳕鱼

（约克，缅因，约 1882 年，Emma Lewis Coleman 摄影；波士顿新英格兰历史馆供图）

但大多数的新英格兰渔民孜孜不倦地进行反对。自 19 世纪 50 年代到 1915 年间，他们反复声明鱼储量在下降，政府需要采取措施才能确保将来有鱼吃。

图 17　大雾预警（温斯洛 · 霍默，1885 年，布面油画，76.83 × 123.19 厘米，匿名礼物，94.72，有波士顿美术博物馆提供照片。摄影 © 波士顿美术博物馆）

图 18　三幅 H.L. 弗朗牌龙虾罐头商标

（19 世纪晚期，缅因波特兰；巴斯缅因海洋博物馆内森 · 利普弗特供图）

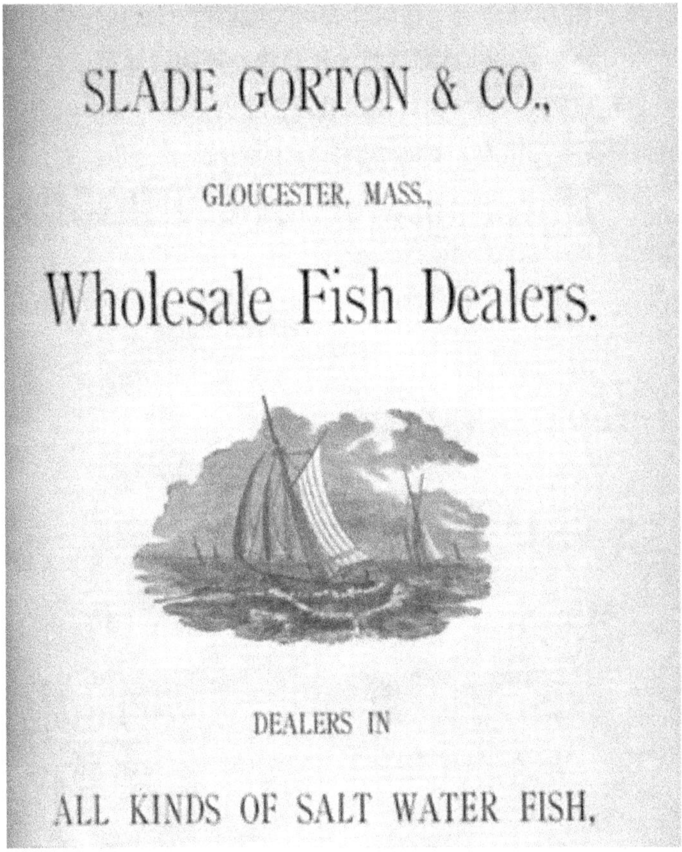

图 19　斯莱德·艾顿公司广告（《渔民手册》，
格洛斯特马斯，1882 年；新罕布什尔大学影像服务部供图）

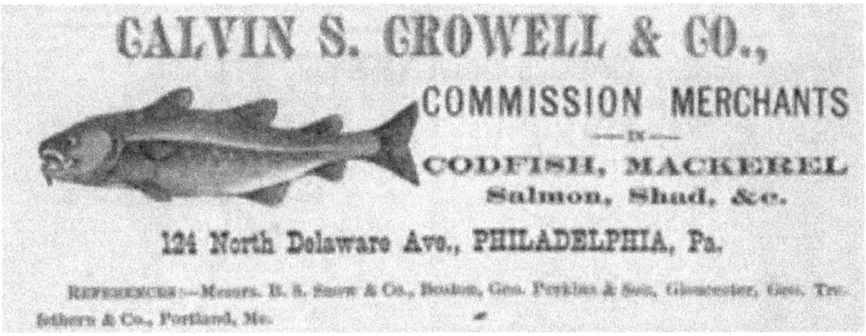

图 20　卡尔文·S. 克罗威尔公司广告（《渔民手册》，
格洛斯特马斯，1882 年；新罕布什尔大学影像服务部供图）

温斯洛·霍默在1885年画下这幅渔夫和大比目鱼（图17）的画面，到那时，新英格兰人正驶往格陵兰岛和冰岛寻找大比目鱼。当地的储量已经消耗殆尽。同时，新的科技，比如罐头（图18），以及日益扩张的生意人和商人网络（图19和图20），让鱼类资源备受压力。

图21　19世纪90年代，挖蛤人在缅因鹿岛的欧申维尔小镇乘驾豆荚船和小划艇
（鹿岛——斯托宁顿历史学会供图）

图 22 拖着围网渔船的鲭鱼纵帆船（马斯格洛斯特港，19 世纪 90 年代左右，埃里克·哈德森摄像；奥古斯塔缅因州博物馆供图）

保护海洋鱼类的第一条联邦法规1887年生效。1886年鲭鱼储量呈匮乏之势后，议会禁止在春天产卵季捕捞鲭鱼。到那时渔民已经不再用汲钩捕鲭鱼了。他们驾驶着厉害的斯库纳帆船捕鱼，并使用围网围捕鱼群（图21）。19世纪末，鲭鱼、鲱鱼、龙虾和比目鱼数量都锐减。19世纪90年代，缅因的鹿岛能拍到挖蛤人乘驾豆荚船和小划艇的场景（图22），蛤蜊的数量也遭遇灾难性下降。

图23 奎罗海岸的新方法（托马斯·M.霍因，1981；图片由多莉丝·O.霍因和塞勒姆埃塞克斯皮博迪博物馆提供，该画是罗素·W.柯尼特的捐赠，1982.）

随着鳕鱼和其他底栖鱼类捕获量减少，在西大西洋岸边驾驶斯库纳帆船的渔民放弃了从船上进行作业。19世纪60年代间，他们开始从平底小渔船上进行延绳钓。这一操作极大地增加了鱼钩数量以及鱼饵需求量。同时，北海区域的欧洲渔民已经在海底进行拖网，开始是帆船上的桁拖网，后来是汽轮上的网板拖网。新英格兰和新斯科舍的渔民担心拖网科技具有毁灭性，拒绝使用。他们首次遇到汽轮网板拖网是在1905年，此时“浪花号”刚出海不久。

图 24 平底小渔船上进行有环围网捕捞（埃里克·哈德森摄影；奥古斯塔缅因州博物馆供图。）

到了 20 世纪，随着渔获量持续降低，渔民愈来愈多地采用父辈和祖父辈认为破坏性过大的科技。对新的捕鱼方式的接受逐步取代了关于海洋变化的担忧。

图 25 拖网船“泡沫号”“涟漪号”和“浪花号”

（约 1918 年；图片来源：海军历史和遗产司令部，华盛顿特区）

工业化捕鱼时代的开始，意味着骰子已经掷出，无可挽回了。以前试图保护鱼储量的几乎每一个尝试都失败了。1911 年，新英格兰海岸还只有六艘网板拖网汽轮，包括图 25 展示的三艘，一位马萨诸塞议员通过了一项法案禁止网板拖网捕鱼。大多数渔民和政客都反对新科技。他们认为新科技会破坏美国的鱼储量，就如在欧洲一般。美国渔业局花费了几乎三年的时间进行调查。其报告提出了一些十分严肃的问题，但这几年间网板拖网技术已经“常态化”，反对的声音逐渐式微。75 年以后——就生态系统而言不过是一眨眼——曾经丰饶的北大西洋海岸变得空荡荡，这便是 500 年捕捞狂欢的后果。然而一路走来的每一步，警示信号从未间断。

参考文献：

1. William Bentley, *The Diary of William Bentley, D.D., Pastor of the East Church, Salem, Massachusetts*, 10 vols. (Salem, Mass., 1914), 4:478; G. Brown Goode and J. W. Collins, "The Mackerel Fishery of the United States," in *FFIUS*, sec. V, 1:275–278.
2. Goode and Collins, "Mackerel Fishery," 278–287.
3. *Essex Register*, August 16, 1817, 3; Chandos Michael Brown, "A Natural History of the Gloucester Sea Serpent: Knowledge, Power, and the Culture of Science in Antebellum America," *American Quarterly* 42 (September 1990), 402–436.
4. The best treatment of contests over knowledge and authority regarding the living ocean in the early republic is D. Graham Burnett, *Trying Leviathan: The Nineteenth-Century New York Court Case That Put the Whale on Trial and Challenged the Order of Nature* (Princet on, 2007). For the period 1500–1800 see James Delbourgo and Nicholas Dew, eds., *Science and Empire in the Atlantic World* (New York, 2008). Joyce Chaplin, "Knowing the Ocean: Benjamin Franklin and the Circulation of Atlantic Knowledge," in ibid., 73–96; Louis Agassiz and Augustus A. Gould, *Principles of Zoölogy, Touching the Structure, Development, Distribution and Natural Arrangement of the Races of Animals, Living and Extinct: With Numerous Illustrations* (Boston, 1848), 10; Matthew Fontaine Maury, *The Physical Geography of the Sea. With Illustrated Charts and Diagrams* (London, 1855), 152–153.

5. John Lewis Russell, "An Address Delivered before the Essex County Natural History Society on Its Second Anniversary, June 15, 1836," in *Journals of the Essex County Natural History Society; Containing Various Communications to the Society* (Salem, Mass., 1852), 9. On the occupational prominence of seafaring, see Stanley Lebergott, *Manpower in Economic Growth: The American Record since 1800* (New York, 1964).
6. Percy G. Adams, *Travelers and Travel Liars, 1660–1800* (Berkeley, 1962); Hans Egede, *A Description of Greenland. By Hans Egede, Who Was a Missionary in That Country for Twenty-five Years* (London, 1818), 78–82.
7. Richard Judd, *Common Lands, Common People: The Origins of Conservation in Northern New England* (Cambridge, Mass., 1997).
8. Sara S. Gronim, *Everyday Nature: Knowledge of the Natural World in Colonial New York* (New Brunswick, N.J., 2007), 4–5.
9. *Salem Gazette*, August 1793, quoted in *Essex Register*, August 20, 1817, 3. For a similar account by Captain Joseph Brown, see ibid., August 30, 1817, 3.
10. Scholarship on sea monsters includes Bernard Heuvelmans, *In the Wake of the Sea-Serpents* (New York, 1968); Richard Ellis, *Monsters of the Sea* (New York, 1994). See also Anon., *Strange News from Gravesend and Greenwich, Being an Exact and More Full Relation of Two Miraculous and Monstrous Fishes* (London, ca. 1680); Francis Searson, *A True and Perfect Relation of the Taking and Destroying of a Sea-Monster* (London, 1699).
11. Egede, *Description of Greenland*, 78–89, quotations on 86–89.
12. Thomas T. Bouvé, *Historical Sketch of the Boston Society of Natural History; with a Notice of the Linnæan Society, Which Preceded It* (Boston, 1880), 3; William D. Peck, "Description of Four Remarkable Fishes Taken near the Piscataqua in New Hampshire," *Memoirs of the American Academy of Arts and Sciences 2* (1804), 46–57, quotations on 46; Augustus A. Gould, *Notice of the Origin, Progress and Present Condition of the Boston Society of Natural History* (n.p., 1842), 1–8.
13. Peck, "Description of Four Remarkable Fishes," 46, 51, 52, 55, 57.
14. John C. Greene, *American Science in the Age of Jefferson* (Ames, Iowa, 1984), 3; Harriet Ritvo, *The Platypus and the Mermaid and Other Figments of the Classifying Imagination* (Cambridge, Mass., 1997), 14. Ritvo's observation concerned the later nineteenth century, but it pertains to the earlier period as well.

15. Bentley, Diary, 4:471–472.
16. Greene, *American Science in the Age of Jefferson*; Burnett, *Trying Leviathan*; Charlotte M. Porter, *The Eagle's Nest: Natural History and American Ideas, 1812–1842* ([Tuscaloosa, Ala.], 1986); Delbourgo and Dew, *Science and Empire in the Atlantic World*; James E. McClellan III, *Colonialism and Science: Saint Domingue in the Old Regime* (Baltimore, 1992); Margaret Welch, *The Book of Nature: Natural History in the United States, 1825–1875* (Boston, 1998); Andrew J. Lewis, "A Democracy of Facts, and Empire of Reason: Swallow Submersion and Natural History in the Early Republic," *William and Mary Quarterly,* 3d ser., 62 (October 2005), 663–696; *Report of a Committee of the Linnæan Society of New England relative to a Large Marine Animal supposed to be a Serpent, Seen near Cape Ann, Massachusetts in August 1817* (Boston, 1817), 1–22.
17. This paragraph closely follows Brown, "Natural History of the Gloucester Sea Serpent," 409–414.
18. Bentley, *Diary*, 4:474–476.
19. Brown, "Natural History of the Gloucester Sea Serpent," 414–415.
20. Ibid., 408.
21. *Boston Weekly Messenger*, September 10, 1818.
22. Brown, "Natural History of the Gloucester Sea Serpent," 421–423.
23. Ibid., 425; *Essex Register*, September 9, 1820, 1.
24. *Essex Register*, August 12, 1820, 3; *Salem Gazette*, June 11, 1822, 2; *Essex Register*, June 12, 1822, 2; ibid., June 22, 1822, 2.
25. *Essex Register*, July 15, 1830; *Salem Gazette*, July 27, 1830, 1.
26. *Boston Gazette* story reprinted in *Portsmouth Journal of Literature and Politics*, July 31, 1830, 2; Samuel Clayton Kingman Journal (1847), Massachusetts Historical Society, Boston; Henry B. Bigelow and William C. Schroeder, *Fishes of the Gulf of Maine* (Washington, D.C., 1953), 20–44; D. Humphreys Storer, *Reports on the Fishes, Reptiles and Birds of Massachusetts* (Boston, 1839), 190.
27. Jerome V. C. Smith, *Natural History of the Fishes of Massachusetts, Embracing a Practical Essay on Angling* (Boston, 1833), 102; Storer, *Reports on the Fishes*, 47.
28. *Boston Weekly Messenger*, August 1817, quoted in Brown, "Natural History of the Gloucester Sea Serpent," 409; *Barnstable Patriot*, August 28, 1833.

29. William Douglass, *A Summary, Historical and Political, of the First Planting, Progressive Improvements, and Present State of the British Settlements in North America*, 2 vols. (Boston, 1755), 1:303; Daniel Vickers, *Farmers and Fishermen: Two Centuries of Work in Essex County, Massachusetts, 1630–1850* (Chapel Hill, 1994), 277; John J. Babson, *History of the Town of Gloucester, Cape Ann, Including the Town of Rockport* (Gloucester, Mass., 1860), 572; A. Howard Clark, "Statistics of the Inspection of Mackerel from 1804 to 1880," in MHMF, 280.
30. MHMF, 308–312; Gideon L. Davis, "The Old-Time Fishery at 'Squam," in *The Fishermen's Own Book, Comprising the List of Men and Vessels Lost from the Port of Gloucester, Mass., from 1874 to April 1, 1882* (Gloucester, 1882), 41–42.
31. Storer, *Reports on the Fishes*, 42; Samuel L. Mitchill, "The Fishes of New York, Described and Arranged," *Transactions of the Literary and Philosophical Society of New-York* 1 (1815), 355–492, 422–423.
32. MHMF, 207–208, 310.
33. Babson, *History of the Town of Gloucester*, 572; MHMF, 308–312; *Fishermen's Own Book*, 41– 42.
34. *Fishermen's Own Book*, 41–42.
35. Babson, *History of the Town of Gloucester,* 572; Anon., "Mackerelling in the Bay," *Putnam's Monthly: A Magazine of Literature, Science and Art*, June 1857, 580; Samuel Clayton Kingman Journal (1847), Massachusetts Historical Society.
36. *Gloucester Telegraph*, July 12 and November 22, 1828; George H. Proctor, *The Fishermen's Memorial and Record Book* (Gloucester, Mass., 1873), 63.
37. Oscar E. Sette and A. W. H. Needler, *Statistics of the Mackerel Fishery off the East Coast of North America, 1804 to 1930*, U.S. Department of Commerce Bureau of Fisheries Investigational Report No. 19 (Washington, D.C., 1934), esp. 18–26. These figures were extrapolated from Massachusetts fish inspection records, estimated to be about 85 percent of the total New England catch. Given that some mackerel caught was marketed fresh, some canned, and some used for bait, the best estimates are that packed, salted mackerel—for which sound statistics exist—represented 69 percent of the total catch.
38. Kenneth F. Drinkwater et al., "The Response of Marine Ecosystems to Climate Variability Associated with the North Atlantic Oscillation," in *The North Atlantic*

Oscillation: Climatic Significance and Environmental Impact, Geophysical Monograph 134 (Washington, D.C., American Geophysical Union, 2003), 211–234; Dietmar Straile and Nils Chr. Stenseth, "The North Atlantic Oscillation and Ecology: Links between Historical Time Series, and Lessons Regarding Future Climate Warming," *Climate Research 34* (September 18, 2007), 259–262; *Barnstable Patriot* quoted in MHMF, 320; *Newburyport* Herald quoted in MHMF, 323.

39. MHMF, 320, 316.
40. MHMF, 318; Storer, *Reports on the Fishes*, 43; *Journal and Proceedings of the House of Assembly [Nova Scotia], 1837*, (Halifax, 1837), app. 75 (April 10, 1837), 340, NSARM; *FFIUS*, sec. V, 1:279.
41. *Gloucester Telegraph*, August 7, 1839.
42. *Essex Register*, August 30, 1817, 3.
43. Ernest Ingersoll, *The Oyster Industry* (Washington, D.C., 1881), 19–21; Rev. Enoch Pratt, *A Comprehensive History, Ecclesiastical and Civil, of Eastham, Wellfleet and Orleans, County of Barnstable, Mass. from 1644 to 1844 (Yarmouth, Mass., 1844)*, 111, 135.
44. *Acts and Resolves, Public and Private, of the Province of the Massachusetts Bay* 21 vols. (Boston 1869–1922), 4:743; M. Lee et al., "Evaluation of Vibrio spp. and Microplankton Blooms as Causative Agents of Juvenile Oyster Disease in *Crassostrea virginica* (Gmelin)," *Journal of Shellfish Research* 15, no. 2 (June 1996), 319–329; Clyde L. McKenzie Jr., "History of Oystering in the United States and Canada, Featuring the Eight Greatest Oyster Estuaries," *Marine Fisheries Review* 58, no. 4 (1996), 1–78; Jeremy B. C. Jackson et al., "Historical Overfishing and the Recent Collapse of Coastal Ecosystems," *Science* 293 (July 27, 2001), 629–638.
45. Pratt, *Comprehensive History*, 82, 126–127; Frederick Freeman, *The History of Cape Cod: The Annals of the Thirteen Towns of Barnstable County*, 2 vols. (Boston, 1862), 2:112, 663.
46. John M. Kochiss, *Oystering from New York to Boston* (Middletown, Conn., 1974), 39–42.
47. Mitchill, "Fishes of New York," 399–400; Bigelow and Schroeder, *Fishes of the Gulf of Maine*, 479–484.

48. Storer, *Reports on the Fishes*, 38–39; Babson, *History of the Town of Gloucester*.
49. Bouvé, *Historical Sketch of the Boston Society of Natural History*, 20.
50. Report of the Committee on the Lobster Fishery (March 26, 1828), 23d article, record book 5, p. 196, Gloucester Archives, Gloucester, Mass.; Petition of Joseph Cammett et al. (1839) chap. 102, MSA; Remonstrance of Josiah Sampson et al., ibid.; *Fishermen's Own Book*, 248.
51. Petition of Zaccheus Howwaswee and 32 other Indians of the Gay Head Tribe (1839), chap. 85, MSA; Petition from the Town of Chatham Praying for Protection of the Fisheries, ibid.
52. Remonstrance of J. Baker et al., ibid.; Remonstrance of Samuel P. Bourne et al., citizens of Barnstable, ibid.; Petition of John Cook et al. (1850), chap. 6, MSA.
53. Petition of Joshua W. Norton et al. (1845), in Legislative Graveyard, box 174, folder 2, MeSA.
54. Bentley, *Diary*, 4:486–487; Storer, *Reports on the Fishes*, 111.
55. Storer, *Reports on the Fishes*, 3, 47–48, 410–416.
56. "Autobiography of Captain Nathaniel E. Atwood, of Provincetown, Mass.," in *FFIUS* sec. IV, 149–168, quotation on 150.
57. Ibid., 150, 163.
58. "Horatio Robinson Storer Papers, 1829–1943, Guide to the Collection," Massachusetts Historical Society; Bouvé, *Historical Sketch*, 51; Simeon L. Deyo, ed., *History of Barnstable County, Massachusetts* (New York, 1890), 995–997.
59. Bouvé, *Historical Sketch*, 44–45; Ellis, *Monsters of the Sea*, 54–57; Philip J. Pauly, *Biologists and the Promise of American Life: From Meriwether Lewis to Alfred Kinsey* (Prince ton, 2000), 15–43.
60. "Autobiography of Captain Nathaniel E. Atwood," 165; Deyo, *History of Barnstable County*, 996.
61. Horatio Robinson Storer, "Observations on the Fishes of Nova Scotia and Labrador, with Descriptions of New Species," in *Boston Journal of Natural History, Containing Papers and Communications Read to the Boston Society of Natural History, 1850–1857*, vol. 6 (Boston, 1857), 266; MHMF, 342–360.
62. Deyo, *History of Barnstable County*, 996; Agassiz and Gould, *Principles of Zoölogy*.
63. "Autobiography of Captain Nathaniel E. Atwood," 166; MHMF, 114–115.

第四章 有理由谨慎行事

大海里无疑还有很多鱼，但捉住它们的难度与日俱增，捕捞工具需得年年加强，对任何就此做过研究的人来说，这无比清晰地表明我们已经在过度捕捞了。

——詹姆斯 · G. 伯特伦《海洋捕捞：英国食用鱼类自然与经济历史》（1865）

1864 年末，威廉 · T. 谢尔曼将军臭名昭著的"向海洋进军"使佐治亚州成为一片废墟，此时，来自缅因州卡斯科湾西北角弗里波特的村民约瑟姆 · 约翰逊，则哀悼了家门口海域的灾难。约翰逊十分担忧。他痛恨油鲱加工厂（对渔业来说是极大的破坏，超过曾经的任何发明）来到缅因海岸的那天，他抱怨鲭鱼围网很快会"席卷所有的浅滩"。他请求立法机关干预，"如果他们不对这场屠杀采取措施，就跟今后缅因州的渔业告别吧。"[1]

到了 19 世纪五六十年代，在新英格兰、新斯科舍和纽芬兰，像约翰逊这样的渔民还没使用"可持续发展"这个词语，但很显然，他们十分担忧海洋资源的未来。对于长期依赖捕鱼为生的沿海地域，保护海洋鱼类得到持续关注。在捕捞作业中、在斯库纳帆船上以及在镇上的会议中都有所体现。尽管在过去的 30 年间，人们已经不时地表达出这种担忧，但在世纪中叶，人们抱怨的强度急剧增加。

然而，渔业科学研究几近于零。1856 年，一位马萨诸塞州的局内人评论道："尽管几十年来人们已经知道了许多有关鱼类的事实，但人们对鱼类的习性和支配他们的法则仍知之甚少。"1865 年，詹姆斯 · G. 勃特莱姆记录称，"对于鱼类自然历史的认知，我们取得的进展微乎其微，相当一段时间内也不能期望比现在了解的多多少。"那时，没有任何一位博物学家知道鳕鱼、黑线鳕或大比目鱼达到性成熟的年龄，更不清楚这些物种是否会随意游走：这意味着他们可能会在已经被捞空的水域中重新繁衍；还是说每个物种由几种血缘关系较远的亚种组成，只在特定的地方产卵。人们对于食用鱼类产卵地、育幼地和觅食地之间的差异更是知之甚少。博物学家或政治家根本无法获得系统的渔获量数据，更不用说具体到相关地点的数据。没有这些信息，科学监管也就无法做到。但不论在新英格兰和加拿大大西洋海岸，还是在英国和挪威，19 世纪五六十年代都是引人注目的时间，因为这期间渔民们坚持要求政府应该做点什么来保护这些他们赖以维生的鱼。[2]

世纪中叶，新英格兰和新斯克舍省的渔民支持谨慎捕捞，他们提到了很多担忧，包括对过度捕捞的恐惧，这引发了一些疑问：比如人类是否会影响海洋？人类是否会因为捕获像油鲱这样的饲料鱼而导致海洋食物链的破坏？还有使用围网和延绳钓等超高效的现代装备带来的威胁，以及因幼鱼储量遭到破坏而造成的鱼类耗竭等问题。在 19 世纪 50 年代早期，渔业技术革新尚未出现之前，在许多观察者眼里，油鲱、鲭鱼和鳕鱼已经是被削弱或威胁的对象了。

1852 年，A.D. 戈登严厉斥责人们抓捕产卵期的鲭鱼，认为这是目光短浅。他在一封致新斯科舍议会渔业委员会的信中称："鲭鱼产卵时，人们对于它们的打扰、干预甚至是杀害会让渔业遭遇挫败，并且可能最终毁掉整个产业。"戈登希望议会通过禁止"在春季为了家庭食用以外的鲭鱼捕捞"来恢复渔业。与此同时，鳕鱼似乎也受到了威胁。同样是 1852 年，M.H. 佩利在向新不伦威克渔业立法机构提交的报告中指出："近年来，在夏勒尔湾的上游，人们都在抱怨鳕鱼渔业的衰退，渔获量每年都在减少。这些地方以前鱼类供应充足，但是现在几乎捕不到足够的鱼供自家过冬。"[3]1856 年，面对科德角鱼类资源的明显减少，马萨诸塞州巴恩斯特布的约瑟夫 · 坎米特承认人类是有过失的，即便他坚持渔民必须改进捕鱼方法。在科德角，残酷、高效的新围网正在创造新的问题。"我曾四处用围网捕鱼，直到我凭经验知道这损害了大家的渔业……它不仅伤害了蓝鱼，而且破坏了黑鲈和变色窄牙鲷。围网捕鱼季结束后，它们才敢进入我们的水域，然而那时产卵时机已过。"对坎米特来说，教训已然很清晰：除非停止围网捕鱼，否则它将

"彻底破坏我们和后代的捕捞业"。其他创新技术似乎也同样具有破坏性。1859年，来自迪格比的新斯科舍省渔民抗议一种新的"钓鱼系统：排钩捕鱼，也有很多人称之为延绳钓捕鱼"。排钩，现在被叫作延绳钓，又称木桶延绳钓。由于传统的手执钓丝捕捞量下降，新斯科舍和新英格兰渔民开始效仿法国人，于19世纪50年代后期在鳕鱼渔业中采用延绳钓。然而，在迪格比人看来，长长的鱼线底端，鱼钩抖擞，"总是能钓到那些繁殖力最强或产量最高的鱼，如此一来，这些鱼会变得非常稀少。"[4] 尽管有些喜欢唱反调的人对于大海不再产出鱼类这样的说法嗤之以鼻，甚至嘲讽微不足道的人类以他们微不足道的努力竟可能影响永恒的大海，然而从马萨诸塞州的科德角到纽芬兰的开普雷斯，都回响着令人担忧的共鸣，从北欧渔民类似的抱怨中也反映出相同的担心。

如今生态学家已知19世纪中期格外的冷，颇受尊敬的鱼类学家乔治·罗斯将其形容为"小冰川时代的残喘"。随着温度下降，北大西洋的鳕鱼产量也随之下降。到1850年，西格陵兰岛的鳕鱼几乎绝迹，数十年内都没有回升。大约从1820年到1860年间，纽芬兰沿岸的鳕鱼数量大幅减少，表现为捕捞量根本无法跟渔民数量的增多及捕捞作业的增加保持同步增长。《卡伯尼尔哨兵报》记录了18世纪30年代末纽芬兰康赛普申湾鱼群数量的一次整体剧减。十年后，《先驱周报》报道纽芬兰的康赛普申湾、波纳维斯塔湾和崔尼提湾的鱼群数量也衰退了。19世纪中期海鸟的分布也反映出日渐冰寒的水域和日益减少的饲料鱼数量。例如，约1880年开始，塘鹅放弃了在纽芬兰芬克岛、巴卡留岛和圣玛丽角的栖息地，向南迁徙，寻求饲料充足的地方，只有在海水重新回暖的时候才返回。洄游鱼类，像鲭鱼和金枪鱼，习惯在温水中生活，19世纪中叶，这些鱼在大浅滩也变得少见。当然，在19世纪，还没人有能力将十年间的气候起伏变化与鱼类丰度进行系统的关联，不过善于观察的博物学家和渔民能够正确地推断出，像鲭鱼这样的洄游鱼类会根据海水表面温度，适时地到达北面的水域。[5]

19世纪中期，北大西洋北部海洋生态系统自然生产力衰退，这一方面是由下降的温度所致，另一方面则是赶上了渔业大规模创新，包括有环围网、延绳钓、陷阱网的使用、对新物种的探索以及集中加强捕捞作业的能力。某种程度上，渔获量下降促进了新技术的产生。随着捕鱼量的减少，船长将他们的手执钓丝换成了延绳钓。科技改进和气候变化的同步发生则纯属巧合。19世纪中叶温度下降，同时机械化和工业化开始：由于一系列互不相关的原因。渔业，跟其他的行业一样，在世纪中期开始现代化，虽说不同地区进展不一，但其效果广为人知。本世纪中期渔民希望谨慎捕捞的原因有二，一是由于观察到生态系统生产力的下降，二是对新工具阻碍鱼类繁殖和迁移的担心。

渔民们关于 19 世纪 50—70 年代鱼量耗竭的抱怨与以往的不同之处在于，他们并非主要对溯河产卵鱼类表示哀悼。相反，成千上万经验丰富的人们排起队来抗议（大西洋）鲭鱼、（大西洋）油鲱、鲱鱼、鳕鱼、蓝鱼、裸首梳唇隆头鱼和变色窄牙鲷的减少——都是正宗的海鱼。一些渔民越来越相信人类的活动会影响海鱼的迁徙模式及其繁殖能力。他们的说法是人类活动会"打散鱼群"，以此来表达他们相信延绳钓、有环围网和其他渔具会影响鱼类的行为。自中世纪以来，所有与渔业有关的人都知道，人类捕捞的压力会减少来自海洋的河鱼，如鲑鱼、鲱鱼和鲟鱼的数量。17 世纪的新英格兰人曾担心鳕鱼和鲭鱼会被捞空，并施加了合理的规定。但大约 1700 年到 1850 年之间，很少有沿海居民敢于想象渔民会在大海身上留下永久的印记。如果真是这样，前景将十分黯淡。1850 年代和 1860 年代是最早的几十年（至少到目前为止），有留存下来的记录，可以计算鲭鱼以外的其他物种的捕捞量或生物量。渔民的悲叹终于能用可测量的生态系统生产力指标来检验，结果的相关性让人吃惊。

1850 年至 1880 年间，海洋发生了显著的变化，同时，人们对海洋资源的态度也发生了变化，这定义了新英格兰北部和新斯科舍省的渔业。尽管如此，在这个几乎只有手工制作的小帆船和相对简单的设备的时代，所呈现的却绝不是传统渔业的延续。在那几十年里，不断增加的捕鱼压力，保护环境的勇敢尝试，重要的管理变革，以及最终关于海洋新叙事的创造，这四者共同构成了西北大西洋的渔业故事。尽管各种经济促进因素层出不穷，这却是一个有关失去的故事。

保护还是捕捞?

在缅因州沙漠山岛附近布卢希尔湾西北角，有一座静谧的小镇，名叫布卢希尔，那里的房屋是联邦风格，错落有致的海角层叠伸向海湾。这个镇子有港湾可以为小船提供特别庇护，从与它同名的山丘向海面望去有着绝佳的视野。大约在 1850 年，一位从布卢希尔来的"老妇人"，约翰·巴特利特女士不经意间开始了一场席卷缅因海岸并持续了 40 年的鲱鱼战争。据波士顿油商爱本·B. 菲利普斯回忆，巴特利特女士"带着一小块油来到我的商店，那是她在煮沸大西洋油鲱时从锅里撇下来的，油鲱是用来喂母鸡的。她说在海岸附近，这种鱼整个夏天数量都很丰富，我便答应用 11 美元每桶的价格来买她生产的所有鱼油"。跟鲸油一样，鱼油是十分有价值的商品，现在这种油能通过煮油鲱而轻松获得。巴特利特女士的丈夫与她儿子便热切地开始用刺网捕油鲱，并在那个夏天做了 13 桶油。菲利普斯给他们提供了更大的网，还给了大锅用来煮鱼。巴特利特一家在第二年生产了 100 桶鱼油。按照布卢希尔湾的标准，他们的利润十分可观。邻居也开始参与，有人注意到不少鱼的碎渣留在锅底造成了鱼油的浪费。压榨鱼渣的实验获得了成功，增加了每磅鱼的产油量。菲利普斯"随后在缅因海岸安装了 50 组鱼油压榨机器，这种机器模型被称作'螺杆压油机'"。工作原理就像人们熟悉的苹果汁压榨机。所有这一切意味着在两三年的时间跨度中，缅因渔民和实干经验丰富的企业家给了卑微的夏季海岸常客——油鲱以新生。[6]

大西洋油鲱，又被称为 porgy，也有各种海边社区给它的其他名字，属于鲱科，是灰西鲱和美洲西鲱的近亲。它们骨瘦如柴，十分油腻，味道又差（至少大多数人这么感觉），一旦离开水中，气味十分难闻。"油鲱看起来平平无奇"，奥内斯特·英格索尔说，"并不令人喜欢。"几个世纪以来，新英格兰渔民一直不怎么待见油鲱，只是偶尔将它们作为诱饵，而这种做法在 1830 年变得更加普遍。[7]

事实上，在美国历史的大部分时间里，油鲱一直都是被忽视的，或被认作是农民的鱼。1792 年，纽约长岛的一位著名农民发表文章，称赞油鲱肥料是长岛东部和康涅狄格州沿海贫瘠土壤的灵药。在新英格兰和大西洋中部各州，进步的农学家们随后将油鲱施于土壤之中，达数十年之久。油鲱群体积巨大，每年春季离海岸很近，捕捞十分便利。等到油鲱成熟，可以用地拉网捕捞时，有需要的农民几乎可以在家门口就捉到它们。[8] 从蒙托克有时可以看到"几英亩"的油鲱，"使大西洋的海水都变紫了"。罗德岛纽波特市的纳撒尼尔·史密斯船长回忆道："1819 年，我去波特兰的时候，在海上看到巨大的油鲱群，宽两英里，长 40 英里。"1811 年，罗得岛海岸有了原始的鱼油加工作坊。接下来的几十年间，又进行了几次实验，寻找不同的油鲱油提炼方法，直到 1841 年，在罗得岛朴次茅斯的黑角码头以南，第一个"用木罐蒸汽炼制鱼油"的工厂建成。追忆往昔，著名的鱼类学家布朗·G. 古德说："那时，在新英格兰海岸所有的港湾和入海口里，油鲱成群结队地游荡。据说有一次，在纽黑文港，一张围网一次就捞了 130 万条，这个故事真实性很高。"那应该是地拉网，一头固定在划艇上，绕着鱼群围起来，由渔民一把一把地拉到岸上来，也许还有马的协助。[9]

油鲱是滤食性动物。由于没有牙齿，对鱼饵大小的食物也不感兴趣，油鲱根本就不会咬带饵的鱼钩，一定要用网捕。然而，如果没在海岸被捕获，油鲱能够扮演两种特殊的角色。它们将浮游生物从水体中过滤出来，并转化为大型捕食者赖以生存的蛋白质和脂肪酸。在 17 世纪中期，由于春季浮游生物大量繁殖，滤食性鱼类受到吸引，油鲱通常比鲭鱼早几周到达新英格兰，4 月底到达马萨诸塞的葡萄园海峡，约 6 月 1 日到达缅因州。金枪鱼、鲈鱼、鲸鱼和鳕鱼则紧随其后。"不难推测油鲱在大自然的地位"，自然学家布朗 · G. 古德在 1880 年写道，"我们的水域中油鲱数不胜数，在水面密密麻麻形成笨拙的庞然大物，像羊群一样无助，任凭任何敌人摆布，没有任何进攻和防御手段，它们的使命无疑是被吃掉。"油鲱是一种非常优秀的饲料鱼，这是生物链中关键的一环，使得浮游生物的初级生产力能够被食物链上地位更高的捕食者利用。[10]

油鲱的第二个特殊作用直到 20 世纪中期才为人所知，双重作用结合起来，一些人甚至将它们称为"海洋中最重要的生物"。巨大的滤食性油鲱群是海岸水域的肾脏，它们不仅能滤出浮游生物，还能滤出纤维素和其他碎屑。它们在水体中的作用与牡蛎在海底的作用相同。如果没有这样的净化，海水浊度就会阻挡阳光的穿透，从而阻碍生产氧气的水生植物的生长。油鲱保持了整个系统的平衡。[11]

南北战争前，缅因州的钩钓渔民并不清楚油鲱对水质的贡献，但他们当然明白油鲱作为一流饲料鱼的作用。让他们感到愤怒的是，波士顿资本家菲利普斯提供了新型渔网和螺杆压榨机，油鲱被压榨以生产鱼油，应用于工业领域新用途，而不仅仅是当作食物或饵料。利益相关者双方都挖空心思做出努力，一方致力于保护饵鱼群，认为其受到了这种新型家庭作坊式鱼油产业的威胁，另一方则努力游说，认为他们有权利或者说理应用新技术去创造新市场，为该地区带来繁荣。

反对鲱油产业的人认为鲱油产业虽然是小打小闹，但可能会破坏利润丰厚的鳕鱼和鲭鱼渔业，而这正是缅因州中部沿海地区大多数社区的生计所在。1852 年，来自布斯湾（该州最重要的两个渔村之一）的 150 多人向缅因州立法机构请愿，他们哀叹道"（许多人）在我们的海湾、河流和港口，利用围网捕捞油鲱，破坏性极强。如果继续捕捞，最终会毁掉鱼群，或将它们从我们的海岸赶走，损害这个州的渔业利益"。[12] 1853 年，在距离布卢希尔湾只有一箭之遥的萨里，有 12 名渔民断言，围网捕捞"往往会打散和破坏"油鲱群。更糟糕的是，"这种做法在其他地方已经彻底打破了油鲱群，如果这个州产生同样的结果，对渔业将是毁灭性的打击。"同一年，来自埃尔斯沃斯的请愿者认为，围网会"彻底摧毁"油鲱，而且在"其他地方，特别是在长岛海峡和科德角附近"已经如此。一年后，也就是 1854 年，附近塞奇威克的居民写信给立法机构说，"继续像去年那样大量捕捞，将会把它们从现在频繁出没的海湾和港口驱赶出去，这对所有从事鳕鱼和鲭鱼捕捞的人都是有百害而无一利的。”19 世纪 50 年代，成百上千的渔民以这种方式请愿，他们认为油鲱的存在是为了让更高贵的鱼吃掉。正如萨里的请愿者所说，用油鲱“制造鱼油”是“毫无道理的浪费”。他们确信油鲱应该作为饲料，引诱鳕鱼、鲭鱼和其他有价值的物种进入缅因州海湾的沿海水域。在他们看来，油鲱应该留在海里，让捕食者吃掉。或者被捕获来用作诱饵。[13]

巴特利特女士饥饿的母鸡们和她的家庭鱼油产业掀起了一场大风波。在 19 世纪 50 年代的中早期，油鲱加工一直是村庄企业，无非是汉考克和沃尔多县的居民利用周围的自然资源谋生的另一种手段。在户外，简单的砖壁炉上面立着一口大锅，用就地砍伐的木柴充当燃料。渐渐的，简单的“每间有 2—4 口锅的炼油房”代替了户外的大火炉。加工人员只煮 30 分钟，就把油撇出，倒进自制的桶里，就跟盛鲭鱼、鳕鱼和谷物的桶一样。没有工厂建造在海滩或岬角上，也没有蒸汽设备扰乱清晨的宁静。在当地招募的船员驾驶小型单桅帆船和双桅帆船或操纵各式各样的划艇，用固定的小型刺网和手工制作的围网抓捕着油鲱。然而，菲利普斯参与后几年之内，固定刺网为“扫网”所取代，这是一种把几个小网固定在一起，然后由船上的渔民在鱼群附近操纵捕捞的新技术。缅因州的第一个有环围网出现在 1859 年，是布斯湾附近达马利斯科夫岛的渔民购买用于近海作业的。但是这种围网价格昂贵，它在缅因州从来没有像在罗德岛、马萨诸塞州或纽约那样普遍。就这样，一直到内战时期，鱼油产业仍保持较小规模和自主发展。[14]

这种新的油鲱渔业与传统的近海鳕鱼渔业再相似不过。事实上，二者几乎在每一方面都非常相近。近岸鳕鱼捕捞的历史跟缅因建州历史同龄，来自当地的小队船员会到离家很近的海域手钓鳕鱼，剖腹对开带到岸上，并在海滩附近的搁架上晾干。岸上的工人们把鱼腌好，最后装桶待运。新兴的油鲱业也是当地小队船员在离家不远的水域下网捕捞，然后把油鲱带到岸上，在海滩煮制，锅炉工将鱼油撇出倒进桶里直接装运。无论从哪方面看，新的油鲱渔业都可以——也应当——被理解为艰苦的海洋经济传统工作模式的一种合理延伸。现金在布卢希尔、萨里和古德堡等地是非常受欢迎的，因为这些社区的混合经济在很大程度上依赖于实物交易和自给自足。那么，为什么在 19 世纪 50 年代中期，缅因中部海岸超过六个社区的数百名渔民要对小规模的鱼油加工业产生的影响大惊小怪呢？鱼油产业毕竟为他们社区提供了就业岗位和现金流动。

渔民激烈的反应以及产生的冲突反映出他们一直以来深信不疑的观点，即大量抓捕油鲱会威胁鳕鱼、黑线鳕和大西洋鲭鱼的捕捞，而这些渔业本身已呈颓势。新斯科舍和马萨诸塞州处于相似境地的渔民也担心长久以来的生计会受到威胁。19 世纪 50 年代早期，有关鳕鱼、鲭鱼储量下降的担忧日盛，以至于饲料鱼的移除（哪怕只是邻居所为，范围相对较小）以及产卵鱼类的持续捕捞，都会使问题加剧。任何别的说法都解释不了当时人们的狂热。

保罗 · 克劳威尔在 1852 年为新斯科舍州议会提交的《渔业报告》中详述了捕捞产卵季的鱼类对鲭鱼渔业造成的损害。“毋庸置疑，鲭鱼来到查勒尔湾是为了产卵，”他写道，“这使我们相信，[在产卵季] 一条鱼被捕就意味着成千上万条本应该成长的鱼被杀灭了。如果能禁止捕捞尚未产卵的鱼类，种群会更加繁茂。”[15] 克劳威尔认为应限制用渔网捕杀产卵鲭鱼，因为他知道鲭鱼种群不是无限的，他也知道鲭鱼渔业对新斯科舍州的经济至关重要。钩钓的渔民们知道产卵鱼类忙着产卵，很少会上钩。但渔网却对产卵鱼和其他鱼一视同仁。

几年后，在缅因州，保护主义者的担忧也引发了类似的争论。在油鲱战争进入白热化的 1855 年，威尔斯的渔民要求立法机关禁止在离海岸三英里之内用围网捕捞大西洋鲭鱼。此后不久，缅因州颁布了一项法律，“禁止在缅因州管辖范围内的任何海湾、入海口或港口用围网捕捞鲭鱼”。这并不是威尔斯人理想中的保护措施，因为它没有覆盖海岸三英里以内的所有水域，但他们认为这是朝着正确的方向跨出的重要一步。这项法案背后的推力是渔民担心围网捕捞会打破鲭鱼群，将产卵鲭鱼在繁殖之前捕捞走，并可能把鲭鱼从近海赶到更深的水域。就像油鲱大战一样，在缅因州海湾、入海口和海港限制捕捞鲭鱼也反映了人们普遍持有的观点，即海洋的变化正威胁着当地的生计。[16]

但是，尽管众多缅因居民担心新兴鱼油产业会影响饲料鱼，舆论热情高涨，他们却无法达成共识。受到油鲱利益吸引的汉考克县渔民在 1854 年声称，“对油鲱数量稀缺的担忧是完全基于假设的。”他争辩说“真正的问题在于，捕捞的油鲱还应该被用作鱼饵吗？明明可以制成鱼油带来更多的利润”。这位渔民用华丽的言辞结束了争论：“我们强烈赞成油鲱的自由交易。”[17]

就像汉考克县的油鲱捕捞者一样，科德角丹尼斯的渔民们也反对限制围网捕捞。1856 年，他们声称这种限制“将夺走大量居民的幸福生活”，他们回避鱼类数量正在下降的论点，反而提出短期内“大家能最大限度获得利益”的说法。他们承认立法机关可以保护“河流和池塘”，只对“它们所在的城镇开放”，但极力游说海洋本身不应受到立法干预。在他们看来，沿海海洋仍然是任何人都可以利用的，使用任何渔具都行。[18]

同样位于科德角的哈威奇渔民，反对限制围网捕鱼则纯粹出于经济原因。他们解释说，限制围网会“夺去我们很多勤恳渔民的生计”，并强迫消费者“为他们所消费的鱼付出更多的钱”。雅茅斯（科德角的另一个小镇）居民虽不否认鱼类资源需要保护，但他们依然劝阻立法机关限制围网，“保护马萨诸塞州海岸渔业更好的方法，”他们这样写道，“是每捕捞一桶鲭鱼需要支付一定金额，而不是完全停止对它们的围网捕捞，因为我们都知道……鲭鱼摧毁了几乎所有其他的小鱼。”给鲭鱼贴上海中之狼的标签，并对它们发动战争，似乎比“从贫穷但诚实的渔民那里夺走他们养家糊口的手段”更好听一些。[19] 几年后，科德角报纸《普罗文斯敦旗帜报》刊登了一份请愿书并对其引发的愤怒进行了评论：“对于向众议院渔业委员会请愿，要求废除在海岸围网捕获鲭鱼的做法，可是由于鲭鱼现在只能以这种方式被抓到，”编辑们指出，轻易就忘记了几十年来钩钓的成功，“并且很多人对这一行业感兴趣，因而即刻拒绝任何愚蠢至此的请愿书是至关重要的。有一件事十分肯定，如果不用围网捕捞鲭鱼，可能一条都抓不到。”[20]

正如保护主义者哀叹鱼类资源的枯竭，自由企业拥护者坚持必须把所有的海洋捕捞业保持开放一样，另有少数利益相关者则找到了另一条路。来自马萨诸塞州杜克斯伯里、金斯敦和普利茅斯的鳕鱼和鲭鱼捕捞者，于 1857 年描述自己“近几年来，几乎完全依赖于油鲱做成的诱饵”，他们并不反对围网捕捞。他们使用围网并希望继续下去。但他们需要赖以生存的饲料鱼持久供应，因而想要油鲱资源掌握在当地人手里。在一份让人感叹世事无常的请愿书中，来自上述城镇的 140 多人要求立法机关阻止其他地方的渔民在自己的海港捕捞油鲱。他们还抗议一捕到鱼就进行处理的有害做法，声称扔掉的油鲱内脏会把鱼群赶走。排斥外来者的愿望并不新鲜，但在 19 世纪 50 年代，这种渴望与对鱼饵的担忧和饲料鱼类的耗尽联系在一起，还是第一次。[21]

回顾一下 19 世纪 50 年代渔业辩论中反复出现的论断和反驳，很明显，许多渔民已经觉察到生态系统发生了恶性变化。这些人似乎比那些坚称一切正常的人数量要多一些。随着保护的诉求在州省立法机构引起反响，反对者称捕鱼量依然强劲，或者鱼储量能够自我更新。相反，他们诉诸这样的论点：限制捕鱼将损害渔民的经济利益，或提高鱼的价格，或扩张立法机构控制海洋的特权。反对者满足于获得的短期收益，他们逃避了——而不是推翻了——海洋不再像以前那样多产这一论点。

与现代化和进步的主流说法相反，从科德角到布雷顿角和雷斯角的海岸上出现了另一种相反的说法。它说的是衰落和减少。它以渔民成千上万次出海的一手观察为基础，强调对未来无鱼可捕的担忧，并忧心依赖海洋的社区在捕鱼量化为乌有时该如何适应。来自科德角处境艰难的渔民约西亚・哈迪在 1856 年讲述了一个故事，他和邻居目睹了大海令人担忧的变化。他们预测，如果现状继续下去，后果将不堪设想。

哈迪是这样说的："海湾和沿岸的渔业对公民来说很有价值，但由于在苏卡尼塞特角和盖蒙角之间设置和使用围网的做法，这些渔业已经大大衰退，甚至可能被完全摧毁。这些围网阻止鱼类进入海湾，把它们从那里驱赶出来；成群的蓝鱼、鲈鱼、变色窄牙鲷和鲱鱼，习性使然，每年都会来到沿岸海湾和入海口，可围网改变了它们的路线，它们被迫进入深水区。围网每年都会被使用，使用者基本上是非本地居民，钩钓捕捞越来越少。所有熟悉鱼类习性的人都深知，想要恢复我们这一辈人和父辈只用钩钓时曾享受的丰富鱼群数量，除了禁止这些水域中围网的使用别无他法。倘若真能做到只用钩钓，那钩钓的丰硕成果可能由所有人共享。然而围网的使用只给少数垄断者以巨大的捕捞量，且必然带来渔业的毁灭，剥夺了这些人以及所有居民未来能从这项资源中获取的一切利益或利润。"[22]

沿海渔业可能会遭遇灾难性的失败，这引发了激烈的讨论。"如果大家都做个好渔民，只用鱼钩和鱼线，那捕鱼量对所有人都够了。"马什皮的行政委员说，"在一个捕鱼季里，别用围网谋杀鱼类并杀死或吓走所有种类的鱼。"钩钓，他们阐述道，"通常能留下足够的鱼来育种。"[23]

为将来留下鱼种是问题的关键，不管讨论的是鲭鱼、变色窄牙鲷还是鳕鱼。1861 年春天，随着延绳钓在鳕鱼捕捞中的发展势头愈加迅猛，在新斯科舍，有人写信给省级渔业立法委员会，讨论"延绳钓的罪恶"。他解释道，"母鱼在繁殖期间行动上变得很迟缓。并且会在海底休息一段时间，然后准备产卵。延绳钓的带饵钩在离它们仅仅两英尺的吊索上，上钩者首当其冲的就是母鱼，它们的体型往往最大，就在繁殖产卵的过程中被杀害……这实际上就是杀鸡取卵。"几个世纪以来，渔夫一直知道产卵的鳕鱼很少上钩。延绳钓投入使用后，一些渔夫相信"怀孕的母鱼咬住了沉在水底的鱼钩，这些鱼钩如果悬浮在水中，它们不会上钩”。渔民可能已经看到了更高比例的产卵鱼被延绳钓捕获。虽然无法取证，但在那些流传开来的海洋故事中，那些谈及钩钓不复存在和谋杀鱼类新技术的故事中，确实是这样暗示的。[24]

新斯科舍海岸的大海变化

从1850年开始的一代渔民相信鱼储量在下跌并且新渔具正是罪魁祸首，是何原因致使渔民这样认为？在新斯科舍大陆架的近海岸，可以发现线索。19世纪50年代，1000多艘渔船时常出没于这片富饶的海域。这些浅滩里的商业捕捞已持续了近三个世纪。从东到西分别为阿提蒙浅滩、班克罗浅滩、米萨因浅滩、坎索浅滩、中间地浅滩、塞布尔岛浅滩、勒艾弗浅滩、罗斯威浅滩和布朗浅滩，点缀着比如勒艾弗山脊等颇具特色的景观。在19世纪中期，新英格兰人和新斯科舍人在这里捕鱼，有一段时间法国人也在。船员们对海底地形非常熟悉，他们把海底条件、水流、水深跟发现鱼的可能性联系起来。然而，由于可使用的仪器十分简单，加上变幻莫测的天气，有时为了寻找对的地点，他们要苦苦摸索。拉金·韦斯特是斯库纳纵帆船“鱼雷号”的船长，1852年8月25日，他在日志中写道，“今天早晚共捕了450条[鳕鱼]，起锚寻找了一段时间，发现都是崎岖不平的海底。”一周后，他注意到底部“岩石多，鱼类稀少”。[25]

韦斯特船长及同行还有很多地方需要探索。班克罗浅滩约有2800平方英里，长约120英里，最宽处约47英里。东部有一处浅滩，名叫“岩底”，深约110英尺（18英寻）。班克罗其余的地方则更深一些，18到50英寻。崎岖不平的海底点缀着片片沙砾。一条被称为“居利沟”的狭长深沟将班克罗和西岸浅滩分隔开，后者面积更大，长156英里，宽76英里，总面积达7000平方英里。这片区域的大部分深度在18到60英寻之间，沙质的底部时而可见成片的砾石和卵石。渔民们用涂有动物油脂的铅锤钱来获取海底样本。1856年6月，帆船“奥丁号”的日志员记录了西岸的各种情况。6月9日，在北纬43°53′，他发现了“绿色沙底”。四天后，在同一纬度35英寻深，他注意到“苔藓底”。11天后，“南瓜样底；这里有很多鱼。”6月28日，锚定在33英寻，仍然是北纬43°53′，他注意到“粗糙的贻贝底部，鱼非常大。”西岸的南缘是大陆架的尽头，那里的深度从80英寻迅速下降到1000多英寻。斯科舍大陆架的浅滩有着湍急的水流，夏季有浓雾，塞布尔岛附近的浅滩凶险异常，却生活着大量的底栖鱼类，包括黑线鳕、鳕鱼、单鳍鳕、大比目鱼、狭鳕和无须鳕。当然，在19世纪50年代，并没有保存黑线鳕

（一种无法腌制的鱼，用渔民的话来说，它是受鄙视的“白眼”鱼）的技术，无须鳕和单鳍鳕也没有市场。如果渔民们捕捞到鳕鱼之外的鱼类就会失去联邦政府的赏金，因此离岸浅滩捕捞者的盈利目标仍然是鳕鱼。渔民们在很大程度上忽视了其他鱼种。[26]

在 19 世纪中期，新英格兰人有六处捕捞点，新斯科舍省大陆架海岸只是其中之一。小船和一些年久失修的大船在相对安全的缅因湾近海水域捕鱼，从不远离家乡。来自纽伯里港和其他几个港口的一队大型船只，则在拉布拉多南部海岸海滩附近捕捞。短暂的夏季里，他们在那里围网捕捞小鳕鱼。还有一些纵帆船在查勒尔湾和圣劳伦斯湾进行捕捞作业，那些行程有时被称作“越过海湾的航行”。从格洛斯特和科德角来的船于 19 世纪开始开发乔治浅滩。纽芬兰大浅滩上的捕鱼业跟斯科舍大陆架一样，也是离岸捕捞。他们需要装备精良的船只和足智多谋的船长。来自某些城镇的船长在很大程度上会对某一海域表现出强烈的向往：船队不会在母港和这六处捕捞点之间随机分配。在 1852 年到 1859 年之间，从马萨诸塞州北岸格洛斯特附近的贝弗利小镇驶来的、所有超过 60 吨的船只中，有 66% 的人全程在科斯塔大陆架捕鱼，超过 90% 的人部分时间在那儿捕鱼。这些年间，贝弗利船队几乎所有的航行记录中都保存着大量的鳕鱼捕捞日志和每日捕鱼量数据，简直是研究者的宝藏！[27]

贝弗利舰队 326 本保存完好的航海日志以及有关记录重现了 19 世纪 50 年代斯科舍大陆架的捕捞业，这是非常关键的十年。大多数航行持续约十周之久，船长会每天记录船的位置，并在每个人名字的首字母旁标上他所捕捞的鳕鱼数量。关于天气、水深、海底状况以及饲料鱼有无的评论也很多。常见的记录还包括“打招呼的船只”，这是一种风俗，即在航程中相遇的船只打招呼的方式是互相交换船只名称和出发海港，另一个彼此分享的宝贵信息是出发后捕获鳕鱼的数量。分享信息是一种常规操作，无论是以哪种态度，自豪、抱歉或实事求是。在这个危险的职业里，时时刻刻都有死亡的威胁，因而记录每一艘遇到的船只便有了情感价值，成为整个渔业团体彼此间郑重的承诺。1852 年至 1859 年间，贝弗利有 1313 条“打招呼的船只”记录。这些船只来自朴次茅斯、马布尔黑德、巴恩斯特布尔和其他新英格兰港口。所有这些船大小都差不多，而且都使用相似的渔具，这意味着贝弗利舰队是在斯科舍大陆架捕鱼的更大的新英格兰船队群体的典型代表。这些数据全面而细致，日复一日，一船一记，年复一年，其准确度堪比卫星摄像和连续流数据记录仪。

19 世纪 50 年代的贝弗利日志揭示了当时的捕鱼策略、捕获量的下降和技术变革。那十年对浅滩渔民来说是残酷的。贝弗利船队的平均捕获量从 1852 年每船每年 26,217 条到 1859 年的 14,414 条，下降到约 55%。来自贝弗利的浅滩捕捞者是全职渔民，远离陆地，不受其他活动的干扰。他们出海是为了在尽可能短的时间内捕到尽可能多的鱼，他们只在星期日休息。带着只有往年一半的鱼回家，即使不能称之为灾难，也是令人非常沮丧的。[28]

渔获量的降低让船长们开始尝试新的捕鱼策略。在 19 世纪 50 年代早期，贝弗利船队在班克罗浅滩捕鱼最为频繁。大多数船长在捕鱼季出两趟海。斯库纳纵帆船大约于 4 月底出发，通常在西岸浅滩捕捞几个星期，然后 5 月底之前将大部分精力集中在班克罗浅滩。他们拼命地捕鱼，一直到 7 月中旬，期间进行捕捞、切分、腌制，直到鱼舱里装满了鱼才回家。在港两周的时间通常足够卸货、清洁船舶、修理和补给。到了 8 月的第一个或第二个星期，他们又准备动身了。在 19 世纪 50 年代早期，贝弗利的纵帆船第二次航行通常会跳过西岸浅滩，直接前往班克罗浅滩，在那里开启另一次为期 75 天的航程。到了 10 月底，捕鱼工作已经完成，几周后，纵帆船就回家了。最佳捕鱼期往往有两段，第一段在 5 月底至 6 月底，另一段在 7 月底至 9 月底。在 1852 年或 1853 年，如果某天极其幸运，一艘班克罗纵帆船可能会捞到 1000 条鳕鱼或更多，尽管通常捕捞量要少得多。

在 1856 年捕鱼季结束时，贝弗利纵帆船的平均捕捞量比仅仅四年前就少了 7000 条。1855 年，船长们开始适应班克罗的低捕捞量，因而减少了在此逗留的时间，增加了在西岸浅滩的时间。到 1857 年秋，西岸浅滩的船队超过了班克罗。此外，纵帆船每次航程延长了平均 10 天，付出更多的辛苦也承受了更大的风险。1857 年的全国金融危机并没有降低鱼价。事实上，市场仍然很强劲，每公担（100 公斤）鱼的价格比前一年上涨了 25 美分。但大多数渔民捕到的鱼比前一年少得多，收入也少得多。“苏珊中心号”的船员有些绝望，为了在坏年头有个好收成，他们试验了延绳钓，但船长日志记录了他们的失望。1857 年 8 月 25 日：“安置延绳钓，没捕到鱼。”1857 年 8 月 27 日：“在平底小渔船上捕鱼，发现鱼很少。”1857 年 9 月 1 日，“在中部浅滩试了一次，没有鱼。”[29]

面对渔获量大幅下降这一局面，渔民们开始用新的方法来提高捕获量。他们从主渔船派出小船，在小船上布置钓丝，这使得鱼钩的覆盖区域更广。随着时间的推移，这种做法也逐渐被平底小渔船上的延绳钓取代了。这种从小范围使用较少鱼钩捕鱼到大范围使用更多鱼钩捕鱼的进步，不仅是科技上的里程碑，更是生态上的，给鳕鱼储量带来了更大的压力。这一转变发生在19世纪50年代，当时区域性鳕鱼捕获量正在下降，而近海鳕鱼捕捞者被新兴的鲭鱼捕捞业打乱了阵脚，他们认为鲭鱼捕捞业危害极大，正在破坏鳕鱼的食物来源。随着在渔船上甩钩手钓让位于延绳钓，某些渔船上的渔民在一个捕鱼季内会使用多种方式来捕鱼，甚至同一天内进行多种尝试。手法老练的手钓捕鱼者对创新持怀疑态度。新的延绳钓方法既危险又昂贵，且需要耗费更多的诱饵。但是，没有人能否认季节性捕捞量正在下降。[30]

1850年，大多数鳕鱼捕捞者使用的方法跟300年前并无本质差别，不过是新的快艇和帆船更大、更快、更难操作了而已。手钓捕鱼仍是常态。渔民从新英格兰的港口出发，带着桶装的诱饵，例如腌制蛤蜊，向东航行，用一条铅垂线测试深度，直到他们找到浅滩的边缘。一边在浅滩漂浮或航行，一边测试鱼的数量。发现大量鳕鱼时抛下船锚。每个人，包括船长，在船的甲板上手执钓丝垂钓。每个渔民操纵两到四个鱼钩。船长会把船一直停在一个地方，直到鱼不再上钩就起锚继续前进，这一模式已盛行了几个世纪。

然而，在19世纪50年代中期，当班克罗浅滩的鳕鱼供不应求时，一些船长开始派人到尾船上去钓鱼，而其他船员则在船的甲板上捕鱼。这一策略大大扩张了船只停泊时可以捕鱼的面积。起先船长只派尾船去侦察鳕鱼，只有在侦察成功的情况下才继续前进。有实验头脑的船长每尝试一种技巧都将捕鱼量记录下来。尾船捕鱼逐渐流行后，一些船长开始投资平底小渔船，这些小船可以嵌套在甲板上，并由此带到捕鱼点。这种技术的转变扩大了每艘纵帆船在特定时间可以捕鱼的区域，但却使船上的人承受的危险指数加倍，因为他们离开了对相对安全的大帆船，要在小渔船上捕鱼。可能不用退回多久，人们都会觉得这种做法有点疯狂。尽管如此，历史悠久的主船手钓法还是让位给了小船手钓法。1853年，来自贝弗利在新斯科舍海域捕捞鳕鱼的船只中，只有不到5%应用了小船捕鱼。四年后，就有35%的渔船采用了这一创新技术。[31]

目前还不清楚是什么导致了捕获量的灾难性下降，或许是海洋温度下降引起的自然波动，或许是过度捕捞，又或许是两者间的某种协同作用。当时的渔民指责法国加工船进行过度捕捞，因为他们普遍使用延绳钓法捕鱼，每艘船都有成千上万个鱼钩。1858年，鳕鱼数量失控般下降，一些新英格兰渔船开始用小船手钓，法国的延绳钓渔船在这时抵达班克罗和西岸浅滩。每艘船上还载着两艘不小的船，以及装在木桶里的延绳钓线，每根鱼线上都闪耀着将近4000个鱼钩。相比之下，普通的新英格兰手钓渔船每次使用 14—28 个鱼钩。除此之外，法国的船只都是大型横帆船，由政府慷慨出资补贴。跟北方佬的小帆船相比，它们似乎是无情的捕鱼机器，而且数量众多。1858 年 7 月 8 日，“富兰克林号”纵帆船的日志员记录道：“看见 20 艘法国船只。”几天后，贝弗利大帆船“罗迪号”的船长尖刻地写道：“今天的鱼很少。法国佬让人苦恼。他们在我们周围用延绳钓，捕走了大部分的鱼。”9 月，一位贝弗利的船长“登上法国的‘夏洛特号’，船上有 16 万条鱼。”这一发现令人沮丧：因为贝弗利的纵帆船在那十年最繁荣的一年里，也只能捕捞到 2.6 万条鱼。[32]

尽管捕鱼量远不如法国人，贝弗利的船长却不愿意接受延绳钓作为解决问题的方法。1858 年，只有不到 8% 的美国纵帆船使用延绳钓，尽管那时已有近 42% 的渔船转向小船手钓。满足于手钓传统的仍是大多数，其必然的后果便是对延绳钓的怀疑。虽然法国人自 19 世纪 30 年代始就一直在纽芬兰南部的两座法国小岛，圣皮埃尔岛和米凯隆岛进行延绳钓，而一些北方佬船长断断续续地试验延绳钓也有十年的历史了。马萨诸塞州贝弗利附近有一个小镇叫斯旺普斯科特，这里的人们在近海捕鱼，资历老的渔民纷纷谴责这种新奇的延绳钓捕鱼方式。1857 年和 1858 年，斯旺斯科特的渔民两次要求立法机关禁止在本州控制的近海水域延绳钓，因为他们担心，“黑线鳕很快就会像鲑鱼一样稀缺”。[33]

尽管如此，到 1859 年，新英格兰地区捕捞班克罗和西岸浅滩的船只面临着严峻的形势。在这十年间，捕获量下降了近 50%。一个巨大的转变发生在这一年，许多贝弗利的船长干脆放弃了斯科舍大陆架，转而驶向大浅滩或圣劳伦斯湾，尽管这样航程更长，风险更大。在 1859 年那个惨淡的捕鱼季，船长和船主们采用了延绳钓，对新斯科舍浅滩的贝弗利渔船来说，这是十年里最糟糕的一年。这一举动具有革命性意义。1859 年以后，在贝弗利近海捕捞的渔民中，再没有纯粹使用越栏手钓而拒绝任何其他技术的了。所有人都在使用平底小渔船，而且大多数人都接受了几年前还遭到诋毁的法国延绳钓技术。然而，这些一度被视为极端的措施并不是灵丹妙药。1860 年，面对捕获量的下降，许多贝弗利的船只得完全退出了捕捞业。

到 1861 年，在新斯科舍省河岸捕鱼量减少的情况下，大部分新英格兰船队基本上放弃了那些曾经偏爱的海域。这种离开并不是南北战争的影响。战争期间，马萨诸塞州鳕鱼捕获量只下降了 7%。尽管发生了战争，大部分船只仍在坚持捕鱼。然而，继续捕捞的新英格兰人基本都驶向班克罗以外的海域了。正如一位新斯科舍人士在1861年所说，“这种延绳钓带来的影响让人有切肤之痛。班克罗浅滩曾是最好的捕鱼地，如今已经被延绳钓完全摧毁了。”20年后，美国鱼类渔业委员会出版了权威的七卷《美国渔业》，编辑写道，“目前在班克罗捕捞的人并不多。”就在一代人之前，它还是贝弗利捕鱼者的最爱，也是成百上千艘来自其他新英格兰港口纵帆船的目的地。[34]

航海时代的钩钓法似乎影响了鳕鱼的分布和丰度。具体体现在19世纪50年代，恶劣的生存条件似乎让鳕鱼储量减少，这种恶劣条件也可能与水温变化相关。同时，延绳钓的引入增强了捕捞能力，也给鳕鱼带来了更大的压力。渔获量呈灾难性下降。即使有了这样的装备，19世纪60年代有经验的渔民依然认为班克罗的鳕鱼储量已经不值得出海了。更可悲的是，直到19世纪80年代，新英格兰的渔民仍然认为20年的渔业寒冬并没能让鱼储量恢复到足以支撑稳健捕鱼业的状态。

在19世纪五六十年代，新英格兰和新斯科舍人对渔业总体状况表示担忧，这种担忧至少在一定程度上源于斯科舍大陆架渔业的衰败。正如W.T.汤森在1862年向新斯科舍议会渔业委员会解释的那样，“法国人在纽芬兰海岸的延绳钓捕捞不仅摧毁了这些浅滩的渔业，而且极大地影响了纽芬兰海岸的渔业——鱼在向着岸边游去的过程中被截获。”相比较那些在离岸用坚实船只进行捕捞的渔民，在近岸用小船捕捞的穷苦渔民被置于十分不利的境地。纽芬兰议会当年也听取了类似的证词。与此同时，汤森得知，在圣劳伦斯湾的马格达伦群岛，“延绳钓正在彻底摧毁这些岛屿附近的鳕鱼捕捞业，居民们不得不离开去其他地方捕鱼。”汤森的结论很清楚，至少在他看来如此：“延绳钓将捕捞范围内的鱼类一网打尽，不留活口。”[35]

人类会影响海洋生物吗？在整个17世纪，新英格兰行政官和最有经验的捕鱼者都相当肯定，过度捕捞是很有可能的，并费尽心思防止它。然而，在18世纪和19世纪初，这种信念已经减弱，直到19世纪中叶，当渔获量降低，技术创新重塑了捕鱼业时，这一观点才重新出现。

过度捕捞一词最早出现在1860年，在英国渔业协会专员发表的一份关于鳕鱼的报告中。“根据捕鱼者们的普遍说法，几乎每处的船只，如果想要捕到鱼，都必须航行到更远的地方；因此人们认为，要么鱼类因为之前的捕捞行为改变了它们的路线，要么就是海岸附近的水域已被过度捕捞。”几年后，约翰·克莱霍恩在一篇关于英国鲱鱼数量波动原因的论文中发问，“我们是否在捕捞鲱鱼方面过分自由了？”他指出，那时鲱鱼被“10,974 艘船 [和] 41,045 名水手用了 81,934,330 平方码的网捕捞”。他问道：“这么多的设备和人员，我们可能不过度捕捞吗？河流或湖泊可能会过度捕捞，热带和两极处的鲸鱼数量可能会变少以致捕捞者无功而返，这些我们都很容易承认和接受；但从来没有人想过要把鲱鱼捕捞业的失败归咎于我们做得太过分。”在他看来，“德国海洋中的鳕鱼”已经“不值得抓捕了”。和班克罗浅滩一样，从“德国海洋”或北海东部被捉走的鳕鱼已经太多，捕鱼者有备而来，却失望而归。那个时代鲜少有英国人认同克莱霍恩的悲观看法，而他居住的威克村村民们甚至因为他的观点而迫害他。然而，这种令人沮丧的想法，却以一种方式或另一种方式，在北大西洋北部的两侧都成真了。[36]

到了世纪中期，新英格兰、大西洋加拿大、挪威和英国的渔民和渔商真正感受到了渔业捕捞量锐减所带来的阵痛。1856 年，在各种鱼类锐减的证据面前，美国马萨诸塞州的立法机构批准成立了委员会，致力于研究溯河产卵鱼类的人工繁殖。1859 年，缅因首次设立了渔业委员会应对鱼类耗竭的担忧，这一年，挪威政府请阿克塞尔・波艾克去研究鲱鱼种群的数量波动情况。两年以后，缅因州的立法者委托代理去做有关本州海岸沿线的渔业现状报告。1864 年，挪威政府聘请乔治・O. 萨斯调查鳕鱼捕捞业的波动情况，这一创举成就了严肃渔业科学的开端。与此同时，1863 年，为了回应三个问题，英国政府任命了一个皇家委员会，著名的生物学家托马斯・亨利・赫胥黎位列其中。三个问题其一：近期英国桁拖网（一种新的捕捞技术，由行进中的船拉网沿海底向前移动）船队的快速扩增；其二：围绕由桁拖网造成的影响及其产生的争议；其三：渔业是否正在衰退。他承担的工作是考察“首先，鱼的供应量在上升？还是处于平稳？还是正在下跌？其次，是否存在不合理捕捞模式……会造成资源浪费或者是对鱼类繁殖有损伤？第三，是否有立法方面的限制对渔业的发展产生不利影响？”如果大西洋北部两岸的渔业都在良性发展，如果没有发生过度捕捞，那实在是没有必要展开这样代价高昂的调查。[37]

19 世纪中叶，在关于北大西洋渔业最具影响力的科学报告中，英国皇家委员会对数百位渔民有关桁拖网会造成问题以及鱼类数量日益减少的证词置若罔闻。专家和渔民的证词充斥着各种争议，而委员会也没有客观的方法来衡量鱼类是否真的在减少，或者桁拖网捕鱼是否真的扰乱了重要的鱼类栖息地。最终他们认定即使桁拖网捕鱼真的扰乱了鱼类的繁殖和成熟，市场力量也可以补救这个问题。过度捕捞如果出现在任何浅滩，“桁拖网捕捞者将会首当其冲，受到他们自己的行为带来的有害影响。”委员会预测随着鱼类数量的减少以及利润的下降，遭到损伤海域的桁拖网捕鱼行为“将会停止，鱼类将不会再受到干扰，直到它们强大的繁殖能力弥补了鱼类数量逐渐减少这一损失”。鉴于这种情况，立法干预只会是人对自然的过度干涉，所以委员会建议英国所有凡是规定或限制“在公海捕鱼的法律都应废除，此后允许无限制地自由捕鱼”。这一建议对大西洋两岸声势渐起的谨慎捕捞行动带来了难以置信的打击。[38]

英国渔业专家约翰·伯特伦公开反对英国皇家委员会。他在1856年写道:“大海里无疑还有很多鱼，但捉住它们的难度与日俱增，捕捞工具需得年年加强，对任何就此做过研究的人来说，这无比清晰地表明我们已经在过度捕捞了。”在新英格兰、加拿大、挪威和英国，许多内部人士肯定了过度捕捞在19世纪60年代成为一个问题的可能性，争议将不会停止。但是有了委员会的这份绝妙的报告，那些希望加大捕捞压力的人抓住了获利的机会。[39]

鱼饵和鱼油

在19世纪中间的30年里，新英格兰北部的渔业社区对其沿海生态系统的需求发生了重大的变化。以前被忽视的物种成为新的捕捞目标，包括剑鱼、油鲱、龙虾和幼鲱鱼。随着具有更大捕捞能力的新技术的出现，每个季节收获的生物数量和生物种类都在增加。而生物多样性的减少影响了生态系统功能，包括那些人类所需的功能。沿海和大陆架生态系统正失去弹性，现在回想起来，这点确定无疑，当时似乎也是显而易见。鳕鱼所起到的关键物种作用在部分区域受到了损害，而经济价值较高的鱼类，如鳕鱼、黑线鳕、大比目鱼、油鲱和剑鱼在近岸海域的数量明显减少，沿海生态系统里作为“物种库可选种类”的鱼类减少。[40]

最直接的问题在于鱼饵。数代以来，前往浅滩捕捞的手钓渔民都是用腌制的软壳蛤蜊作为诱饵。大约在1830—1850年间的浅滩渔业中，一般的手钓帆船在3—4个月的航程中能消耗50桶腌制蛤蜊。当然，如果渔民们能捕获新鲜的毛鳞鱼和乌贼，或者杀死海鸟，如海燕、海鸥和海鸭，他们会很乐意把蛤蜊留在鱼饵柜中。大部分的腌制蛤蜊原产于缅因州海岸，波特兰也成为渔民们寻找蛤蜊诱饵的交易地。科德角的渔民出海时常常用腌鱿鱼代替蛤蜊，因为他们发现钓起或者拦截鱿鱼比挖蛤蜊更容易。无论是哪种鱼饵，鳕鱼都喜欢新鲜的。当然，有条件的话，渔民也喜欢新鲜的。然而，据估计，在1840年，美国渔民使用了大约4万蒲式耳的腌制蛤蜊作为诱饵。[41]

变革随后而至。渔民们在 19 世纪 40 年代开始尝试用延绳钓捕捞比目鱼。鳕鱼捕捞者，特别是来自马萨诸塞州的渔民，在 19 世纪 50 年代末和 60 年代也开始使用延绳钓。当他们从 4 个钩子过渡到 400 个或者更多的时候，鱼饵的需求急剧上升。蛤蜊渐渐失宠，取而代之的是鲱鱼。很长时间后延绳钓者的鱼饵需求才得到满足。正如 G. 布朗 · 古德后来回忆的那样："早期的延绳钓捕捞在获取和保存诱饵方面的设施不如目前这么好。"最早关于诱饵问题的讨论集中在油鲱鱼和蛤蜊上，这两个物种在世纪中叶不声不响的渔业革命中脱颖而出。这些讨论中隐含的真挚担忧则是在面对海岸生态系统的新压力时，蛤蜊滩和油鲱群的保护问题。[42]

随着诱饵需求量增加，那些长期以来除了偶尔采蛤自己食用，基本忽视蛤蜊滩的城镇热切地将目光投向了这一产业。在缅因州波特兰西南方的斯卡伯勒，为浅滩渔民供给诱饵的商业蛤蜊挖掘开始于 1850 年左右。一位居民说："蛤蜊滩现在已成为许多市民的可观收入来源。""在今年 [1852 年] 的冬春季，他们购买了近 2000 桶蛤蜊做诱饵。"挖蛤蜊是冬季的工作，在较为舒适的冬日，大群的挖掘者散开在蛤蜊滩涂里。[43]

在 1852 年，缅因州鹿岛渔民指出，诱饵不仅是"不可或缺的"，而且"随着需求的增长，蛤蜊日益稀缺——上面提到的油鲱成为鱼饵替代品"。渔民们认为，就像油鲱产业中的刺网和围网削减了油鲱鱼群数量，蛤蜊挖掘者正在破坏蛤蜊滩涂，无意中摧毁还未成熟至可供买卖的幼小蛤蜊。蛤蜊"由于供不应求正变得越来越稀缺"，因此"渔业利益可能会受到损害"，鹿岛居民在 1853 年如此争论。他们试图推翻自然资源由市镇管辖这一模式，并希望在其他地方挖蛤蜊，他们要求立法机构允许本州居民可以在本州水域的任何地方获得采挖蛤蜊的许可。[44]

同时，他们又将这一扩张性需求与环保诉求结合起来。他们希望从"6 月的第一天到 9 月的第二十天"在全州范围内有一段禁捕期。这段时间，他们解释道："是蛤蜊繁殖期，此时在滩涂挖掘会把小的带到顶上，并使他们暴露于太阳的炙烤，这很容易杀死它们。"如果夏季的挖掘继续下去，他们担心，"这种诱饵将在几年内被完全摧毁。"鹿岛居民的请愿书并没有影响立法机构的任何决定，却既表达了对渔业未来和诱饵物种枯竭的关切，同时又主张扩大挖掘规模，在"蛤蜊多的地方"挖掘，因为那些地方的蛤蜊"很少被挖"。他们巧妙地（或自相矛盾地）将自身对沿海生态系统因人类干扰不再产出的恐惧跟他们加大捕捞压力的渴望联系起来。[45]

1857年，在缅因州的哈波斯维尔镇，因近期蛤蜊作为诱饵身价猛增而引发了两派之间激烈的争论。如今来自遥远港口的渔民都可以无限制地购买腌制蛤蜊，这在邻里间引起了有关蛤蜊滩涂归属的分歧。一派人士想“保护蛤蜊”，他们坚持认为现行的法律“不足以保护我们对蛤蜊滩涂所拥有的权利，我们不允许它们被摧毁”。在他们看来，习惯做法已经改变。保护主义者注意到“几年来，马萨诸塞州一直存在着对蛤蜊的巨大需求”“贸易商将为这个市场购买他们所能得到的一切，”他们指出，每年春天成百上千的挖蛤人在“蛤蜊滩上作业，无视我们的恳求，更是侵害我们的利益”，直到这些蛤蜊滩涂“被挖得一干二净，以至于彻底摧毁它们”。按规定每人每天只允许挖7蒲式耳的蛤蜊，但并没有强制执行这一规定的保障机制。保护主义者预测，“很快就会连我们自己吃的都不够了”，他们要求立法机关禁止外地人在没有许可证的情况下进行挖掘。将本地消耗和自给自足与蛤蜊保护联系起来，他们形成了一种反对自由市场规范的保护主义话语。[46]

但是，保护主义者不能真正团结所有的居民。反对派援引“他们古老的特权”并抗议“任何限制牡蛎、蛤蜊和其他贝类自由捕捞的额外规定”。他们指出，贝壳捕捞的特权“对食用或者其他用途而言都是极其重要的”，并指出这是“国家自成立以来就有”的规范。对滩涂的耗竭问题视而不见，也不理睬是否将蛤蜊无限出售给其他地方贸易商这一潜在的争议，他们只想维持现状。尽管在过去几年中，贝壳捕捞的环境已发生了根本变化。[47]

捕捞鲭鱼所需诱饵与鳕鱼不同，对蛤蜊的需求有所降低。鲭鱼纵帆船的右舷轨道上装有鱼饵切割机可以撒饵——他们称之为“来料加工”——这需要的可不仅是随便哪天的旧饵料。正如一位新斯科舍鲭鱼汲钩捕捞者在1852年所解释的那样，“鱼饵必须尽可能的咸，加以精心处理，并且没有腐烂变质或有不好的气味——可以是咸鲱鱼或油鲱、一号种子饵是咸鲭鱼或咸蛤蜊。”渔民通常会一边捕鱼顺便捕鱼饵，或是用卖不出好价钱的小鲭鱼做鱼饵；但每次出海也会都带着几桶在岸上买的鱼饵。大西洋鲭鱼捕捞者是在科德角以北最先用油鲱作饵的，尽管有些人一开始担心油鲱是不是太多刺了。但到了1835年或1840年，油鲱肉沫已经是马萨诸塞渔民偏爱的鲭鱼饵了，部分原因是它们容易获得，另一部分则是因为油油的油鲱磨成黏浆后会在水面上形成浮油，似乎更加吸引鲭鱼。到19世纪40年代早期，布斯湾、波特兰及缅因州其他港口的渔民也纷纷效仿。这是史上第一次对大量涌入缅因湾的油鲱群的系统利用，这些鱼群几个世纪以来一直处于不受打扰的状态。直到 1867 年，当新英格兰的大部分鲭鱼船队还在钩钓时，捕捞鲭鱼的纵帆船每年已经在消耗 25,000 桶油鲱饵了。[48]

随着南北战争的结束，工业家们于 1864 年在缅因州的南布里斯托尔建立了第一家油鲱工厂，由罗德岛的鱼油公司出资。房屋、锅炉、发动机、管道、烹饪罐、液压机和码头建设大约花费 12,000 美元，而当时缅因州的渔民每年的收入平均还不到 200 美元。第二年，一家来自罗德岛的公司在缅因州的布卢希尔建立了一个类似的工厂，此时罗德岛已是鱼油业的中心了。像约瑟夫·丘奇公司等来自罗德岛的公司，已经下大气力捕捞了自己海岸边的夏日油鲱群，并且认识到缅因湾里还有成群游动的宝藏，能带来巨大利润。[49]

缅因州沿岸所有的渔民都咒骂着这些破坏他们生活方式的庞然大物。注入了新活力的鲱油产业在海岸上一枝独秀，无可匹敌。人们为了保护油鲱开展请愿行动，组织者分发了列出各项威胁的请愿书，数百人排队签名，如苏利文·格林、S. 刘易斯和亨利·伊顿等。“签名者来自海岸周围几个小镇，”一份请愿书的开头是这样的，“我们满怀敬意地提出，制定防止油鲱灭亡的法律刻不容缓。”随后的几份请愿书遵循了一个共同的思路。“来自其他州的人带着大围网进入我们的水域，打散鱼群；妨碍本土渔民的定置网捕捞；如果这种行径被默许，五年后，就没有油鲱可做鱼饵了。”立法机关听取了意见，并于 1865 年 2 月通过了“缅因州沿海地区油鲱保护法案”。法案禁止在海岸三英里内的水域围捕鲱鱼，但小网除外，将“围网”定义为“超过 130 个网孔的渔网”。法律还是很严格的。违反新法者将被处以“400—1000 美元”的罚款，并没收“用于这种非法捕鱼的所有船只和器具”。州长在人民情绪的感染下将立法签署为法律。但其并非纯粹是保护性的法律，因为它仍然允许沿海居民用网捕捞油鲱，并作为鱼饵卖给前往查勒尔湾途经此处的马萨诸塞州纵帆船。但它阻止拥有更高效捕鱼设备的外省船艇进行围网捕捞，进而削减本地油鲱储量。[50]

但并不只有外省居民发现了鱼油的潜力，本州的投资者和企业家们（其中一些人在几年后加入了缅因州鲱油和肥料制造商协会）正在合并他们的资本，并计划大大增加鲱油和肥料的产量，即使当时立法机构正在辩论近岸围网捕捞油鲱的利弊。在签署保护本州水域油鲱的法律约一年之内，当地企业家就在沿海城镇建立了 11 家鱼油工厂，包括布斯湾、不来梅、南波特和布里斯托尔等地。每个工厂在建筑和装备上花费 1.5 万美元到 3 万美元不等。当地的资本家已投资近 25 万美元，他们不会让前一年的法律妨碍到他们生产鱼油和肥料。他们拉拢人脉获取了足够的影响力来说服当地立法机关在 1868 年通过一项新的法案，对在缅因州水域捕捞油鲱和其他鱼类进行规定。新法案比前一年的预防性法案更加开放，它将围网重新定义为一个更大的网，并且降低了对违规行为的处罚程度，更重要的是它允许当地官员给围网捕鱼的人颁发许可证，新法案腰斩了之前以州为整体实施的预防性规定，取而代之的是各县官员“因地制宜”确定的“限制和规定”。申请者只需为一张有效期一年的许可证支付 10 到 20 美元，显赫的有钱人只需说服县长发放许可证即可。[51]

背腹受敌的小规模捕捞者以他们唯一知道的方式进行了反击。在 1866 年圣诞节后面一天，来自弗里波特的 31 名男子签署请愿书，祈祷立法机关“了结”油鲱工厂。“自从这些压榨机器建造以来，渔业捕获量减少了 1/3，现在是时候醒过来了。”来自不伦瑞克以托马斯·斯特里特为首的 49 名公民声称，最近通过的法律规定只要县长一时兴起，就允许围网捕捞油鲱，这“严重损害了缅因州人民的利益”。不伦瑞克的请愿人争论，“靠渔业谋生的人”正在受苦，因为沿海水域“被无数船只的围网所席卷”。他们认为，“如果在现行的力度继续捕捞油鲱，最终一定会导致灭绝”，他们希望废除赋予县长签发许可证的权力。“大多数人的利益，”他们写道，“需要得到保护，不为少数富有的资本家垄断，避免他们将海岸的捕鱼特权整个据为己有。”尽管使用钓丝捕捞的渔民担心海岸无法继续维持现成的鱼饵和饲料鱼供应，立法者们依然无动于衷。[52]

但是压力持续存在，1868 年，来自布里斯托尔和不来梅港的渔民担忧他们的生计和捕鱼的前景，再次要求废除法律。然而来自塞奇维克、南波特及其他城镇的人们，由于他们在为鱼油工厂工作，便拥护工厂主获取油鲱的权利，他们抗议废除这项法律。1868 年，被卷入争端中的立法者们指示渔业委员“查明需要哪些立法来保护缅因海岸的油鲱捕捞”。他们的让步允许“任何城镇的居民在本城镇内可以围网捕鱼，而且不需要许可证”。事实上，渔业委员会告诉使用钓丝捕捞的渔民，他们自己也可以利用现代化技术和围网捕捞鱼饵。作为激励，他们这样做无需购买许可证。[53]

尽管表达得很清楚，但面对潜在的利润和广泛的资本化，油鲱捕捞的预防性策略无法占到上风。1870 年，造船工人们造出了美国第一艘油鲱汽轮。由天才工程师纳撒尼尔·赫雷斯霍夫设计，这艘 65 英尺长的围网渔船被命名为“七兄弟号”，是为丘奇家族的 7 个兄弟建造的，他们是罗德岛最著名鱼油公司的老板。“七兄弟号”的部署标志着美国捕鱼船队的机械化，尽管汽轮在鳕鱼、黑线鳕、鲭鱼和其他渔业中得到广泛的应用还是几十年后的事情。但汽轮在油鲱捕捞业中迅速流行开来。正如一热情支持者所说："汽轮的优点太明显了，根本无需特别注意就能看到，比如调度简便、节约时间和劳动力等。"更多的捕获量是必然结果。"随着汽轮的到来，需要在更短的时间内处理更多的油鲱，因此有着充足设备的大型工厂成为必要。"使用钓丝捕捞的渔民几年前还在担心油鲱的"灭绝"，如今又有更多的烦心事了。不到十年，缅因州最大的工厂每天能够处理的油鲱数量已经由 500 桶上升至 4000 桶。缅因州的第一批汽轮出现在 1873 年夏季。与几年前相比，如今州里的法律更加宽容，允许更大范围、更大力度的围网捕捞。到了 1877 年，缅因州鲱油和肥料制造商协会的成员除了拥有 13 艘帆船外，还拥有 48 艘汽轮。那时，他们在这些船上雇用了 727 名渔民，在工厂里又雇用了 300 人，他们的合并运营资金超过 100 万美元。[54]

到了 19 世纪 70 年代，鲱油和肥料的收益增长，并且一个事实日益明朗：现代化的蒸汽轮船能够更高效并且更便宜地为离岸浅滩渔民提供诱饵。每年，油鲱工厂都拿出他们抓到鲱鱼的极小一部分装桶然后作为诱饵卖出去。当鱼数量过多且在变质前无法完全制成鱼油和肥料时，这种做法便能够带来一些利润。这同时也是一个很好的公关策略，鱼油工厂的管理者们借此照顾手钓捕捞的邻居和镇民的利益，这些人通常是围网捕捞最尖锐的批评者。朗德庞德艾伯特·格雷公司、东布斯湾盖洛普摩根公司，以及布里斯托尔的佩马基鱼油公司，每年都出售数百桶油鲱饵料给捕捉鲭鱼和鳕鱼的渔民。然而，把鱼饵卖给渔民，对油商的进账并没有多大影响，根本就不值一提。[55]

19 世纪 70 年代中期，尽管缅因州鱼油产业每年有百万美元的资金流动、有 1000 名雇员和 100 多万加仑的鲱油产出——更别提给邻居的饵料供应——但却没有平息批评者关于鲱油产业会把油鲱赶尽杀绝，损害其他渔业利益的担忧。1873 年，在讨论缅因州沿海生态系统的困境时，美国渔业专员斯宾塞·F. 贝尔德提到了"鳕鱼和其他鱼类捕捞量的减少"以及"恢复枯竭的鳕鱼渔业"的重要性。贝尔德没有特别提到油鲱，他回避了其中的利害关系。但他列出了他认为对恢复鳕鱼种群至关重要的其他饲料鱼，包括灰西鲱、西鲱和海鲱鱼。所有人都把油鲱和那些物种联系在一起。第二年，缅因的渔业专员 E.M. 史迪威和亨利·O. 史丹利指出："我们河流和港口的捕捞活动都过于活跃了。还要满足其他市场的需求，我们的资源供不应求。"和贝尔德一样，史迪威和史丹利都没有直接批评有影响力的油鲱辩护团，但委员们的谨慎态度是明确无误的。1878 年，立法机关以另一项预防性法案回应了那些担忧。它禁止在内陆水域围网捕捞油鲱、鲭鱼和鲱鱼，并将内陆水域规定为本州所有的海湾、河湾、港口或河流，只要入口宽度不超过一英里都算。由于缅因州有相当多的手指般延伸的海岸都在豁免范围以内，因此油鲱等饲料鱼在内陆水域能够免受侵犯了。支持者希望这一举措能重振摇摇欲坠的渔业。次年，立法者们更严苛地修改了法律，禁止了本州水域距离海岸一英里范围内的所有围网捕捞活动。[56]

来自缅因州东部的渔民指出，1860年，油鲱在彭布罗克和吕贝克消失，它们最后一次出现在琼斯波特是在1873年的夏天。来自新斯科舍省和新不伦瑞克的渔民们注意到油鲱鱼群在1870年后就消失了，这两个地方油鲱向来不是很多。鱼群向南撤退可能与水温的作用有关，因为直到19世纪70年代中期，缅因州中部海岸以及新英格兰中部和南部油鲱捕捞量依然十分可观。然而，到1879年初，缅因州渔民在美国渔业委员会的证词“几乎一致”地表明，油鲱不再围绕着海岸边生活，而是去到了在几公里以外的海上。例如，萨金特说“在溪流、海湾、小海湾和河流中，油鲱的数量十分稀少”，在那里，能力有限的渔民希望能捕捞到它们，以及以它们为食的大型食用鱼，虽然他指出“外面海域油鲱没有明显的减少”。[57]

如今的科学家们知道，当沿海渔业转向离岸时，这往往是鱼类资源枯竭和过度捕捞的第一个迹象。然而，到了19世纪70年代末，尽管油鲱群光顾海岸的频率越来越低，美国渔业委员会的G.布朗·古德和那个时代大多数最好的渔业科学家都支持进行产业化油鲱捕捞。对于渔民们的证词，即油鲱的丰度和分布情况受到鱼油和肥料产业规模的影响，古德表示了反对，他坚称：“没有证据表明在这15年或者更长的时间里所进行的大规模捕捞活动中，油鲱的丰度有任何降低。因而，似乎也没人能够合理预测将来会有所减少。”古德不希望对饲料鱼和沿海生态系统的恢复实施预防性方案，那会影响鱼油产业的利润，这一产业充分证明了渔业的经济地位，为他和同事们所研究的行业赢得了联邦的资助。[58]

对近岸鳕鱼储量的担忧

19世纪50—60年代，关于海洋资源枯竭和保护的激烈争论在大西洋两岸同时进行，这反映出人们真切地担忧着海洋渔业的可持续发展。然而，对环境历史研究者来说，碰到此类文献，将历史上人们表达过的担忧跟当时生态系统的客观测量数据匹配联系起来，并非易事。例如，英国皇家委员会就没有数据记录英国沿海渔业的数量变化。幸而19世纪中叶缅因湾近岸鳕鱼捕捞业的详细记录被保存下来，因而在19世纪60年代间这一生态系统的某些自然特性可以进行重建。由数据逐渐还原的画面显示出当时严肃而真实的近岸渔业，饲料鱼数量可观，因而保障了充足的鳕鱼储量，而见多识广的内行纷纷对他们赖以生存的鳕鱼近来呈现的颓势表示担忧。

1852—1866年，缅因湾近海渔民所记载的航海日志并不如斯科舍大陆架的详尽，但仍记录了每人每天的捕鱼量，有些记录了精确地点，有些则是能被准确估计的地点。有些记录则不那么精确。航海日志、捕鱼协议（船只代理人和船员间的协议）和季节摘要（记录了捕鱼总天数和总捕鱼量）都是官方文档，会在每个捕鱼季结束后存放到海关，如此一来渔民就能得到联邦政府相应的赏金。可以从文档中准确地获得每艘渔船的人数、船的吨位、母港、捕鱼数量和捕鱼总重等数据。而且，值得关注的是，这些数据都是很干净的。和斯科舍大陆架的航海日志及记录文档一样，撰写人没有虚构数据的动机，因为无需避税，也没有配额需要争取。渔民的工资取决于他捕到的鱼的数量，所以渔民会确保船长准确记录。然而，鱼是按重量而非数量卖给商人。对于联邦政府，提供赏金的标准既不是数量，也不是重量，而是船的吨位。这些条件确保了一个直观而干净的记录保存系统。

法国人海湾海关区域的记录囊括了缅因湾鳕鱼渔业最完整的航海日志和协议，甚至包括真实完整的1861年所有航线的日志。那年，来自法国人海湾地区的220艘渔船平均吨位48.7吨、共捕捞了3,281,897条鳕鱼，总重12,134公吨。所有鱼都是钩钓来的，大部分是手钓，也有部分是用延绳钓捕捞的。大部分法国人海湾的船舰都会在离岸20英里内、佩诺布斯科特和大马南岛之间的海域航行，几乎所有的鱼也都是在这里捕捞的。许多船员还是学龄男孩，他们和邻居或家人一同出海捕捞。这些船小，航程又短，但捕捞量按照后来的标准看却是非常之高，当然其中并不包含5吨以下的、捕鱼用来自给自足的小船所获。[59]

法国人海湾的数据连同缅因州和马萨诸塞州五个海关的航海日志数据使人们能够估算出1861年缅因湾的整体捕捞能力。1870年前没有其他来源的数据能确定或是估计缅因湾的鳕鱼捕捞量。从航海日志中能估测出捕捞模式以及捕捞行动的地理分布。联邦政府公布了从科德角到芬迪湾新不伦瑞克边界之间所有经许可捕捞鳕鱼的渔船吨位记录。根据腌制鱼类重量到新鲜鱼类重量的转化公式，1861年缅因湾的鳕鱼捕捞量在62,600—78,600公吨之间——约70,000公吨。这一数值比 1870 年报道的缅因湾鳕鱼捕捞量略多，但比较接近。1870 年是有公开数据的第一个年头。自那之后，缅因湾的鳕鱼捕捞量持续下降。[60]

通过 1861 年的鳕鱼捕捞量并结合航海日志里对鱼饵和其他鱼群的观察，可以一窥当时海岸生态系统的特质。鳕鱼的繁殖地和育幼地都是其栖息地的重要组成部分。此外，充足的食物是大量食用鱼生存的必要条件。一个良好的底栖生物群落能够养活大量的蟹类、棘皮动物（海星、海胆）、蠕虫和贝类（包括鳕鱼喜欢的贻贝和蛤蜊）。大量的小型浮游鱼类，比如鲱鱼、油鲱、胡瓜鱼和毛鳞鱼，为鳕鱼、黑线鳕或者其他底栖鱼类提供饲料，也是迁徙鱼类如鲨鱼、金枪鱼和剑鱼的食物。现代科学表明鲱目鱼类（包括油鲱、灰西鲱、大西洋鲱和西鲱）为许多底栖鱼类的繁殖提供了必要的脂类。底栖鱼类也吃软体动物和甲壳类动物，但这些食物没有多少脂肪，包括生育所必需的脂类都没有。[61] 虽然灰西鲱、西鲱和蓝背西鲱等溯河产卵鱼类已被基本捕尽，但这似乎是海岸生态系统食物网唯一值得注意的缺口。换句话说，尽管这个系统遭受了巨大的渔业压力，它在 1861 年仍是基本完好的。

前摄影时代的视觉资料是十分稀有的，但格洛斯特现实主义画家菲兹·亨利·莱恩无与伦比的绘画技巧证实了世纪中近海水域的生产能力。学习过平版印刷术的莱恩，以写实为艺术追求，凭借其精美细致的海洋主题油画而闻名。他 1848 年所作的《格洛斯特港》，从沙滩看向十磅岛，呈现出了当天往返的渔船日常运作的场景。潮水正在消退，沙滩高处停泊一艘平底小渔船和小汉普顿船，边上一个男人在清理鳕鱼，另有两人在沙滩上推着装了鱼的手推车前行。这幅画真实而完美地展现出了世纪中期的渔业，令人赞叹。从渔业科学的角度看，最令人惊叹的则是堆在洗鱼男人旁边的鳕鱼的大小，都是有二三十磅的大鱼。说明直到 1848 年渔民划船出港还能捕到如此大的鱼。几年后，在格洛斯特东部长大的史蒂芬·J. 马丁船长证实了莱恩所呈现的情景，“从 1832 年到 1838 年，阿莫斯·斯迪瑞和杰斐逊·罗威会在夜里出海并在早上 8 点带着满满一船黑线鳕回来，腌制以后下午再出海，装满另一艘小渔船，下午 4 点再回来。1851 年的一天，我和詹姆斯·克奥斯在离港口 2 英里的地方出航捕鱼，长 15 英尺的小船装满了两次。”画家和渔民都证明了世纪中叶这个港口渔业生产力十分强盛。[62]

1860 年前后，诸多报道鱼类搁浅的新闻也可以侧面证明马萨诸塞湾生态系统的整体生产力。比如，搁浅的鱼类中包括鮟鱇鱼，此鱼 15 到 70 磅重，以其宽大的嘴巴、突出的下颚和背脊向上延伸而垂下摇晃的“小灯笼”闻名。作为底栖鱼类，它们一生都在海底度过的，除了捕食冲刺以外，基本上行动迟缓。据大卫·汉弗莱斯·斯托勒说，“每个捕鱼季都有数千只鮟鱇鱼在普罗文斯敦岸边搁浅。”鮟鱇鱼的生活习性跟另一种搁浅鱼类——颚针鱼——可以说毫无相同之处，后者是一种瘦小的表层栖居鱼类，大概 18 英寸长，是唯一一种常见于缅因湾的长嘴鱼。然而据斯托勒所说，“在普罗文斯敦，每年都有大量颚针鱼被海水抛上岸，”“科德角另外一些城镇的人们会大量抓捕它们。”这些鱼类搁浅的事实说明鱼群数量庞大，并且它们有丰富的饲料和必需的栖息地来维持庞大的种群。[63]

无论以后来的哪种标准判断，当时的海岸生态系统和鳕鱼渔业都很发达，但当时的人们却不这么认为。19 世纪 60 年代。尽管鳕鱼在近岸诸多小片水域分散游动，并在离岸的较大浅滩中集中分布。又尽管在缅因湾，平均每条船每季度捕捞超过 16,000 条鱼，但新英格兰的渔民还是努力进行游说，希望减少过度捕捞来拯救他们的鳕鱼群。他们这一代人是第一代给我们系统的定量数据的人，在他们看来，渔业正走向衰败。正如斯宾塞·贝尔德在 1873 年所说，“无论增加大海里的鲑鱼供应多么重要，但与恢复衰竭的鳕鱼渔业相比，都是微不足道的。”[64]

担忧日盛，竟至于在 1860 年，缅因州众议院和参议院一致通过了一项禁止非当地居民捕鱼的自然资源保护法案，禁止在距离海岸一英里范围内使用任何围网、流网或延绳钓捕捞鱼类，禁止在低潮时水深不足 12 英寻的浅滩捕鱼。该法案规定单根鱼线上超过两个钩子，就属于延绳钓。围网则定义为“任何长度超过二百码或深度超过八码的网”，但允许任何人，无论本地人或外地人，为“普通的鳕鱼买卖”用更小的网捞。州长罗德·莫里尔，一位共和党律师，否决了这项法案，他援引了在公海捕鱼的共同权利。他认为缅因州的立法机关无权“剥夺其他州的公民享有这种共同权利”，尽管有很多选民担心资源枯竭。[65]

1862 年，当班克罗鳕鱼业衰败的消息众所周知后，缅因州的立法机关提议禁止在州控水域用延绳钓“捕捞或破坏任何鳕鱼、黑线鳕或其他浅滩鱼类”。许多渔民相信这种新的延绳钓装备会导致过度捕捞。但自由企业的支持者使这一法案被委员会否决。这个法案在措辞上和纽芬兰岛立法机关在同一年提出的法案非常相似，两者都未获通过。它们都反映了新斯科舍省渔业委员会的忧虑，前一年他们强烈反对了延绳钓。他们的报告指出：“委员会认为，这种捕鱼方式不仅对海岸捕鱼业具有破坏性，而且对纽芬兰、拉布拉多、爱德华王子岛、新不伦瑞克和本省的浅滩渔业有更大程度的损害。所有熟悉鳕鱼渔业的人深知，如果这种捕鱼方式继续下去，几年后这些作为渔场的浅滩将完全失去生产力。”[66]

1866年，一项类似法案，名为“禁止排钩[延绳钓]以保护海岸鳕鱼业”，也未能通过缅因州立法机关委员会。[67] 由于未能在全州层面对所有水域限制延绳钓，来自法国人海湾的两个渔民群体，分别以罗伯特·B.哈默尔和J.W.帕默尔为首，试图开展地方性的保护。1868年，他们向立法机关请愿，希望“采取措施禁止在法国人海湾进行排钩捕捞”。他们的申诉反映了来自罗尔普罗斯佩克特和法国人海湾的54名新斯科舍人的不满，那些新斯科舍人几年前曾因“排钩捕捞的后果”向立法机构请愿，并表达出其“最终会摧毁我们的鳕鱼业”的恐惧。如果立法机关不宣布排钩捕捞非法，面临的后果必将是“纽芬兰渔民因海岸鳕鱼业被破坏而遭受损失”。1870年前，在马萨诸塞州，忧心忡忡的渔民曾向立法机关发出四份请愿书，要求禁止排钩捕钓，其中1858年的一份声称，除非禁止排钩捕钓，否则“黑线鳕很快就会变得像鲑鱼一样稀少”。[68]

使用不同捕捞工具的渔民总会在渔业不景气之时责怪对方。从某种程度说，这种模式的争论由来已久，从18世纪50年代延续到70年代。钩钓的渔夫责备用围网的，用手钓的责怪用延绳钓的，还有他们最新潮的木桶延绳钓。使用移动捕捞装置的渔夫责备用陷阱网诱捕的，而当有环围网在鱼游进鱼簖或陷阱网前把鱼一网打尽时，用陷阱网诱捕的渔夫也愤愤不平。[69]

其实，渔民抱怨别人的捕捞工具更高效这一现象，显然是在世纪中叶鱼类资源被剧烈消耗后才出现的。1869年，马萨诸塞州渔业委员会提出了“关于海洋渔业可能会枯竭的重要问题”，其中猛烈批判了英国皇家委员会用不当的方法得出的错误论断：“任何一种捕捞方法都不会对渔业发展造成永久伤害”。马萨诸塞州渔业委员会指出，英国皇家渔业委员会没有任何数据揭示英国沿海岸鱼类年产量的真实变化。此外，他们未能区分“底栖鱼”（如比目鱼）、“流动鱼”（如鲱鱼或鲭鱼）、“白鱼”（如鲈鱼和鲻鱼）和“外来鱼”（如鳐型目鱼和白斑角鲨），尽管任何人都知道它们的习性各不相同，不同渔具给它们带来的影响也差异极大。马萨诸塞州委员会坚称，近海某些水域内特有的当地鱼类和底栖鱼类，正在急剧减少甚至濒临灭绝，这都是不合理的捕捞活动引起的。他们还引用了法国人兰波的研究确立的基本规则：如果“渔民想要捕到鱼卖钱，必须到越来越远的水域，更仔细更用力地捕捞，那他们怎么也不会相信鱼类资源还跟从前一样丰富”。在总结面对这一充满争议的问题该采取的预防方法时，马萨诸塞州委员会指出：“海岸居民已经开始担忧多种鱼类的减少了。”[70]

针对鱼类枯竭问题，缅因州渔业委员会并没有警觉，直到 1872 年，E.M. 史迪威委员写信给斯宾赛・贝尔德询问“如果食用鱼类的供应在新英格兰，尤其是缅因州海岸大幅减少，可能带来何种后果”。那时，史迪威知道鳕鱼、黑线鳕、狭鳕和大比目鱼的捕捞量正急剧下降。在 1872 年之前的五年里，缅因州渔业委员会主要关注溯河产卵鱼类。他们将修建水坝、捕鱼过度、水质污染列为溯河产卵鱼产量下降最重要的三个原因。于是，他们不知疲倦地游说要围绕水坝建设鱼道，使得繁殖期的鱼能到达适宜的产卵地。很多报告都记录了条纹鲈鱼的骤减和鲑鱼的困境。几乎所有肯纳贝克河的渔民都一致同意，“是时候进行这样或那样彻底的改变来保护渔业免受摧毁了。”到了 1868 年渔民又一致认为美洲西鲱和灰西鲱的储量在快速减少。在 1869 年，委员们指出：“胡瓜鱼渔业已经被过度地破坏了。除非采取激进的措施，不然也会走上鲑鱼和灰西鲱衰败的老路。”[71]

19 世纪 60 年代间，针对这些令人生畏的问题，采取的补救方案多以预防性措施为主，也反映出缅因州忧心的居民当时的普遍心态。在 1868 年，缅因州渔业委员建议修订渔业相关法律，将多种恢复渔业的改进措施纳入其中。法律将禁止在任何河流或者湖泊使用漂网，除了因为漂网极具“破坏性和浪费性”，还因为它不像鱼簖和围网那样明显，渔民使用漂网可以轻易地避开看守。委员们还希望禁止在低水位以下的水域建造鱼簖，如此可以降低鱼簖的捕获能力。第五条规定是“除在潮汐水域之外不能设置鱼簖或使用陷阱网；五年内任何水域都不能放置除了抄网之外的任何一种渔网”，这条规定被认为是激进的，但是却旨在恢复所剩无几的鱼储量。他们还希望规定禁渔期，期间禁止鲑鱼、西鲱、灰西鲱、胡瓜鱼的捕捞。虽然内森・福斯特和查尔斯・阿特金斯委员认为现状很严峻，但他们态度都很乐观。他们拒绝掩饰这些问题，同时建议对无法通行的水坝、过度捕捞、水质污染等问题进行补救，并且要求州政府拨款。纳税人和渔民都有必要做出短期的牺牲，不过“在明智和自由的政策下，毫无疑问，缅因州的渔业必定能恢复如初”。[72]

亨利・优勒・欣德教授，一位加拿大评论家，却没那么乐观。作为原型民族主义者，19 世纪 70 年代间，面对美国的蚕食，他维护了英属北美渔民的利益，与同时代的人相比，他显然更有远见。他心平气和地解释新英格兰海岸渔业衰退的真正原因。“在美国，各州政府各自控制本州范围内的海洋和淡水渔业，加上强大的伐木业和制造业，这阻碍了溯河产卵鱼类进入产卵地，给海岸和淡水渔业造成了灾难性的后果，想要恢复的话难度极大并且速度缓慢，甚至某种程度上无法恢复。”[73] 虽然在同时代人眼中，欣德没有占据一流科学家的地位，但他提倡渔业要基于复杂的生态系统展开。在一定程度上，他的灵感来自对大西洋加拿大渔民的热忱维护，不过他所展望的渔业已有了现在生态学家所说的食物网视角。

他写道：“在深海捕获经济鱼种依赖于在沿海水域捕获的鱼饵，但饵鱼的鱼卵和鱼苗是经济鱼种的食物，随着食物减少，可获取的经济鱼种的供应量也随之减少……总之，凡是海岸水域中影响鱼类数量，或是更低等生命形式的各中因素，无论大小，也会相对应地影响外面的深海水域捕捞……因此，一个必然的结论是，我们怎样看待海岸水域，这一观点既是深海渔业的发展起源，又是其繁荣与否的决定因素，无论是在鱼饵、食物、产卵地、鱼苗庇护还是育幼场恢复方面。”[74]

欣德做出预测，但实际上他所预测的已正在发生：“如果不能维持近岸的食物供应，某些种类的鱼类，特别是鳕鱼种族，会越来越远离海岸，这将不可避免。”1855 年至 1870 年之间，在艾格莫金流域的沿海水域，来自缅因州布鲁克林的 N.V. 蒂贝茨则恰巧注意到了这一类的迁徙。艾格莫金流域是沿鹿岛西侧由西北向东南延伸的一段狭窄海域。塞奇威克镇就坐落在艾格莫金流域旁边，在 19 世纪 50 年代这一小镇曾以最强烈的措辞抗议围网捕捞油鲱。蒂贝茨哀叹道：“大多数农民，包括我自己，也是渔民。依靠每年抓捕的各种鱼类维生，尤其是鳕鱼和黑线鳕；但这些鱼类早已离开了佩诺布斯科特和艾格莫金流域。以前，在离海岸两三百码远的地方划船捕鱼，几个小时后就能捕到几百磅的黑线鳕，还有鳕鱼。”[75]

南北战争后，随着截获灰西鲱和鲱鱼的鱼簖捕鱼量成倍增加，以及围网捕捞者夜以继日地追逐鲱鱼群，欣德重申了诸多缅因州和马萨诸塞州请愿者向立法机关说过的话。他控诉了对饵料鱼“无差别和不加控制地捕捞”，并预料到现行的捕鱼方法将“大大减少鱼类供应量”，造成鳕鱼、黑线鳕和其他有价值的食用鱼越来越远离海岸。欣德的预测完全正确，但当时美国鱼类委员会的 G. 布朗・古德却轻蔑地否定了他。[76]

在南北战争期间及随后不久，渔民的担忧确有其缘由。他们已来到悬崖边缘，很多人也意识到这一点。事实证明，在接下来的一个世纪里，缅因湾鳕鱼的捕捞量几乎稳步下降。最令人不寒而栗的是，从当时的渔民交谈来看，这种衰落已经持续了多年。据估计，1861 年缅因湾的鳕鱼捕捞量约为 70,000 公吨，1870 年约有 66,873 公吨，1902 年仅有 24,579 公吨了。这些都发生在使用拖网之前，鳕鱼主要还是钩钓，或偶尔被刺网捕获。到 20 世纪 30 年代末，当大部分鱼已是由汽轮和油轮拖网渔船捕捞，缅因湾的鳕鱼捕捞总量只剩不到 10,000 公吨了。2007 年，整个缅因湾的捕捞量只有 3,989 公吨，仅为 1861 年的 6%。而斯宾塞·贝尔德于 1873 年宣布的“恢复我们枯竭的鳕鱼捕捞业”的愿望，却从未实现过。在南北战争之前鳕鱼渔业已开始走向衰退，那时候，在巴特利特太太饥饿的母鸡的启发下，鲱油产业兴起，近海渔民们对此撸起袖子叫嚷反对，他们是知道会发生什么的。[77]

高效率的新设备的出现加剧了这一问题，同时也掩盖了这一问题。在 19 世纪 50 年代末和 60 年代，鳕鱼渔民开始设置延绳钓，这进一步扩张了鱼钩的足迹；一些人在 1880 年前后用刺网做了试验，刺网不依赖鱼饵，也不吸引鱼类或要求它们有何行为——刺网捕获的鱼只是在黑暗中误入歧途。技术变革的每一步都以强烈的抗议为标志，但所有的抗议最终都成为同谋——至少是那些继续捕鱼的人。由于每一种渔具都在另一种高效渔具的对比下黯然失色，讨论减损和降低的渔民也因更高的捕获量（高效渔具的成果）和赚钱的快感而噤声。

1870 年 3 月 23 日《格洛斯特电讯》的剪报说明了这一点。文章以新罕布什尔朴次茅斯的鳕鱼捕捞为例，激动万分地写道，100 人在朴次茅斯捕鱼，驾驶 10 艘大船，并载有 40 艘小船，“仅去年冬天，在朴次茅斯的一个码头，就有超过 100 万磅的鳕鱼被捕捞上岸。”该如何解释这种强劲的捕捞量呢？当地人不再顾及自己和邻居的担忧，转向了昂贵的装备，使用了大量的诱饵，以 20 年前几乎难以想象的方式加剧了捕捞压力。“在港口内部和四周，”记者解释说，“有 63 英里以上的延绳钓装置安置在海底，上面挂着 96,000 多个钩子。”朴次茅斯港很小，从港口入口处的鲸背灯塔到海军造船厂及城镇只有大约两英里长。自约翰·史密斯船长时代起，浅滩群岛就一直是著名的渔场，离灯塔有 7 英里远。63 英里的延绳钓是在港口区域纵横交错，还是延伸到浅滩又绕回，已经无关紧要了。下了诱饵的鱼钩如森林般蔓延在渔场，再想手钓已然不可能了。虽然不久前这种强度还被认为几乎是犯罪，但现在却与数百万磅的鳕鱼和大额发薪日联系在了一起。[78]

然而，更南边的罗德岛海岸的布洛克岛，是一群小型近海船只的聚集地，在这里，19 世纪 70 年代后期，对延绳钓的恐惧主导了讨论。渔民解释说，“马萨诸塞州格洛斯特的排钩捕捞几年前就开始了，港口附近的鳕鱼被大量捕获。”这反映了朴次茅斯和其他地方已经发生的事情。他们所说的“排钩捕鱼”指的是延绳钓。“很快那里就捕捉不到任何鳕鱼了，要么是鱼被捞空了，要么被吓到了更深的水里。延绳钓渔船并未停止前进，现在在马萨诸塞州东部的一些渔场里也已无法捕捞到大量鳕鱼，除了在 120 英寻深的水域。”使用新渔具过度捕捞鱼群没有持续太长时间。随着近海渔场无鱼可捕让手钓者失业，延绳钓渔船开始航行到更远的海域。在离布洛克岛仅 20 英里的科格歇尔礁，渔民以前“每次出海每人能捕 4 公担。自延绳钓者的到来，我们抓不到足够的鱼来支付航行费用”。这与 15 年前班克罗的故事如出一辙。随着渔获量的减少，手钓者绝望了。虽然许多人担心新工具杀伤力太强，有人抗议，但也有一些人决定试验或采用它。渔获量上升了。虽然未能跟付出的努力成正比增加，但是排网布阵的渔民对计算单位付出的渔获量并不感兴趣。他们想抓鱼。如果这样做需要新的装备，他们就会尝试。[79]

挪威渔民在沿岸海域使用刺网捕捞鳕鱼的历史由来已久，美国渔业委员会——“急于向美国人介绍任何对其有利的方法”——于 1878 年从挪威进口了 7 张深海刺网。1878 年至 1879 年冬天，鱼类委员会部署好了刺网，但巨浪和岩石将网撕破，大鱼也将网咬破。然而，由于渔获量情况非常好，鱼类委员会的工作人员相信，如果他们用更结实的绳子织网，试验必将会成功。为了规避风险，商业渔民往往拒绝改变，因此没有接受委员会的邀请。1878 年，没有一家公司投资刺网。然而，几年后，当渔业委员会的约瑟夫·柯林斯船长从柏林国际渔业展览会归来时，他对如何使用刺网捕鱼有了更细致入微的了解。1880 年，格洛斯特“北鹰号”斯库纳纵帆船的船长，面对高昂的鱼饵价格，决定把一个季度的鱼饵费用投入刺网。第一个季节的试验收获颇丰，他买了更大更结实的渔网，几年之内便拥有了 8 条平底小渔船，每条船上配一人三网。每张网长 50 英寻（300 英尺），深 3 英寻。网衣悬挂在一根由吹制的玻璃浮子浮起的浮子缆上。网衣不大，单人驾驶小渔船，便可检查渔网并摘下捕到的鱼。据一位观察人士称，刺网捕捞量很快就“达到延绳钓在同一海域捕捞量的三倍”。[80]

正如斯宾塞·F. 贝尔德在他的年度报告中所解释的那样，“起初，这些网遭到了延绳钓渔船的反对，就像大约 30 年前引进延绳钓时，遭到了用手钓渔民的反对一样。渔民们一开始倾向于反对刺网，因为这就像‘筑起一道篱笆’，会阻止鱼类到达延绳钓钩，但很快就意识到它的优势。”波士顿的美国网绳公司已经为捕捞鲱鱼、鲭鱼、西鲱、胡瓜鱼和其他鱼类制造了渔网，并且很乐意转而为捕捞鳕鱼制造刺网。不过刺网捕捞鳕鱼起步有些缓慢。[81]

在 1882 年至 1883 年的冬天，几乎完全没有鱼饵供应，这使马萨诸塞州和新罕布什尔州的鳕鱼捕捞业面临倒闭的危险，却为美国鱼类委员会促进刺网捕捞提供了机会。1882 年，渔民心想与其在没有鱼饵的情况下放弃海岸鳕鱼渔业，不如转向刺网捕鱼，这样做后立即捕获了大量的鳕鱼。1882 年 12 月，安角一份报纸头条大肆宣扬："刺网捕捞鳕鱼效果极好。"有一条船，"船上有两个人，用 7 张网捕了 5000 磅的大鳕鱼……每人赚得 40 美元。"另一条船上的 5 名船员，"截至去年 12 月底，每人分得了 320 美元（除去所有成本）"，相当于工作六周赚到了超过一年的工资。到 1882 年 12 月，用刺网捕捞鳕鱼的船只中，仅来自格洛斯特的就有 20 艘，载有 124 人。据美国鱼类委员会的史蒂芬·J. 马丁船长报告，在 1882 年 11 月下旬到 12 月，渔民在斯旺普斯科特、格洛斯特、罗克波特和朴次茅斯共捕获 200 万磅鳕鱼，为期六周。"网中捕获的鱼都非常大，"他继续道，"平均每条超过 20 磅，有一些鱼则重达 60 或 75 磅。"在 1883 年 1 月和 2 月的 20 天里，"在伊普斯威奇湾捕鱼的 10 艘小船"捕获了"23 万磅的大鳕鱼"，让人难以置信。伊普斯威奇湾是鱼类的重要产卵区，他们抓到的怀孕母鱼是从来没上过钩的那种。在不久以前的钓钩时代，它们可以逃脱被捕的命运。但是刺网捕获了所有缠在网中的鳕鱼，不管它们正在产卵与否。最嘲讽的是，在渔业委员会的官员看来，陷入困境的新英格兰鳕鱼渔业正在复苏。[82]

短视无处不在，正如同错位的信心。到 1883 年，贝尔德认为"那一天已经不远了"，即鱼类委员的孵化场将"让鳕鱼大规模地繁殖，因为已经证明这是完全可行的"。他早已确信"1878—1879 年在格洛斯特孵化的鳕鱼群"已经繁殖，"因为两种尺寸的幼小灰色鳕鱼已在海岸捕到。1882 年在新罕布什尔州朴次茅斯附近，它们的数量庞大，渔民们对委员会所做的工作结果表示满意。"根据贝尔德从当地渔民那里收集到的信息，他总结道："这些鱼不仅被成功地养育，而且它们已经改变了习性，很可能继续成为近海夏季鱼类。"[83]

多亏了鱼类委员会，400 万个活鳕鱼体内"健康的卵"被获取并带到了纽约富尔顿鱼市，还有其他地区，"孵化出来并放回"海中。远在缅因州沙漠山岛的信息提供者，试图将附近捕获的鳕鱼与格洛斯特渔业委员会孵化的鱼联系起来。这种鲁莽的推测传染蔓延，抑制了批评的声音，也掩盖了上一代捕捞者一直奉行谨慎捕捞的事实。很可能渔业委员会的繁殖计划根本没怎么增加海岸鳕鱼储量。但受自我庆祝情绪的鼓舞，委员们及其雇员不愿承认这种可能性。[84]

海的变化，例如在延绳钓、有环围网和刺网捕鱼引进之前，N.V. 蒂贝茨和亨利·尤尔·欣德所注意到的那些，促使了新一代海洋故事的产生。这些产生于 18 世纪 50 到 80 年代间的故事，质疑用刺网捕捉怀孕雌鱼的做法。几个世纪以来，北方佬和他们的清教徒祖先已经将海洋描绘成了一座回报丰硕的试炼场，只要对着挑战迎难而上，便能捕大鱼、赚大钱。海上狂风暴雨不足为惧：大海的危险重重和渔民的坚强应对是每一个故事都有的套路。但是谨慎的渔民们习惯了这样的艰苦，习惯了在海中航行，无论多么疲惫、多么孤独、多么寒冷，他们始终相信大海会在适当的时间给予回报。在冬天挖蛤蜊、捕无须鳕；冬末以及春天捕捞鳕鱼；3—7 月在近海抓龙虾；7—11 月卖鲭鱼；在深秋的几周钩钓狭鳕。并不是说每个渔民在每个季节都出海，但是每个渔民都知道他们可以从这片富饶的海洋里得到些什么。确实一直以来都是如此。然而到了 19 世纪中叶，纱线走进了捕鱼的各个步骤、登上了纵帆船，悄无声息却预示着不详的到来。诸如“耗尽”“削弱”“减少”和“过度”这些词成为新故事的核心。几年之内，这种语气的变化在作家笔下得到了反映。[85]

查尔斯·诺德霍夫被称作水手中的水手，他曾在商船、捕鲸船和鲭鱼纵帆船上就职，有着丰富的经验。同时他也是一位博览群书的记者，有时会在科德角租一间安静的房间，在两次航行的间隔之间密切关注各类动向。1864 年，他发表了一篇文章，反映了科德角的古老做法正逐渐流失。他写道，“在鱼类渐渐灭绝的现今，海角处的人口仍在迅速增长，给那个不算富饶的地区的居民造成了很大的不安……到目前为止，对照他们并不贪婪的愿望，人们过得还算满足；但前景是黯淡的。”[86] 在诺德霍夫看来，生态变化带来了意料之外的文化冲击，居民们挣扎着想要厘清可能的后果。

1870 年，《哈珀斯新月刊杂志》的编辑点明了“海洋渔业遭破坏”的原因，他提到英国水域的海底拖网造成了鱼类减少，同时指出“同样的结果”将“随后来到我们自己的海岸，尤其是缅因州、新不伦瑞克、新斯科舍和大马南岛海域，也许来得会慢一些，却必然会来”。网眼精巧的渔网和不计其数的鱼簖“不仅抓走了成熟的大鱼，也带走了未成熟的小鱼，”阻止了鲱鱼产卵，并带来“鳕鱼、无须鳕、狭鳕和其他诸多鱼类”的匮乏。伊莱贾·凯洛格牧师是一名新英格兰三流小说家，也是位高产儿童读物作者，他就这一主题提笔写下了《欢乐湾的渔家男孩》一书，在 1874 年出版。书中，凯洛格笔下的叙述者回顾了大西洋鲭鱼捕捞业中的技术和社会变化，并指出人们对钩钓的放弃带来了不详的改变。“多年来人们一直是这样捕大西洋鲭鱼的；鱼一直很多，鱼群增长很快，鱼也愿意咬钩子，而现在物种被破坏的如此之甚，它们也不容易上钩了，有时可能被网捕到，但鲭鱼业的处境已然岌岌可危了。”[87]

大约在同一时期，新英格兰沿海居民赖以生存的鱼类数量减少这一事实也成为塞缪尔·亚当斯·德雷克写作的切入点。他在 1875 年出版的《新英格兰海岸的角角落落》一书中，哀叹了缅因州马斯康格斯湾的新港等渔村的困境。“在这里和其他地方，我都听渔民谈起过油鲱灭亡的故事。他们所忧虑的是这种鱼将在不久的未来完全消失。‘他们捕光了所有油鲱以后，我们这些穷家伙该怎么办？’有人问。”德瑞克参观了位于佩马奎德的油鲱工厂，之后他“确信遭受如此大规模的消耗，这些鱼无法长久支撑下去”。正如他犀利指出的那样，“政治经济学家将不得不面对油鲱意料之中的灭绝。”当德瑞克写下这句噩兆般的预言时，别的讲述者也在思考预料之中的龙虾、大比目鱼、绒鸭、西鲱、鲑鱼，甚至鲭鱼和鳕鱼的灭绝。与这种衰落的叙事基调相反，贝尔德和鱼类委员会的科学家们错位的信心似乎是一剂让人欣喜的补药，仿佛让那些故事有了美满的结局。[88]

一场渔业革命

19 世纪中叶，在缅因湾以及从新英格兰到加拿大大西洋省份的近海海岸线上掀起了一场渔业革命，这场革命带来了充满争议的新渔具，严重影响了生态系统，并改变了一代人对海洋资源未来的理解。它是一个通常被称为“现代化”的整体过程中的一部分。现代化也是一种简化的说法，在这一进程中，个人占有主义逐渐得到文化认可甚至法律保护，与机械化、技术创新、产品开发和市场扩张等行为联系愈加紧密。但人们很少会考虑到渔业的发展会改变海岸海洋生态系统，更不会认为渔业革命会影响某些地区对海洋采取保护措施的态度。19 世纪中期，在人们承认海洋鱼类的过度捕捞是一个问题（既是经济问题又是生态问题）的同时，现代科技对海洋资源造成的压力也日益增加。

渔业变革并不依赖现代化。船帆和船桨仍占主导地位。1905 年前，大西洋西部没有建造哪怕一艘蒸汽推动的拖网渔船。唯一的汽轮是大西洋鲭鱼围网渔船，1870 年开始使用。19 世纪 80 年代期间，投入使用的大西洋鲭鱼围网渔船一只手能数过来。虽然基本上没有机械化进程，但渔业的变革主要体现在以下十个方面。这些变化有着深远的经济和生态影响，直至今日回声依然不绝于耳。

一、19 世纪的渔业现代化将以前不受重视的鱼类作为对象进行大量捕捞，包括大比目鱼、龙虾、鲱鱼、剑鱼和被重新包装为“沙丁鱼”的幼鲱鱼。捕捞者不仅捕捞食草性滤食性动物，比如油鲱，也捕捞顶级掠食者如剑鱼，既捕捉脊椎动物也捕捉无脊椎动物。无论哪种捕捞业，龙虾、剑鱼还是大比目鱼，一上来渔民先是“吸脂”（先捕捞易捕捉、价值高的大鱼），影响目标生物的分布又影响其丰度。

二、渔网的迅速扩张导致了生态系统中各种鱼的大量减少。1842 年，马萨诸塞州的第一个渔网商店开业，在这之前，所有的渔网都是临时自行制作的。1842 年渔网捕捞增多，但商店里卖的渔网仍是手工制作的。1865 年第一批机器制造的渔网面世，大幅增加了各种围网的尺寸，增强了捕捞能力。19 世纪 50—60 年代，有环围网技术提升，制造出的围网能够困住一整群的浮游鱼类。陷阱网和渔网制的鱼簖也增强了捕捞能力。新时代的渔网捕捞让几家欢喜几家愁。1874 年缅因州渔业委员会委员 E.M. 史迪威和亨利 · O. 史丹利抱怨道：“使陷阱网漂浮的全新工具和技术改进以及其他新奇的捕鱼方法危及鱼群繁衍”。[89]

三、鱼钩捕捞也有了突飞猛进的发展，规模较之前翻番增长。从每个人控制几个鱼钩的手钓法（这是自中世纪以来标准的钓鳕鱼渔具）到延绳钓（也称为排钩钓等），即在主线上布置数百个鱼钩的方法。延绳钓可以比传统的手钓到达更深的水域，因而捕鱼范围更大。正如渔业历史学家韦恩 · 奥利里所解释的那样，“1860 年左右，第一艘来自缅因州的延绳钓渔船在圣劳伦斯湾捕捞鳕鱼时，捕获量是同时代手钓者在同一水域捕获量的两倍或三倍。”当然，那些巨大的捕获量是因为延绳钓捕捞者付出了更大的超出比例的努力。[90]

四、鱼饵业随着鱼钩业的发展而成比例增长，因为每一个鱼钩都需要很多盐渍蛤蜊或由小块油鲱、鲱鱼或大西洋鲭鱼做成的鱼饵。大量地捕捉龙虾也需要更多的诱饵。到 1880 年，“缅因州海岸龙虾捕捞业”中用做鱼饵的比目鱼、杜父鱼和鲱鱼的总量远远超过 3 万桶。为了满足鱼饵的巨大市场，企业家们建造了鱼簖和陷阱网，拦截近岸集群鱼类，这迅速减少了它们的数量，并耗尽了一度多产的蛤蜊浅滩。[91]

五、新的渔具，如木桶延绳钓、有环围网和陷阱网，具有更强的捕鱼能力，但增加了意外杀死和丢弃的鱼类数量，造成浪费，现在这些鱼类被称作副渔获物。从一些渔民的角度来看，意外杀死优质市场化鱼种的幼鱼，跟“杀死下金蛋的鹅”差不多。副渔获物使大型鱼类猎物减少，鲨鱼和其他繁殖率低的长寿物种因没有食物而死亡，因此影响了生物多样性。也引发了关于浪费资源的道德问题的讨论。传统的钩钓鳕鱼和大西洋鲭鱼产生的副渔获物要少得多。

六、新营销手段的出现以及新产品的开发为更多的消费者带来了更多的鱼，但也给资源带来了更大的压力。新英格兰船只在1845年首次向海上运冰，捕捞的新鲜鱼类冷冻后很快就通过不断扩张的铁路网运往各处。也是因为如此，无法用盐完好保存的鱼类，如黑线鳕和比目鱼，也能经远距离的运输来到消费者面前。几个世纪以来，这些鱼都是被忽视的，只有少量偶尔捉到，在渔港新鲜出售。专业鱼类代销公司，如纽约市的“约翰·博因顿之子公司”与费城的“A.W.罗威兄弟公司”，打通了新英格兰船队与美国主要滨海城市的交流往来。在美国南北战争前的15年里，海鲜罐头、冷冻海鲜和新鲜海产经由铁路运输来到消费者手中的模式成为常态，人们得以品尝曾经一无所知的各种鱼类。

七、大量资金被投入渔业建设，主要花费在大西洋鲭鱼纵帆船、油鲱汽轮、鳕鱼船队的建造，油鲱加工厂、罐头厂的开设以及精巧的有环围网的制作。这种投资改变了渔业从业人员的构成。罗德岛和马萨诸塞州的商业捕鱼活动日益纵向一体化，而在缅因州、新斯科舍州和纽芬兰则没那么明显。即便如此，当向着镀金时代靠拢的美国决策者看到投入美国渔业的巨额资金时，竟只能惊得合不拢嘴（受其影响也未可知）。

八、在18世纪50—60年代，随着神枪手式纵帆船（sharpshooter schooner）以及纵帆船快艇的出现，船的设计发生了天翻地覆的变化。新的工艺使它们更大更快，也更能经受风雨。御风航行意味着它们可以行驶得更远。虽然它们没有之前的尖翘艉纵帆船安全系数高，但是能携带更多的人员和装备，以便向渔场输送更强的捕捞力。[92]

九、联邦政府在补贴了73年的鳕鱼赏金后，于1866年停止补贴，渔民为了防止经济损失，不得已要从生态系统中获取更多的利润。但资本雄厚的渔业公司，甚至包括许多格洛斯特的渔民都不反对这笔补助的废除，因为只有每年在120天的时间里只捕捞鳕鱼的船队才有获得补助的资格，显然他们并不想受到这种规则的限制。但对许多来自萨里或古尔兹伯勒等小村庄的缅因州渔民而言，失去补助就意味着经济困难。他们不得不捕更多的鱼以维持生计。补贴的废除促进了大船队的合并，却打击了个体的渔民。[93]

十、新英格兰政府在渔业的参与上有了显著的变化。以城镇为基础的资源管理战略是殖民时代遗留下来的，受到新一代“科学人士”所输入的信息的影响，正逐渐被州省监管制度所取代。由政府资助的渔业科学在19世纪70—80年代蓬勃发展，其重点是最基本的鱼类学研究、鱼类孵化和人工繁殖。当大自然无法生产足够的鱼时，政府的实验室便会填补这方面的空白。但弊病是即使小溪流中的鳟鱼孵化已经做得足够好了，这样的产量对于喧闹的北大西洋仍然是沧海一粟。由此许多渔民更宁愿政府把资金花在补贴上。

到 1870 年，殖民时代鳕鱼捕捞业的画面——人们乘着小舟或纵帆船进行手钓，似乎跟绅士戴假发、穿长筒袜一样稀奇了。至此，行业中的变化已经使海洋环境受到影响，同时引发了一系列有关渔业未来的争论。有经验的人们担忧“黑线鳕会很快像鲑鱼那样罕见”，油鲱的“终结”将对“这个国家的鳕鱼捕捞造成巨大的利益损失”，因此他们希望以谨慎的态度捕捞，而如今面临新兴科技和更大市场带来的繁荣和乐观，这种态度正受到冲击。

渔业科学尚处于起步阶段，但充满了各种错位的信心。在 19 世纪中叶，除了一些法国研究者——因为旧世界的海岸系统远比新英格兰海域匮乏——鲜少有科学家坚定地认为需要一个应对渔业枯竭的预防方法。以史宾塞 · F. 贝尔德和 G. 布朗 · 古德为代表的许多人，相信有关鱼类生命史的问题很快就会得到解答，理性的科学将会解决渔业所面临的问题。贝尔德在 1873 年写道，“鲱鱼会在产卵期来到部分沿海区域，尽管其他地方也有这样的条件，但它们却没有前往，这一事实促使我对海洋温度做一次详细的调查。”然而，不管是贝尔德或古德，又或是他们的同僚们，都没有学习过有关海洋温度的知识，甚至对海洋物理学或海洋生物学也不甚了解，因此他们无法很好地规划渔业发展，抑或是对他们否认其存在的过度捕捞已经造成的伤害有所弥补。他们妄想通过人工养殖鳕鱼来抵消过去大量的消耗不过是美好的愿望，并没有基于事实。不过，他们所讲述的故事却让听众确信渔业还有未来。[94]

19 世纪中叶，各种各样的环境问题促使世界各地的科学家和自然学家提出了胚胎保护倡议。新英格兰各州，以及随后效仿的其他州，成立了渔猎委员会，管理正消失的资源。出生于佛蒙特州，随后久居于地中海的乔治· 珀金斯· 马什，在 1864 年出版了影响深远的《人与自然》一书，提出人为的森林砍伐以及其后续影响导致了荒漠化，并且上述的现象正不断恶化。与此同时，欧洲的科学家和外科医生正在逐渐意识到，经济发展会给热带岛屿脆弱的生态环境带来严重的灾难。这类的观察报告让人们逐渐认识到特定的生态环境在人类活动影响下何其脆弱。[95]

虽然自然学家们努力探究经济发展给大自然带来的影响，并且通过一个又一个案例慢慢认识到地球的资源并非无穷无尽，但是他们仍旧倾向于把广阔且充满未知的海洋排除在外。最先意识到海洋环境正在恶化的，反而是那些直接接触海洋的、手上长满老茧、目不识丁的渔民。讽刺的是，尽管他们希望渔业资源可持续化发展，但他们现在也不愿意停止捕捞。渔民们指出海洋资源正在被消耗、减少甚至退化，但是所有人都充耳不闻，甚至就连渔民们自己也被全新的捕捞技术和人工繁殖的美好前景冲昏了头脑。

参考文献：

1. Petition of Jotham Johnson (1865), in Rejected Bills, box 463, folder 17, MeSA.
2. J. Reynolds, *Peter Gott, the Cape Ann Fisherman* (Boston, 1856), 60; James G. Bertram, *The Harvest of the Sea: A Contribution to the Natural and Economic History of the British Food Fishes* (London, 1865), 20.
3. A. D. Gordon to Chairman of the Committee on the Fisheries (February 1852), Petitions to the House of Assembly, RG 5, ser. P, vol. 53, no. 148, NSARM; M. H. Perley, *Reports on the Sea and River Fisheries of New Brunswick* (Fredericton, N.B., 1852), 7–8.
4. Affidavit of Joseph Cammett (February 25, 1856), chap. 214, MSA; Petition of Thomas Derry et al. (1859), Petitions to the House of Assembly, RG 5, ser. P, vol. 55, no. 8, NSARM.
5. George A. Rose, *Cod: The Ecological History of the North Atlantic Fisheries* (St. John's, Newf., 2007), 284–285; Sean Cadigan, "The Moral Economy of the Commons: Ecology and Equity in the Newfoundland Cod Fishery, 1815–1855," *Labour/Le Travail* 43 (March 1999), 9–42.
6. G. Brown Goode, *A History of the Menhaden* (New York, 1880), 162.
7. Ernest Ingersoll, "Around the Peconics," *Harper's New Monthly Magazine*, 57, October 1878, 719–723.
8. Bonnie J. McKay, "A Footnote to the History of New Jersey Fisheries: Menhaden as Food and Fertilizer," *New Jersey History* 98 (1980), 212–220; H. Bruce Franklin, *The Most Important Fish in the Sea: Menhaden and America* (Washington, D.C., 2007), 17–20, 50–55. The article in 1792 appeared in the first

volume of *Transactions of the Society for the Promotion of Agriculture, Arts, and Manufactures, Instituted in the State of New York.*

9. Goode, *History of the Menhaden*, 71, 78–79; MHMF, 105; Capt. E. T. DeBlois, "The Origin of the Menhaden Industry," in *Bulletin of the United States Fish Commission Vol. I, for 1881* (Washington, D.C., 1882), 46–51; *FFIUS*, sec. V, 1:335.
10. *MeFCR for 1891–92* (Augusta, 1892), 29–30; MHMF, 105–111; Goode, *History of the Menhaden*, 109.
11. Franklin, *Most Important Fish.*
12. Petition of inhabitants of Southport, Boothbay (January 1852), in Legislative Laws, box 265, folder 125, MeSA.
13. Ibid.; Petition of inhabitants of Surry (January 27, 1853), in Legislative Graveyard, box 241, folder 9, MeSA; Petition of inhabitants of Ellsworth (January 25, 1853), ibid.; Petition of inhabitants of Sedgwick (March 9, 1854), ibid.; Petition of inhabitants of Gouldsboro (October 10, 1857), in Legislative Graveyard, box 256, folder 37, MeSA.
14. *FFIUS*, sec. II, 28; Francis Byron Greene, *History of Boothbay, Southport and Boothbay Harbor, Maine* (1906; reprint, Somersworth, N.H., 1984), 370–371.
15. Paul Crowell, "Report on the Fisheries," in *Appendix to the Journal of the House of Assembly of the Province of Nova Scotia for the Session Commencing the Twenty-ninth of January and Ending the Eighth of April*, 1852, app. 25, 169–170, NSARM.
16. Petition of inhabitants of Wells (February 8, 1855), in Legislative Laws, box 309, folder 104, MeSA; *Public Laws of the State of Maine*, 1855 (Augusta, 1855), chap. 138.
17. Petition of inhabitants of Surry (March 1854), in Legislative Graveyard, box 241, folder 9, MeSA.
18. Remonstrance of Isaiah Baker et al. (1856), chap. 214, MSA.
19. Remonstrance of A. K. Chase et al. (1858), chap. 52, MSA; Remonstrance of the town of Dennis (1856), chap. 214, MSA; Remonstrance of Obed Baker et al., ibid.
20. MHMF, 212.
21. "An Act to Protect the Menhaden Fishery in the Towns of Duxbury, Plymouth, and Kingston" (1857), chap. 85, MSA.
22. Petition of Josiah Hardy et al. (1856), chap. 214, MSA.

23. Petition of the Selectmen of Mashpee, ibid.
24. *Journals and Proceedings of the House of Assembly of the Province of Nova Scotia, Session 1861* (Halifax, 1861), app. 32 [n.p.]; Henry Youle Hind, *The Effect of the Fishery Clauses of the Treaty of Washington on the Fisheries and Fishermen of British North America* (Halifax, 1877), xvi.
25. Larkin West, log of the schooner *Torpedo*, 1852, RG 36, box 88, folder 530a, NARA, Waltham, Mass.
26. Thomas Boden, log of the schooner *Iodine*, 1856, RG 36, box 71, folder 486b, NARA, Waltham, Mass. "The Fishing Grounds," in USCFF, *Part XIV: Report of the Commissioner for 1886* (Washington, D.C., 1889), 85–102; Elijah Kellogg, *The Fisher Boys of Pleasant Cove* (Boston, 1874), 157.
27. The Beverly logs are in RG 36, boxes 56–91, NARA, Waltham, Mass.
28. Detailed analysis of these logbooks would have been impossible without a skilled team. I am indebted to the other members of the interdisciplinary University of New Hampshire Cod Project, and to our funders. Earlier versions of this work appeared as Andrew A. Rosenberg, W. Jeffrey Bolster, Karen E. Alexander, William B. Leavenworth, Andrew B. Cooper, and Matthew G. McKenzie, "The History of Ocean Resources: Modeling Cod Biomass Using Historical Records," *Frontiers in Ecology and the Environment 3* (March 2005), 84–90; W. Jeffrey Bolster, Karen E. Alexander, and William B. Leavenworth, "The Historic Abundance of Cod on the Nova Scotian Shelf," in *Shifting Baselines: The Past and Future of Ocean Resources*, ed. Jeremy B. C. Jackson, Karen E. Alexander, and Enric Sala (Washington, D.C., 2011), 79–113.
29. Thomas Gayton, Log of the schooner *Susan Center*, 1857, RG 36, box 86, folders 526f and g, NARA, Waltham, Mass.
30. William Leavenworth, "Opening Pandora's Box: Tradition, Competition, and Technology on the Scotian Shelf, 1852–1860," in *The North Atlantic Fisheries: Supply, Marketing, and Consumption, 1560–1990*, ed. David J. Starkey and James E. Candow (Hull, U.K., 2006), 29–49.
31. Ibid.
32. Enos Hatfield, Log of the schooner *Franklin*, 1858, RG 36, box 67, folder 474o, NARA, Waltham, Mass.; Samuel Wilson, Log of the schooner *Lodi*, 1858, RG 36,

box 74, folder 496g, ibid.; Solomon Woodbury, Log of the schooner *Prize Banner*, 1858, RG 36, box 82, folder 515b, ibid.

33. Spencer F. Baird, *Report on the Condition of the Sea Fisheries of the South Coast of New England in 1871 and 1872* (Washington, D.C., 1873), 119; *FFIUS*, sec. V, 1:159.
34. *Journals of the Assembly, Nova Scotia, 1861*, app. 32, NSARM; Joseph W. Collins and Richard Rathbun, "The Sea Fishing-Grounds of the Eastern Coast of North America From Greenland to Mexico," in Goode, *FFIUS*, sec. III, chart 4, opposite p. 67.
35. Thomas F. Knight, *Shore and Deep Sea Fisheries of Nova Scotia* (Halifax, 1867), 40–41, 106–107.
36. John Cleghorn, "On the Causes of the Fluctuations in the Herring Fishery," *Journal of the Statistical Society of London 18* (September 1855), 240–242; Bertram, *Harvest of the Sea*, 232; Tim D. Smith, *Scaling Fisheries: The Science of Measuring the Effects of Fishing, 1855–1955* (Cambridge, 1994), 12.
37. "Resolve in Favor of Appointing a Fish Commissioner" (1859), in Laws of Maine, box 136, folder 53, MeSA; "Resolve … to report upon the present condition of the Sea Fisheries" (1861), in Legislative Graveyard, box 446, folder 3, MeSA; Smith, *Scaling Fisheries*, 1–14; *Report of the Commissioners* (1866), quoted in Callum Roberts, *The Unnatural History of the Sea* (Washington, D.C., 2007), 140.
38. *Report of the Commissioners* (1866), quoted in Roberts, Unnatural History of the Sea, 143–144.
39. Bertram, *Harvest of the Sea*, 475.
40. Stephen R. Palumbi et al., "Managing for Ocean Biodiversity to Sustain Marine Ecosystem Services," *Frontiers in Ecology and the Environment 7*, no. 4 (2009), 204–211.
41. *FFIUS*, sec. V, 1:127; Hind, *Effect of the Fishery Clauses*, 119–120.
42. George Brown Goode Collection, ser. 3, Collected Materials on Fish and Fisheries, box 14, folder "Misc. notes, mss, lists statistics" [n.d.], Record Unit 7050, Smithsonian Archives, Washington, D.C. Bait as a historical and ecological problem in nineteenth-century fisheries had been ignored by historians until Matthew McKenzie, *Clearing the Coastline: The Nineteenth-Century Ecological and Cultural Transformation of Cape Cod* (Hanover, N.H., 2010).

43. *FFIUS*, sec. V, 2:584.
44. Petition of inhabitants of Deer Isle (December 18, 1852), in Legislative Graveyard, box 241, folder 9, MeSA.
45. Ibid.; Petition of inhabitants of Deer Isle (January 10, 1853), in Legislative Graveyard, box 231, folder 12, MeSA.
46. Petition of inhabitants of Harpswell (January 1857), in Legislative Graveyard, box 248, folder 4, MeSA.
47. Remonstrance of inhabitants of Harpswell, ibid.
48. *Appendix to Journal of House of Assembly of Nova Scotia, 1852*, app. 13, 92–93, NSARM; *FFIUS*, sec. V, 1:280–281.
49. Goode, *History of the Menhaden*, 164–165.
50. Legislative Laws (1865), box 403, folder 140, MeSA; *Acts and Resolves as Passed by the Legislature of the State of Maine, 1865* (Augusta, 1865), chap. 313; Richard W. Judd, "Grass-Roots Conservation in Eastern Coastal Maine: Monopoly and the Moral Economy of Weir Fishing, 1893–1911," *Environmental Review* 12 (Summer 1988), 80–103.
51. *Public Laws of the State of Maine*, 1866 (Augusta, 1866), chap. 30.
52. These petitions are in Legislative Graveyard (1867), box 470, MeSA.
53. Journals of the House of Representatives Maine, (Augusta, 1868), 115, 144, 168, 220, 228, 235, 372–373, MeSA.
54. "Rhode Island Fish Exhibit," NYT, March 10, 1893; *The Menhaden Fishery of Maine, with Statistical and Historical Details, Its Relation to Agriculture, and as a Direct Source of Human Food* (Portland, 1878), 16, 26.
55. *Menhaden Fishery of Maine*, 43–44.
56. USCFF, *Report of the Commissioner for 1872 and 1873* (Washington, D.C., 1874), xii, xiv; *MeFCR* (Augusta, 1874), 25; *Acts and Resolves as Passed by the Legislature of Maine, 1878* (Augusta, 1878), chap. 66, pp. 59–60; *Acts and Resolves as Passed by the Legislature of Maine, 1879* (Augusta, 1879), chap. 112, p. 124.
57. Goode, *History of the Menhaden*, 74–75, 78–80.
58. Ibid., 92–93; *Acts and Resolves as Passed by the Legislature of Maine, 1880* (Augusta, 1880), chap. 234, pp. 271–272.

59. Logbooks from schooners registered in the Frenchman's Bay Customs District are in RG 36, boxes 1–12, NARA, Waltham, Mass.
60. Karen E. Alexander, William B. Leavenworth, Jamie Cournane, Andrew B. Cooper, Stefan Claesson, Stephen Brennan, Gwynna Smith, Lesley Rains, Katherine Magness, Reneé Dunn, Tristan K. Law, Robert Gee, W. Jeffrey Bolster, and Andrew A. Rosenberg, "Gulf of Maine Cod in 1861: Historical Analysis of Fishery Logbooks, with Ecosystem Implications," *Fish and Fisheries* 10 (2009), 428–449.
61. I thank William B. Leavenworth for this insight.
62. *The Fishermen's Own Book, Comprising the List of Men and Vessels Lost from the Port of Gloucester, Mass., from 1874 to April 1, 1882* (Gloucester, 1882), 213.
63. David Humphreys Storer, *A History of the Fishes of Massachusetts* (Cambridge, Mass., 1867), 103, 138.
64. USCFF, *Report of Commissioner for 1872 and 1873*, xiv.
65. "A Bill Regulating the Taking of Fish on the Coast of Maine" (March 12, 1860), in Legislative Graveyard, box 443, folder 4, MeSA; *Journals of the House of Representatives (Maine)* (Augusta, 1860), 50–51, 73, 351, MeSA.
66. Committee on Fisheries (January 8, 1862), in Legislative Graveyard, box 447, folder 6, MeSA; Knight, *Shore and Deep Sea Fisheries of Nova Scotia,* 60; "Report of Committee on the Fisheries," in *Journals and Proceedings of House of Assembly of Nova Scotia, 1861*, app. 32 [n.p.].
67. "An Act to Prevent Trawl Fishing for the Purpose of Protecting the Cod Fishery on Our Sea Board" (1866), in Legislative Graveyard, box 468, MeSA.
68. Petition of Robert B. Hamer, *Journals of the House of Representatives (Maine)*, (Augusta, 1868), 235, MeSA; Petition of William H. Ryan et al. (February 20, 1865), Petitions to the House of Assembly, RG 5, ser. P, vol. 55, no. 45, NSARM; Baird, *Report on the Condition of the Sea Fisheries*, 119.
69. Richard A. Cooley, *Politics and Conservation: The Decline of the Alaska Salmon* (New York, 1963), 199–200; "An Act for the Protection of Their Rights in Catching Smelts in the Damariscotta River" (1866), in Rejected Bills, box 468, MeSA.
70. *MFCR* (Boston, 1870), 60–67.

71. *MeFCR* (Augusta, 1872), 7; *MeFCR* (Augusta, 1868), 12–13, 71; *MeFCR* (Augusta, 1869), 34–39; *MeFCR* (Augusta, 1870), 35; *MeFCR* (Augusta, 1870), 4, 8–12.
72. *MeFCR* (Augusta, 1869), 34–39.
73. Hind, *Effect of the Fishery Clauses*, xiv–xv.
74. Ibid., x, xi, xiv; "Hind, Henry Youle," in *Dictionary of Canadian Biography Online* (accessed January 25, 2011).
75. *Bulletin of the United States Fish Commission. Vol. VI, for 1886* (Washington, D.C., 1886), 75–76.
76. Hind, *Effect of the Fishery Clauses*, xv.
77. Alexander et al., "Gulf of Maine Cod in 1861," 428–449; USCFF, *Report of the Commissioner for 1904* (Washington, D.C., 1904), 247–305.
78. *Gloucester Telegraph*, March 23, 1870.
79. USCFF, *Report of the Commissioner for 1878* (Washington, D.C., 1880), 37.
80. USCFF, *Report of Commissioner for 1881*, xxiv–xxxvi; ______ to Spencer F. Baird, December 7, 1878, Records of the U.S. Fish Commission and Bureau of Fisheries, RG 22, Letters Received 1878–1881, General Records, box 1, folder A, NARA, College Park, Md.
81. USCFF, *Report of Commissioner for 1881*, xxxvi; American Net & Twine Company to Baird, March 29, 1878, Letters Received 1878–1881, Records of the U.S. Fish Commission and Bureau of Fisheries, RG 22, General Records, box 1, folder A, NARA, College Park, Md.
82. "Diary of Events for 1881 Report," Correspondence of Spencer F. Baird 1872–1876, Records of the Office of Commissioner of Fisheries, RG 22, box 1, folder 28849, NARA, College Park, Md.; USCFF, *Report of the Commissioner for 1883* (Washington, D.C., 1885), lxix–lxxi; J. W. Collins, "Gill-Nets in the Cod-Fishery," in *Bulletin of the United States Fish Commission. Vol. I, for 1881*, 1–16.
83. W. A. Wilcox, "New England Fisheries in May, 1885," *Bulletin of the United States Fish Commission Vol. V, for 1885* (Washington, D.C., 1885), 173; S. J. Martin, "Notes on the Fisheries of Gloucester, Mass.," ibid., 203–208; USCFF, *Report of the Commissioner for 1883*, lxix, lxxiv.
84. E. H. Haskell, "Second Annual Appearance of Young Cod Hatched by the United States Fish Commission in Gloucester Harbor in the Winter of 1879–80," *Bulletin*

of the United States Fish Commission Vol. II, for 1882 (Washington, D.C., 1883), 112.

85. Reynolds, Peter Gott, 89–92, 98–100, 105–108, 120–126, 164–165.
86. Charles Nordhoff, "Mehetabel Rogers's Cranberry Swamp," *Harper's New Monthly Magazine 28,* February 1864, 367–377.
87. "Destruction of Sea-Fisheries," ibid., 40, December 1869–May 1870, 307; Kellogg, *Fisher Boys of Pleasant Cove*, 277.
88. Samuel Adams Drake, *Nooks and Corners of the New England Coast* (New York, 1875), 88–89.
89. *MeFCR* (Augusta, 1874), 7.
90. Wayne M. O'Leary, *Maine Sea Fisheries: The Rise and Fall of a Native Industry, 1830–1890* (Boston, 1996), 161.
91. Richard Rathbun, "The Lobster Fishery," in *FFIUS*, sec. V, 2:658–794.
92. Howard Irving Chapelle, *The American Fishing Schooners, 1825–1935* (New York, 1973).
93. The best treatment of the rise and fall of the cod bounty is O'Leary, Maine Sea Fisheries, 40–77.
94. USCFF, *Report of Commissioner for 1872 and 1873*, vi.
95. George Perkins Marsh, *Man and Nature; or, Physical Geography as Modified by Human Action* (1864; reprint, Cambridge, Mass., 1965); Richard H. Grove, *Green Imperialism: Colonial Expansion, Tropical Island Edens and the Origins of Environmentalism, 1600–1860* (Cambridge, 1995).

第五章
困海狂潮

毁灭自会到来，可保护需要果决的行动和警觉。

——来自缅因州渔猎委员会技术专员 1891—1892 年的报告（1892 年）

对于缅因州海洋和海岸渔业专员 B.W. 康斯来说，1888 年的世界似乎上下颠倒了。不仅仅大西洋鲭鱼的“当前捕获量”是“50 年来已知最少的”，也不仅仅是“许多船只”会遭受“巨大损失”，或是一如往常的“这种下滑的原因无人知晓”。局势已经恶化得更加厉害。“为了满足需求，”他感叹道，“很多鲭鱼已经从英国运往美国，这是以前从未有过的。”[1] 康斯那一代人从孩提时代便知道，从拉布拉多到科德角的梦幻海滩早在三个多世纪前就吸引了对海鱼望眼欲穿的欧洲人穿越西边的海来到此处。西大西洋的资源优势给个人和国家都带来了财富与名利。如果来自布斯湾和格洛斯特的公民被迫向欧洲人索鱼，那么美国该如何自处呢？

事实上在两年前——又一个大西洋鲭鱼数量稀缺的年份，美国鱼商就从爱尔兰进口了鲭鱼，并且据《纽约时报》报道，到 1888 年，“这个市场的主要鲭鱼供应都是来自爱尔兰”。鱼类的批发和代销商，像纽约富尔顿市场 6 号的 D. 海利公司，是不会让当地的短缺扰乱他们的畅销产品市场的。大西洋鲭鱼肉质天然多油，当时是美国人最爱的鱼。在高档餐厅（如 Delmonico’s）或是普通人的餐桌上都可以品尝得到。[2]

当康斯哀叹从欧洲进口鲭鱼时，一系列极具商业价值的海洋物种数量骤降，令人震惊，同时也引起了新英格兰和新斯科舍海洋界的关注。这种短缺以前从未发生过。龙虾、大西洋油鲱、大西洋鲭鱼和大比目鱼，在1879年到1897年间，就像多米诺骨牌，一个接一个的数量暴跌。其中三个的数量骤降发生在1879年之后的十年。依赖这些物种为生的渔民和商人面临着更长的出海时间、空空如也的渔网、糟糕的发薪日甚至破产。这是个专属19世纪的故事：在1800年以前，除了大西洋鲭鱼之外，这些物种从来不是商业渔民惯常的目标。由于扩张的经济使它们也成为捕捞目标，龙虾、油鲱和大比目鱼遭受了商业捕捞的无情打击，要么储量枯竭，要么在商业角度看已经灭绝。大海遭困带来物种匮乏的狂潮，造成了经济困难、生态破坏，也引发了有关采取措施保护海洋资源是否可取的最激烈讨论。

它也标志着大西洋历史上的一个里程碑。在更广阔的大西洋世界，即经过商品、资本和劳动力的流动而形成一体的西方世界中，被捕后保存的鱼类只有一条运途：自西向东。[3] 到19世纪80年代末为止，相对贫乏的海洋生态系统以及密集的人口，导致旧世界的消费者通常食用来自美洲新世界的鱼，但是在西半球，人们很少从欧洲进口鱼类。直到1886年，美国和加拿大大西洋沿岸的大西洋鲭鱼匮乏，不仅致使要从英国和爱尔兰进口鲭鱼，更是启发了科德角渔民航行到南非用围网捕捞鲭鱼。与此同时，气馁的船长和格洛斯特大比目鱼纵帆船的船员们正启航前往欧洲最西端的前哨——冰岛，去捕鱼赚钱。随着消费者对海鲜需求量增多，以及捕获和运输技术效率提高，新世界的消费者开始从旧世界的生态系统中摄食。到1890年，鱼量匮乏、运输效率和市场需求已经将北大西洋北部、东部和西部整合一体化。对于渔业和海洋生态系统来说，这是从近代早期到现代的转折点。再一次，海洋生态塑造了历史进程，创造了一个新的大西洋世界。

随着“镀金时代”有关渔业未来恶言的传播，钩钓者、鱼簖捕捞者、科学界人士、渔业专员和富有的资本家们都争相攫取利益。许多小规模渔民试图保护资源，或者至少想要两全其美：既想要未来可持续，又坚持捕捞——往往使用效率更高的渔具。科学界在很大程度上站在实业家和商业利益集团一边，声称人们所认为的耗竭无非是自然的波动，而人类的任何行为都不会影响海洋鱼类储量，尽管一些科学家的信念随着一次又一次鱼类数量的崩溃而动摇。一组发言人不顾这些不确定因素，坚持应加大捕捞力度和强度，而另一组发言人——绝非纯粹是为了保护而保护的人，则认为，考虑到这些不确定因素，唯一明智的办法是抑制捕捞压力。

从南北战争结束到1890年左右，海岸系统的持续枯竭不仅仅从海洋生物的角度阐明了19世纪末的历史，而且也表现了科学家为了在绝对意义上理解海洋所付出的艰苦努力，尽管海洋的结构和功能正在发生变化。讽刺的是，最直言不讳地支持限制捕捞的人是渔民他们自己。他们第一次引起了美国政府的注意。1887年，在大西洋油鲱、大西洋鲭鱼和大比目鱼数量骤降后，第一个联邦捕鱼法案得以通过，旨在保护大西洋鲭鱼能永存于大海，此时的大海已不再被想象成是永恒了。

昙花一现

19世纪末20世纪初，说起向大海艰难地讨生活，联邦中怕是没有哪里比岩石嶙峋的缅因州海岸更有发言权了。缅因州商业捕捞的高峰期出现于1845—1865年之间，在那时美国至少有三分之一（有时甚至高达46%）的鳕鱼船和大西洋鲭鱼船注册于缅因州。1870年，缅因州的捕鲭船队所占比例已经下降到只有25%，到1900年，只有15%。几个因素导致了这种下降。渔具费用上升是其一。甚至在南北战争前，当鳕鱼渔民开始使用延绳钓，鲭鱼渔民开始用围网捕鱼时，捕鱼季的渔具费用已经急剧上升。到1870年，马萨诸塞州的一家渔业公司市值通常可达18,000美元，而缅因州的渔业公司市值只有4000美元。为保持竞争力需要大量资本，这往往会排挤小规模的捕捞团队，尤其是那些来自小港和村庄的人。因此，该行业在波士顿、格洛斯特和波特兰等主要港口得到了整合。与此同时，1866年联邦取消鳕鱼赏金，使经济能力有限的渔民失业。因为如果没有赏金，许多来自缅因州东北部的手钓渔船无法承担捕捞费用，但来自格洛斯特或其他地方的大型延绳钓渔船可以捕捞足够鳕鱼以实现盈利。[4]

1887年，一位认清现实的缅因州人士对来自国家工业劳工统计局的采访者解释说："我这辈子基本上都在从事这个行业。鱼一年少过一年。记得曾经我可以乘船出海，仅用手钓就能抓到足够的鱼；现在，必须离岸5—10英里，用上有500—1500个鱼钩的延绳钓，才能钓到鱼。结果渔具的价格和鱼的价值差不多，因为鱼钩一旦缠起来，延绳钓渔具就毁了一半。"他有生之年所经历的关于海洋变化的悲惨故事基本解释了所有发生的事情：鱼量减少，渔具变贵，极具破坏性的过度捕捞毁掉了这个行业。他哀叹道："过去三年，我捕鱼的平均收入往高了说只有200美元。连账单都应付不了。"[5]

南北战争前，缅因州的大部分船队捕捞的是鳕鱼和大西洋鲭。战争结束后，鳕鱼和鲭鱼捕捞被围网捕捞大西洋油鲱及鲱油产业、龙虾捕捞、沙丁鱼罐头和蛤蛎挖掘所取代。直到 1880 年，全国仍有 1.1 万多人在渔业领域工作，生产的产品价值超过 350 万美元。几十年来缅因州的海洋渔业都是相当分散的，为许多小规模的生产者创造了机遇，但现在正变得集中化，将更多的利润转移到更少的人手中。人们的注意力开始转向木桶延绳钓和有环围网，特别是鲱油产业。战后，资本日益密集的渔业愈加依赖于有着更强渔力的昂贵渔具。[6]

缅因州的渔民在采用新的（和更昂贵的）技术时落后于西部沿海各州的渔民。有环围网是一种全新的捕鱼方式，大约在 1850 年左右，它将罗德岛和纽约海岸大西洋鲭鱼和大西洋油鲱的命运联系在了一起。而缅因州的渔民因为费用太高，采用围网的速度也较慢。围网由一个网幕组成，通过操控可以捉住一整群中层水域的鱼。19 世纪 50 年代末期的围网展开来是矩形的，大约 600 或 800 英尺长，75 或 100 英尺深。在海水中展开时，系在头缆上的吹制玻璃浮子负责提供浮力，脚缆上的沉子则保证网可以垂直地挂在水中。脚缆上还间隔地系着一排铁制圆环，一根结实的绳子穿过铁环。当发现一群油鲱或者鲭鱼时，渔民们会在不吓到鱼群的前提下尽可能地接近，然后部署两艘船。一艘围捕渔船负责设网，另一艘一般是平底小渔船。平底小渔船上的渔夫固定住网的一端，围捕船将网拉开，环绕鱼群一周，再回到平底小渔船旁，这样渔网的两端就可以连接在一起，将鱼群包围。围捕的下一步，是要“缩拢围网”，或者说收紧渔网的底部，来防止鱼逃脱，这需要将一个很重的沉子沿着穿越底部铁环的绳子滑下去，一边下滑一边收拢铁环。当所有的环收成紧紧的一串，网的底部也就关上了，把鱼群困在其中。这一过程中可能会有许多意外发生：鱼群可能会受惊；追逐油鲱而来的鲨鱼或者海豚可能会把网撕裂；在浅滩设网捕捞或者漂流到了浅水区可能会导致高昂的维修费用。但是，尽管复杂而昂贵，围网可以抓到鱼——很多很多鱼。

在 19 世纪 50 年代，围网首次在离长岛海峡和罗德岛不远的海岸使用。与此同时，约翰·巴特利特夫妇在布卢希尔湾开始了他们原始的鲱油加工业。近半个世纪来农民们在长岛海峡以及其他地方的捕捞使油鲱群数量减少，或者说至少逼迫那些油腻的、能制成肥料的小鱼远离了海岸、远离了油耗量日益扩大的工业社会。围网让捕获远海鱼类成为可能。一夜之间，农场主的鱼变成了工业家的鱼，工业家把油鲱提炼成油，然后把废料烘干碾碎后作为肥料出售。鲱油可以用来护理皮革，可以替代调和颜料的亚麻籽油，可以润滑用来制造绳索的麻类植物。它可以用来做成清洁羊毛的油皂，还能作为矿区或别处的油灯用油。在整个 19 世纪，美国人主宰着全球的鲸鱼捕捞，而且鲸油一直服务于这些目的。随着鲸鱼种群的锐减和捕鲸业的衰退，小油鲱逐渐取代了大鲸鱼来制作鱼油。南北战争后，长久以来被忽视的油腻多刺的大西洋油鲱异军突起，一跃成为美国继鳕鱼和鲭鱼之后第三位最有价值的鱼类。[7]

1850 年，第一家利用大西洋油鲱加工鱼油和制造肥料的工厂在纽约长岛东端的格林波特开业。两三年后，康尼狄克州沃林福德的威廉·D. 霍尔申请了用蒸汽制鲱油的专利。1857 年，斯宾塞·贝尔德注意到“近期在长岛建立了几家鲱油工厂”。南北战争期间，在旺季时，位于纽约皮科尼克湾六家最先进的工厂每周都要消耗约 200 万条鱼。一位记者指出，在小帆船上作业的有环围网渔民，每艘船每天可以捕到多达 15 万条鱼，并且能够以 1000 条一美元的价格卖给工厂，这一回报率让人们觉得“有利可图”，在康尼狄克、纽约、罗德岛、马萨诸塞州和缅因州引起了一股油鲱鱼热浪。正如一位来自纽约格林波特的狂热者在 1862 年所说，我们是“一个相当厉害的民族，如果陆地或海洋上有什么东西可以转化为金钱，我们就是找到它的人”。[8]

但随着南北战争的结束，马萨诸塞州至少 19 个沿海城镇的居民针对大西洋油鲱围网的价值展开了辩论。这些争论与 19 世纪 50 年代初发生在缅因州中部海岸、使社区分裂的争论非常相似，尽管现在的利害关系更大了，因为反对者知道他们面对的是工业捕捞业而不是家庭作业方式的炼油生意。一半人反对围网捕鱼，并预测了他们所赖以生存的传统渔业的毁灭 。另一半人对未来十分乐观，希冀能从没有被充分利用的资源中获利。1865 年，乐观者沿着马萨诸塞海岸的城镇游行，寻求支持。大约 1820 个人签署请愿书，希望废除禁止有环围网捕捞油鲱的法律，辩称马萨诸塞州居民因法律原因无法获得数百万美元的利益。在请愿者看来，“向公民开放油鲱捕捞，没有任何公共或私人利益会受到损害。”他们还坚称“有环围网捕捞不会对钩钓捕捞造成有害影响，并且在我们的海岸上，每一季都有无穷无尽的油鲱供应”。取消限制将对“本州的物质财富带来可观的增长。”[9]

至少 1886 人持不同观点，声称废除马萨诸塞州禁止围网捕捞的法令会导致“所有鱼类的减少和毁灭”，不仅仅是大西洋油鲱。围网捕捞不仅破坏了饲料鱼，稍有不慎还会捕捉（和浪费）更有食用价值的鱼。这些论述成为此后 35 年间有关大西洋油鲱辩论的主要观点。[10]

到 1874 年，投资者投入美国油鲱产业的资金高达 250 万美元，其中包括建造 64 个工厂和 25 艘轮船。这些轮船是美国渔业中的第一批机械化船只。有反对者指出，“这些轮船在任何天气条件下，都能‘用网围住一大群油鲱’，在鱼群被围住后，还有蒸汽推动的起重装置进行收网。”从手头有限的数据中可以清楚地看出，到1875年或1876年，美国的鱼油产业中心已经从罗德岛和纽约转移到缅因州。当然，囊中羞涩无力支付昂贵围网的渔夫们并非这场转移运动的先锋。资本密集型和垂直一体化的渔业已成为缅因州海岸活生生的现实。1876年，缅因州的工厂加工了70.9万桶大西洋油鲱，而美国其他地区加工的油鲱总量只有826,885桶。按照每桶净重200磅计算，就意味着美国总的大西洋油鲱捕捞量约为30,717.7万磅，缅因州加工的油鲱总量则为14,180万磅。[11]

缅因州大西洋油鲱加工业利用自然事实和规律创造资本。每年物种由稀缺到富足的循环意味着大多数生物在夏末处于全盛时期，缅因湾是大西洋油鲱活动范围的北界。它们到达的时间大约是6月1日，在夏季浮游生物大量繁殖后不久，这是它们沿着海岸一路向上的食物。一位渔夫作证说：“大西洋油鲱一般在7月1日左右会变肥变胖，一直长到8月，”此外，油鲱群体以体型和年龄为划分，较大、较老的鱼会在更北的地方出现。因此，在缅因湾捕获的油鲱比其他任何地方的都要肥大，也比从大西洋中部海岸捕获的油鲱要油得多。缅因州鲱油和肥料制造商协会自豪地指出，在1876年，缅因州的工厂加工了美国46%的大西洋油鲱，但生产了71%的鱼油。在美国鱼油行业，相同的设备和劳动力支出在缅因州获得的回报比其他地方大。[12]

批评家抗议这种屠杀。在19世纪70年代中期，一位记者在参观缅因州的一家大西洋油鲱工厂时，确信“油鲱经受不住这种消耗”。他同情当地人，他觉得本来属于他们的资源被另一个阶级的外来者垄断了。缅因州的渔业专员，E.M.史迪威和亨利·O.史丹利表示同意，“尽管鱼油厂花钱购买捕到的大西洋油鲱，但他们的老板仍被认为是入侵者……作为资本家，拥有行业必需的所有设备，他们确实是独立于居民人口之外的存在。”追溯到1878年的捕鱼季，他们提到“一艘艘汽轮横扫了我们的海岸、海湾、港口和河流，匆匆忙忙、布网下阵，捞空我们的海域”。史迪威和史丹利认为鳕鱼和鲭鱼捕捞需要油鲱做鱼饵，面对油鲱的大量消耗，他们选择支持小规模的企业。“金钱就是力量；资本无需更多的立法保护。让我们去维护大西洋油鲱法案，并且尽量地去加强它。”[13]

来自布思贝的渔民资本家路德·马德克斯同时也是缅因州大西洋油鲱协会内部人士，他对那样的担忧嗤之以鼻。“油鲱的繁殖能力极强，即使是跟其他鱼类比也是如此，”他兴致勃勃地说，“几乎不可能造成对油鲱储量的太大消耗。”到1877年，缅因州的大西洋油鲱协会雇用了1000多人（其中300人在工厂工作，其余的人捕鱼)，还有 13 艘帆船和 48 艘汽轮用于捕捞。投入的总资金超过 100 万美元，比前一年增长了超过 10 万美元。当时缅因州渔民的平均年收入约为 240 美元，生活十分拮据。[14]

灾难在 1879 年到来。最厉害的渔民在缅因州海湾也捕不到油鲱了。在科德角以北根本就看不到它们的身影了，尽管以前它们每年都会在此出现。“从事这一行的年纪最大的人回忆，自记事起，他们就从未遇到过油鲱不来这片海岸的情况。”一位来自鹿岛的渔民 F.F. 约翰逊如此说道。当然，这是 1879 年以前的事儿。前一年缅因州的油鲱捕获量还有 100 多万磅，到第二年直接跳水到两万磅。工厂停工了，1000 多人失去了收入。一个来自波特兰名叫查尔斯·戴尔的渔民很清楚发生了什么。他证实道，“我想我和大多数在岸上长大的人一样对‘油鲱捕捞’十分了解。在这些蒸汽船开始作业之前，这里的油鲱要多少有多少，在蒸汽船出现之前，也有围网渔船捕捞油鲱运到工厂，它们也杀死了许多鱼，但似乎没有汽轮产生的效果。十多艘汽轮会驶进我们的海湾，这里有成千上万条油鲱，在 24 小时内，就再也看不到哪怕一条鱼翻出水面了；它们转眼就被捕捞干净了。”戴尔在最后指出，“这个州有很多人靠渔船捕鱼为生，他们依靠油鲱作为诱饵，拿走他们的油鲱，就相当于断了他们的生计。”[15]

大自然用冗余进行自我缓冲：由于缅因湾大西洋油鲱的缺席，鲱鱼、玉筋鱼和其他饲料鱼的出现在某种程度上补偿了以油鲱为食的鱼类，但以前偶尔会到海湾来的毛鳞鱼并没有在那段时间出现。然而，油鲱的稀少仍意味着会在夏天路过这个海湾的金枪鱼、剑鱼、鲨鱼和鲸鱼可能会变得更少。而那些依赖油鲱为食的鳕科鱼类，像鳕鱼、黑线鳕和狭鳕会没有充足的食物，也无法大量繁殖。大西洋油鲱和其他鲱鱼科中富含的欧米伽 3 不饱和脂肪酸对鳕科繁殖至关重要。当然，对整个海湾的生态系统来说，六年不过是弹指间。但对海洋周边，像布斯贝和南布里斯托尔的人来说，他们以大西洋油鲱为生，这六年的缺席是一场大灾难。一位缅因州天鹅岛的居民回忆道，“许多居民损失惨重，因为许多人把几乎所有的财产都投资到了手中毫无用处的渔具和设备上……还有些人就此一蹶不振了。”人类对生态系统的依赖不再跟系统内在的波动同步了。捕捞的压力好像已经加剧了自然的衰退，并造成经济灾难。[16]

1879 年，大西洋油鲱从缅因湾消失，这几乎可以肯定是人类采掘产业和沿海生态系统自然波动共同造成的问题。这个海湾曾一直是人类和自然共存的系统，尽管人类的轨迹并不总是那么明显，许是由于因果的时间滞后性。虽然 19 世纪科学家们将人类置身于生态系统之外，19 世纪 70 年代的商业捕捞却留下了印记。实际上，1878 年大西洋油鲱的捕捞量还要多于后面 60 年中多数的年份，尽管随着时代推移，捕鱼科技一直在完善，有了更大的捕鱼船、更坚固的网，后来还有了探鱼飞机。换句话说，在 1878 年之前，确切地说在大西洋油鲱还没有从缅因湾消失前，渔民一直竭尽所能从系统中获取，但系统对此并不免疫。[17]

自封的大西洋油鲱管事发动了猛烈而快速的攻击，他们于 1879 年向议会提出了一项法案，禁止使用小于 5 英寸网眼的围网。传统的网眼是 2.5 英寸。而油鲱行业受益者认为该法案会让他们失业，于是派遣丹尼尔 · T. 丘奇去华盛顿，游说应当否决这个法案。丹尼尔 · T. 丘奇是罗德岛最大的油鲱工厂的老板之一。他说话直白且自信，以对海洋生物的充分信任出名，他说："我认为人类不大可能消减海洋鱼类的数量到可以被察觉的地步"。丘奇坚持认为"限制自由捕捞是愚蠢的行为"。议会从未限制渔民的行为，而是把这些监管的问题留给了各个州，而这个法案也引发了有关各州主权、州际贸易和联邦渔业法规的合宪性等诸多问题。结果是法案没有引起多大的风波就偃旗息鼓了。[18]

然而，多数渔民都认为围网汽轮会"打散"鱼群，人们也意识到捕捉怀孕的雌鱼会破坏渔业基础，同时大西洋油鲱是海洋中更高贵（或美味）鱼类的重要饲料也是板上钉钉（虽然让人震惊）的事实，以上种种似乎都指向同一个命题：即人类捕捞会摧毁海鱼。这个饱受争议的命题带来了 1882 年的渔业地震。来自新泽西的议员威廉 · J. 塞沃尔提出了一项限制在整个东海岸围网捕捞油鲱的法案。他认为围网捕鱼者在捕捞珍贵食用鱼的同时，也破坏了商业捕鱼和休闲钓鱼者所需要的饲料鱼。"作恶者还在哭喊着想要更多，"他怒吼道，"必须要制止他们！"拟定的法案将禁止在大西洋海岸两英里内或非本州管辖的海域内捕捞大西洋油鲱。[19]

1882 年议会举行听证会，记者们都摆好了攻击的架势。在 9 月 7 日，一位记者提出说："只要是大西洋油鲱捕捉量大的地方，条纹鲈鱼和鲭鱼的减少便很明显"。9 月 24 日，又有一位记者写道"这些船只的破坏力巨大，几乎没有鱼群可以逃脱"。生物学家现在知道油鲱"栖息在河口和海湾等广盐性水域的表层，以及内陆大陆架的多盐性沿海水域"，这意味着他们能忍受海水的多种盐度。渔业科学家们还了解到即使油鲱离开海岸，它们也"很少离岸太远"。1882 年，一位《纽约时报》记者认为，"有 100 艘汽轮，以每小时 8 海里的平均速度，不分昼夜地追捕油鲱，"形成了"一条严密的船只封锁线"。"想想看这些鱼能逃出这天罗地网的机会是多渺茫啊！”但是另一位记者对此有不同的看法。他认为“事实”还是“非常稀缺的”“我们对这个事件的真相几乎一无所知”，虽然油鲱捕捞量变少了，“但人类是不是真的对其做出了杀鸡取卵式的过度捕捞这一点还有待证实。”此人比其他新闻记者更能容忍风险，而且认为对未知的担忧没有必要。正是这样的态度让渔民不顾可能的后果，继续加大捕捞压力。[20]

然而，到了19世纪70年代，长岛海峡围网捕捞的风光已不复存在了。大西洋油鲱曾是农民的鱼，但现在，不管在长岛海峡还是任何其他地方，它们不再成群结队地游到农民家门口了。来自缅因州的S.L.博德曼注意到“成批油鲱捕捞者现在要到距海岸10—20英里的地方捕鱼，然而他们以前在海岸边就行”。几年后其他一些专家声明“北部海岸持续不断的捕鱼行为把鱼逼向了海里”。回忆起在纽约长岛附近捕鱼的日子，洛伦佐·道·莫格在1882年解释说“我们过去常常在离海岸很近的地方捕鱼”，但现在，在弗吉尼亚州捕鱼时，油鲱总是“在海湾的中心或者海湾外面”。船长C.S.莫里森同意，“我已经两三年没有在近海岸捕过鱼了，近海岸并没有很多鱼 ”。事实上这是每个人都认可的事情。经过几十年的密集捕捞，油鲱在近海畅游的惯性行为已经发生了改变。[21]

今天的科学家们已经知道，任何一种鱼类向离岸方向的系统迁移，都表明存在过度捕捞和鱼类耗竭的问题。虽然鱼类的数量和分布会有自然波动，但这些动态因素有可能受到人类压力的影响。在19世纪70年代间，弗吉尼亚沿岸、长岛海峡和缅因湾的大西洋油鲱一致向离岸方向游去，这绝不仅仅是生物变异性的表现，而是配备着巨大围网的小型船队日夜不间断的追捕所致的结果，这样的捕捞压力是以前从未有过的。[22]

随着有关生态系统性质和美国渔业状况讨论的升温，利益集团开始明争暗斗。1882年，来自波士顿的一名证人作证称，禁渔期将对大西洋油鲱和大西洋鲭的“质量产生积极的影响”。“当鱼最初在春天来这里产卵时，它们的状况非常糟糕。又瘦又食之无味。”此外，他继续说道：“那么早捕捞的话……破坏了它们体内的大量鱼卵。”禁止捕鱼直到“产卵期结束后，年复一年，鱼类的数量必然快速增加”。在他看来，这些鱼“晚些时候被捕获的话，价值要高得多”。推迟捕捞“对渔民来说更有利可图”。产卵期间禁渔将创造双赢的局面。[23]

以经销商和代理商为代表的食用鱼类利益集团，希望确保稳定的鳕鱼、黑线鳕、蓝鱼、鲭鱼、条纹鲈鱼等鱼类的供应。纽约的商人不希望限制捕捞大西洋鲭鱼，尤其是早春的鲭鱼，即使它们没有那么肥美；但似乎有必要采取措施保护大西洋油鲱。塞缪尔·B. 米勒是一个来自康尼岛的鱼贩子，他指证说："现在的方式捕鱼对食用鱼是有害的。我们知道鱼跟着饵走，如果我们的海岸没有鱼饵，很少会有鱼来。"其他经销商也持同样观点，1882 年，富尔顿鱼市的尤金·G. 布莱克福德说道："在我看来，沿着海岸大量捕捞油鲱打散了鱼群，跟在大西洋油鲱后面的条纹鲈鱼和蓝鱼数量已在逐年稳定减少，今年的稀缺程度比以往都要明显。"他向美国参议院建议，议会应当规定一个"从 4 月 1 日到 7 月 1 日"的禁渔期以"涵盖油鲱的产卵季"。[24]

无论以何种效率标准来看，1881 年大西洋油鲱的捕捞量与 1874 年相比都是灾难性的。在这 7 年间，美国人捕到的总鱼量略有下降，从 4.93 亿降到 4.54 亿，鱼油产量则下降得更多，从 300 多万加仑下降到 120 万加仑。后者正是生态系统的指向标。这意味着，随着季节的推进，油鲱没有吃到足够的饲料来养肥自己。同时，捕鱼效率的显著下降也可以由更多的人力雇用（1881 年为 5211 人，而 1874 年为 2438 人）、更多汽轮数量（73 艘对 23 艘）以及更大的资本投入（475 万美元对 250 万美元）看出——更多的付出却捕到更少的鱼。从各方面来看，单位付出的渔获量都急剧下降。[25]

资金充足、人脉广泛的美国鲱油与肥料协会就油鲱捕捞的限制进行了爪牙并施的反抗。它的秘书路易斯·C. 德霍默格嘲笑称，"指责我们捕捞油鲱时捞起了大量食用鱼和供垂钓的鱼类"是非常"荒谬"的。他提到了斯宾塞·F. 贝尔德和乔治·布朗·古德的断言：捕捞油鲱制油和肥料不会对其他鱼类造成损害。他煞有介事地反问道，"作为国家最大的渔业集团，基本为纽约州所有、市值约 400 万美元、雇用 90 多艘轮船、250 艘帆船并为大约 5000 人提供就业岗位，针对它还有何可指控的？"贝尔德和古德是当时美国最受尊敬的渔业科学家，以他们的专业素养为靠山必然巩固了霍默格的立场。[26]

站在实业家一边的马歇尔·麦克唐纳上校在听证会上亲自代表美国鱼类和渔业委员会。麦克唐纳是前南方联盟军官，弗吉尼亚军事学院教授，他在 1875 年被任命为弗吉尼亚州渔业委员会成员，并从那里进入了美国鱼类渔业委员会。他承认，大多数渔民会支持制定一项 6 月 20 日前禁止捕捞大西洋油鲱和大西洋鲭鱼的全国性法律，以保证鱼类产卵。但他以科学家的立场提出，"立法不应用来制定产卵季禁渔的法案，我们尚未完全确定这样做是否有效，应当制定有助于维持渔业生产的一般规定。"换句话说，他希望加强捕捞行为以增加捕捞量，直到科学家们明确证明产卵季禁渔是有利的。[27]

仅仅用了30年的时间，新英格兰油鲱捕捞业就出现了典型的过度捕捞征兆。根据海上渔民的经验，时间框架从未如此紧缩。不幸的是，所有过度捕捞的物种都将会以这样的顺序迅速消失。长期被忽视的资源被重新定义为具有商业潜力的资源，这发生在1850年前后，农民的鱼变成了工业家的鱼。强劲的捕捞压力接踵而至，鱼类资源变得紧张。在油鲱渔业中，这种压力是由围网、汽轮以及渴望加工海里每一条鱼的制油工厂带来的。这是美国最先工业化的渔业产业。由于油鲱渔场的生产力下降，付出更多的努力只能捕捞更少的鱼，因此批评者主张减轻捕捞压力。与此同时，鱼油肥料利益集团则坚称没有遇到任何困难；毕竟海洋以人类知之甚少的“自然”方式孕育鱼类，而且他们认为这种方式应该超出法律监管的范围。随着生产力的持续下降，人们的努力程度却成倍地增加。这一趋势在19世纪70年代末的鲱鱼渔业中愈加明显，尽管付出了相当大的努力，产量却趋于平缓。1879年，缅因湾渔业崩塌了。盈利前景萎缩，捕鱼努力降低，资源得以有所恢复，但很快捕捞压力反弹，资源再度减少。这是一个用于描述沿海海洋中捕捞者与生物资源关系的新模板。

在1884年的听证会之后，美国参议院渔业委员会建议春季为大西洋油鲱禁渔季，并立法要求更大的网眼。“该行业固然重要，不应遭受随意的阻碍或不必要的影响，”参议员们写道，“但与此同时，渔业委员会应当清楚地认识到，就其倾向于减少食用鱼的供应而言，公共政策优先考虑的因素是制定合理的法规来避免这一结果。”[28]

他们终于搞清楚状况了。然而油鲱利益集团跺了跺脚，风暴就熄灭了。议会竟没有采纳自己渔业委员会的建议。不顾渔民和鱼贩子的抗议以及受尊敬的鱼类学家的坚持（比如纽约鱼类委员会的负责人塞斯·格林就认为长时间的捕鱼可能会使海鱼灭绝），无管制的围网捕捞仍在继续。尽管那时还没有人知道，但19世纪80年代初从缅因湾蔓延到国会山的这场油鲱危机，正为一起更大的悲剧——1886年的大西洋鲭鱼危机埋下伏笔。

大西洋鲭鱼的退出？

19世纪人们的普遍看法是，大西洋鲭鱼的丰度“年年都有很大差异”。有时，正如一位专家所说，“它们的数量会少到让人们非常担忧，担心它们集体一走了之。”相比之下，鳕鱼显得比较稳定，捕捞鳕鱼也相对可靠。鲭鱼船队的丰收年之后，可能还会接连几个淡季，这让商业利益集团和个体渔民的规划执行起来都比较困难。“我在圣劳伦斯湾捕鲭鱼赚得最多的一次是 7000 美元。”多年来一直在捕鱼的彼得·辛克莱船长说。那是 1859 年。“我最穷的一年则是 1860 年，去了 6 个星期存了 150 美元。”那些从更稳定的鳕鱼捕捞转向大西洋鲭鱼捕捞的渔船有时甚至无法支付他们当季的装备费用。随着时间的流逝，人们激烈争论大西洋鲭鱼和油鲱捕捞量的波动究竟该归因于捕鱼压力还是如渔业生物学家 R.E. 厄尔在 1887 年所说的，归因于“自然原因，如温度、洋流、食物的充裕与短缺等人类无法控制的因素”。没有人考虑到人类压力和自然衰退的协同作用，更不用说生态、经济生产和法律三者密不可分这一概念了。海岸海洋生态系统的波动跟一个自由放任的经济体系不相匹配，这一经济体系假定生产力将永远扩张，而生态系统始终保持稳定。[29]

在南北战争结束后的 15 年里，鲭鱼船队的捕捞能力迅速增强，给鱼群带来了更大的压力。19 世纪 50 年代，进步的鲭鱼渔民开始采用有环围网捕鱼法，而围网捕鱼在每年的捕获量中所占的比例也越来越大。到 19 世纪 70 年代，只有一小撮来自缅因州较贫困地区的人们还在使用价格较低的汲钩钓。很大程度上说，有环围网在那个时候已经几乎普及了，而且渔网制造者已经大大改进了它们。19 世纪 60 年代，工程师们发明了第一台渔网编织机。它们不再是用手工一个网眼一个网眼编织的了。到 19 世纪 70 年代中期，最大的围网有 1350 英尺长，150 英尺深，与 1850 年的网相比是巨大的。上纲的玻璃浮子大部分已经被软木塞所取代——数以百计的软木塞，有一些体积相当大。最复杂的渔网上，镀锌滑轮取代了下纲上用来收紧绳索的铁环，使绳索通过时摩擦更小。取鱼部是用最结实的线编织而成的，用来承受最大的压力，而网翼和侧边则更轻，以节省重量。在 19 世纪 70 年代和 80 年代，发明家们为改良设备申请了大量的专利。与其他任何行业一样，渔业也反映了新英格兰人的机械天才和实干精神。围网捕捞用的船越来越大，以适应不断变大的围网。1857 年，新英格兰的所有围网渔船都只有 28 英尺长，是仿照捕鲸船建造的。到 1872 年，标准是 30 英尺；1873 年，造船商店把船身加长到 31 英尺。到 1877 年，新的围网渔船一般都有 34 英尺长，尽管已经建造了几艘 38 英尺长的船。在 1872 年之前，船舷都是由鱼鳞叠接法建造，外板重叠在一起，就像房子上的瓦片。在那之后，大部分是平铺法打造，木板在接缝处都是齐平的，这样光滑的外船板便不太可能缠住网。19 世纪 70 年代末的斯库纳围网鲭鱼纵帆船，与 1850 常见的汲钩钓帆船完全是两种不同的类型了。[30]

18 世纪 50 年代，船队最初开始围网捕捞时，是由一艘斯库纳帆船配备一条拉网船。到 1880 年，大多数鲭鱼帆船都带着两张大围网和两条拉网船。那一年，美国鲭鱼舰队已拥有了 468 艘船只。“捕捞鲭鱼的斯库纳帆船，”古德和柯林斯写道，“一般说来，对于世界上任何同等体积的船来说，它们的帆张得更大，或许只有另一种很特殊的纵帆船式装帆的游艇帆会更大些”。另一位发烧友说，“看看它们御疾风驶进港口的英姿吧！那修长而优美的船身，绷紧而笔直的桅杆，平整而扩张的船帆还有灵活的操控系统，使人不禁怀疑这是一场为灵巧的快艇举办的海上赛舟会。”爱德华·伯杰斯和约瑟夫·柯林斯等海军建筑师争相进行创新，到 19 世纪 80 年代，美国鲭鱼帆船是当时世界上最强大、最快速、最能近风行驶的渔船。[31]

创新并没有止步于渔网和船只。具有讽刺意味的是，渔民们痛苦的来源之一竟是捕获量过多：有时，他们围捕了太多大西洋鲭鱼，还来不及处理，它们就在围网中死掉了；更糟糕的是，有时被捉住的鲭鱼会遭到鲨鱼的掠夺。当渔民泪眼模糊地忙着清理和腌制捕获物时，贪婪的捕食者可能会把昂贵的围网撕成碎片，赶跑或杀死被困在大船旁边网里的鱼。1878 年，波特兰的 H.E. 威拉德设计出“溢出囊袋”，1880 年，格洛斯特的小乔治·麦钱特上校改良这一专利，使问题得到解决。溢出囊袋是个大的网袋，用特别结实的线编织而成，36 英尺长，30 英尺宽，15 英尺深，用木杆或外伸臂固定在纵帆船的侧面。一个囊袋可以装下 200 桶活鲭鱼。如果一网打到很多鱼，渔民会把活鱼赶进囊袋里，然后把围网拉回船上，以防止鲨鱼的袭击。囊袋格外结实的绳线对白斑角鲨、大鲨鱼和鼠海豚来说更难撕碎。在船员们有条不紊处理鱼类的同时，溢出囊袋能够使一大群被围网捕捞的大西洋鲭鱼继续存活几个小时，并免受鲨鱼的威胁。[32]

夜间围网捕捞始于 19 世纪 70 年代。大西洋鲭鱼是出了名的反复无常，有时候好几天都不出现在水面，渔民们深感挫败。但它们会在夜晚定期出现，跟随它们喜食的浮游生物和鱿鱼的迁移轨迹。在漆黑的夜晚，发光生物体放射的磷光会暴露鱼类是否曾来过。即使在黑暗中，经验丰富、眼力了得的渔民也可以读懂痕迹，识别出哪种鱼打破磷光留下了轨迹，不管是大西洋油鲱、大西洋鲭鱼还是鲱鱼。到了 19 世纪 70 年代中期，一些雄心勃勃的船长开始进行夜间捕鱼，到 1881 年这一项活动已经成了家常便饭。夜钓既困难又危险。围网渔船都带着油灯，但浪花的拍打可能瞬间扑灭火光，这使得留在船上的少数船员们很难收回拉网船和围网。船长们决定搏一搏：以增加的捕捞量抵消风险。1881 年秋天，《安角广告报》

指出，“如果明年鲭鱼船队把强力的钙灯挂在桅顶上，并且大力在夜晚捕捞大西洋鲭鱼，这都没什么可奇怪的。”[33]

在 19 世纪 70 年代，捕捞压力增加的又一个原因是捕鱼季的提早开始，人们在早春就出海。在 1879—1880 年的捕鱼季，至少有 64 艘来自缅因州和马萨诸塞州的多桅帆船在 3 月中上旬向南航行，以拦截在深水越冬后返回大陆架的鲭鱼群。到 1885 年，春季捕鲭鱼的船队已经猛增至 184 艘。在 19 世纪 70 年代之前也偶尔会有春季出海，但并没有系统地集中在哈特勒斯角、弗吉尼亚海岸或纽约海湾。在南北战争之前，纽约市的新鲜大西洋鲭鱼主要由康涅狄格州的小渔船供应，那里的船员们手钓夏季鱼类，卖到纽约市场。然而到了 1880 年，随着新英格兰的现代化，装备精良的围网渔船队已经有能力在早春捕鱼，在黑暗中捕鱼，并能处理庞大的捕鱼量。这种船队全部都是帆船驱动，所以是各种高效的集合。[34]

1881 年的大西洋鲭鱼捕捞量是除了 1831 年外最多的一年。渔民们将这么大的捕捞量和难以置信的回报归功于渔业的现代化。“这是新英格兰渔业贸易历史上从未有过的”，两个知情人解释道，“在鲭鱼捕捞季里一只捕捞船”竟能赚到这么多钱。缅因州洪都拉斯对岸天鹅岛的“艾丽丝号”纵帆船捕捞了 4900 桶，赚了 28,000 美元。格洛斯特的“爱德华 · E. 韦伯斯特号”捕捞了 4500 桶，赚了 26,000 美元。其他人虽然略微少些，但一样可观。[35]

不是所有人都欢迎围网。1878 年，一群来自波特兰和格洛斯特的渔民来到议会游说，希望禁止围网捕捞大西洋鲭鱼，但是没有成功。持反对意见者批评围网对幼鱼的肆意捕杀，以及围网捕捞者总是在产卵季或之前捕鱼的行为，并预测到“如果不立即进行彻底的改变，渔业必将快速毁灭”。据一位经验丰富的围网渔民所说，在 1876 年“抛出渔网的鱼比保留下来的还要多”。市场供过于求，加上天气恶劣，使得帆船无法将新鲜的鱼送到岸上，都导致惊人的损失。[36]

然而，创新持续促进捕捞压力，1882 年夏天，第一艘捕捞大西洋鲭鱼的汽轮从罗德岛的蒂弗顿驶出。这艘船体现了双重创新：它不仅是第一艘用于捕捞油鲱之外鱼种的蒸汽轮船，而且捕捞上来的大西洋鲭鱼“被加工成鱼油和肥料，不再当作食物食用”。这艘汽轮原是大西洋油鲱捕捞船，被改装成了鲭鱼船。随着油鲱捕捞量的下降，船老板冒险进行创新。但是他们的资产和人脉都是在鱼油和肥料领域的。因而比起捕捞鲭鱼给人吃，他们索性选择用鲭鱼代替鲱鱼制造鱼油和肥料。批评者立即提出抗议，称围网式汽轮已经“赶跑了油鲱，对大西洋鲭鱼也会产生同样的影响”。据《纽约时报》报道，当时有一种“普遍感觉，认为应该建立严格的法律来保护大西洋鲭鱼捕捞业，这一重要食品行业为上千人提供就业岗位”。[37]

据多个报告指出，几个月之内，已有三到五艘油鲱汽轮在科德角到芬迪湾海域捕捞大西洋鲭鱼。就像一位记者所说“既然油鲱已经变得稀少了，就会有各种各样的诱因使得更多油鲱汽轮去捕捞大西洋鲭鱼”。那年秋天，大多数捕捞鲭鱼的油鲱船都将鱼卸在了波特兰。质量好的鱼迅速被卖出。其他的则卖到罐头工厂。然而，批评者担心人们会忍不住用汽轮捕捞更多的鱼，因为他们知道凡是不适合人们吃的鱼，无论新鲜食用还是做成罐头，都可以送到鱼油肥料加工厂去。这样就可以防止浪费，一直以来浪费都是大西洋鲭鱼捕捞的难题。但是许多人都觉得将这么好吃的鱼用于食物以外的其他用途是不道德的，他们认为这是“对好材料的恶意浪费”。[38]

将价值判断撇在一边，如果用汽轮能比帆船更便宜地捞到大西洋鲭鱼，渔民就会选择汽轮。1885 年夏天，第一艘专门为捕大西洋鲭鱼而设计的汽轮在缅因州肯纳邦克的航道上滑了下来，然后被拖到了波特兰配备发动机。这艘“新奇号”轮船重达 275 吨，而当时捕鲭鱼的帆船平均重量约为 80 吨。可是她太超前了：即使是像汉森·P. 乔伊斯这样技艺高超的船长也无法用她赚到钱，于是这艘船“被卖给了海地人，成为一艘战争巡洋舰”。[39] 但是，尽管帆船仍将是随后数十年的主要规范，巨型化和机械化已经渗入捕鲭船队的建造思路之中。

1884 年，大西洋鲭鱼捕捞量又创造了纪录；西大西洋的捕捞量能追上这个数据还要再过 80 年。尽管 1884 年的捕捞量与 1831 年的很接近，但由于所采用的技术差异很大，因此单位付出的捕获量差距悬殊。1831 年，所有的大西洋鲭鱼都是渔民在小帆船上用汲钩一条一条钓上来的。每人每天捕获 1000 条鱼是很好的战绩。汲钩手钓的时代，船小，但整体的数量更多。1831 年，鲭鱼船队至少有 600 艘船。到了 1851 年，还是汲钩钓，鲭鱼的船队扩大到 940 艘船，雇用了 9998 名工人。到了 1880 年，单个纵帆船的体积更大、速度更快，但价格更贵、数量更少。那一年鲭鱼船队仅由 460 艘船组成。几乎所有的船都使用有环围网，好的话一次能捕 10 万条鲭鱼，而且几乎所有的围网都装有溢出囊袋。人们都了解了大西洋鲭鱼的活动规律，并从这种积累的科学认知中获益。大多数的捕捞在晚上进行，大约有一半的船队在捕鱼季开始就向南航行了，汲钩钓时代，情况并非如此。比较汲钩钓与围网法消耗的努力就好比比较“苹果和桔子”：没有精确的比较标准。不过，1884 年的捕获量只比 1831 年的多一点，但却是由更大的纵帆船、更好的装备、更长的季节和夜晚捕捞带来的。付出的努力应该是增加了的。[40]

在创纪录的年份之后，捕获量便降至低谷了。1886 年捕捞量比前 45 年的任何时候都要低，并且在数十年之内都没有反弹。就像几年前缅因海湾油鲱的情况一样，1881 年和 1884 年的强烈捕捞压力，加上生产力的自然下降或某种形式的稳态转换，似乎已大幅削减了大西洋鲭鱼的储量。

由于担心最糟糕的情况，大西洋鲭鱼捕捞从业者游说议会禁止春季的鲭鱼捕捞作业。波士顿水果公司总经理 J.H. 弗里曼于 1886 年写道："我这辈子在捕鱼行业打拼，近 15 年来代理马萨诸塞州最大的鲭鱼公司（之一），对任何能挽救或促进这一行业的行动，我都举双手赞成。"来自波特兰的资深渔民和渔商 O.B. 惠顿表示同意，他说："我们相信在产卵季节捕鱼最终会对鱼类造成灾难性的后果。"此外，来自普罗温斯敦的渔商艾伯纳 · 里奇也持同样观点："正是那些从事大西洋鲭鱼捕捞的人要求设立禁渔期。在缅因州，100 名渔民中有 99 名会在请愿书上签名，要求禁渔。每抓一条一肚子鱼卵的大西洋鲭鱼，就是对其储量的一次大屠杀。"[41]

大西洋鲭在长大到可以出售或繁殖之前，很容易被围网和陷阱捕获。而大量无法加工或因未能及时运到市场而变质的春季渔获物也带来了浪费。1886 年，格洛斯特美国渔业局局长 W.A. 威尔考克斯作证说，前一年春天，"从船上扔掉的渔获物总量是 7 万桶到 10 万桶，"重约 2000 万磅。[42] 当被问及渔民如何看待产卵季禁渔的法案时，他一语中的："这项法案是朝着正确方向迈出的一步，应该成为法律，除非我们希望杀死和驱逐这片海岸所有的大西洋鲭鱼。所有从事鲭鱼捕捞的人都同意。"马萨诸塞州威尔弗利特的一位渔民说："我们有 35 名来自这个港口的大西洋鲭鱼渔民，他们既是渔民，也是船主，而他们都希望通过这项法案。"[43]

最强烈的反对来自纽约富尔顿鱼市的鱼贩和批发商。鲜鱼交易商尤金 · G. 布莱克福德辩称，"在我看来，这项法案是缅因州海岸的咸鱼交易商推动的。"这个行业里每个人都知道，早春鲭鱼不好腌制，脂肪含量很低，他们永远不会用这时候的鲭鱼做首选。因此，咸鱼经销商可以承担春季禁渔。但是早春的鲭鱼可以新鲜地食用，布莱克福德坚持认为"我们应该允许人们食用，因为它们便宜，而且有益健康，是理想的食物"。他认为，春季禁渔期将"从每天的鲜鱼供应量中抽走 1000 桶的新鲜大西洋鲭鱼"——相当于 100 吨——这将抬高其他鱼类的价格。禁渔不符合像布莱克福德这样的代销商的利益，他们从中抽取 12.5% 的佣金。[44]

在听证会上，来自美国渔业委员会的科学家们为长达20年的科学调查、其花费及结论辩护。正如托马斯·赫胥黎教授在他的欧洲鲱鱼调查结论中所宣布的，官方结论是：人类活动不能影响海鱼。主张反对这个议案的翰威特议员引用赫胥黎对鲱鱼的看法，争辩说“鲱鱼和鲭鱼的习性几乎完全一样”。起初，美国渔业委员会的领头人贝尔德和托马斯·赫胥黎教授站在同一阵营。在书面证词里他说道，“我从不确信大西洋鲭鱼的丰度会受到人类参与的影响”。不过他也承认，“博物学家必须承认他们对大西洋鲭鱼生存历史的很多方面没有研究透彻，”他含糊其词，表示不确定该法案“是否会产生有益的影响”。贝尔德的助理乔治·布朗·古德则毫不含糊。他确定地表示捕鱼不会影响大西洋鲭鱼，“春季捕捞大西洋鲭鱼会导致它们的毁灭”这一点也绝不可能。科学家们反对限制捕捞的部分原因是为了自己的脸面，正如一位科学家所说：他们不愿意“被英格兰、苏格兰和法国的科学界人士嘲笑”，说他们屈服于渔民的喧嚣叫嚷。[45]

缅因的托马斯·B. 里德议员是禁渔期法案的推介者，他在几年内会成为颇具影响力的众议院议长，他不允许事情朝着反方向发展。里德在1886年5月21日告诉其他议会成员，“古德教授不知道这样的措施是否有必要，但我必须得和你们说，渔民们知道。他们所有人今天站在你们面前，从自己的经验出发，异口同声，绝无异议，告诉你们不设立禁渔期将会带来鱼类的毁灭。”[46]

里德是做了功课的，并用自己熟知的历史公开反对当时最权威的科学。“面对科学界的权威人士们，我不敢说我们能证明人类的参与会把大西洋鲭鱼这一种群从地球表面根除，”里德发言道，“但我敢说，每个居住在新英格兰海岸的人都知道龙虾几乎消失了。人类现在只能抓到大约10—12英尺长的龙虾，但我记得过去龙虾的正常大小接近如今的两倍。我们还知道大比目鱼的供应量也在减少，还有其他非常多种类的鱼情况也是一样。我非常清楚赫胥黎教授说没有证据证明鲱鱼的减少是人类一手造成的。但是，我虽然不能完全证明其必要性，可综合所有考量，开展这一试验是极其必要的。”[47]

当支持和反对禁渔期的证据纷至沓来，国会议员和参议员日益偏向于保护鱼类。参议院渔业委员会主席帕尔默，向同事们提醒围网捕捞无情的高效率——“一网就能捕获1500桶之多。可以想象按这样的速率它们会把大海捞空。”议员尤金·黑尔用议会最近争论的油鲱问题做出了类比，“过去新英格兰海域有数以百万计的油鲱，难道它们不都是被围网轮船几乎彻底赶走了吗，且不论是不是完全灭绝了？”[48]

缅因州的议员塞斯·L. 米利肯代表选民疾呼支持该法案。他对这个问题看得很明白。“在我看来，这个问题无非是我们是否会立法去保护一个珍贵物种的繁衍，去保护一项伟大产业的源头，或是让人们为了眼前的利益杀鸡取卵。”[49]

跟里德一样，他给众议院的同事们上了一堂历史课，讲了一个保护龙虾的故事，后者是由州议会通过设立禁渔期和规定最小网眼尺寸的法律而实现的。“这项法律，虽然止住了对龙虾的破坏，我当然也希望它能阻止龙虾的灭绝，却是来得太晚了。龙虾无论是数量上还是体型上，都已大不如前。曾经如此的丰富和便宜，如今却已成为罕见和珍贵的物种，并且还不到20年前的一半大小。所幸，立法保护龙虾，跟尽力去保护油鲱一样，让我们有了可以依照的经验，可以指导我们今天在这里努力去拯救大西洋鲭鱼。我们的反对者引用了科学家们的话，出示了理论专家的证词，并谈到大西洋鲭鱼仍在产下大量的卵，但实际上，渔民们所说的话才是实际和正确的。”[50]

州层面对限制捕鱼作出的努力反映了华盛顿正在进行的讨论。1886年夏天，马萨诸塞州的请愿者提醒立法机关要注意“以前十分充盈的食用鱼类枯竭的危险”，并认为“部分是由于过度捕捞”。恶果已然造成。新英格兰州关于渔业的讨论中，“过度捕捞”一词史上第一次发挥了一定作用。请愿者坚持认为捕鱼业已经“被少数人垄断了，损害了原本属于所有人的权利，并可能会引起渔业资源的枯竭”。他们寻求法律的审判，希望立法机关批准一项试验，禁止在某些季节使用“陷阱和渔网”，来看看“渔业是否能够完全或者逐步恢复”。[51]

随着讨论进入白热化，大西洋鲭鱼行业持续走下坡路。像缅因州的天鹅岛和帕尔皮特港，这两个小镇再也没能从1879年大西洋油鲱危机和1886年大西洋鲭鱼危机的“双打”中恢复过来。缅因州工业劳工统计局在1887年发布了一份关于缅因州渔业和渔民状况的报告。“大围网作业对大西洋鲭鱼行业的影响是随处可见的。如果现有的局面继续持续下去，这一行业将被彻底拖垮，我们不得不放弃它。”报告提到的北黑文大西洋鲭鱼船队，由16艘船组成，“平均每艘船15人，其中大多数已经出海捕鱼8个月了，甚至都没有弄湿围网……我曾和船主、船长以及那些在这个行业浸淫、研究数年的人交谈，他们都同意这一点：围网已经毁了这一行业，除非停止使用围网，采用以前的钓钩法，否则什么都不用指望了。”在更大的港口，破产和合并成为每天都有的事情。[52]

经过几个月的取证，贝尔德和他一向忠诚的助手古德在大西洋鲭鱼法案上分道扬镳了。古德还是站队官方的科学研究结论，即人类不会影响大海中的鱼类，贝尔德则苦苦纠结于渔民们截然相反的证词，他们显然具备极其丰富的传统生态学知识。最终贝尔德改变了他的论调。尽管他“不确定”这项法案的效果，但是他认为“通过法案是明智的，因为它将来可能会对大西洋鲭鱼行业产生有利的影响”，并且“他支持进行这样的试验”。科学界从来没有向渔民如此让步过。[53]

面对大西洋鲭鱼行业悲惨的失败，回想起他们不愿意为大西洋油鲱挺身而出的过往，议会的回应是通过了美国第一条联邦渔业法规。规定自 1887 年的 3 月 1 日起，5 年内，每年 3 月 1 日到 6 月 1 日（一些人认为的产卵季）期间，捕到的大西洋鲭鱼禁止上岸或进港，除了那些用钩子或钓丝捉住的，或是被船身小于 20 英尺的小船捉住的。换句话说，产卵季唯一的例外情况是允许小规模自给式捕捞。配备有围网渔船的大型纵帆船需要将船停靠在码头，除非他们在离岸边很近的海域捕鱼。新的联邦法律并不限制离海岸 3 英里之内的水域，这一区域仍属于各州的管控。但是考虑到大西洋鲭鱼在 3 月 1 日到 6 月 1 日的游踪，此时他们一般从不靠近海滨，新的联邦法律实际上关停了春季捕捞。保护主义者赢得了一个重要的回合。[54]

逆转历史的轨迹

1887 年禁止在春季捕捞大西洋鲭鱼，加上 1885 年可怜的捕捞量和 1886 年灾难性的产出，共同创造出一个从未见过的卖方市场。价格飞涨。一桶几年前在纽约只能卖 6 美元的鱼涨到 20 美元，偶尔卖到 50 美元。纽约人民可不管大海发生了什么异常，他们对食物的需求依然不知餍足并且不能忍受任何不便捷。如果当地不能供应的话，代销商会用铁道和轮船来补救现状。1886 年富尔顿鱼市的经销商开始第一次从爱尔兰进口大量的大西洋鲭鱼。[55]

来自旧世界各地的渔夫几个世纪以来一直在捕捞爱尔兰的鲭鱼。在 17 世纪上半叶，西班牙、荷兰的执照持有者以及瑞典的渔夫们（他们无需购买执照）在爱尔兰海域部署了大量的捕鱼船队。在 1671 年，来自爱尔兰西南角科克郡的一个小港口，金赛尔港的罗伯特 · 索斯威尔抱怨道，法国鲭鱼捕捞者来这里之前，“对于金赛尔的钩钓渔民来说，三个大人一个小孩儿驾一条船，一天捕捉 3000 到 4000 条鲭鱼是稀松平常的。”与法国人的竞争减少了当地人的捕捞量。在 1739 年，对法国渔民的抱怨再度出现。当地渔民证实“法国捕鱼船摧毁了当地的渔业。他们每条船撒的网长度能有一里格，打散了鱼群并且把鱼从海岸赶跑。因此，本来蓬勃发展的渔业遭到毁灭，渔民沦落至行乞”。在 1770 年，超过 300 条法国船只在科克郡追捕大西洋鲭鱼鱼群并取得巨大成功。现存的证据表明一个世纪以前小规模的爱尔兰渔业作业被外国的远洋船队打压，他们每个旺季赶着鱼类的到来而出现在这里。[56]

1846 年至 1847 年的大饥荒使爱尔兰渔业进一步陷入困境。很讽刺的一点是，当岸上的庄稼歉收时，爱尔兰村民并未转向大海寻找食物，而是卖掉了他们的小船和渔具换饭钱，填饱肚子的紧迫需求压倒了一切。爱尔兰渔业用了几十年才恢复。与此同时，每年从 3 月到 6 月，来自苏格兰、马恩岛、康沃尔和法国的渔民在爱尔兰水域追捕大西洋鲭鱼。来自旧世界各地的渔夫几个世纪以来一直以爱尔兰的鲭鱼为目标。尽管在高威湾和梅奥海岸有庞大的鲭鱼群，但在 19 世纪 70 年代之前，很少有爱尔兰渔民捕捞大西洋鲭鱼，只有高威湾渔民会用网捕捞鲱鱼。主要原因是爱尔兰的船只和装备还停留在自给自足的水平。不过变化已然来到。根据《1870 年爱尔兰渔业督察员年度报告》，1870 年金塞尔售出了近 10 万箱大西洋鲭鱼。在接下来的几年里，渔获量有所下降 ，但在 1873 年卖出了 12 万箱（相当于 1.2 万吨鲭鱼），这是爱尔兰和外国船只的总捕捞量。在 1879 年，爱尔兰大西洋鲭鱼捕捞业迅速发展，在春季捕捞中，218 艘爱尔兰船只加入了 308 艘来自英国（英格兰、马恩岛和苏格兰）的船队。大多数鱼被保存在冰里，然后用轮船运往英国的城市。直到 1880 年，金塞尔仍是爱尔兰大西洋鲭鱼渔业的中心。到 19 世纪 80 年代末，美国大西洋鲭鱼捕捞业坍塌之际，政府督查员报告说爱尔兰大西洋鲭鱼总捕捞量是 2 万吨。1887 年，波士顿的鱼贩子从电报中得知，爱尔兰鲭鱼在伦敦和利物浦以每磅两便士的价格出售。渴望得到鲭鱼的商人，如波士顿的鱼类批发商 D.F. 德巴莰，知道该去哪儿找鱼了。[57]

19 世纪 80 年代早期，自然因素和人类的决定改变了爱尔兰鲭鱼业的重心。当渔民仍觉得大自然可以预测之时，迁徙的大西洋鲭鱼改变了惯常的路线，来到更加靠近科克郡的巴尔的摩，让人吃惊不已。作为回应，部分来自国外和爱尔兰的大西洋鲭鱼船队从金塞尔向西迁移，这个港口失去了对爱尔兰鲭鱼渔业的垄断。到 1881 年，除金塞尔和巴尔的摩外，还有四个爱尔兰港口都报告了大西洋鲭鱼的到来。而随后的十年中，科克和克里郡又有另外 12 个城镇也在爱尔兰大西洋鲭鱼捕捞业中分到了一杯羹。英国对春季大西洋鲭鱼的需求量仍然很高。到 1886 年美国鲭鱼船队遭受重创的时候，英国和爱尔兰的渔业公司已经花了十年的时间来发展基础设施，以便在整个不列颠群岛捕捞、加工和运输爱尔兰的大西洋鲭鱼。[58]

美国渔业的失败造就了对秋季捕捞的上等爱尔兰大西洋鲭鱼的需求。和西大西洋一样，春季来到爱尔兰岸边的第一群大西洋鲭鱼也是瘦骨嶙峋、营养不良。新鲜出售还可以，特别是对不挑剔的买家。但这些鱼却不好保存。然而，经过整个春季和夏季的觅食后，爱尔兰的大西洋鲭鱼和缅因州湾的一样肥，非常适合腌制。但是爱尔兰包装工习惯于把鱼结冰，然后直接送到英国。很少有爱尔兰包装工人知道如何清洁和腌制大西洋鲭鱼以进行长期保存。在一些沿海社区，如克利尔角，人们会腌鲭鱼自己食用或在当地销售，但品控至多也就是差强人意，而且不够科学。对第一批到达美国的爱尔兰大西洋鲭鱼，评价参差不齐。面对自己朝思暮想的鱼，纽约人却不得不沮丧地意识到："爱尔兰人不知道怎样为美国市场切鱼，最早批次的货物没有达到令人满意的状态。"[59]

面对国内灾难性的捕获量，1887 年，美国鱼商前往科克郡培养爱尔兰大西洋鲭鱼供应商。他们提供具有竞争力的价格，分享关于包装秋季大西洋鲭鱼的内部经验，并与爱尔兰和英国公司合作安排向波士顿、纽约和费城的船运。在科克郡附近捕获的秋季大西洋鲭鱼在当地清洗和腌制，装入桶中，用轮船运到利物浦，然后转运到美国的目的地。几个月内，美国的激励措施促成了 1887 年 8 月巴尔的摩渔业学校的成立。学校托管人特地资助建造了一套腌制设备以训练男孩们以后从事渔业工作。像巴尔的摩和斯基伯林捕鱼公司这样的私营公司也转向了鲭鱼腌制，尽管直到 1890 年，当数千桶鱼被出口到美国时，品控仍然存在问题。正如在西大西洋一样，生态波动使人无法作出供应量的准确预测。1891 年 8 月，一位已在西爱尔兰购买大西洋鲭鱼三年的美国代理人报告说，当年捕获量还不到前一年的一半。因而报价很高。19 世纪 90 年代中期，爱尔兰大西洋鲭鱼对美国市场的出口达到高峰。《纽约时报》在 1894 年秋季指出："科克郡西海岸的水域几乎全是鱼。由于缺少人手为美国人腌制，数以千计的大西洋鲭鱼又从码头上被扔回海里。"[60]

19 世纪 80 年代后期，当渴望鲭鱼的美国鱼商在科克郡开店时，在科德角形成了一项全新的跨大西洋鲭鱼生意。那里的老渔民希望它能"彻底改革这个行业"J.A. 蔡斯船长于 1889 年 9 月装配了 85 吨的帆船"爱丽丝号"，准备去南非出海，这是一艘坚固的巴斯制鲭鱼船。多年来，普罗文斯敦的水手们报告说，每年 12 月 1 日左右都有大群的大西洋鲭鱼被拍打在好望角的海岸上。与大西洋鲭鱼在 6 月到达新英格兰时一样，它们刚开始又瘦又饿，但随着季节推进很快养肥。据一名记者说："有时一个鱼群的数量之大，一艘渔船只用三天就能捕捞满船的鱼。"

1889年，科德角的人对南非几乎没有开发的鲭鱼储量感到热切而惊喜，这与英国和法国水手们三个世纪前面对未开发的科德角鱼储量，感觉如出一辙。随着家乡海域中鲭鱼的供应减少，然后消失，来自科德角的人们愿意穿越北大西洋和南大西洋，来到南非上升流海岸捕鱼。蔡斯上尉给“爱丽丝号”装备了两张精良的亚麻围网。他把围网渔船头朝下绑在甲板上，准备横渡大西洋。他乐观地希望6个月后能带着利润可观的头等和二等鲭鱼回来。事实上，他把第一季捕捞量的八分之七卖给了别处，但把八分之一（99桶）交付给了普罗文斯敦的买家。[61]

这不是新英格兰船长尝试去东大西洋捕鱼的第一次。1839年，新英格兰的大西洋鲭鱼变得稀少，随后一年，来自普罗文斯敦的纳撒尼尔·艾特伍德船长对在缅因湾和圣劳伦斯湾的渔业前景感到沮丧。听说亚速尔群岛有大西洋鲭鱼群，于是他冒险去了那里。可惜空手而归，因而没有再次尝试。约40年后的1878年春天，努特·马库尔森船长驾驶“诺提斯号”斯库纳纵帆船驶离格洛斯特，前往挪威海岸尝试捕捞。马库尔森以前曾在挪威捕过鱼。这次他希望将自己对挪威海的知识与现代美国围网捕捞技术结合起来，创造出一个成功的组合。但事与愿违，他无功而返。[62]

除了法国沙丁鱼等特产之外，西渡大西洋的鱼类运输在19世纪80年代以前几乎闻所未闻，就像美国的船长到大西洋东部捕鱼一样少见。美国商人也进口鱼类，但是这些鱼绝大部分来自加拿大水域。从生态学上讲，加拿大水域与新英格兰北部水域是同一个大型海洋生态系统的组成部分。1821年至1853年间，美国进口渔业产品总值的94%来自后来成为加拿大的英属北美各省，都是从科德角到纽芬兰这一大型海洋生态系统的一部分。三个世纪之前，这里丰富的北方鱼类曾让欧洲水手眼花缭乱。[63]

国会在1854修改了关税法，之后12年英属北美各省的渔业产品被允许免税进入美国。在美国南北战争的最初几年，美国80%的进口鱼类来自英属北美各省。1866年的进口鱼类产品大幅增加，部分原因是法国沙丁鱼和外国鲸油的大量进口。从那时到19世纪80年代，腌制鱼类（比如鲱鱼和大西洋鲭鱼）仍然是美国进口鱼类产品中最重要的一类。但即使是1878年到1881年间渔商大量进口大西洋鲭鱼时，大部分进口鱼类还是来自加拿大。还没有什么促使美国人考虑扭转历史进程去欧洲进鱼。[64]

18世纪80年代间，随着新英格兰几种渔业的同时衰败，情况发生了永久性变化。当缅因的渔业专员B.W.康斯在1888年哀叹竟要从英国进口鲭鱼时，他预见了让人警觉的趋势。在 1890 年到 1894 年，进口到美国的鱼类价值是 1869 到 1873 年的 1.76 倍。而在 1894 年只有 42% 的进口鱼类产品来自西半球。（如果把一些杂项去掉，像龙涎香、贝壳、珊瑚和海绵等等，那么更精确的数据是 52%。）到 1894 年美国人已经定期在吃从欧洲海洋系统进口的海产品。在那一年，美国人消耗了大量的进口法国沙丁鱼、斯堪的纳维亚鲭鱼和鲱鱼、荷兰鲱鱼以及英国和爱尔兰鲭鱼。一位美国经济学家、鱼类专员解释道，“在 1888 年几乎所有进口到美国的盐渍大西洋鲭鱼都来自新斯科舍，但是最近这类鱼在美国海岸已经减少了很多，这导致了从挪威、英国和爱尔兰进口量的加大，从其他欧洲国家的进口也有增加，但没那么多。”[65]

大多数评论人士对国际贸易的独特成就、美国商人在爱尔兰的迅速立足以及美国渔业委员会在促进美国商人与国外同行交流方面的不懈努力表示赞赏。但也有包括康斯在内的颇具洞察力的少数人担心美国人食用来自遥远的海洋生态系统中的生物所带来的不良影响，以及这对缅因州和马萨诸塞州的沿海居民意味着什么，他们中有数以万计的人以渔业为生。

1890 年，“万众期待的来自非洲的大西洋鲭鱼”抵达普罗文斯敦。“爱丽丝号”船员用围网捕捞的那 99 桶鱼是在联盟鱼类公司的包装间检验的。专家们声称他们是“优良、一流的货物”，驳斥了那些怀疑论者的观点，这些人认为在南非包装大西洋鲭鱼并让它顺利抵达科德角还保持令人满意的状态是不可能的。后来，美国鱼类委员会的自然学家们确定了这种鱼是科利鲭鱼（*Scomber colias*），通常被称作牛眼鱼或顶针眼鲭鱼，跟西大西洋的大西洋鲭鱼（*Scomber scrombrus*）是完全不同的物种，但也很好吃。尽管鱼的质量很好，科德角的船长们也没有尝试再次去南非寻找鲭鱼。因为即使是在渔业崩溃的时代，一艘斯库纳纵帆船也有其经济极限。[66]

在 19 世纪 80 年代，当新英格兰和大西洋加拿大的油鲱和鲭鱼捕捞业溃败，大西洋庸鲽，也就是大比目鱼的数量也减少了，去旧世界的水域中捕捞它们更显出其价值。1866 年，第一个愿意冒险远航的新英格兰船长航行到 2000 英里外的格陵兰岛搜寻大比目鱼，并且在途中去了欧洲。在 1884 至 1885 年间，格洛斯特的一组大比目鱼小帆船船队开始在冰岛附近捕鱼，甚至到了更远的东部。冰岛位于北纬 64 度，地处挪威斯瓦尔巴特群岛和格陵兰岛的东海岸之间，是欧洲最西部前哨。这座崎岖的岛屿住着在 9 世纪时定居于此的维京人后裔。在北大西洋渔业的传奇故事中，中世纪的冰岛以其丰富的鱼类资源而闻名。大约在 1407 年左右，冰岛声名鹊起。当时，英国的鳕鱼渔民因北海的低渔获量而灰心丧气，于是他们开始在每年的2月或3月航行到冰岛捕捞春季鳕鱼。自冰岛起，文艺复兴时期的渔民逐渐向西推进，到格陵兰岛、纽芬兰和新英格兰，寻找更有利可图的捕鱼地。但到1884年，北大西洋渔业又回到了原点。面对国内大比目鱼几乎消失殆尽、需求量却日渐增加的情况，新英格兰的船长们只好逆转了历史的轨迹，驶向欧洲去寻找巨大的比目鱼。

昙花一现般的大比目鱼捕捞业

放眼整个北大西洋的鱼类，只有蓝旗金枪鱼、旗鱼以及一些体型更大的鲨鱼比起比目鱼家族中的最大成员——大西洋庸鲽来说，身形显得更为巨大。这种鱼俗称大比目鱼，其庞大的体型让人无法忽略。由于它体形硕大、生长缓慢，再加上与金枪鱼和旗鱼截然不同的特性，即它们喜欢集群活动，鱼群巨大而紧密，有时会有“四层鱼深”（19世纪的渔民如是说），因此，它们就像美洲野牛一样，很容易被人赶尽杀绝。昙花一现般的大比目鱼渔业，由当地耗竭到多地耗竭再到将近灭绝，只用了一个人一生那么短的时间，充分揭露了美国渔业在中世纪时捕捞技术多么尖端、科学基础多么牢固以及捕鱼手段多么冷酷无情。

虽然大比目鱼并不是北极物种，但作为一种冷水鱼，通常居住在北纬40度以上的水域。它们经常去往海岸渔场，不过也常在浅滩的深水区中发现它们的踪迹。就像所有的比目鱼那样，大比目鱼的双眼也是长在同一侧；同时，它也拥有一些品种特有的尖锐弧齿和相对较大的嘴巴。大比目鱼整体呈棕色，“在它眼睛（身体顶面）的一侧呈巧克力色到橄榄色或石板棕色”，而它的身体底面则会呈现从纯白到斑驳灰。大比目鱼的体重偶尔会破纪录般超过700磅。据渔民所说，未经捕捞的海域中大比目鱼平均体重可达300磅，身长7—8英尺。随着本地鱼储量因捕捞而下降，通常成年的雌性大比目鱼平均重100到150磅左右，雄鱼则体型稍小。而体型稍大的鱼一般重达200磅左右。

大比目鱼是贪婪凶残的捕食者。基于对它们胃部内容的分析，比奇洛和施罗德解释道，它们通常会吃“鳕鱼、单鳍鳕、黑线鳕、金平鲉、杜父鱼、长尾鳕、银鳕鱼、鲱鱼和玉筋鱼，这些是它们在北部海域会大肆捕食的，还有毛鳞鱼，各种各样的比目鱼（这似乎是它们的主要食物来源）、鳐鱼和鲭鱼。此外，大比目鱼也会吃螃蟹、龙虾、蚌类及贻贝；甚至曾在它们体内找到过海鸟”。据渔民所知，大比目鱼跟典型的比目鱼并不相同，它们更喜欢去往泥沙、沙砾或黏土的底部，只是偶尔会游到表层水域。玛尔船长声称在乔治浅滩大比目鱼渔业发展的早期，他曾看到过“一整群大比目鱼聚集在一起就像是鼠海豚一样密密麻麻”，集体捕食玉筋鱼。另有一次，他回忆起当时“整个水面，但凡你目所能及的地方都是大比目鱼”。[67]

玛尔船长的回忆追溯到19世纪40年代，跟他一样，第一代欧洲人也发现大西洋西部挤满了大比目鱼。约翰·史密斯船长在1624年写道：“有一种很大的鱼叫大比目鱼或大菱鲆，它太大了，两个人要费好大劲才把它们拉进船里；但好鱼太多了，渔夫们就只吃鱼头和鱼鳍，然后把鱼身扔掉。”17世纪30年代，威廉·伍德指出，“大比目鱼与鲽鱼或大菱鲆没有太大的区别，有些鱼身长两码，宽一码，厚一英尺。好鱼多了，这些鱼便不怎么受欢迎，可它们的鱼头和鱼鳍炖过或烤过后都是很好吃的。”那时的食客们喜欢吃黏稠胶质的食物。一位专家指出大比目鱼鳍“是一种黏稠的美味。大比目鱼的侧鳍有数十条脊骨。在鳍的底部，每两条脊骨之间，有两片肌肉——一片在上，一片在下。鱼鳍与身体相连处的鱼肉比其他地方有更高的脂肪含量。此外，每两层肌肉之间都有一层脂肪。当横向切开时，肌肉和脂肪层之间的错叠使横切面呈蜂窝状”。多脂多汁的炸大比目鱼鳍是一道17世纪的美食。大比目鱼头里凝胶状的肉也同样诱人。17世纪的渔夫们并没有瞄准巨大的比目鱼作为捕捞对象，但如果他们偶然钓到一条比目鱼，有时会只保留鱼鳍，有时会留下鱼鳍和鱼头，再把剩下的部分丢掉。[68]

从文艺复兴时期的海员第一次到达西大西洋到19世纪30年代，大比目鱼几乎不怎么为人看重，尽管偶尔也会有人大快朵颐。捕鳕鱼的渔民为它们感到头疼：因为肌肉发达的大比目鱼一旦咬上宝贵的鱼饵，就发怒一般地战斗。大比目鱼唯一的可取之处是它们不会跟鳕鱼或黑线鳕混在一起。渔民们了解到大比目鱼鱼群会赶走鳕鱼。船长们则知道与其与这些巨大的害虫作斗争，不如转移他们的泊位。

据伊普斯·默钱特船长回忆，在1830年前大比目鱼被渔民们当作烦恼。在马萨诸塞湾或中间地浅滩（如今被称为斯特勒威根浅滩），捕鳕鱼的渔民经常将所有抓到的大比目鱼用绳子串起，悬挂在船尾，直至准备返航，以“防止他们再骚扰渔民”。塞缪尔·G. 沃森回忆起在1830年以前一些比目鱼会被送到“马萨诸塞州的查尔斯顿，和农民交换农产品”。约1835年，约翰·F. 沃森开始从乔治浅滩将活的大比目鱼带到波士顿市场。大约同时，从康涅狄格州新伦敦出发的船只偶尔会到楠塔基特岛浅滩捕捞大比目鱼。1840年左右，已有少数的新伦敦船常常会在乔治浅滩捕捞大比目鱼。大比目鱼从毫无价值的副渔获物向有价值商品的转变始于 19 世纪 30 年代末，捕鳕鱼的渔民将足够的大比目鱼带回来，被一些有创新头脑的商人加工出售。[69]

在 1830 年，根据一位来自纽伯里波特叫约翰·G. 普拉默的鱼商未经出版的回忆录，历史学家格伦·格拉索有效地重现了 19 世纪 30 年代大比目鱼的振兴之路。据普拉默回忆，从贝弗利出发的帆船开往大浅滩捕捞鳕鱼，"也会带回来一些跟鳕鱼一起腌制的大比目鱼。""历史上第一条大比目鱼的切割和和腌制是在格洛斯特郡，在一个叫摩西·勒夫金的人的院子里。由哈利·麦钱特和勒夫金切割腌制，并由勒夫金在他的狗屋里烤制。他们费了好大的劲才卖了出去。"普鲁默回忆在 19 世纪 30 年代，一个叫大卫·科罗威尔的鱼商以两美元一公担的价格买来大比目鱼，在搁架上晒干后用船运到西边出售。无论是烟熏还是风干，这些先驱们不断的尝试都是为了推销长期遭受冷落的比目鱼。1839 年，一位观察者指出，"在建造普罗文顿斯和斯托宁顿铁路之前，所有被捕获并带到安角的大比目鱼最多不超过 2500 条。""无论以哪种方式加工"，大比目鱼都不太有市场，他继续指出，"事实上，腌制的大比目鱼实在太不值钱，所以那些船主们一般会让水手放走他们捕到的大比目鱼。"[70]

早期的大比目鱼企业家发现大比目鱼肉厚，难以腌制。阿尔弗雷德·贝克特是"魔镜号"帆船上的渔夫，他记录了在 1840 年 4 月 10 日至 5 月 11 日期间的捕鱼情况。共有 82 条鳕鱼、23 条黑线鳕和 14 条大比目鱼，贝克特还记录了他"风干大比目鱼进行熏制"，这是大比目鱼日益商业化的一个明显迹象。可见把捉到的大比目鱼丢弃或只保留鱼鳍的日子已经过去了。19 世纪 40 年代初，来自新伦敦和格洛斯特的一些船只装满大比目鱼直接驶往纽约，逐步建立了大比目鱼市场。那时，大比目鱼、无须鳕和黑线鳕都已经成了渔民捕捞的对象。虽然没有鳕鱼那么风光，也不如它适合腌制，但这些狭鳕、无须鳕、黑线鳕和大比目鱼也能卖的上价钱。[71]

随着消费者对海产品的需求增加及其他相关产业的发展，在 19 世纪 40 年代，大比目鱼被重新定义为一种有价值的商品。这十年间，渔民首次开始用冰来保持捕获物的新鲜度，连结新英格兰海港和美国腹地的铁路也首次贯通。越来越多从新英格兰池塘获取的冰块被运到了纵帆船的船舱里，海鱼不再需要腌制，也无需 24 小时以内就要运到港口，而是可以冷冻。渔夫们花了好几年的时间才掌握冰冻的技术。制冷的概念来之不易，却突然让那些腌制效果很差且从未成为鱼干经济一部分的鱼类，比如大比目鱼等食用鱼类获得“新生”。而且大比目鱼的肉质结实，冷冻效果比鳕鱼、黑线鳕、狭鳕或单鳍鳕效果更好。

从康涅狄格州到缅因州，老渔民纷纷把目光投向大比目鱼，不再丢弃甚至越来越多地为捕捞大比目鱼专门配备了船只。这意味着重建船舱以包含冰库以及购买拖网。大比目鱼捕捞者手钓了好几年，但很快（比其他鱼类捕捞者更快）就转向延绳钓。手钓那些大鱼实在太难了。可以说手钓时代的大部分时间里，大比目鱼一直是作为副渔获物存在。第一次延绳钓捕捞大比目鱼发生在 1843 年；到 19 世纪 40 年代末，大比目鱼捕捞者使用延绳钓已是常规操作。19 世纪 50 年代末 60 年代初，鳕鱼捕捞业经历了延绳钓捕捞革命，而这一技术最先得到应用便是在大比目鱼捕捞业甫一开始之时。一艘纵帆船通常载 6 只平底小渔船，每只小船负责 1 至 4 条延绳钓线。用木盆或是半个桶盛放线缆，十分便捷。每条线缆上 150 个钩子，每隔 15 或 20 英尺一个。[72]

在 1845 年，格洛斯特的大比目鱼船队开始使用冰块，而十年以前根本没有所谓的“大比目鱼船队”。但由于冷冻后能长时间运输，除了本地捕捞的鱼类，大比目鱼竟日渐成为“鲜鱼”的代名词，冷冻革命改变了海鱼市场。咸鱼曾经是近 1000 年来西方文明的主食，但在 19 世纪中叶鲜鱼获得了市场份额，特别是在中产阶级消费者中，而“咸鱼则开始与移民、城市工人阶级和南方黑人群体联系在一起”。随着更多的富裕美国白人养成了品味鲜鱼的习惯，相对来说开发程度较低的大比目鱼群已然是“花开待折”了。[73]

格洛斯特当局试图抢占波士顿渔商在新兴大比目鱼渔业中的第一把交椅，这在经济上和生态上都引发了灾难。格洛斯特于 1847 年连上了铁路网，于是格洛斯特渔业公司试图迫使那些为了大比目鱼而来的零售商乘火车到格洛斯特。但是波士顿市场已经形成，想要引诱顾客来格洛斯特变得困难。1848 年，这家公司豪赌了一把，它决定收购捕鱼船队一整年的捕获量。渔民蜂拥而至，来到西北大西洋生态系统。但是令公司高层懊恼的是，乔治浅滩这一年产量爆发，比以前任何一年都好。但是迫于合同规定，这个羽翼未丰的公司将不得不购买当时看来数量巨多的大比目鱼。为了避免经济损失，格洛斯特渔业公司创造了一种评级体系，去钻合同的空子。[74]

公司高层创造出大比目鱼的三个等级：“白色”“灰色”“发酸”。只有完全成熟并拥有纯白色鱼腹的大比目鱼才能获得最高的评级。那些鱼腹颜色混杂或者灰黄色的大比目鱼会获得中级评价。那些发酸的鱼，也就是所谓“在腹腔附近有轻微变质”的鱼。购买者也同意第三类的评级是有一定道理的：由于冰冻不够完全而导致变质的大比目鱼自然价格会低些。然而，大比目鱼的“白”“灰”之分完全是臆想出来的。在大海中，那些成熟的大比目鱼会拥有各种各样的色彩。颜色的不同并不影响肉质和味道。从 1848 年开始，所谓“酸肉”每磅卖 1.5 美分，“灰肉”每磅 3 美分而“白肉”达到了 5 美分。渔民们马上有了诱因去抛弃所谓的“灰色”大比目鱼，把冰全部留给“白色”大比目鱼。这个体系带来双重的浪费。它鼓励了大量的抛弃行为，零售商们售卖“白”鱼“灰”鱼的价格却几乎相同。而渔民售出所谓低一等的鱼时，却只能得到大概一半的钱。[75]

1848 年，格洛斯特的大比目鱼船队像吹气球一样从 1846 年的 29 艘增长到了 65 艘。就是在 1848 年，格洛斯特渔业公司承诺收购所有的大比目鱼。过多供应压倒了这个公司。古德注意到，“有时候，公司的码头停泊着 20 艘船等待卸货，每艘都载着 3—6 万磅的大比目鱼，尽管售卖的渠道几乎没有。”这个公司在 4 月就停止营业了。但是这一等级体系却持续多年，既损害渔民的利益，又导致鱼类大量的浪费。所谓低等大比目鱼其实随处可见，也被大量捕捞，却日复一日地被丢弃掉，有时候在格洛斯特湾就被扔了。错加标签在前，管理不善紧随其后。[76]

1848 年乔治浅滩巨大的大比目鱼捕获量标志着一个醒目的转折点。随后鱼储量急剧下降，1850 年后，乔治浅滩渔业已不再盈利。玛尔船长相信大比目鱼已经“转移”到深海中去了，他根本想不到它们已经基本上被根除了。一小队小帆船（平均 62 吨）只用了 15 年的时间，就将乔治浅滩里的大比目鱼种群几乎消灭殆尽。而乔治浅滩的面积与马萨诸塞州、罗德岛和康涅狄格州的总和差不多。把当地海域捞空之后，渔民向东迁移，但没有行进很远。从那时“到 1861 年”，古德指出，“大比目鱼的捕捞主要在海豹岛、布朗浅滩和西岸浅滩进行。”讽刺的是，当洛伦佐·萨宾纳在 1853 年的《美国主要海洋渔业报告》中将英格兰的大比目鱼业务称为“一个新产业”时，乔治浅滩的大比目鱼已经消失，马萨诸塞湾也是如此。[77]

努特·M. 马尔库森船长后来讲述了一个大比目鱼捕捞业昙花一现般的捕捞故事。1868 年，他发现了一个新的大比目鱼渔场，在圣彼得浅滩东南端的南部浅水区。“已经四年了，我每个捕鱼季去三次南部浅水区，平均每次能捕获到约 3 万磅大比目鱼。”后来整个船队跟他一起去，只过了一季，在这里捕捞便不再盈利了。从马萨诸塞湾到乔治浅滩，从勒哈弗浅滩和西岸浅滩到大浅滩南部浅水区以及马格达伦群岛周围的水域，一系列的耗竭接踵而至。渔民先捞空浅滩，再转战深渊。没用多长时间大比目鱼就被捕光了。[78]

普罗文斯顿的捕鲸者告诉对大比目鱼望眼欲穿的渔民，格陵兰岛水域盛产大鱼。1866年，美国大比目鱼纵帆船“约翰·阿特伍德号”决定冒险一试。她的船长敢为人先，于10月从格陵兰岛西海岸返回，带回了价值5500美元的比目鱼，算是小小的成功。随后的几年里，其他几艘格洛斯特船只也去了格陵兰岛。1870年，约翰·麦奎因船长带着价值1.9万美元的大比目鱼回来，这是第一次有“大赚头”。在接下来的几年里，每年夏天都有五到六艘格洛斯特纵帆船航行到格陵兰岛。到1884年，格洛斯特港作为大比目鱼渔业中心，大部分大比目鱼船只都在格陵兰岛捕捞。但是路途艰险、困难重重。不仅2000英里的行程令人生畏，戴维斯海峡和格陵兰岛海岸也没有可靠的海图。[79]

过度捕捞导致了格洛斯特大比目鱼船队由早期的辉煌走向没落。从1848年规模最大的65艘，下降到1879年的48艘，到了1880年，船队就只有23艘船了。新英格兰、新斯科舍、纽芬兰和圣劳伦斯湾的渔场都被捕捞殆尽，船长们只能要么背井离乡去捕大比目鱼，要么重新回去捕捞鳕鱼或黑线鳕。[80]

从纽芬兰到格陵兰再到冰岛，渔民一步一步地转向了欧洲。由于附近的大比目鱼稀少，一些船长似乎不可避免地会向东航行。早在1873年，在冰岛西边的峡湾就有最初来寻找大比目鱼的美国帆船的身影；在接下来的十年里，也时不时有其他人在冰岛水域捕鱼。那时候马萨诸塞州的鱼商正在试验一种新的大比目鱼处理方法，先进行腌制再熏制。大西洋西北部的大比目鱼鲜鱼行业只维持了几十年。一旦家附近的海域大比目鱼被捞空，大帆船就不得不远航至格陵兰或冰岛。这样的话就需要重新回到腌制法，虽然这种食用方法已经过时。当然，如果市场上只能吃到腌制大比目鱼排的话，消费者也是能将就的。1884年夏天，当大部分的美国大比目鱼船队在格陵兰岛捕鱼时，三个锐意进取的船长决心到冰岛去大赚一笔，其中两个在雷克雅未克雇用了经验丰富的冰岛渔民。那年夏天，“康科德号”帆船来到冰岛的西峡湾，在白沙或是黏土底、深度达60英寻的海域捕鱼。船员从小渔船上下长线至海水中，过6个小时才收起。通常每天捕到300条鱼，有时是400条或500条，偶尔还有800条。平均每条大比目鱼有300磅。格洛斯特的船员再次发现了一个未被人类捕捞过的大比目鱼处女地。[81]

不出所料，第二年夏天（1885年），有两倍多的帆船为了捕捞大比目鱼航行到冰岛，包括“康科德号”。美国渔业委员会自豪地指出，“冰岛大比目鱼渔业的建立对美国渔民来说是回报丰厚的新事业。”这位专员认为，“鉴于大比目鱼在老地方的产量已经明显枯竭，而且实际供应不足，冰岛比目鱼渔业的出现就更令人欣慰。”[82]

在1875年之前的北大西洋大比目鱼捕捞量统计数据并没有留存，但1875年以后的数据讲述了一个悲惨的故事。1875年到1880年，大比目鱼每年的捕捞量在900万至1600万磅之间，其中1879年达到了最大值，此后开始下降。1879年大比目鱼舰队的规模只有1848年的74%，所以很有可能1848年大比目鱼的捕捞量超过了1879年。无论如何，到1887年和1888年，大比目鱼的捕捞量下降到约1100万磅，比1879年的最高点下降了31%。此外，在1887年至1888年间，盐渍（而不是新鲜）大比目鱼的数量增加了一倍多。渔民们为了找到更多的大比目鱼，不得不驾驶大帆船进入更深的海域，因此冰就不够用了，必须进行腌制保存。到1901年，新英格兰的大比目鱼捕捞量略超500万磅，而且还在继续下降。[83]

1885年，一位渔业辩护者在面对严峻现实时仍保持乐观的态度。史密森尼国家博物馆馆长牛顿·P. 斯卡德尔承认，“前一年的捕捞会对以后几年里同一地点的鱼量产生”有害的影响。他也知道，“渔民抱怨，一年又一年必须到更深的水中寻找大比目鱼。”但这使他困惑。“如果大比目鱼是一种漫游鱼类，那它们怎么会仅仅因为被捕捞就避开从前常去的地方呢？”“如果它们不是漫游鱼类，考虑到它们巨大的繁殖力，它们怎么会这么容易被消灭呢？”斯卡德尔计算过，一只6英尺长的大比目鱼卵巢里有2,782,425个卵子。他对大比目鱼生殖情况的精准把握，与其他所有人对大比目鱼衰亡的观察形成鲜明对比。作为那个时代美国最重要的科学研究员之一，斯卡德尔把美国鱼类委员会提出的鱼类繁荣假设内化吸收，然后形成了可能是美国最大的科学研究和出版项目。[84]

从最底层的调查助手到位于塔尖的贝尔德本人，渔业委员会的所有员工和支持者都知道，他们走在自然科学的最前沿，并且要为社会提供一项重要的服务，即依据现代科学建设渔业，为大众提供物美价廉、有益健康的海产品。当然这并不耽误他们为己创收和扩建基地。为了实现他们的愿景，大海也只能配合，对此他们很有信心，即使有时要处理那些唱反调的、烦人的观察报告。斯卡德尔确信会找到“大比目鱼更加丰富的”浅滩。他坚持认为，“这些浅滩的数量肯定比已知的要多得多，因为大比目鱼分布广泛，而且可能是环极分布物种。”他坚决不信渔民能用鱼钩和钓线消灭大比目鱼，尽管实际上很多破坏已然造成。[85]

远道而来的大比目鱼并非只来自格陵兰岛和冰岛。早在1880年，“几车斗”的太平洋大比目鱼通过铁路被引入了东部市场。1888年，来自马萨诸塞的两艘纵帆船“奥斯卡和海蒂号”和“莫里亚当斯号”绕过合恩角来到了普吉特海峡，自此，太平洋海岸的大比目鱼捕捞业就匆匆开始了。第一个捕捞季，他们捕捞了超过50万磅，业务量开始猛增。在1890年，大约有74万磅的大比目鱼是在普吉特海峡捕到的。到1892年，这个数量翻了一倍，到了1895年，数量再一次翻了一番，达到了250万磅。在19世纪90年代中期，几艘蒸汽拖网渔船从英属哥伦比亚的温哥华出发，来这里试验捕捉大比目鱼。出于对利润的憧憬，1898年一家波士顿公司给一艘汽轮装备了平底拖网小船，也来到北太平洋捕捉大比目鱼，成功以后，他们又在1902年装配了另外一艘。到那时，马萨诸塞州船只捕获大比目鱼的总量达12,155,943磅。然而仅有700万磅来源于大西洋，另外500万磅的大比目鱼则来源于太平洋。[86]

一首为大比目鱼而唱的挽歌回荡在美国鱼类委员会于19世纪80年代出版的权威七卷本《美国鱼类和渔业》一书中。它的拓展论文《大比目鱼渔业》既讴歌英雄又缅怀往昔。它记录了这一后无来者的渔业中的人们，记录了那丰富的渔获量、庞大的鱼群、敢于创新的船长、勇于进取的商人和世界上最精良的船只。“那些操控大比目鱼纵帆船的渔民都是最精挑细选的，”作者用一连串的最高级开头写道。“在一艘大比目鱼纵帆船的船员中发现几名曾经担任过船长的人并不是稀罕事儿。”这些纵帆船在“格洛斯特船队中是最坚固、最敏捷的存在”。每一个“有能力在深水中抛锚、在狂风中破浪的人，都会拿到一条粗壮的缆绳，用马尼龙麻制成，直径可达8.5到9英寸，长度则有375到425英寻”。别的商业渔船都没有这么长的锚索，将近半英里长，因为在世界上还没有哪项渔业要到这么深的水域捕鱼。[87]

慷慨的语调无法遮掩悲剧的事实。在这篇文章中，约瑟夫·W. 科林斯船长哀叹道：“大比目鱼的数量正在锐减，如果当前的捕捞方式继续的话，它们会变得异常稀少，如果不是几近灭绝的话。”科林斯担心这么重要的渔业分支将会消失。然而宿命论占据了上风。他写道：“捕鱼时，渔民们感到不得不尽可能地多捕一些。无论在今后的岁月里大比目鱼的结局会如何，现在必须要物尽其用，获取最大的利益。”15年前，也就是1870年，纳撒尼尔·艾特伍德船长已经向马萨诸塞州参议院证明了大比目鱼“数量锐减”。他列举了那些曾经因大比目鱼而被瞄准的渔场——“乔治浅滩、布朗浅滩、新斯科舍西岸……纽芬兰浅滩……格陵兰岛西岸”，他依证据做出归纳，“大比目鱼的数量似乎在每一个渔场都减少了。”[88]

最珍贵的甲壳纲动物

和大比目鱼相似，在19世纪之前，龙虾这一物种的商业价值基本被忽视了。和大比目鱼相似，龙虾也是被重新定义为有销路的品种，并且在1830年左右开始被集中捕捞。和大比目鱼相似，龙虾储量在19世纪晚期骤降，尽管新英格兰北部和加拿大大西洋地区的人们对于是否有必要保护龙虾有着激烈的争论。龙虾和大比目鱼的大量缺失，加上两个物种的某些龄级大部分被捞尽，改变了新英格兰和大西洋加拿大地区的底栖生物群落。从生态学的观点看，这些影响是长远的。从社会学的观点看，这个过程揭示了在一个模棱两可的世界里，一方面专家和有关利益方公开承认龙虾资源的缺少，而政治系统却不能做出长期而可靠的回应。最终，市场会掩盖生态破坏，从而弥补了政治上的不作为。随着龙虾捕捞量跳水，价格大幅上涨，因而龙虾捕捞者仍然可以谋生。

从挪威到地中海沿海的欧洲人对欧洲龙虾很熟悉，其最先在1758年由卡尔·林奈分类为黄道蟹属，命名为 *Cancer gammarus*，之后又被归类为螯龙虾属，学名 *Homarus gammarus*。林奈最先将龙虾和螃蟹归到一起，于是有了黄道蟹属（*Cancer*）。很少有渔民或沿海居民关心这些分类学上的细微差别。他们更加关注龙虾很好吃。住在海滨附近的人们，尤其是挪威和不列颠群岛的沿海居民，很容易吃到龙虾。从17世纪的证据表明，挪威人用六英尺钳和鱼叉在浅水区捕龙虾。由于龙虾易于捕捞，很早就引发了人们对于过度捕捞龙虾的担忧。瑞典王国在1686年实施了欧洲第一个保护龙虾的法规。

和许多甲壳纲动物一样，龙虾在死亡后腐烂速度很快，运往任何地方时都必须保证是活的。这种生物特性和运输难题让它免于成为一种重要的商贸品类。然而，当欧洲人到达北美时，他们发现了一种跟著名的欧洲龙虾完全相同的龙虾，除了体型还要大得多，当然这是美洲海域许多海洋生物的共性。美洲螯龙虾（*Homarus americanus*，又被称作波士顿龙虾），实际上跟它的近亲欧洲龙虾是两个物种，但惊人的相似性让人几乎无法区分。1578年在纽芬兰，安东尼·潘克赫斯特声称："我可以用半天的时间抓到足够多的龙虾，让300人一天都吃饱。"1609年在佩诺布斯科特海湾，罗伯特·朱埃特和他的助手"发现了一个有许多龙虾的浅滩，抓了31只"。每一个早期的讲述者都有类似的说法。在西北大西洋沿岸的动物群落中，龙虾数量巨大。[89]

17世纪的定居者和渔民把龙虾给猪和仆人吃，用干草叉铲进地里作肥料，或当作诱饵来抓捕更加有价值的条纹鲈鱼和鳗鱼。没有人能想到龙虾会成为商业。尽管用湿海草包裹的龙虾偶尔能被活着运往纽波特、朴次茅斯和波士顿等港口的市场，但是保存和运输龙虾肉的困难似乎仍然难以克服。龙虾很便宜，所以各阶层的沿海市民都会吃龙虾。到18世纪末，由于污染和过度捕捞，龙虾成为波士顿和纽约的新奇事物，需求不断增长，市场应运而生。[90]

在波士顿和纽约附近的沿海生态系统中，商业的龙虾捕捞仍无需使用陷阱网。19世纪前后，龙虾的数量依然相当丰富，人们可以在桶箍上扎一小张网，里面放块石头坠底，再加一点鱼饵，稍微放低一点，就可以捞起一个又一个的龙虾。男孩们还可以在浅滩上用鱼叉叉龙虾。捕获的龙虾能在漂浮的板条箱中存活数日。但是，在一个只有活龙虾才是唯一好龙虾的时代，运输到市场仍然是主要挑战。活水船解决了这个问题。造船工人在小型船只的货舱里建造了水密舱壁，然后在底板上钻洞，这样含氧的海水可以在内置的水箱之间循环流动。活龙虾可以运输几天甚至几个星期。19世纪初，长岛海峡的活水船渔民将龙虾运往纽约，科德角则为波士顿市场服务。活水船一般是单桅帆船或斯库纳纵帆船。龙虾产量降低的第一个迹象出现在1812年，当时马萨诸塞州普罗文斯敦的选民因为当地龙虾数量的枯竭警铃大作，他们说服州立法机构限制本地水域的龙虾只能由马萨诸塞州居民捕捞。

到了1820年，给城区市场供货的活水船开始频繁光顾缅因州西部的港口，这引起了当地人的强烈抗议。他们在请愿书里提醒立法者，“我们海岸的龙虾会吸引鳕鱼和其他鱼类的到来，并为我们的渔民提供诱饵。”缅因州的立法机构通过了一项法律，禁止非当地居民在没有镇行政委员的许可下在州水域的任何地方捕捞龙虾。随后，人们便争先恐后地申请许可证，新的生意就此起步。随着时间的推移，兼职或老迈的渔民会将捕捉的龙虾贮藏在提前定好的地点，供活水船前来取货。1841年，维纳哈芬的以利沙·奥克斯船长在哈普斯韦尔、缅因州和波士顿之间航行了十次，共运送了35,000只龙虾。到1855年，这种生意已经从新英格兰延伸到新不伦瑞克边界。随着捕鱼压力的增加，由木板条制成、两头是网的半圆柱体龙虾陷阱，逐渐取代了原始的箍网和渔叉。地方控制仍然是常态。到19世纪60年代，龙虾捕捞业的发展扩张吸引了身体健壮的全职渔民，地方则决定谁有权在某些特定的水域捕龙虾。[91]

在19世纪40年代，焊接的圆柱形金属罐，不久之后以“锡罐”而闻名，极大地改变了龙虾生意的性质。缅因州的龙虾罐头厂持续了不到半个世纪，最后一家于

1895 年倒闭。然而，它们对沿海生态系统的影响是直接而持久的。在 19 世纪 20 年代和 30 年代，威廉·安德伍德尝试过用密封玻璃罐包装各种食品来销售，其中包括龙虾。但是障碍重重。他花了几十年的时间进行改良，期间也有竞争对手受其启发。不过，到了 1844 年，安德伍德在缅因州哈普斯韦尔有了一个盈利的龙虾罐头厂。第二年，竞争对手在新不伦瑞克开了一家罐头厂，次年又在新斯科舍开了一家。罐头厂在缅因州迅速发展，包装玉米、龙虾、家禽、汤、鲭鱼、蛤蜊和豆煮玉米。到了 1880 年时，缅因州有 23 家工厂生产罐头食品。箱装的罐头龙虾解决了自中世纪以来一直存在的运输龙虾肉的困难。罐装龙虾给市场带来了革命性的变化。

1879 年之前，还没有龙虾捕捞量的时间数列统计，但“在 80 年代，人们传言，这个行业的高峰在 1870 年左右开始，随即结束，缅因州罐头厂的数量和盈利率都在下降”。在 1880 年，第一次有了可靠的数据记录，缅因州大约包装了 200 万磅的龙虾肉，而这等同于 950 万磅的活龙虾。同年，只有 470 万磅活龙虾卖给了餐馆、旅店和避暑的人们。换句话说，总捕捞量刚好超过 1400 万磅。[92]

在 1880 年的缅因州，捕获 1400 万磅龙虾需要些什么？仔细关注所用的渔船和工具，便能对沿海的生态系统生产力有更深的了解，虽然在过去 40 年里，这个系统已经在龙虾捕捞业的冲击下蹒跚不前。19 世纪晚期的大西洋油鲱、大西洋鲭鱼和大比目鱼捕捞用的是世界上最先进的纵帆船和渔具，与此不同，缅因州的龙虾渔夫在 1880 年完全依靠划艇、小帆船和简单的手工捕捞工具。多产的生态系统弥补了原始工具的不足。

捕龙虾所使用的船只中，最大的当属马斯康格斯湾的船只。这种船除了稳向板上有控制线，其他则类似于后来的“友谊号”单桅纵帆船。1880 年，这些船只长 16—26 英尺，重量在 5 吨以下。船舱小，压舱物上铺地板，驾驶员座舱很大，还有内嵌工作台，船尾呈方形。单人便可一边收放龙虾陷阱一边轻易操控这种马斯康格斯湾单桅纵帆船。有时候则是两个人一起工作。这种设计的船只，长度 18 英尺的花费 80 美元，25 英尺的要 200 美元。1880 年缅因州捕虾船队中平均每个捕虾船设下 58 个陷阱，每个渔夫或每条船使用的捕虾陷阱从 10 个到 125 个不等。作为船队中最大的船只，马斯康格斯湾单桅纵帆船能比小渔船设下更多的陷阱。一些陷阱是单独设置的，有些则用线相连，被渔夫们称作“拖网”。所有的牵引都是用手的，人们知道在水流缓慢、退潮时收网比在涨潮和水流湍急时更省力。渔业委员会的自然学家理查德早在 1880 年就指出，“渔夫们声称他们为了获得相同的产量被迫设下更多的陷阱”，不详的预言成真了。[93]

除了马斯康格斯湾船只以外，一些更简单的“双帆龙虾船”长 14—20 英尺，在 19 世纪七八十年代受到缅因州捕虾人的喜爱。这种船配备主帆横桁帆和前桅斜桁帆，但没有船首斜桅和前帆。船头和船尾都有甲板，侧边有宽阔的防波板，中间留有椭圆形的座舱，也是人和龙虾所在的区域。这些船可以划行也可以张帆，但都不能出海太远。独自操作的捕虾人通常拆下主桅和主帆，只留下前桅斜桁帆。到了捕鱼季，他们又装上主桅。那时，另一种“缅因海域船只”也被捕虾人广泛使用。这些船长约 14 英尺，完全敞开，可以划行也可以张帆。1870 年左右，一种被称为“豆荚船”的艏艉同型船迅速成为近海龙虾捕捞者的最爱，尤其是在佩诺斯科湾。这些船通常只用来划行前进，长约 15.5 英尺，宽 4.5 英尺。龙骨上的摇杆使它们在划桨时非常灵活，在血统上它们是艏艉同型维京船的后代，在恶劣的条件下也应对良好。“豌豆荚”可以容纳一到两个人，外加陷阱网。然而，在佩诺斯科特湾北部一带，捕虾人更喜欢罗斯威角平底货船，船舷重叠，船头尖尖，圆形舱底；船底窄平，船尾狭窄，呈心形。这些船是平底小渔船的时髦变体，长 12—18 英尺，不能保证安全航行，但容易用桨推动。缅因商业捕虾用的最简单的船是普通平底小渔船，14—18 英尺长 ，只要 10 美元就能买到，很结实。1880 年缅因州的龙虾船队还包括 8 艘重达 5—20 吨的“活水船，一般是单桅纵帆船或双桅纵帆船，由它们向罐头工厂和市场中心供应龙虾”。

简单的陷阱跟简单的船相辅相成。最早的是箍网袋，本质上就是一个简单的环（通常是一个大木桶箍，直径 2.5—3 英尺）套一个浅浅的网袋。缅因州美国鱼类委员会的一名工作人员解释说：“两个木制的半圆箍在箍网袋上方弯曲，并在中点以直角交叉，交叉点高出网箍平面约 12 或 15 英寸。有时这些半圆箍被短绳代替。鱼饵悬挂在木箍的交叉点上，用来收放网袋的绳子也固定在同一个地方。”渔夫们会放几块石头用来压网。船员把加饵的箍网袋放到水里，等待一会儿，再把它捞起来就行——通常已捞到一两个龙虾。当然，龙虾来去自如，而且这些人一次只能照料几个网袋。此外，该系统似乎在夜间最有用。所有这些不便带来了板条捕虾器的发展。渔民们认为，龙虾进入这种捕虾器后就出不来了，因此只需要偶尔查看。这种龙虾陷阱由用于石膏墙的粗锯木板条钉成，通常 4 英尺长，2 英尺宽，1.5 英尺高，呈半圆柱体。柱体两端有漏斗形开口，由粗麻绳编织而成，网口逐渐变细，开口处由铁环或木箍箍住。龙虾爬进逐渐变细的漏斗网，穿过环，进入陷阱吃饵。渔民们认为困住的龙虾很难逃脱。最近，这种假设被证明是错误的：龙虾似乎出入自由。尽管如此，在 19 世纪晚期，生态系统的生产效率还是相当高的，以至于用粗糙的板条捕虾器，加几块石头压重，也能成功捕到足够多的龙虾。[94]

舰队的组成和使用的设备刚好解释了这种渔业的近海特性。即使有坚固的船体和平稳的水流，也不可能坐着一艘装满陷阱的沉重的划艇行驶太远的。捕龙虾主要是在夏天，并且在很浅的水里设置陷阱，用手便能将它们拖上来。即便如此，缅因州和加拿大大西洋地区（两个地方捕龙虾设备相似）的渔民也能捕捞到足够的龙虾。几十年来，他们每年为罐头工厂和经销商提供数百万磅的龙虾。但他们抓走了体型最大、最易捕捞的龙虾，剩下的龙虾则一年比一年小，捕捞难度日增。船变大了，陷阱的数量增多，捕捞深度日甚，龙虾数量却日渐缩水。

到 19 世纪 70 年代，人们对龙虾未来的哀叹已随处可见。1872 年，W.L. 法克森写信给马萨诸塞州的渔业专员，说“在过去的十年里，这种珍贵的甲壳类动物在马萨诸塞州水域被紧追不舍。捕获量每年都在迅速下降”。令法克森感到遗憾的是，这个州没有任何法律来保护龙虾，大量“不到一磅的龙虾被售卖，其中还包括许多产卵龙虾”。1873 年，斯宾塞・F. 贝尔德在华盛顿写信给缅因州的渔业专员，提倡禁渔期，并且争论到，“除非做点什么来规范这个分支产业，不然不用多久它就一文不值了。”贝尔德注意到罐头加工的快速扩张，并且承认龙虾储量的下降“来得比预期的要早”。生态系统根本承受不住渔民不间断的索取，没有回弹的潜力。同年，波士顿一家名为约翰逊与杨的公司负责人哀叹，马萨诸塞州的龙虾“捕捞量下降，个头变小”，并指责罐头工厂“无所不用其极，不考虑大小或条件，不给龙虾留下任何生长或繁殖的空间”。[95]

罐头工厂跟新鲜龙虾经销商的利益点有很大分歧。新英格兰北部最早有关龙虾的争论将双方置于对立面。罐头厂经营者同意自 8 月 1 日至 10 月 15 日禁捕龙虾。那段时间罐头厂主要忙于夏季蔬菜的收获，不加工龙虾（一部分龙虾还在脱壳中，不为人喜，被称作“软壳”）。然而，那几个月对于夏季避暑胜地的活龙虾贸易至关重要。这种一个能占满一盘子的、10.5 英尺的动物在这一行业颇受欢迎。而罐头工厂宁愿花更少的钱去买瘦小如虾、还未成熟的“蓝鱼幼鱼”。1872 年，缅因州的立法机关对龙虾业日益严峻的危机做出了回应，禁止留下或买卖“浆果”雌性（雌性龙虾交配之后，会将受精卵排出并携带于腹部外面，看上去像浆果一样）。这条法律可以轻易规避；大胆的渔民只需把受精卵剥离。1874 年，缅因州的立法机构听从了罐头工厂的要求，在 8 月 1 日至 10 月 15 日之间设置禁渔期，禁止捕捞龙虾。同年，马萨诸塞州立法机构，在活龙虾经销商的强力游说下，限定了尺寸，即只能抓捕超过 10.5 英寸的龙虾。1879 年，缅因州也试行了类似的规定，并在 1883 年正式通过 10.5 英寸法。[96]

这些法规昭示了缅因州龙虾罐头工厂衰落的开始，在整个新英格兰也只有这个州还有。在 1889—1892 年之间，龙虾罐头厂的数目从 20 家降低到 11 家。1895 年，罐头龙虾产业在缅因州完全停止了，尽管那时大部分罐头厂的专业技能和资金都迁移到了加拿大东部的沿海省份。到 1885 年，在爱德华王子岛、新不伦瑞克、新斯科舍和魁北克，近 400 家罐头工厂在忙碌地运转着，其中许多是由美国人出资的。到 1892 年，这些省份有超过 600 家龙虾罐头工厂，捕虾人设置了超过 75 万个陷阱为其供货。[97]

罐头工厂很大程度上是罪魁祸首，因为他们倾向于使用未成熟的鱼类。然而，在 19 世纪 70—80 年代，随着龙虾量不断减少，加拿大和新英格兰的捕鱼人几乎违背了每一条保护法案。渔民抗议说，用捕虾器捉龙虾，很难去测量它们的大小。此外，那些肆无忌惮的渔民留下小的龙虾，还剥掉产卵龙虾的卵子，那么为什么别人就要遵守这项法律呢？ 1884 年，一位波士顿警察局长记录道，这个龙虾保护法简直是个笑话：“据一些诚实的经销商说，每次都会捞上很多长度不够的龙虾。”很少会被扔回海里。有一段时间，纽约州没有尺寸限制，于是纽约的活水船就可以在马萨诸塞州或缅因州购买短的龙虾且免于惩罚。一些渔夫将短龙虾的虾尾折下就地在船上煮熟，再把肉卖给游客和夏季避暑的人。大部分人并不觉得这样的行为过分，因为对法律的藐视是如此常见。直到 1887 年，W.H. 普罗克特，马萨诸塞州的渔业代表专员之一，承认限制尺寸的法律对于保护龙虾简直不起作用。逮捕以及拘禁时有发生，但是考虑到以海岸的宽广程度以及所包含的人员数量，逮捕的人数简直是九牛一毛。监察官认为唯一有效的监管规章就是划定禁渔期，在这个时间段之内所有龙虾的捕猎或者售卖都将是违法的。[98]

在 19 世纪 40—50 年代间，加拿大东部的龙虾产业是落后于美国的。直到 1869 年，其价值总量只有 15,275 美元，占新英格兰的一小部分。拉沃伊博士，一个加拿大渔业官员，在 1876 年满怀沉重地注意到：“美国海岸龙虾渔业的破坏给我们以警告，同时也给我们上了一课，我们应当谨记，要尽快调整龙虾捕捞业的经营方式，绝不能拖延。”那时，新不伦瑞克、新斯科舍以及爱德华王子岛的龙虾产业已开始飞速发展。这一产业的价值一下子从 1869 年仅仅超过 1.5 万美元暴涨至 1891 年的 225 万美元。随着收益的增加，龙虾的储量和个体的体型都在下降。来自爱德华王子岛的前一任监察员 J.H. 杜瓦尔，将回报数据制成表格后发现：在 1874 年装满一个罐头需要三只半龙虾，1884 年需要五只，到 1892 年则需要六或七只。[99]

相互佐证的迹象表明了龙虾所处的困境。所有的人都知道捕到龙虾的平均尺寸正如自由落体一般地变小。“当龙虾罐头首次在伊斯特波特出现时，”拉斯本说道，“据说当时龙虾的重量从 3 到 10 磅不等；然而在 3 到 4 年之后，龙虾的平均重量减少到了大约两磅，而在相当长的一段时间内重量低于两磅的龙虾被认为是不适合放进罐头里的。”到 19 世纪 80 年代中期，他收集信息的时候发现大部分仅仅一磅重的龙虾也要被放进罐头中，这个重量的龙虾明显是远未达到性成熟的。专家也认为人们捕捉龙虾所花费的努力正急剧上升。1864 年，在佩诺布斯科特湾西南端的贻贝脊，龙虾数量还十分庞大，每周“三人用 40—50 个捕虾器能够捕捉足够的龙虾，装满一艘活水船直接运往市场”。这些都是用划艇捕捞的。到 1879 年，“为了装满货舱，一艘活鱼舱渔船不得不向 15 个人购买他们的捕获物。”与此同时，龙虾捕捞者已经在越来越深的海域捕捞。“缅因州海岸龙虾减少的证据非常明显，”渔业专员解释说，“但是，捕捞区域迅速延伸到相对较深的水域，看上去减少的迹象不那么明显。”[100]

同样的故事，在同样的十年里，也发生在油鲱和大比目鱼身上。随着需求的增加，渔民加大捕捞压力，很快便开始在更深的水域捕鱼，这是十年前任何人都无法想象的。浅滩上有商业价值物种的匮乏是明显、直接而影响深远的。

缅因州于 1880 年开始持续收集龙虾的捕捞数据。1886 年，龙虾捕捞量有 2300 万磅；1888 年，2170 万磅。1889 年达到高峰，有 2440 万磅。当然那时的每个人都记得，真正的繁荣应追溯到在 19 世纪 70 年代初，远在存有记录之前。不管怎样，龙虾捕捞量在 1889 年之后一直呈螺旋式下降。到 1899 年，捕捞量只有十年前的一半左右。更糟糕的是，设置陷阱的数量几乎是以前的三倍。缅因州的龙虾捕捞量在世纪之交短暂上升，然后在 1905 年降至 1110 万磅，创了新低。在接下来的十年中出现了缓慢的复苏，但到 1919 年，又降至 570 万磅，是 1889 年的四分之一。缅因州的龙虾捕捞量直到 1957 年才再一次达到 1889 年的水平。到那时，投入的努力已经达到天文数字。渔民们拥有更大的机动船和机械拖船，他们设置了 56.5 万个捕虾器，用来捕捉在帆船和划桨时代仅用 12.1 万个捕虾器所捕获的龙虾重量，而当时都是在浅水中用手捞起捕虾器。

在 19 世纪中期，一代人毫无节制的捕捞使缅因州最有价值之一的渔业几被腰斩，尽管市场力量的介入掩盖了对生态的破坏。虽然缅因州的龙虾捕获量从

1889年到1898年下降了50%，但在1898年，捕虾业仍然是该州利润最高的渔业，总收入为937,239美元。随着供应下降，渔民的报价增高。渔民的境况并不像底栖生物群落那么窘迫，尽管到1898年，缅因州每只捕虾器捕获的龙虾平均重量只有78磅，而仅12年前则为136磅。在这种人与自然相结合的双重系统中，对人类来说最重要的是利润。到1900年，“渔民们对龙虾渔业的现状表示非常满意。”尽管离1886年的产量还很远，但他们捕虾器的产量已经比前一年有所提高。更重要的是，缅因州渔民的总收益增加了66,059美元，增长了近7%。这种满意模糊了人们对仅仅15年前该系统生产力有多高的记忆。[101]

加拿大东部的龙虾传奇紧随缅因州之后。1886年，新不伦瑞克、新斯科舍省和爱德华王子岛（但不包括当时还不是加拿大一部分的纽芬兰）的龙虾捕捞量达到前所未有的高度，大约是15,286公吨，相当于3370万磅，几乎是当年缅因州捕捞量的1.5倍。每个人都知道大海无法承受如此严峻的捕捞压力。新斯科舍的渔业检查员W.H. 罗杰斯在1889年提到“自然资源的供应正面临着过度使用的问题”。第二年，爱德华王子岛的检查员杜瓦尔写道：“龙虾产业又朝着提早灭绝的方向迈进了一年。”1886年，布雷顿角的渔业官员A.C. 伯特伦称龙虾业已经达到了“扩张的极限”。加拿大最高的龙虾捕捞量出现在1898年。随后龙虾的储量逐步降低，捕捞量几乎稳定地下降了20年，在1918年数量跌至最低，并且一直保持很低的位置，直到20世纪50年代。据报道，加拿大东部龙虾的总数直到1987年才达到1898年的水平——接近90年的下跌。当然到那时，为了捕捞龙虾所付出的努力呈指数级增长，沿海生态系统的性质也已经发生了巨大的改变。[102]

从一个系统中移除生物会改变生态系统的结构和功能，最终影响系统提供资源和服务的能力。每个渔民都会注意到许多有价值生物的地域分布是如何变化的；很明显，这些生物已经“撤退”到更深的水域，或者放弃了以前常常光顾的海岸和海湾。因此，海洋群落的构成在一个非常紧缩的时间框架内发生了巨大的变化，包括埃格莫金河段或贻贝脊海峡这样的狭窄海域以及乔治浅滩这样的巨大水下高原。例如，大部分大比目鱼和龙虾的移除——包括这些物种几乎所有的大型个体——会影响底栖海洋生态系统中捕食者和猎物关系的性质。成年龙虾捕食螃蟹、软体动物、蠕虫、端足类动物、海胆、海藻和一些鱼类。反过来，龙虾又被鳐鱼、螃蟹、鲨鱼和许多鱼类捕食，包括鳕鱼、美洲鮟鱇、狼鱼、裸首梳唇隆头鱼和海鲈鱼。从这种生态体系中除去龙虾将会影响整个食物网。大比目鱼最终几乎被灭绝。它们的生态位后来被其他物种占据，大比目鱼再也没有在底栖生态系统中站稳脚跟，即使它们在底栖生态系统中作为顶级捕食者已经有上千年的历史了。其他由人类活动诱导或加速的波动则较难确定。例如，正常情况下大西洋油鲱是对水质起过滤作用的，由于多年缺少大西洋油鲱，缅因湾部分地区的海水浑浊度因此可能有所增加。然而，大西洋油鲱于 1890 年突然莫名其妙地回到缅因州沿海地区，尽管大西洋鲭鱼和龙虾的数量持续下降，这至少表明，该系统的某些方面可能会自我修复。毋庸置疑，自 1900 年开始，缅因湾和加拿大东部浅水海域中自然生物的多样性、年龄分布和地理分布已经受到人类活动的显著影响。[103]

在 19 世纪末，商业捕捞压力将相当大的生物量从西北大西洋生态系统移除，而其影响还没有完全被理解。不仅鳕鱼捕捞业持续每年清除成千上百万公吨的鳕鱼，而且针对大西洋油鲱、大西洋鲭鱼、大比目鱼、黑线鳕和龙虾的新兴强劲渔业也从该系统中捞走了大量的生物。这种清除是如何影响营养循环和初级生产力的，还无法准确测量，更别提对人类需要的更高级生物体生产力的影响。从长远的生态系统弹性和生产力的角度来看，很难想象这些变化会没有影响。19 世纪后期，一些观察者也不认为海洋自然系统高深莫测或永恒不朽，但他们却是以相当机械的线性思维方式来理解它。1897 年，美国当时最著名的龙虾生物学家弗朗西斯 · H. 赫里克教授指出，"龙虾产业日渐衰败，而这正是由于过去 25 年间人们坚持不懈地捕捞龙虾造成的。"他认为捕杀更少的龙虾将允许更多的龙虾繁殖，带来更大的龙虾储量，供渔民们从中捕捞。[104]

海洋生态系统在多个时间尺度起作用，如潮汐、季节和生命周期（根据生物体的不同，从几天到几十年不等），并受到代际振荡影响，例如北大西洋涛动。没有所谓的"正常"。面对 19 世纪 70、80 和 90 年代大西洋油鲱、大西洋鲭鱼、大比目鱼和龙虾储量的连环崩塌，哪怕是渔业领域或渔业专员中最杰出、最聪明的人也想象不到，人类行为在十年之内对某一部分生态系统的影响会在几十年后才显现出来，甚至可能影响到另一部分的生态系统。受可使用的工具所限，以及困于对那个时代的种种假设，包括对客观科学调查的全新信念，他们无法凭想象就做好准备，去应对周围海域发生的变化。

1885 年，当拉斯本试图"不带任何偏见或任何不当评论"地呈现他有关"龙虾的相对丰度"的发现时，他那强装的镇静恰恰反映了资源的耗竭是如何迅速地席卷并震惊了科学、管理和渔业群体。他不允许自己发出不适宜的警报。在重申了关于龙虾储量下降的情况后，他冷静应对道："唯一令人满意的确定方法是在国家政府或几州的授权下对整个龙虾区域进行彻底的谨慎的调查。"[105]18 世纪 90 年代初，随着大西洋鲭鱼、龙虾和大比目鱼的数量大幅下降，禁止在春季捕捞鲭鱼的联邦法规也将于 1892 年 1 月过期。捕鱼业会毫无限制地重新开展吗？又有什么会影响这一场博弈呢？

尽管颁发了大西洋鲭鱼保护法，美国最受欢迎的食用鱼数量仍在持续下降。从 1884 年到 1888 年，美国和加拿大渔民每年捕获的大西洋鲭鱼已经从 478,000 桶下降到 48,000 桶，下降了 90%。1890 年的捕获量比自 1812 年战争以来的每一年都低，1812 年的商业鲭鱼捕捞用的还是汲钩手钓，且仍处于起步阶段。此外，当时有英国舰队封锁了海岸，渔民被团团困住，留在港口。禁渔期批评者指出自从这条法规实施以来，从 1887 年到 1890 年，捕鱼量持续恶化。尽管 1891 年到 1892 年有缓慢上升，但在五年禁渔期试验阶段后期的捕鱼量还是低于自 1817 年的任何一年。这对美国最赚钱的渔业来说已经是一场灾难了。

怀疑者坚持认为五年间捕鱼压力的减少对增补鲭鱼的储量没有任何影响。罗德岛渔业专员 J.M.K. 索斯威克认为"要想为这种压制性的法律辩护，须得证明自由捕捞对一些人或事造成了伤害，或者对鱼类造成了伤害"。在索斯威克看来，渔民无法消灭鱼类，就和不胜其扰的人类不能消灭蚊子一样。"海里鱼的数量和昆虫的数量一样，比我们想象得多得多，任何立法行为都不会对其产生影响。"他认为所有对捕鱼的妨碍都是在剥夺辛勤工作的美国人应得的利益。议会上很多议员都赞同，禁止人们在春季捕捞大西洋鲭鱼的联邦禁令没有持续下去。与此同时，渔民对其他的限制也不予理睬，比如缅因州禁止晚上在州水域内捕鱼的规定。只要能捕到大西洋鲭鱼，不管在哪里，充满渴望的渔民都会去寻觅。[106]

1892 年，来自鱼油肥料行业的资本家不仅出力破坏了延续大西洋鲭鱼禁渔季的意图，并且暗中布局，为己谋利。拉帕姆法案，其命名来自罗德岛连任两届、并不出名的民主党议员奥斯卡・拉帕姆，此人代表鲱油肥料行业的利益提出该项法案，试图将海岸捕捞的控制权由州政府转移至联邦。鱼油肥料行业利益者理所当然地认为，向议会施加影响，开放近海水域进行商业捕捞，要比一一游说州立法机构简单得多。拉帕姆法案支持者声称具备更高的学识，且科学和进步都在自己这一阵营，他们集结了相当壮观的一支证人队伍来到华盛顿作证，其中包括美国渔业委员会主席、著名报纸编辑、波士顿费城和纽约鱼类批发协会代表、格洛斯特和其他城市贸易委员会发言人、鱼油业代表团、肥料产业利益者、鞋和棉花贸易和渔网协会等。站在他们和他们庞大的经济资源对面的是几个来自缅因州和马萨诸塞州的议员、一名由缅因州沿海渔业委员会聘请的律师和一位缅因州渔业专员，代表渔船和渔民的权益，资源十分有限。这似乎是一场典型的“大卫对歌利亚式”斗争。[107]

拉帕姆法案将给各州对渔业的控制带来一场革命，正如批评者所指出的那样，“使渔业完全开放，遭受不分青红皂白的屠杀。”拉帕姆法案的提出者和推动者是来自罗德岛蒂弗顿的丘奇兄弟，这已是公开的秘密。他们也是一些人眼中已经定罪的罪犯。因为在1889年，他们的油鲱轮船被抓到在马萨诸塞州非法用围网捕捞大西洋油鲱。丘奇家族被地方法院定罪以后，他们上诉到马萨诸塞州最高法院，最后又上诉至美国最高法院。全部败诉后，他们下定决心重新制定游戏规则，避开那些让自己船长陷入麻烦的繁琐的州禁令。丘奇家族和其他鱼油肥料行业的人认为所有没有被捕到的鱼都是对资源的浪费，并且海岸生态系统中的鱼应当是先到先得，不该受到政府干预和限制。反对者担心如果通过了拉帕姆法案，不仅会让规定集群鱼类捕捞的法律失效，比如大西洋油鲱和大西洋鲭鱼，还很可能被应用到牡蛎、灰西鲱、鲑鱼、美洲西鲱和其他鱼类上。

接替斯宾塞·F. 贝尔德担任新一任美国渔业委员会主席的马歇尔·麦克唐纳支持这项法案，不仅是出于简化监管和提高渔业委员会影响力的目的，而且还因为他坚信应该解除监管，并扩张美国的商业渔业。一位批评者对于贝尔德死后的“委员会政策的根本变化”表示哀悼，并指出在早期，渔业委员会一直致力于“保护自然财富”和“维护消费者的利益”。相比之下，委员会最近的报告“将最高的赞誉留给了捕杀最多鱼类的那些人……所有使用破坏力更高的设备的行为都受到热烈欢迎……不管最终的稀缺、不在意对可靠的渔民的附带伤害，这些都丝毫不会影响到聪明至此的报告者”。出于对有价值的鱼类日益减少的担心，美国于1871年成立渔业委员会。而麦克唐纳专员支持拉帕姆法案的决心表明了立场，与其说他是濒危资源的受托人，不如说他是行业扩张的倡导者。[108]

环境保护主义者则认为各州控制沿海水域对保护海洋资源更有利。反对该法案的律师查尔斯·F. 钱伯尔莱恩称，各州在保护公民赖以生存的资源方面一直保持警惕，他认为，就各州而言，“目的始终是一样的，那就是保护；要防范的危险也是一样的，那就是滥杀滥捕导致的灭绝。”他的解释或许并不完全符合事实，但他和他的盟友们担心情况会变得更糟。钱伯尔莱恩援引各州在没有联邦政府干预的情况下管理本州资源的权利，描绘了一幅残酷画面，解释法案通过后将会发生什么。“国会会向所有人开放切萨皮克湾，会毁灭新英格兰的所有鲱鱼渔业，并把所有产卵期的食用鱼都扫进鱼肥料粉碎机。”[109]

反对者直接表明“有组织的资金，数额高达数百万美元，在沿岸地区无组织的、贫穷的渔民对面排兵布阵”。“油鲱信托”（反对者嘲讽鱼油和肥料行业的说法）规模庞大，游说者众多。他们在国家层面上组织有序，州层面上，随着新泽西美国渔业公司合并，也将在几年内愈加有影响力。1898 年，这家公司用一千万美元的资本，收购了长岛东部的油鲱船队和工厂。其主要股东包括来自所谓“糖托”（美国制糖公司）的约翰·E. 西尔斯。标准石油公司也拥有相当大的股份，他们设计出了一种混合石油垃圾和鲱油来生产灯油的方法。鲱油和肥料行业的利益者富可敌国，有组织、政治背景复杂，并且习惯于获胜。他们经营着美国唯一的渔业工业，因为大西洋油鲱是唯一的常规使用蒸汽船捕捞的鱼，而且是极少数由工厂加工的鱼类之一（除了鱼油肥料加工厂，龙虾和沙丁鱼罐头厂是唯一加工海鲜的工厂）。拉帕姆法案将为工业捕鱼打开大门。[110]

面对可能的后果，缅因州渔业长官埃德温·W. 古德尖锐地提出了谨慎捕捞的理由。古德抨击“油鲱信托”和美国渔业委员会之间的邪恶联盟。油鲱利益者反对所有的规定，担心对大西洋鲭鱼捕捞的限制将导致对大西洋油鲱的限制。“他们的观点总是那么几个，简单至极，”古德写道。“对他们来说，鱼有着无限的繁殖力，人类的任何行动都不会对结果产生明显的影响。”古德阐明了在他看来应该指导渔业政策的基本原则。“鱼类的繁殖力不是人类贪婪的说辞。”然后，“依法捕捞以提供必要的保护。”此外，“大西洋油鲱捕捞业有可能而且确实减少了供应。”增加的努力和减少的捕捞量就证明了这一点。他指出，“比起 1874 年，在 1881 年要花上三倍的人力和三倍的轮船，才能获得更少的鱼以及只有三分之一的鱼油。”[111]

古德通过引用历史的教训，指责美国渔业委员会和“油鲱信托”对“最终的稀缺”视而不见。“也许那些使我们的野牛成为回忆的人认为，由于大草原上有大量的牛群，任何为了兽皮的狩猎都不可能对供应产生实质性影响。那些几乎终结了鲸鱼捕捞业的人可能感觉，鲸鱼能够逃到难以接近的深处，这给他们提供了避难所，也限制了人类力量可能产生的后果。阿留申群岛外的加拿大海豹捕捉者可能会感到一种沉静的信心，认为他们是在无限供应的领域上作业。这是同一个老掉牙的故事。水牛离开了，鲸鱼消失了，海豹捕捞业面临毁灭的威胁。”对古德来说，情况很明了：“鱼类需要保护。”[112]

古德和他的盟友赢得了战斗，却输掉了战争。国会选择不将州控制权移交给联邦政府，但主要论据是各州的权利而不是渔业保护。与此同时，大西洋鲭鱼的捕获量仍然很低，批评者继续抗议。“大自然把它们馈赠给我们”，1983 年，一位关注大西洋鲭鱼供应量的科学家写道，“我们应当从它们的到来中获利；但我们不能不合时宜地或者用违背自然的方法来捕捞它们。”1901 年，一位批评者指责“信托的贪婪”破坏了鲭鱼产业。在他看来，“鲭鱼产业的衰落主要是由于捕捞方法的问题，而真正的原因是立法不足和执法不严。”[113]

到那时，美国鱼类委员会已经成立 30 年了，能够参考大量的出版物、报告和公告——自然科学和“鱼类经济学”的研究，或者是渔业的社会科学。与 30 年前相比，人们对鱼类和渔业的了解要多得多，但尽管联邦鱼类委员会和各州渔业委员会展开了不懈的工作，许多鱼类的数量还是在持续下降。虽然个别渔业，例如大西洋鲭鱼产业，面临灾难性损失，但大多数渔业，例如龙虾和大西洋油鲱，都通过提升价格找到了对生态枯竭的补偿。市场掩盖了糟糕的局面。

大西洋油鲱、大西洋鲭鱼、大比目鱼和龙虾数量几乎在同一时间崩溃，当时的评论家们却漏掉了一点可以从中吸取的教训。这四种渔业代表了范围极广的各种装备、器具和船只，跨度如此之广以至于几乎不值得放在一起讨论。龙虾捕捞者在平底小渔船、豆荚船和各种小帆船上捕捞龙虾，在浅水处用手拖放自制的捕虾器。大比目鱼和大西洋鲭鱼的捕捞者驾驶着当时世界上最好的帆船动力渔船——斯库纳纵帆船，在恶劣的条件下航行，在极深水域捕捞。大西洋油鲱捕捞者是未来渔业工业的先驱。他们的蒸汽船、巨大的有环围网、蒸汽驱动的起重设备以及鱼类运输的目的地——加工厂，所代表的工业巨人跟独自一人划着小舟乘风破浪的捕虾人似乎是最遥远的两个极端。当然，决定一个物种，例如龙虾或大比目鱼是否会灭绝的不是工具，而是在背后驱动的观念，一种认知，认为大自然独立于人类存在，认为生态枯竭自然会伴随经济扩张而来，但永恒的大海总会从人类带来的灾难中自我缓解。世纪之交时，美国和加拿大的渔民代表着社会的价值观、梦想和野心，他们在村庄、公司和信托层面追求短期利益和资本积累，用豆荚船和轮船捞空海岸资源。清算日的到来一再被推迟，尽管预见到后果的埃德温·古德和志同道合的环保主义者们频频发出哀叹。

参考文献：

1. B. W. Counce, "Report of the Commissioner," in *MeFCR* (Augusta, 1888), 37.
2. "Mackerel from Ireland," *NYT*, December 7, 1888.
3. Occasional exceptions existed, notably for preserved specialty items such as sardines from France and Portugal.
4. Bruce Robertson, "Perils of the Sea," in *Picturing Old New England: Image and Memory*, ed. William H. Truettner and Roger B. Stein (New Haven, 1999), 143–170; Wayne M. O'Leary, *Maine Sea Fisheries: The Rise and Fall of a Native Industry, 1830–1890* (Boston, 1996).
5. *First Annual Report of the Bureau of Industrial and Labor Statistics for the State of Maine,* 1887 (Augusta, 1888), 112–113.
6. Ibid., 111; Francis Byron Greene, *History of Boothbay, Southport and Southport Harbor, Maine* (1906; reprint, Somersworth, N.H., 1984), 370–371.
7. H. Bruce Franklin, *The Most Important Fish in the Sea: Menhaden and America* (Washington, D.C., 2007).
8. *FFIUS*, sec. V, 1:369; "The Way Menhaden Oil Is Made," *Scientific American*, September 27, 1862, 198.
9. Quotations from affidavit of Amos Rowe Jr. (1865), chap. 212, MSA. Numerous petitions, ibid.
10. Quotation from petition of citizens of Lakeville (1865), ibid. All of the petitions can be found in chap. 212, MSA.
11. Report by Mr. Lapham from the Committee on Fisheries re bill S. 155, *Senate Report No. 706*, 48th Cong., 1st. sess. (June 17, 1884), p. II; *The Menhaden Fishery of Maine, with Statistical and Historical Details, Its Relation to Agriculture, and as a Direct Source of Human Food* (Portland, 1878), 27; Douglas S. Vaughan and Joseph W. Smith, "Reconstructing Historical Commercial Landings of Atlantic Menhaden," SEDAR (Southeast Data Assessment and Review) 20-DW02 (North Charleston, S.C., June 2009), South Atlantic Fishery Management Council, NOAA.
12. Bruce B. Collette and Grace Klein-MacPhee, eds., *Bigelow and Schroeder's Fishes of the Gulf of Maine*, 3d ed. (Washington D.C., 2002), 133–135; Report by Mr.

Lapham from the Committee on Fisheries, p. XII; *Menhaden Fishery of Maine*, 27.

13. Samuel Adams Drake, *Nooks and Corners of the New England Coast* (New York, 1875), 89; *MeFCR* (Augusta, 1878), 19.
14. *Menhaden Fishery of Maine*, 46–47, 26–27; O'Leary, *Maine Sea Fisheries*, 197–214; Depositions of Lewis Whitten, William Maddocks, and Jordan R. Blake (May 23, 1877), Testimony of Captains Involved in the North Atlantic Commercial Fishery, Mss. 375, box 1, folder 5, Peabody Essex Museum Library, Salem, Mass.
15. Report by Mr. Lapham from the Committee on Fisheries, pp. X–XII.
16. Collette and Klein-MacPhee, *Bigelow and Schroeder's Fishes of the Gulf of Maine*, 163–166; H. W. Small, *A History of Swans Island, Maine* (Ellsworth, Maine, 1898), 193–194.
17. "The Menhaden Industry," *NYT*, January 15, 1880, 8; Jianguo Liu et al., "Complexity of Coupled Human and Natural Systems," *Science* 317 (September 14, 2007), 1513–1516; Vaughan and Smith, "Reconstructing Historical Commercial Landings of Atlantic Menhaden," table 6. During the years 1878–1938, landings were less than those of 1878 for thirty-one years, and greater for eleven years. No data exist for the other years.
18. "The Menhaden Industry," *NYT*, January 15, 1880, 8; *Bulletin of the United States Fish Commission Vol. III for 1883* (Washington, D.C., 1883), 463.
19. Report by Mr. Lapham from the Committee on Fisheries, 20.
20. "Protecting the Food Fish," *NYT*, September 7, 1882, 2; "Questions of Food Fish," *NYT*, September 10, 1882, 8; "The Menhaden Fisheries," *NYT*, September 24, 1882, 3; Collette and Klein-MacPhee, *Bigelow and Schroeder's Fishes of the Gulf of Maine*, 134.
21. *FFIUS,* sec. V, 1:335, 355–356; Testimony taken under Senate Resolution of July 26, 1882, in Report by Mr. Lapham from the Committee on Fisheries, pp. 2, 13, 17–18.
22. Ray Hilborn and Carl J. Walters, *Quantitative Fisheries Stock Assessment: Choice, Dynamics and Uncertainty* (Boston, 2001).
23. Report by Mr. Lapham from the Committee on Fisheries, p. VI.
24. Ibid., pp. XX–XXI, 37.
25. Ibid, p. II.

26. Testimony taken under Senate Resolution of July 26, 1882, 19–21.
27. Report by Mr. Lapham from the Committee on Fisheries, pp. XXII–XXIII.
28. Ibid., pp. II–III, XIX.
29. MHMF, 104; Deposition of Peter Sinclair (September 3, 1877), Testimony of Captains Involved in the North Atlantic Commercial Fishery, Mss. 375, box 1, folder 4, Peabody Essex Museum; Deposition of James L. Anderson, September 3, 1877, ibid., folder 1; Shebnah Rich, *The Mackerel Fishery of North America: Its Perils and Its Rescue. A Lecture Read before the Massachusetts Fish and Game Commission of Boston* (Boston, 1879), 23; "Partial Failure of the Mackerel Fishery," *NYT*, October 28, 1872; R. E. Earll, "Statistics of the Mackerel Fishery," in *FFIUS*, sec. V, 1:304. The classic study linking ecology, economic production, and the law remains Arthur F. McEvoy, *The Fisherman's Problem: Ecology and Law in the California Fisheries, 1850–1980* (Cambridge, 1986).
30. G. Brown Goode and J. W. Collins, "The Mackerel Fishery of the United States," in *FFIUS*, sec. V, 1:247–304.
31. Goode and Collins, "Mackerel Fishery of the United States," 248; Rich, *Mackerel Fishery of North America*, 15; W. M. P. Dunne, *Thomas F. McManus and the American Fishing Schooners: An Irish-American Success Story* (Mystic, Conn., 1994).
32. *FFIUS*, sec. V, 1:265–266.
33. Ibid., 262.
34. Ibid., 274–275.
35. Ibid., 266.
36. Ibid., 303; MHMF, 212; Rich, *Mackerel Fishery of North America*, 20–21.
37. "Innovation in Mackerel Fishing," *NYT*, July 11, 1882, 2.
38. "The Destruction of Mackerel," *NYT*, October 22, 1882, 13.
39. "To Catch Mackerel Only," *NYT*, August 21, 1885, 1; "The Fisheries of Massachusetts," *Fishing Gazette* 20, no. 30 (July 25, 1903), 581.
40. J. W. Collins to Hon. Clifton R. Breckinridge (February 17, 1886), in *Statements to the Committee of Ways and Means on the Morrison Tariff Bill, and on the Hewitt Administrative Bill, the Hawaiian Treaty, Etc.*, 49th Cong., 1st. sess. (Washington, D.C., 1886), 51–54; Unpublished Hearings before the Senate Committee on

Fisheries re bill HR 5538, An Act relating to the importing and landing of mackerel caught during the spawning season, *U.S. Congressional Record*, 49th Cong., 1st sess. (June 1 and June 29, 1886), 238.

41. Unpublished Hearings before the Senate Committee on Fisheries re bill HR 5538, 122–123, 132, 213, 218.
42. *Bulletin of the United States Fish Commission Vol. I for 1881* (Washington, D.C., 1882), 339; Unpublished Hearings before the Senate Committee on Fisheries re bill HR 5538, 185–187.
43. Unpublished Hearings before the Senate Committee on Fisheries re bill HR 5538, 193–195, 212.
44. Ibid., 4–9, 28–33; "Mackerel Catchers Alarmed," *NYT*, May 26, 1886, 2; "The Supply of Mackerel," *NYT*, May 28, 1886, 4.
45. *U.S. Congressional Record* 17, 49th Cong., 1st sess. (1886), 4779–4782; Unpublished Hearings before the U.S. Senate Committee on Fisheries re bill HR 5538, 244; "Food from the Waters," *NYT*, June 27, 1886, 10.
46. *U.S. Congressional Record* 17 (1886), 4779; James Grant, *Mr. Speaker! The Life and Times of Thomas B. Reed, the Man Who Broke the Filibuster* (New York, 2011).
47. *U.S. Congressional Record* 17 (1886), 4779–4780.
48. Unpublished Hearings before the U.S. Senate Committee on Fisheries re bill HR 5538, 85, 92, 97.
49. *U.S. Congressional Record* 17 (1886), 4783.
50. Ibid.
51. *Bulletin of the United States Fish Commission Vol. VI, for 1886* (Washington, D.C., 1887), 406–407.
52. *First Annual Report of Maine Bureau of Industrial and Labor Statistics, 1887,* 113–115; Small, History of Swans Island, 185–194.
53. Unpublished Hearings before the Senate Committee on Fisheries re bill HR 5538, 40.
54. *Congressional Serial Set*, vol. 2365, session vol. 11, Senate Report No. 1592, 49th Cong., 1st sess. (1886); "The Mackerel Bill," *NYT*, February 12, 1887, 4.
55. "Mackerel from Ireland," *NYT*, December 7, 1888, 3.

56. John Molloy, *The Irish Mackerel Fishery and the Making of an Industry* (Galway, 2004), 32–33.
57. Molloy, *Irish Mackerel Fishery*, 34–36; Séamus Fitzgerald, *Mackerel and the Making of Baltimore, County Cork*, Maynooth Studies in Local History No. 22 (Dublin, 1999), 10–13; *Regulation of the Fisheries Hearings before the U.S. House Committee on Merchant Marine and Fisheries,* 52nd. Cong., 1st. sess. (February 9, 17, 18, 24 and March 2, 16, 1892) (Washington, D.C., 1892), 92–93.
58. Fitzgerald, *Mackerel and the Making of Baltimore*, 13.
59. Ibid., 19, 22–23; "Mackerel from Ireland," *NYT*, December 7, 1888, 3.
60. Fitzgerald, *Mackerel and the Making of Baltimore*, 23–25, 54–55; "The Irish Mackerel Catch," *NYT*, August 25, 1891, 1; "Heavy Haul of Mackerel near Skull," *NYT*, September 23, 1894, 9.
61. "A Long Trip for Mackerel," *NYT*, September 28, 1889, 4; USCFF, *Part XVII. Report of the Commissioner for 1889 to 1891* (Washington, D.C., 1893), 203.
62. MHMF, 170–171, 324–325, 429–430.
63. MHMF, 242; Charles H. Stevenson, "A Review of the Foreign-Fishery Trade of the United States," in USCFF, *Part XX. Report of the Commissioner for the Year Ending June 30, 1894* (Washington, D.C., 1896), 431–571.
64. Stevenson, "Review of the Foreign-Fishery Trade," 436–447.
65. Ibid., 444–451, 464, 487.
66. "The African Mackerel," *NYT*, February 23, 1890, 8.
67. Henry B. Bigelow and William C. Schroeder, *Fishes of the Gulf of Maine* (Washington, D.C., 1953), 249–252; *FFIUS*, sec. V, 1:37.
68. Glenn M. Grasso, "What Appeared Limitless Plenty: The Rise and Fall of the Nineteenth Century Atlantic Halibut Fishery," *Environmental History* 13 (January 2008), 66–91.
69. *FFIUS*, sec. V, 1:30–37.
70. Grasso, "What Appeared Limitless Plenty," 71–72; *FFIUS*, sec. V, 1:37.
71. Grasso, "What Appeared Limitless Plenty," 72.
72. *FFIUS*, sec. V, 1:3–16.
73. Grasso, "What Appeared Limitless Plenty," 74; Edward A. Ackerman, *New England's Fishing Industry* (Chicago, 1941), 78, 214.

74. Grasso, "What Appeared Limitless Plenty," 77.
75. *FFIUS*, sec. V, 1:23; Mike Hagler, "Deforestation of the Deep: Fishing and the State of the Oceans," *The Ecologist* 25, no. 2/3 (March/April, May/June 1995), 74–79.
76. Grasso, "What Appeared Limitless Plenty," 77; *FFIUS*, sec. V, 1:32–34.
77. *FFIUS*, sec. V, 1:32–37; Grasso, "What Appeared Limitless Plenty," 66; Lorenzo Sabine, *Report on the Principal Fisheries of the American Seas: Prepared for the Treasury Department of the United States* (Washington, D.C., 1853), 197.
78. *FFIUS*, sec. V, 1:42–43, 58.
79. Ibid., 91–92.
80. A. Thorsteinson, "American Halibut Fisheries near Iceland," in *Bulletin of the U.S. Fish Commission Vol. V, for 1885* (Washington, D.C., 1885), 429; *FFIUS*, sec. V, 1:24, 33–34.
81. Thorsteinson, "American Halibut Fishers near Iceland," 429.
82. USCFF, *Part XIII. Report of the Commissioner for 1885* (Washington, D.C., 1887), xx–xxi, li–lii.
83. USCFF, *Part XVI. Report of the Commissioner for 1888* (Washington, D.C., 1892), 289–325; *FFIUS*, sec. V, 1:3; USCFF, *Part XXVII. Report of the Commissioner for the Year Ending June 30, 1902* (Washington, D.C., 1904), 149.
84. *FFIUS*, sec. V, 1:118.
85. Ibid., 90–91; Dean Conrad Allard Jr., *Spencer Fullerton Baird and the U.S. Fish Commission* (New York, 1978), 317–342.
86. Department of Commerce and Labor, *Report of the Bureau of Fisheries 1904* (Washington, D.C., 1905), 282; A. B. Alexander, "Notes on the Halibut Fishery of the Northwest Coast in 1895," in *Bulletin of the U.S. Fish Commission Vol. XVII, for 1897* (Washington, D.C., 1898), 141–144; Bureau of Fisheries, *Report of the U.S. Commissioner of Fisheries for the Fiscal Year 1918 with Appendixes* (Washington, D.C., 1920), 92–93.
87. *FFIUS*, sec. V, 1:5–6.
88. Ibid., 43–44, 60; Spencer F. Baird, *Report on the Condition of the Sea Fisheries of the South Coast of New England in 1871 and 1872* (Washington, D.C., 1873), 120.

89. Richard Hakluyt, *The Principal Navigations, Voyages, Traffiques & Discoveries of the English Nation*, 8 vols., ed. Ernest Rhys (London, 1907), 5:346; George Parker Winship, ed., *Sailors' Narratives of Voyages along the New England Coast, 1524–1624* (1905; reprint, New York, 1968), 182–183.
90. Kenneth R. Martin and Nathan R. Lipfert, *Lobstering and the Maine Coast* (Bath, Maine, 1985), provides the best overview of the American lobster fishery. See also John N. Cobb, "The Lobster Fishery of Maine," in *Bulletin of the United States Fish Commission Vol. XIX, for 1899* (Washington, D.C., 1900), 241–265.
91. Martin and Lipfert, *Lobstering and the Maine Coast*, 13–21; Richard W. Judd, *Common Lands, Common People: The Origins of Conservation in Northern New England* (Cambridge, Mass., 1997), 247.
92. Martin and Lipfert, *Lobstering and the Maine Coast*, 31–35.
93. Richard Rathbun, "The Lobster Fishery," in *FFIUS*, sec. V, 2:658–794, quotations on 669–678, 771.
94. Cobb, "Lobster Fishery of Maine," 241–265, quotations on 246–247.
95. *MFCR* (Boston, 1873), 29; *MFCR* (Boston, 1887), 20; *MFCR* (Boston, 1874), 46– 47.
96. Judd, *Common Lands, Common People,* 247–262.
97. *Report on the Lobster Industry of Canada, 1892, Supplement to 25th Annual Report of the Department of Marine and Fisheries* (Ottawa, 1893), 22–23.
98. Rathbun, "The Lobster Fishery," 725; *MFCR* (Boston, 1885), 21; *MFCR* (Boston, 1888), 18–21.
99. *Report on the Lobster Industry of Canada*, 1892, 5–8.
100. Ibid., 9; Rathbun, "The Lobster Fishery," 691; *MeFCR* (Augusta, 1886), 29.
101. "Historical Summary of the Maine Lobster Fishery," Maine Department of Marine Resources, www.maine.gov/dmr/rm/lobster/lobdata.htm (accessed July 29, 2011); *MeSSF* (Augusta, 1898), 7; *MeSSF* (Augusta, 1901), 17–18; Cobb, "Lobster Fishery of Maine."
102. *Report on the Lobster Industry of Canada, 1892*, 24–29; D. S. Pezzack, "A Review of Lobster (*Homarus americanus*) Landing Trends in the Northwest Atlantic, 1947–86," *Journal of Northwest Atlantic Fisheries Science* 14 (1992), 115–127.

103. *MeFCR* (Augusta, 1891), 29.
104. *Bulletin of the United States Fish Commission Vol. XVII, for 1897*, 217–224.
105. Rathbun, "The Lobster Fishery," 696–699.
106. "Mackerel Disappearing," *NYT*, July 6, 1889, 2: J. M. K. Southwick, "Our Ocean Fishes and the Effect of Legislation upon the Fisheries," in *Bulletin of the United States Fish Commission Vol. XIII, for 1893* (Washington, D.C., 1894), 40–41.
107. *MeFCR* (Augusta, 1892), 26, 31–33.
108. Charles F. Chamberlayne, *"State Rights in State Fisheries": An Argument by Charles F. Chamberlayne, Esq., of Boston, Mass., as Counsel for the Commission of Sea and Shore Fisheries of Maine, before the Committee on Merchant Marine and Fisheries February 24, 1892 in Opposition to the "Lapham Bill" to Permit Seining for Mackerel and Menhaden in State Waters Contrary to State Law* (Washington, D.C., 1892); *MeFCR* (Augusta, 1892), 41–43.
109. Chamberlayne, "State Rights in State Fisheries," 3, 35–36.
110. "Memorial of the Commission of Sea and Shore Fisheries of the State of Maine Remonstrating against the Lapham Bill," *Congressional Serial Set*, vol. 2904, session vol. 2, 52d Cong., 1st sess., Senate Misc. Doc. 96 (March 14, 1892), 4; "A Menhaden Trust," *NYT*, December 22, 1897, 1; "American Fisheries Company," *NYT*, January 9, 1898, 1.
111. "Memorial of the Commission of Sea and Shore Fisheries of the State of Maine Remonstrating against the Lapham Bill," 8, 23.
112. *MeFCR* (Augusta, 1892), 40–43; "Memorial of the Commission of Sea and Shore Fisheries of the State of Maine Remonstrating Against the Lapham Bill," 9, 11.
113. Robert F. Walsh, "Conservation of the Mackerel Supply," *Popular Science Monthly 42* (April 1893), 821–827; John Z. Rogers, "Decline of our Fisheries," *NYT*, August 11, 1901.

第六章
如雪片般飞来的廉价鱼类

鱼类贸易处于初级阶段。

——《渔业公报》，1914 年 3 月 7 日

1895 年，美国的鱼类专员会总干事马歇尔·麦克唐纳绝不会有怀才不遇之感。模仿是最真挚的恭维，杰出的欧洲人当时正试图效仿美国科学家的成功。来自巴勒莫的普林奇比·迪甘吉女士在来信中写道："欣闻鳕鱼人工繁殖在贵国取得佳绩，某有一请，劳君详授人工养殖之方法及其所需之器材，以冀于地中海开展金枪鱼同其他近年稀薄海洋鱼类之相关实验……美国或为西西里垂范。"[1]

正如迪甘吉意识到的那样，世纪之交的美国专家似乎下定决心恢复大海一度传奇的生产力，并且他们也似乎有能力达成这一目的。上升到国家级意义层面的研究项目风头正炽，与之相匹配的预算为之提供了有力支撑，这些都令他们信心十足，将"经济鱼类学"的研究推向了极致。国会在 1901 年拨款 589,480 美元。到 1914 年，委员会的年度预算超过了 100 万美元，其中三分之一用于食用鱼类的繁殖研究。每一年委员会雇员在孵化场培育鳕鱼、龙虾、比目鱼以及其他有价值物种的幼体，试验在养蛤埕培育蛤蜊，饲养牡蛎，并将海洋物种移植到潜在的生活环境。发表于 1901 年的一篇报道得意扬扬地说道："到 1896—1897 年捕鱼季为止（包含当季），委员会在东岸投放的鳕鱼鱼苗数量达到了 449,764,000 尾……毋庸置疑的经济成果伴随着这些努力而来，付出的时间和投入的财力得到了充分

回报。”1907 年，作为移植培育计划的一部分，人们装载了 1011 尾发育成熟的龙虾（许多处于产卵期），通过火车将它们从大西洋海岸运往西雅图，并在圣胡安群岛附近进行投放。这是科学家们以不懈的努力增加全国海产品供应的一个里程碑，是“迄今最大的成年龙虾投放行动”。[2]

对 1905 年的马萨诸塞州官员来说，扶助式微大自然的国策显得合乎情理。他们提出：“真正的解决方案并不是通过禁令来限制使用渔网、捕具、桁拖渔船和网板拖网等，而应该是找到可能的方法去保障鱼类供应的增长，比如人工繁殖。”于是鳕鱼亲鱼被放在伍兹霍尔的水塘里，以待产卵。与此同时，在缅因州的基特里波因特和马萨诸塞州的普利茅斯，在收集站工作的取卵者们从商业捕捞所得的成鱼身上采集鱼卵，如若不然，这些卵会在清理鱼内脏时被破坏。在毫无遮挡的渔船甲板上，取卵人衣着严实，以抵御三月凛冽席卷的寒风。他们按摩怀孕鳕鱼柔软洁白的腹部，将鱼卵挤入装满了海水的木桶里。随后，这些命数已定的母鱼被移交给除内脏工，开肠破肚。失去母体庇护的鱼卵漂浮在木桶中，好似清澈透明的圆形玻璃珠子聚集成簇，个头和大号图钉的头部相仿。被抢救出来的鱼卵成数百万计地被转移到格洛斯特和伍兹霍尔的孵化处，同时运来的还有盛着从雄鳕鱼腹中挤出的乳脂状白色精液的容器。少量精液就能使很多鱼卵完成受精，之后在技术人员的监测下，这些政府资助培育的鳕鱼苗就被投放到了新英格兰沿岸海域。[3]

参与者认为这个过程会比种地来得简单；被放归大海后，鱼苗就不再需要人为的看管、庇护以及喂食。鱼类学者相信，会有足够的鱼苗长成，并被渔民捕获，由此印证这一努力是值得的。同时他们也竭尽全力地开展研究。例如，美国鱼类委员会池塘里饲养的母鱼要比商业捕捞获得的母鱼待遇好一些。产卵过后，人们对它们进行计数、加标和记录，之后将它们放归海洋。自然学家们希望来自被标记的鱼的相关数据能够帮助他们理解鳕鱼的洄游习性以及生长速率。[4]

美国鱼类委员会的科学家和官员相信他们已经尽人类所能及的一切可能来保护具有商业价值的鱼类免于灭绝，并且——通过同时记录捕捞量及努力度投入的详细数据——尽可能去评估野生鱼群储量随时变动的特性。然而问题始终存在，无法忽视。尽管淳朴的渔民积累了广泛的民间智慧，但即使是“经验广泛”的老前辈，在被问到捕捞量为什么下降时，也只能语言不详：“鱼有鳍有尾巴，来去随心，我只知道这么多。”更具有系统性思维的思考者则将鱼类的短缺归咎于其他的一些原因。1900 年，一位生物学家在美国渔业的专业性报纸《渔业公报》上哀叹英国渔业的衰微。“现在，不列颠群岛周围海域的每一个角落、每一处浅滩深坑都为人熟知，并且一次又一次地被捞空。大自然生产鱼类的速度不足以平衡人类捕捞鱼类的数量，”沃尔特·加斯唐解释道。在他看来，“不可能永远都有新的渔场。而且如今汽船建造的速度如此之快，再过几年，新渔场也会如同现在的老渔场一样，面临着鱼类稀少的境遇。”一个波士顿人总结得更精辟：“人类还未停止将海洋视作一个永不枯竭的矿藏。”[5]

担忧的声音间或回响在世纪之交美国人对于科学、成功和现代进步福祉的乐观信任之中，至少在渔业相关领域如此。1906 年，联邦渔业局局长坚持要求，各州之内若有溯河产卵的洄游鱼类，应“立即采取必要的立法措施保证每一季有一定比例的鱼类能抵达产卵地”。他明白得以繁衍后代的鱼数量不足。同年，马萨诸塞州渔业和垂钓委员会的委员们坚持认为国家必须将“相当程度和种类的保护性措施延伸至海洋食用鱼类，如大西洋鲭鱼、大西洋油鲱、鲱鱼、灰西鲱、条纹鲈鱼、蓝鱼及其他重要物种。或许这些鱼跟已经确定濒临商业灭绝的美洲西鲱不同，但由于人类带来的巨大侵害，它们也处于危险之中”。当时，大西洋的鲑鱼、鲟鱼和美洲西鲱数量正飞速下降已是人尽皆知的事实。看起来其他的鱼也会紧随其后。一位来自马里兰的前狩猎监督官于 1908 年发表了一篇极具批判性的文章，为全国范围渔业保护的缺失扼腕，并强调花费几十万美元进行鱼类繁殖，却始终忽视保护性措施，简直匪夷所思。他坚称只有保护才能使“世界上最好的自然食品免于灭绝”。即使像《渔业公报》这样的行业刊物偶尔也会克制一下高歌猛进的产业推广，挥一挥谨慎的旗帜。1911 年的一期中有篇专题报道的标题和副标题直击要害：

> 保护阿拉斯加渔业刻不容缓！
>
> H.B. 乔伊斯船长为太平洋大比目鱼和鲑鱼
>
> 发警惕之声。
>
> **他呼吁莫要在西岸重蹈**
>
> **我们的渔民**
>
> **在大西洋沿岸的覆辙。**

无论在哪里，保护渔业资源的需求都十分迫切，尽管联邦进行鱼类人工繁殖的项目正如火如荼地进行着。[6]

到 1911 年，美国鱼类委员会已经存在了 40 年，在鱼类调研、繁殖和保护方面花费了数百万美元。新英格兰某些州的州立鱼类委员会成立时间则更久，虽然州层面的预算不比联邦慷慨，但这些机构在半个世纪的时间里一直致力于海洋鱼类的存续工作。虽说如此，它们的种种声明最多可以算作伪善做派，时而言及光明的希望，时而诉说阴暗的绝望。人工繁殖计划出现了很多不确定性。乐天派的渔业专家努力为他们的成就贴金，但人人都知道，尽管做出了种种努力，鱼储量似乎一直在下降。人们不得不相信，正如《纽约时报》一名记者所说，“若持续抢夺这项珍贵的国家资源，将带来最终的毁灭”，除非采取极端措施。海洋生物的处境从未如此危急过。[7]

1914 年 7 月，就在奥匈帝国皇储弗朗茨·斐迪南大公遇刺后不久，这位《纽约时报》的记者预测，灾难将不可阻挡地到来：“美国海洋鱼类面临灭绝的威胁：因供应减少，消费者的花销上升了 10%—600%。”当时，美国鱼类委员会（后改为美国渔业局）已经进行了几十年的数据收集工作，以追踪全美鱼类供应状况。渔业局的统计数据提供了一系列很容易彼此连缀的线索，这些线索向调查记者和那些愿意倾听的人表露了事态的严峻。[8]

从 1880 年到 1908 年美国的渔民数量增加了 50%，投入渔业的资金增长了 80%（不包括海岸资产），船只和装备的价值增加了 65%，而在此期间鱼类的年捕捞总量却减少了 10%。实际情况比这样的总结所显示的要复杂得多。那些年里，注册捕捞鳕鱼和大西洋鲭鱼的船队吨位下降了（部分原因是大西洋鲭鱼的短缺导致渔民放弃对其的捕捞），但在同一时期，沿岸的鱼簖、陷阱网和鱼栅的数量却出现了爆炸式增长。人口增长了。捕捞能力上升了。在人工繁殖鱼类高峰期的那些年里，鳕鱼的捕获量下降了 8%，蛤蜊下降了 10%，大西洋鲭鱼 25%，大西洋油鲱 30%，新英格兰龙虾 50%，蓝鱼 56%，大西洋庸鲽 65%，美洲西鲱 80%，大西洋鲟鱼和新英格兰鲑鱼下降更多。尽管投入了更大的努力，捕捞和繁殖鱼类的技术也很先进，但渔获量依然在下降。渔民们航行得更远，捕捞得更深，带回的渔获却不如从前。唯一合乎逻辑的结论不是鱼游走了，而是鱼变少了。[9]

也有某些物种捕捞量增加，这样的亮点很好解释。例如，从 1880 年到 1908 年，比目鱼的捕获量增长了 360%。比目鱼以前很少成为钩钓渔民的目标。比目鱼的口腔组织比较脆弱，嘴巴很小。采用钩钓方式捕捞比目鱼并不是特别成功。但是，随着 19 世纪末在科德角引进由渔船拖引的桁拖渔网，大批量捕获比目鱼便具备了可能。比目鱼也会被鱼簖截获。更有效的技术而非比目鱼的繁殖能力导致了捕捞量的上升。同样的，狭鳕的渔获量也猛增了380%，因为围网捕捞取代了从前的钩钓捕捞。[10]

太平洋大比目鱼的捕获量增加了230%，但个中原因则有所不同。在过度消耗大西洋庸鲽资源之后，捕捞业者们从格洛斯特转战华盛顿州的普吉特湾。渔民肆意捕捞此前未被开发过的太平洋大比目鱼资源，捕获量由此增加。无论在何处，无论是底栖鱼类、浮游鱼类还是贝壳类，似乎鲜有哪种商业捕捞的鱼类能满足20世纪初人们对它们的需求。价格抬升填补了捕获量减少造成的亏空。尽管捕捞量下降，但1880年至1908年间，年捕获鱼类的市场价值却增长了54%。由于消费者支付更多，渔民仍然可以谋生。而且，很明显，海里还有鱼。但是，美国鱼类委员会精心收集的数据，以及其不顾雄心勃勃的研究和繁育项目所诉说的悲惨故事，桩桩件件并非虚妄，未来会怎样呢？[11]

人类对生态系统的产品和服务所造成的压力总是反映了人口规模、可用技术、习俗（包括文化和法律）、欲望以及人们愿意在何种程度上承认其行为的后果。资本主义不鼓励收获者尊重可再生资源的极限，尽管许多别的政治经济体制也不过半斤八两。世纪之交的新英格兰沿岸及加拿大大西洋沿岸处在特定的历史情况下，海产品消费者的人数和捕鱼技术的捕捞能力，无论有意与否，都在增长，从而使资源承受着渐渐加大的压力。利润相当可观。然而，渔民近一个世纪以来逐渐积累的认知却与渔业蒸蒸日上的趋势背道而驰：他们明白，鱼类储量并非是无限的，人类施加的压力（即使来自技术效率不高的小群体）会影响其赖以生存的生态系统的长期健康。必须承认的是，尽管有相当多的证据表明事实恰恰相反，大多数渔业科学家还是坚持短视的信念：人类技术并不能真正影响海洋鱼类；资源可能会局部性耗尽，但一旦渔民转移，大自然自会进行补充；以及在实验室进行人工繁殖足以弥补自然繁殖的不足。

同时，渔业继续其产业合并的进程，纵向一体化愈演愈烈。1906年，戈顿－皮尤渔业公司在格洛斯特成立，它由约翰·皮尤父子公司、斯莱德和戈顿公司、里德和加米奇公司以及大卫·B. 史密斯公司合并而来。戈顿－皮尤渔业公司在格洛斯特拥有55艘船、15个码头、35座建筑物，并在波士顿、缅因州、布雷顿角和纽芬兰另有6座工厂，在海上和岸上雇用了2000名工人，影响力相当大。1907年，W.J. 诺克斯渔网与绳线公司更是自傲于纵向整合的高效。公司用整页的广告为旗下“位于北卡罗来纳州山岛的棉线厂和苏格兰基尔伯尼的W.J. 诺克斯亚麻线工厂有限公司”造势，这两家工厂为公司在巴尔的摩的工厂供应纤维和绳子，“占地 90,000 平方英尺，全新建造，只专注于织网业务”。从巴尔的摩到新斯科舍，在渔网绳线公司、鱼类批发商、鲱油公司以及数目可观的其他渔业公司之间，渔业，作为诸多相关产业的集合，正在蓬勃发展。[12]

在这样的环境下，确定何为“合适的技术”就成了必要。一方面是公民对安全保障、短期利润和资本积累的渴望，更不用说人们普遍认定，人具有合法捕鱼的权利。另一方面则是许多沿海居民共同关心的两个问题：海洋生态系统的长期生存能力，以及该系统在未来生产食物和提供就业的能力。

航海时代的终结

1876 年，一位匿名记者评论道：“格洛斯特渔业的历史是在泪水中书写的。”与捕鱼相比，挖煤矿看起来更安全。在美国，没有任何其他职业的工作场所死亡率接近深海渔业。渔港人在海上的情形好比置身于时时打响的战争之中，伤亡的消息全年不断。1850 年，有四艘格洛斯特的船舶及 39 名船员失踪，其中包括斯库纳纵帆船“威廉·华莱士号”以及船上的全部 8 名船员。1851 年臭名昭著的“洋基大风”使爱德华王子岛北岸到处散落着失事船只的残骸，还有溺亡或者伤残的渔民，一位老船长说道：“这让许多新英格兰人心碎。”在 1866 年至 1890 年的 24 年间，格洛斯特有超过 380 艘船、2450 人在海上失踪——这意味着，在一座有着 1.5—1.6 万位居民的镇上，平均每年有 100 多人死于这一职业，这一数字让人不寒而栗。1882 年，约瑟夫·柯林斯船长在《安角广告周刊》中发问：“屠杀什么时候才能停止？”1892 年是个不寻常的年份，在这一年，没有哪艘遇险的格洛斯特船只遭遇船员全军覆没的惨况，只有 46 名渔民死亡。两年后的 1894 年的失踪伤亡数据则能代表常态：格洛斯特有 30 艘船和 135 人失踪。新英格兰和加拿大大西洋沿岸的每个渔镇都知道大海是个残忍的情人，每个渔镇居民都对沃尔特·斯科特爵士的话感同身受：“你们买的不是鱼，而是人命。”任何能减少伤亡的方法都受到欢迎。[13]

19 世纪 80 年代，斯库纳纵帆船设计的改进使其更加坚固和安全。尽管如此，狂风打击下的帆船还是会因进水而沉没。浅滩的惊涛巨浪可能会掀翻一艘纵帆船，致其沉没。夜晚或浓雾中的碰撞不经意就把渔民变成了弟兄们的杀手。在所有的灾难中，最悲惨的状况当属突如其来的大风将船只暴露于绵长的下风岸，并且船只无港可避。一位身经百战的船长回忆道：“狂风骤雨加剧了黑暗，令空气中雾气弥漫，并搅起海沫汹涌；面对着死神的瞪视，每一位渔民都只能勇敢地直面惨况，拼命迎风而上，尽量远离沿着下风岸绵延数英里的危险碎浪和泡沫翻腾的暗礁——多番的实践证实，这是一项几近绝望的任务。”到 19 世纪末，尽管新英格兰的斯库纳纵帆船由诸如乔治·麦克莱恩和托马斯·F. 麦克马纳斯等海军造船师操刀设计，近风行驶能力与适航性要优于所有其他风帆动力的商业捕捞船只，但它们仍受制于每一艘风帆动力船都有的局限性。斯库纳纵帆船无法在逆风时向指南针上指示的很多方位前进，至少大风时不行，也不能离起风点太近。但渔民常常冒险，为追逐猎物而置身危境——一旦海风猛然突变，这些地方就可能成为死亡陷阱。在下风岸苦苦挣扎逆风而上时，他们知道一旦某个重要的螺栓崩脱或是桅杆折断，他们就完了。事情一贯如此。[14]

可靠的蒸汽驱动装置极大地提高了海员遇到危险时的存活几率。一艘装备齐全的汽轮能够迎风而上，有时可以直接驶入暴风眼。不过，虽说 19 世纪后期，汽轮行驶穿梭在西方河道和大西洋洋面上的景象早已成为寻常，但蒸汽机的花费以及发动机、煤和烟囱所占的空间使蒸汽动力船只无法成为美国渔业的选择。对于渔民来说，尽管汽轮拥有卓越的生命保全性能，但它已经超出了渔民所能承受的上限。在 19 世纪 80 年代和 90 年代，有几位船长试验了驾驶蒸汽船出海，当天的报纸坚持认为汽轮不会取代捕鱼船队中的帆船，因为其运行成本太高了。因此，船员的死亡依旧存在。到 19 世纪 90 年代中期，拥有辅助动力的美国渔船也不过寥寥可数（这些渔船的吨位在 65,000 吨左右）。

汽油发动机彻底变革了渔业。他们安全、高效，将人们从划船或操帆的辛苦劳动中解脱出来。无论是在令人沮丧的平静海面，还是可怕的大风中，它们都能迎头前进，仿佛是给予祷告者的回应。1897 年，加德纳·D. 希斯考克斯对“内燃机”的未来不吝溢美之词，认为“寻求小型动力的人将会在内燃机中找到他们渴望至极、物美价廉的原动力”。他所言不虚。美国东海岸的首个二冲程海洋发动机被认为是由弗兰·帕尔默和雷·帕尔默于 1894 年在康涅狄格州科斯科布建造的。帕尔默兄弟在第二年制造了他们的第一个生产模型，一台安在“白厅”型号划艇上，装有推进器的 1.5 马力发动机。这艘船长 15 英尺、线条优美，无需用桨便能自如游弋于港口一带的水域。帕尔默兄弟开始在康涅狄格州米安纳斯的一家小工厂里，以每周三到四台的速度生产发动机。他们第一批满意而归的买主中有长岛海峡的蛤蜊捕捞人，他们发现机动化船能够比帆船更有效率地牵引拖捞网。这个很快就会被称为“内燃机”的东西似乎很适用于船舶推进。希斯考克斯提到，到 1897 年，至少有八家制造商在美国生产海洋发动机，包括辛茨、戴姆勒、沃尔韦林、L.J. 温公司以及帕尔默兄弟。发动机的身影迅速出现在各个渔港。在楠塔基特岛上，查理·塞尔记得第一台发动机在 1902 年或 1903 年到达岛上，被安装在了一艘用于采集海贝的独桅艇上。在其他渔民忙于改装船只时，塞尔迅速给自己的平底小渔船装上了 1.5 马力的单缸发动机。在 1902 年，福曼·霍博尔特在切斯特港附近行驶时展示了新斯科舍的第一台船用发动机。卢嫩堡铸造厂很快就开始为渔民生产汽油发动机。[15]

1906 年的一篇文章《在波特兰开摩托艇》聚焦报道了缅因州最大港口上出现的汽艇风潮。“这座城市为摩托艇而疯狂。新船出现得如此之快，以至于不可能一一记录。”记者充满热情地说，“这里仅剩的没有配备发动机的船只是沿岸的大型运煤纵帆船和几艘独木舟。”他夸大了些许，但总体趋势是确定无疑的。当年在《汽艇》（一本新杂志）上刊登的一则有代表性的广告写道：“致渔船和工作船的船主：3—15 马力的洛齐尔二冲程发动机，型号 A 和型号 D，是渔船和工作船的不二之选。（产品）沉重坚实，低转速时即可达到额定马力……断续点火或启动点火系统。”一本早期的阿卡迪亚二冲程发动机手册使用了这样一幅封面插图：拿着捕捞笼的龙虾捕捞者，身处一艘由燃气发动机推进的敞舱船之上，插图还配有“永远可靠”的标语。传达的信息一目了然。这是一种开展渔业活动的革命性新方法，没有渔夫能够拒绝它。[16]

格洛斯特著名的大西洋鲭鱼捕捞者所罗门·雅各布斯船长是格洛斯特在大型斯库纳纵帆船上安装汽油发动机的第一人。1900 年，“海伦·米勒·古尔德号”安装了一台 35 马力的发动机作为船帆的辅助动力，随后又换成了一台 150 马力的发动机。这台发动机以 10 节的速度驱动着 149 吨重的“古尔德号”前进。《安妮角广告报》自豪地说明道：“在美国海岸，越来越多的渔获被新鲜出售。为了应对时刻变化的海上状况，船只安装了辅助动力，不必等待风平浪静便能靠岸。”并且，“使用汽油所需的空间不大，也避免了烟囱、煤仓以及通常的动力推进附属装置占用空间”。“古尔德号”大获成功——不过很短暂。“古尔德号”早期的捕获量打破了记录，但 1901 年 10 月底，“古尔德号”在新斯科舍省的悉尼海域焚毁，起火原因是燃料系统安装不当。考虑到船舱里携带了 2000 加仑汽油，船员们审慎地选择了弃船，而不是留下来扑灭火灾。不过，主引擎并不是所罗门·雅可布斯唯一的创新。他还在一艘围网船上安装了一台 5 马力的，配有一个动力外送器的燃气发动机。他的船员们不再需要徒手收围网或拉船了，他们对其中的益处深信不疑。尽管使用汽油有诸多不确定性，存在哑火、回火和燃料泄漏等可能导致爆炸或火灾的隐患，渔民们还是争先恐后地安装了内燃发动机。他们还开始重新考虑使用蒸汽动力的前景。“古尔德号”被烧毁后不久，“大西洋鲭鱼杀手之王”雅各布斯船长订购了一艘新的鲭鱼捕捞定制汽轮。这艘船于1902年3月于埃塞克斯的斯托里造船厂竣工下水。[17]

到1902年为止，马萨诸塞州的108艘鲭鱼捕捞船中，有5艘蒸汽船和9艘安装了汽油发动机作为辅助动力的纵帆船，还有94艘完全使用风帆动力的纵帆船。在普罗温斯敦，从事海岸渔业的226艘船中，11艘使用了蒸汽或汽油动力。在格洛斯特从事海岸渔业的148艘船中，有15艘汽油动力船主要用于龙虾、鲭鱼和鲱鱼捕捞。林恩的“四重奏号”是一艘15吨重的装有石脑油发动机的鲱鱼船，船上还装有夜间吸引鲱鱼的电灯，据说“非常令人满意，比船首点起火炬吸引鱼类的老方法好用太多了”。渔民们创造了一个新词：“动力平底船”。到1905年，在缅因州注册的近海渔船中，14%配备有汽油发动机，而在马萨诸塞州注册的近海渔船中，则有20%配备汽油发动机。渔获量立即上升。“这种船比老式由桨推进的渔船的捕获量大得多。”一位观察者指出。“机动船的引入使龙虾船的效率大大提升，这很大程度上提高了龙虾的捕获量。”另一位观察者指出。[18]

1905年，马萨诸塞州的鱼类委员会委员们对渔业性质的变化进行了浪漫的粉饰。“新时期的勇敢船长，”他们指出，“不需要再在帆船上与暴风雨斗争，而是借助机动船避开危险。不仅人的生命安全更有保障（如果遵循适当的火灾预防措施），而且能够更频繁地与每日特快列车和蒸汽船进行交接，使得当天的渔获物能于翌日清晨便出现在波士顿或纽约的市场上。在渔场逗留的时间越长，意味着捕获的鱼越多。鱼越新鲜，意味着价格越高。而风向不利时，也无需像过去那样辛苦划桨。综上，除非发生意外，否则全年的利润总额肯定比同等条件下的帆船创造的利润高出不少。只要配备了合适的‘辅助’发动机和螺丝，船只就能够多创造5000美元或更高的利润——这样的例子在我们的海岸上并不少见。”[19]

渔民的人身安全和盈亏底线都要求船帆让位给内燃机或蒸汽机。到1917年，格洛斯特55%的船只、波士顿59%的船只和普罗温斯敦80%的船只都安装了发动机。马达使更长的出海作业时间、更大的捕捞强度、更远的捕捞区域成为可能。但是，如果说机动船只是未来的发展方向，那么渔民在船身上部署怎样的捕鱼装备，以及这些救命引擎该如何使用均未确定。从生态角度看，值得关注的不仅仅是动力推进手段，捕鱼方式的变化同样重要。[20]

网板拖网与大海的未来

随着世纪之交时西大西洋生态系统产能下降，美国人几乎不可避免地会向欧洲人寻求建议，因为后者面临渔场枯竭的状况已经相当一段时间。多么深刻的讽刺。400 年前，一份关于约翰·卡博特开创性的纽芬兰之旅的报告盛赞了美洲生态系统的生产力，称“他们能带来如此多的鱼，以至于这个王国不再需要冰岛”或它的鳕鱼干了。一个世纪后，约翰·史密斯船长惊叹于新英格兰的沿海海洋的丰饶，把它与旧英格兰渔业“宝藏”被“浪费”和“滥用”的情况进行了对比。对史密斯而言，新英格兰未开发的海洋正等待着渴求成功的人们。当又一个世纪过去时，捕鱼的利润和其产生的经济联系正在推动新英格兰殖民地走向繁荣，并为即将到来的工业革命铺平道路。[21]

但是，400 年的捕鱼狂欢，在冷暖期起伏交替的背景下，已经改变了这一格局。西北大西洋仍然多产，但与曾经理想的海洋幻景已相去甚远，尽管与五六十年前相比，延续至 1900 年的温暖气候还是使鱼类数量有所增加。这一情况在纽芬兰和拉布拉多尤为凸显。在大西洋北部海洋生态系统的最北端，气候条件的改善和简易的捕鱼技术共同促成了生态系统的反弹，或者至少自我维系。然而，在新英格兰和加拿大的大西洋沿岸省份，由于海产品的价格结构和近海渔场的枯竭，世纪之交的渔民们需要利用手头可用的工具，更加努力地捕鱼，或者寻找那些还没有被捕捞过的鱼群。这种需要将他们推到了拖网革命的风口浪尖。[22]

trawl 是一个令人困惑的航海术语，似乎是水手们为了迷惑没有出海经验的人而创造出来的。在 19 世纪五六十年代美国底栖渔业设备的第一次革命中，手执钓丝被那些渔民称为 tub-trawl 的木桶延绳钓取代。这一创新引发了对过度捕捞的担忧，以及对法国加工船（此后又波及有心推动变革的美国人）尖刻的言论攻击，这些加工船正是用“木桶延绳钓”进行捕鱼作业的。到 19 世纪中叶，具有监管海洋商业捕捞职权的各州、省议会都收到了取缔 trawling（延绳钓）的请愿书。曾记否，马萨诸塞州斯沃普斯科特的渔民在 19 世纪 50 年代一度声称“延绳钓”会使黑线鳕变得和鲑鱼一样稀缺。19 世纪后期，龙虾捕捞者在一条主钓线上安装了多个捕虾器，他们将这种装置也称为 trawl。但 trawl 一词一直还有另外一个意思：一张由水面上的船拖着，在海底行进的网。

以前，从事商业捕捞的渔民沿用的是等鱼上钩的模式。鱼咬上了一个带饵的鱼钩，闯入了一个狡猾的陷阱，或游进了一个流网或鱼簖。渔夫们知道，用一定大小的鱼钩，以一定的方式下饵，并安置在一定的深度，就有可能吸引一定种类的鱼。诸如龙虾捕捞笼或鳗鱼捕捞桶一类的陷阱网则瞄准特定的生物。流网和刺网也是如此。以一定的网目大小编织流网和刺网，部署在水体的某一深度，就能捕捉到渔民想要的某种鱼，如鲱鱼、鲭鱼、油鲱或沙丁鱼。副渔获物是指无意中对非目标生物的破坏，它是捕鱼活动的常见后果，但在大多数传统、被动的渔业中影响很有限。鱼簖是个例外。它截获一切。但鱼簖依然是被动的：鱼必须自己游向它们。从 19 世纪中期开始流行的有环围网则有着截然不同的作业方式。围网渔船颇具侵略性地包围他们发现的鱼群，用一道网将它们圈住。当然，使用围网捕捞需要提前看到鱼群、确定类别，并保证在围网船和平底小渔船包围目标鱼群的过程中，目标鱼群始终不脱离视线范围。在 1895 年以前的大多数情况下，渔民在使用西大西洋流行的捕鱼技术时，他们明确清楚自己要捕什么鱼。

将渔网沿海底拖曳的船只从根本上重新定义了渔夫和鱼之间的关系。这样的网把所到之处的一切都卷了进来。幼鱼和成鱼，正在产卵的和产过卵的，珍贵的和不值钱的，连同沿途的海草、珊瑚、礁岩、海葵、海星、蟹和其他任何的东西都捞起带走。这种拖网装有经过加重处理的沉子纲，使其能够紧贴海底，网口洞开，其上端形成对其下端的明显包覆。桁拖渔船是这种器具的第一代。随后是网板拖网渔船，改良之处在于可以使用更大的网捕捞，不必等鱼来。在水中被拖曳着前进的样子让拖网显得新奇，而进行无差别捕捞，并给海底生物栖息地造成附带损害的特点则让它们显得极端。

桁拖网捕捞起源于中世纪，但直到 19 世纪才开始被大规模使用，部分原因是它们引发了很多争议，还因为在那个没有冷冻技术的年代，它们捕捞的大量的鱼根本无法进行保存和销售。桁拖网捕捞在历史记录中首次出现是在 1376 年，愤愤不平的臣民们向当时在位的英格兰国王爱德华三世陈情，寻求禁止一种具有惊人破坏性的新型渔具：

> 平民们向国王请愿，说溪流与海港水域曾有着丰富的渔业资源，给王国创造了收益。但是，过去几年里，一些渔民设计出了一种极具破坏性的拖网渔具，名为 wondyrechaun，其仿照蛤蜊拖捞网的形制，但比后者长得多，其上附系一张网目极小的渔网，不管多小的鱼，一旦入网即无逃脱之可能，只能被捕。同时，该渔具那又大又长的铁杆非常沉重，

> 进行捕捞作业时几乎紧贴海底地面，因此摧毁了水下的植物，同样也破坏了牡蛎苗、贻贝和其他鱼类，这些都是大鱼赖以生存和获取营养的口粮。在许多使用这一工具的地方，渔民们捕捞了许多小鱼却不知道如何处置它们，只能用来喂猪，这极大地损害了王国平民和渔业利益，他们祈求王上处理此事。

这种中世纪的渔网18英尺长，10英尺宽，一条10英尺的桁杆将其网口张开，桁杆两端各装有一副铁架。这两副铁架就像雪橇底部的滑板一样沿海底划行。渔夫们把网的顶部钉在桁杆上，在沉子纲上固定额外的重量使其拖曳在海底。铁架和沉子纲惊起鱼类，把它们“铲”进网的开口之中。一个专门负责调查此事的皇家委员认定，这种捕捞方法应仅限于深水，不能在近岸或者河口使用。显然这个结果各方都很满意，至少之后没有出现官司或官方的裁决。正如生态学家卡勒姆·罗伯茨所指出的：“平民请愿事件的引人注目之处在于，拖网从一开始就被认为是一种破坏性强且造成浪费的捕鱼方法。同样值得注意的是，人们对捕捞对象的生理习性颇有了解，并且十分清楚这些动物是如何依靠具有丰富生物多样性的栖息地而生存的。”[23]

水底拖网在中世纪晚期和现代早期偶被提及，表明它们当时在英格兰、佛兰德斯和荷兰被零零星星使用，却招致了愤怒和怨恨。大多数情况下，传统的钩钓法就够用了。尽管如此，到1785年，有76艘拖网渔船在布里克瑟姆港附近海域作业，他们的渔获被输送至伦敦、布里斯托尔、巴斯和埃克塞特。当时，布里克瑟姆拥有英格兰唯一成规模的拖网渔船群。19世纪初，布里克瑟姆人驾驶着他们的拖网渔船，向黑斯廷斯、拉姆斯盖特和多佛等位于英格兰南部的英吉利海峡沿岸港口进发。在这些港口附近，他们发现了大量的大菱鲆、比目鱼和舌鳎，静待拖网捕捞。19世纪20年代是这一带渔业的好年景，一艘小船每一次出海可以带回1000到2000条菱鲆，捕获数量大得难以想象。拖网渔船大肆掠取唾手可得的果子。到1840年，经验人士声称在这些地方已经很难找到舌鳎和大菱鲆了。但桁拖捕鱼日益流行起来。到19世纪70年代，英国有1600—1700艘拖网帆船在捕鱼。采取桁拖方法的渔民常与使用延绳钓、捕捞器和渔网的渔民发生口角，因为拖网渔船经常毁坏后者的渔具。19世纪70年代期间，使用定置渔具的渔民和使用拖网渔船的渔民开始学会在工作过程中和平共处，各展所长。拖网渔船在沙质的海底平地作业，使用定置渔具的渔民则在容易对昂贵大渔网造成破坏的崎岖海底捕捞。但是，在大部分情况下由主帆装配了斜桁的船载小艇拖曳行进的超高效拖网，还是在大海里造成了不容忽视的变化。渔业科学家 G.L. 阿尔瓦德后来评估了四艘格里姆斯比渔船每年的鲽鱼和黑线鳕捕获量。将捕获量和相应的投入数据进行对比，揭示出这两种鱼在 1867 年和 1880 年之间种群密度急剧下降。[24]

英国渔业的原始工业化开始于 19 世纪 60 年代后期。当时正值航运事业的低迷期，渔民给浆轮式拖船装上桁拖网，在桑德兰和北希尔兹之间的近岸海域捕鱼。捕捞量（和利润）相当可观。到 1878 年为止，已经有将近 50 艘蒸汽式浆轮拖船用于捕鱼，尽管它们不具备远航捕捞的航行能力。英国最早专门为渔业用途建造的蒸汽拖网船是“星座号”和“白羊座号”，它们于 1881 年下水。这两艘船可以行驶至更远海域，用桁拖网大力捕捞，并且以蒸汽绞盘而非蛮力收回拖网，具有革命性意义。据观察，它们每天抓到的鱼是普通渔船的四倍。“星座号”和“白羊座号”有着传统的木质船身，不过很快蒸汽式拖网渔船就开始用铁进行建造，后来又换成了钢。[25]

拖网捕鱼在美国的普及则与其在英国不尽相同。在西大西洋，科学家，并非渔民，承担了推广这项新技术的角色。1877 年，斯宾塞·F. 贝尔德称桁拖网为“美国鱼类委员会捕捉样本时最喜用的装备”，并预测“在不远的未来”，美国渔业“将在其协助下，取得长足进步，虽然可能无法达到其在英国沿海以及法国、荷兰和比利时海岸的应用程度”。贝尔德指出，在英国沿海地区，市场上的大部分大菱鲆和舌鳎都是由桁拖渔船捕捞的。他写道：“可以毫不夸张地说，没有它，英国市场就供不上鱼了。”他没有停下来思考背后的原因。由于鱼储量减少，老方法已不能带来足够的渔获量。贝尔德跟托马斯·赫胥黎对拖网捕捞的看法一致，认为拖网不会造成任何破坏，因为任何人类的发明都不可能影响无穷无竭的大海（科学家们也正是这样认为）。[26]

阿尔弗雷德·布拉德福德船长的纵帆船“玛丽·F. 奇泽姆号”率先在新英格兰进行桁拖网捕捞。他是英国移民，在故土曾有过拖网捕捞的经历，也在格洛斯特和波士顿从事过延绳钓。1891 年，布拉德福德在“奇泽姆号”上尝试了桁拖网捕鱼，结果令他非常满意。布拉德福德船长说服来自班奇·劳氏父子公司的投资者建造了一艘 95 吨重的桁拖渔船，这艘船几乎完全复制了英国最好的拖网渔船，采用垂直艏柱，装备船载小艇。1891 年秋，这艘“果决号”四次出海，分别前往中间滩、伊普斯维奇湾、乔治斯浅滩和大南海峡。此番尝试可谓困难重重。虽然

"果决号"一次航行就捕获了重达 2.8 万磅，包括黑线鳕、鲽鱼、美首鲽、小头油鲽、大菱鲆、鲳鱼、鳕鱼、狗鳕和鲟鱼在内的 20 种不同鱼类，但渔网撕裂和鱼儿逃脱却都是常事。鱼的"质量很差"，有人开玩笑说这些鱼"不仅被糟蹋压扁了，还去了鳞也脱了皮"。渔网不够结实，满满一网鱼捞上来时，人们却只能沮丧地看着网爆裂。在最后一次航行的拖曳作业中，拖网被塞得太满，船竟无法前进。紧接着，风也停了，布拉德福德船长和他的船员们只能在海上干等了 48 个小时，眼瞅着捕到的鱼一点点变腐发臭，却不能运到市场去。布拉德福德的投资者已经受够了；他们强迫他放弃实验。在"果决号"转向延绳钓大比目鱼后的 15 年里，新英格兰地区没有大型船只再使用桁拖网。[27]

美国的商业桁拖网捕捞，实则是随着 19 世纪 90 年代科德角比目鱼捕捞业的扩张而发端的。1897 年，27 艘全为小型船只的桁拖网渔船捕获了超过 75 万磅的比目鱼。到 1904 年，科德角的巴恩斯特布尔县仍然是美国唯一一个使用桁拖网进行商业捕捞的地方，拥有 65 艘桁拖渔船，每年捕捞的比目鱼已增至 140 万磅。每条鱼平均按 1 磅算，这意味着 140 万条鱼。1908 年，捕捞量达到惊人的 700 万磅，其中大部分是美洲拟鲽。桁拖渔船捕捞取得了很好的成绩。用来铺开渔网的木质桁梁长约 25 英尺，渔网长 75 英尺，渔网网目尺寸为 3.5 英寸。船员们徒手拉进拖缆，把装满鱼的网拉上船。丰收总是需要艰苦的劳作。[28]

比目鱼是一种样子很怪的鱼，单侧游泳，两只眼睛全在顶部，嘴巴好像是向一边张开的。在缅因湾发现了 14 种不同的比目鱼，包括大西洋庸鲽。有些种类，如大西洋牙鲆，眼睛均长在左侧身体。大多数则眼睛长在右侧身体。桁拖渔船捕捞的目标比目鱼类包括美洲拟鲽、大西洋牙鲆、大西洋黄盖鲽、美首鲽和美洲拟庸鲽。鱼贩子认为美洲拟鲽"最为肥美"——当然依旧不敌大比目鱼。美洲菱鲆，以及其他一些品种，比如椭圆小庸鲽的捕捞和售卖则没有那么频繁。比目鱼没有眼睛的那一侧身体通常是白色的，朝上的一侧则有各种颜色：灰色、棕色、蓝色、绿色和黑色等等。有些则有斑点。它们喜欢沙质或是淤泥质的海底，以毛颚类动物、鱿鱼、小型软体动物、多毛纲动物、端足类动物、樽海鞘、银汉鱼、底鳉和玉筋鱼等为食。美洲拟鲽喜食软体无脊椎动物，大西洋牙鲆和美洲菱鲆则喜欢体型更大、更高阶的生物，比如小鱼。反过来，比目鱼又是鲨鱼、鳐鱼、鳕鱼、无须鳕、美洲鮟鱇和白斑角鲨的重要食物来源。同鲱鱼和大西洋鲭鱼一样，比目鱼处于食物链中部，将食草动物和小型捕食动物的能量转移给大型食肉动物。与鲱鱼和大西洋鲭鱼不同的是，比目鱼在此前几乎从未经历商业捕捞。[29]

比目鱼不宜腌制或烟熏，要冰冻或新鲜出售。几个世纪以来，只有在个别的海港鱼市上才有售卖。比目鱼市场的壮大，是铁路、冷鲜运输和内陆城市专营鲜鱼买卖的代理行共同作用的结果。要满足庞大的市场需求，需要鱼簖和桁拖渔船齐上阵。美国鱼类委员会最值得骄傲的发现之一，就是利用桁拖渔船进行探索性调查，在科德角附近的沙地栖息地和纽约湾发现了品种繁多、数量庞大的比目鱼。对于一个决心为大众提供便宜、健康的海鲜并促进工业捕捞的政府机构来说，发现这片未曾捕捞过的富矿很是证明了其存在的意义。在科德角，桁拖渔船第一次使用汽油引擎大概是在 1903 年或 1904 年左右，这使得船只的航程更远，并让它们可以在各种条件下工作。接下来的十年间，相当多从事近海渔业的小帆船被改装，配上了燃气发动机进行桁拖捕捞，尤其用于捕捞美洲拟鲽。渔民称它们为拖曳船（dragger），并开始交替使用“拖曳船（dragger）”和“拖网船（trawler）”这两个名称，虽然传统上较小的近海渔船是“拖曳船”，而较大的离岸渔船则是“拖网船”。渔获量急剧增加。巴恩斯特布县的人们记得他们 1904 年的捕捞量是 140 万磅，1908 年则增长到 700 万磅。引擎改变了一切。[30]

与此同时，州鱼类委员会报告和渔业杂志的编辑们开始推广英格兰式拖网捕捞及蒸汽动力，声称商业捕鱼的成功取决于消费者的满意和市场份额的扩大。鲜鱼风靡一时；老式的盐渍鱼类已不再受欢迎。帆船航行受到风的限制，而海风总是变幻莫测，因此不能指望帆船捕捞到最好的鱼。支持者们认为，运送新鲜的、处于最佳状态的鱼将带来更大的市场。移民中很多人喜欢吃鱼，其他美国人也可以被鼓动着吃更多的海鲜。业内人士们对此深信不疑。但是，要发展这个行业，就需要像英国那样进行现代化变革。

1903 年，《渔业公报》刊登了一篇由美国驻赫尔（英国最大的渔业中心之一）领事撰写的关于英国渔业革命的报告。报告写道：“20 年前，从赫尔和格里姆斯港口驶出的渔船中，只有不到 20 艘蒸汽渔船和大约 1000 艘拖网渔船、小渔船、船载小艇和小帆船。”但到领事撰写这篇报告时，仍然在这些港口进行商业捕鱼的船只中只有四艘帆船，因为“一艘现代蒸汽拖网渔船的捕捞能力”据“务实者估计至少相当于 8—10 艘老式拖网帆船的捕捞能力”。[31]

赫尔和格里姆斯比的情况并不典型，但英国渔业的发展趋势是毋庸置疑的。英国农业和渔业委员会汇编的统计数据显示，1899 年是在英国注册的帆船拖网渔船数量高于蒸汽拖网渔船数量的最后一年。当时，帆船占了“一级拖网渔船”数量的 53%。1900 年，汽船注册数量超过了拖网帆船。到 1905 年，以船帆为动力的拖网渔船仅占拖网渔船总数的44%。到1906年，毗邻北海的国家共拥有1618艘蒸汽拖网渔船。其中几百艘来自比利时、德国和荷兰，但84%来自英国。[32]

单单蒸汽动力本身还不足以解释所有的高效。英国渔民也开始用网板拖网来代替桁拖网。网板拖网并不用一根长榆木或其他硬木来撑开网口，而是依靠两扇"门"：这两扇"门"通过船索固定于渔网上，在水体中被拖行前进。将拖缆固定在门板上的托架采用了偏置的设计，因此，当船向前行驶时，两边的门板都会向外张开，将渔网撑开。网板可撑开的渔网要比桁梁大得多，网板渔网也更好控制。虽然"门板"很重，狂风大作时，还会让甲板疯狂地摇晃，非常危险，但渔民们再也不用对付那些动辄30或45英尺，甚至更长的笨重桁梁了。网板渔船是未来的发展方向。

蒸汽驱动的网板拖网渔船于1905年首次在新英格兰亮相，当时约翰·R.尼尔在马萨诸塞州的昆西委托建造了"浪花号"。他的公司，波士顿的约翰·R.尼尔公司，是当时美国最大的鲜鱼和冷冻鱼经销商之一，以其获奖品牌"烟熏黑线鳕"（finnan haddies）而闻名。正如一位仰慕者所说："从太平洋到大西洋沿岸、墨西哥湾沿岸各州和加拿大，他们的关系网遍及全国。他们的工厂堪称典范，每一台设备都可以处理无限量的库存。"偶尔在英国出差时，尼尔目睹了英国渔业的再造，看到了现代拖网渔船捕捞的大量鱼类像雪片般落下。作为一个精明的商人，他看到了拖网渔船产出之丰厚。尼尔还声称，拖网捕鱼是唯一"人道"的深海捕鱼方法。他认为，如果渔民留在拖网渔船上工作，而不是驾驶平底小渔船出海进行钩钓，那么死亡人数就会下降。尼尔也希望达成"善者常富"的局面。总是在财政方面谨慎行事的尼尔，把自己富有远见的网板拖网捕鱼计划与口碑已立的约翰·R.尼尔公司进行分割。他在波士顿首屈一指的豪门家庭中找到了合作伙伴和投资者。他们共同成立了海湾州渔业公司，投资建造了一艘新的拖网渔船。"浪花号"是钢制的，重283吨，长126英尺——按美国标准，这是渔船中的巨无霸，尽管它只是简单地模仿了当时英国最好的设计。建造和装备这艘船的费用大约是一艘一流的斯库纳纵帆船的两倍，但投资人相信，她会用巨大的渔获量进行回报。"浪花号"渔船由蒸汽推进，配有蒸汽绞盘，最先将网板拖网捕鱼引入了西大西洋的近海海岸。[33]

此后不久，在1907年，哈利法克斯出现了加拿大大西洋地区的第一艘蒸汽拖网渔船。"雷恩号"是一艘英国船，由一家创业公司带到新斯科舍省。然而，加拿大渔民强烈抗议，以至于1908年议会下令禁止在加拿大水域使用蒸汽船拖网捕鱼。一位议员说："关于这个议题我进行了相关涉猎，我确信蒸汽船拖网捕鱼对我们在大西洋沿岸的渔业是严重的威胁，会将其置于险地。我想在太平洋海岸应该也是一样，如果坚持这种捕捞方式必将导致渔业的毁灭。"但是这项法律并没有得到严格执行，在接下来的几年里，"雷恩号"和其他几艘拖网渔船都在新斯科舍海岸秘密作业。[34]

在北美水域用蒸汽船进行拖网捕鱼是否合算仍是一个悬而未决的问题。一开始，"浪花号"让她的投资者感到失望。她的渔获量低，而且捕到的鱼质量很差。在头一年半的时间里，"浪花号"历经几任船长，却给主人筑起了债台。美国船员还没有掌握拖网捕鱼的窍门。但尼尔和他的合作伙伴并不是唯一对在西大西洋进行拖网捕鱼感兴趣的人。1906 年末的《渔业公报》指出："法国北部的鱼干商人相信，蒸汽船拖网捕鱼将会拯救圣皮埃尔和密克隆日趋衰败的渔业。""明年他们将派出 40 多艘蒸汽拖网渔船进行浅滩捕鱼。"法国船队在 1908 年冬天到达，这引起了相当大的愤怒。《格洛斯特每日时报》的一名记者写道，"被他们摧残并扔回海里的小鳕鱼得有成千上万条。"一位船长发问："这样的屠杀要持续多久？"他自问自答："不会很久的，因为过不了几年就没得杀了。"纽芬兰格雷斯港《旗帜报》的一篇社论尖锐地指出："就纽芬兰而言，这个国家的人民一致反对在我们的近海或深水渔业中使用这种蒸汽船。"社论撰写人质问，为什么加拿大、英国、美国和法国政府不能"采取一些管制或限制措施来保护我们的浅滩渔业资源不被耗尽"。[35]

马萨诸塞州的议员奥古斯都 · P. 加德纳表示赞同。1911 年，他向美国国会提交了一项法案："应该从源头禁止此事，禁止拖网渔船捕获的鱼类进口和上岸。"（网板拖网渔船，或任何其他包含沿底部拖网方式的捕鱼作业所得之渔获，均在被禁之列。）彼时，尼尔的海湾州渔业公司生意正兴隆。船长们已经学会操作这种新装备，共有六艘蒸汽拖网渔船在波士顿海域作业，它们都与旗舰"浪花号"相似。对加德纳议员来说，关键问题是"这种捕鱼方法是否会毁灭物种"。他公开承认，这种捕捞方法确实更加经济，至少对那些负担得起巨额投资的人来说如此，但他把这个问题推到了逻辑的终点。他说："就算你用这种方法捕鱼能便宜一些，可一旦破坏了你的鱼类供应来源，从长远来看，你会落入糟糕得多的境地。"[36]

确信这种新型网板技术具有破坏性的渔民和政客积极发声，要求关注。格洛斯特贸易委员会的代表 J. 曼纽尔 · 马歇尔在 1912 年 5 月的一次听证会上向国会委员会作了强有力的发言。当时，马萨诸塞州已有七艘蒸汽拖网渔船。马歇尔说："这种捕捞方式会使我国沿海的渔业资源枯竭。我们的渔民担心，如果现在不采取措施阻止桁拖渔船或网板拖网渔船捕捞，大西洋彼岸，尤其是北海所发生的事情就会在这里重现。"他指出："当地的主管机构已经认同，北海的渔业，尤其是大型鱼类的数量已经出现大量损耗。"马歇尔还掌握了政治经济的运行规律。"如果这种情况继续下去，就像北海、欧洲大陆和不列颠群岛的情况一样，这些桁拖网渔船将会成倍增长。"然后，"既得利益的问题就会出现，届时再想阻止几乎不可能了……发生在北海的事情就会在我们这里重演"。[37]

马歇尔了解基本生态学和单位努力渔获量，以及政治经济学。他知道如何归纳证据和解读数据，他知道拖网渔船捕捞上来的大量廉价鱼绝不是取之不尽用之不竭的。"当网板拖网技术出现时，蒸汽船的大小和数量随之增加，它们在北海的捕捞强度之高，以至于几乎把所有的大型鱼类都抓完了……所以现在他们不得不继续寻觅，来保证足够的捕鱼量。他们来到冰岛，来到比斯开湾，甚至一直到摩洛哥海岸。如果你看一看英格兰和苏格兰渔港的统计数据，我想你会发现，如果供应的鱼量翻了一番，那超过一半的鱼来自北海之外；那不到一半的来自北海的鱼，则要付出四倍于采用网板拖网技术之前的捕捞努力才能够达到。"马歇尔的话直击要害。网板拖网会过度捕捞。网板拖网会耗尽物种。网板拖网的问题很简单，就是"捕捞的鱼太多了；通过捕捉小鱼、幼鱼、体型瘦小的鱼；通过捕捞所有的鱼——大鱼、母鱼、父鱼和鱼宝宝"，从而导致鱼群的毁灭。[38]

波士顿市长约翰·F. 菲茨杰拉德在听证会上这样介绍自己："我代表着西方世界最大的渔港。"菲茨杰拉德解释说，波士顿商会和官方还未就这项关于禁止拖网捕鱼的待表决法案表明正式立场，但他们"非常渴望"行正确之事，并对"足以摧毁我们城市渔业的潜在危险"十分关切。菲茨杰拉德个人赞成禁止拖网捕捞，并要求如果不能叫停拖网捕捞，"就对其整体业务进行全面调查"。菲茨杰拉德有在波士顿码头上与渔民和鱼类打交道的第一手经验，通过将其与欧洲的渔民和鱼类进行对比，他引起了委员会的注意。"去年我漂洋过海，每到一处就去看那里鱼的特征，所见令我惊讶，"他开始说道。"他们那里的鱼根本没法跟我们的鱼相比。我去了伦敦、利物浦、巴黎、爱尔兰的科克和其他地方的许多鱼市。我惊讶于他们那里的状况。他们的鱼都很小。我可以为前面已经给出的证言和证据作证，并且我可以说，那边的鱼一年更比一年小。"[39]

亨利·D. 马龙也曾历经大西洋两岸。与菲茨杰拉德不同的是，他不是一个政客，而是一位有着 32 年从业经验的专业渔民，他曾在小渔船上进行手钓和拖网捕捞，也从事过网板拖网捕捞。他是海湾州渔业公司旗下“浪花号”的第一任船长。在尼尔的要求下，马龙于1905年赴英国，并三度登上最先进的北海拖网渔船向他的英国同行取经。这次经历让他大开眼界。“他们日夜进行拖网捕捞，”他若有所思地说。“七、八英寸长的黑线鳕都要留下来，”他回忆道，“这在我们看来已经属于次等小鱼了。”他回忆与英国拖网渔民的交谈，“他们说鱼越来越少了。最初使用蒸汽网板拖网船时，捕捞数量都会高于从前使用以船帆为动力的桁拖渔船时的捕捞数量。在他们看来，这是因为蒸汽引擎可以不停运转，而帆船拖着又重又长的横梁，还要看风向是否合适，所以并不能够一直在海底进行拖曳作业。”当一位国会议员问他：“难道那边没有一个人认为北海的鱼比以前多吗？”马龙回答道：“没有。”当被问及北海的鱼是“更大了还是更小了”时，马龙的回答跟菲茨杰拉德市长一样，都是“小得多”。[40]

一个名叫威廉·梅因的苏格兰人也提供了证言，他在北海打了28年的渔，捕捞鱼类主要是黑线鳕和牙鳕，也有鳕鱼。他描述了同样的情况：现在的鱼比他刚开始捕鱼时“小多了”。梅因十分厌恶蒸汽拖网捕鱼。他只在网板拖网渔船上出过一次海，当被要求讲述网板拖网渔民是如何处理不足八英寸长的鳕鱼和黑线鳕时，他表现出了肉眼可见的不安。“说我以前从没这样做过可能于心有愧，因为我确实是把它们扔回海里的那个人。”把这些幼鱼尸体铲进水中的记忆仍然使他心神不宁。拖网捕鱼是资本密集型行业，资本联合起来对抗勤奋工作的个人的行径也让他难以忍受。“苏格兰东海岸的渔民通常都是自己干，”他说，“自从拖网捕鱼和蒸汽渔船盛行以来，他们被迫离开自己的家园，到别处谋生。”[41]

波士顿的威廉·G. 汤普森船长有着30年的从业经验。在职业生涯的大部分时间里，他都是使用手执钓丝进行捕捞，但最近却随一艘美国网板拖网渔船出海五次。他对这项新技术的破坏性深信不疑。“根据我的经验，大约有三分之一从海底捕捞上来的鱼是卖不出去的。它们太小了，还有些是贝类。我见过很多都被扔回了海里。”他把这种做法与钩钓和丝钓做了比较，表示“在使用钓钩和钓丝的时候，我们钓不到那么多小鱼，因为它们的嘴很小，不会咬到那么大的鱼钩”。然而，这还不是最糟糕的。“如果在海底拖曳很重的渔网，把水底的植被都带到水面上，那海底的环境必定会遭到破坏。”[42]

代表马萨诸塞州第14选区（包含科德角）的国会议员罗伯特·O. 哈里斯就禁止拖网捕鱼对选民进行了民意调查。来自科德角的手钓渔民态度坚决。他们反对使用网板拖网渔船，担心“深海捕鱼会被两到三家公司垄断并迅速耗尽渔场”。尽管如此，科德角的渔民们还是希望为美洲拟鲽的捕捞开个特例，允许由汽油驱动的小型拖网渔船作业。他们的比目鱼渔业起步相对较晚，并且相当繁荣，因为桁拖渔船和网板拖网渔船的使用才得以成气候。尽管很想能够继续在海岸地区以传统的方式长久地捕捞鳕鱼和黑线鳕，他们也绝无放弃比目鱼渔业之意[43]。

除了渔民和政治家，其他专家也对众议院委员会提出的问题作出了回应，其中包括有渔业报道经验的记者。来自格洛斯特的詹姆斯·B.康诺利以写航海小说而闻名，他声称自己几十年来一直与新英格兰的渔民直接打交道。康诺利虚构的海上故事是基于来之不易的经验和调查性新闻报道。1902年，《斯克里布纳杂志》派他到北海去调查网板拖网捕鱼。第二年，《哈泼斯》杂志又派他到欧洲去报道另一个捕鱼的故事。在这两次旅行中，康诺利与欧洲渔民一起度过了几个月——与德国人在波罗的海捕比目鱼，与挪威人在北极圈以北捕鳕鱼和黑线鳕，与英国人在最先进的北海拖网渔船上出海。

“在北海，最让我震惊的是那些捕鱼方法太浪费了……他们扔掉的那些鱼，如果能有机会在海里充分成长，会比他们留下的那些鱼体型还大上几倍。”“我和十数位船长谈过，”他继续说道，其中一位表示“他们把海底扯碎了——‘捅破了海底，放出了魔鬼’——他们告诉我的另一件事，是他们几乎可以在任何一种海底捕捞。”康诺利解释说，拖网船携带两张拖网，如果其中一张受损，英国船长根本不需要中断捕鱼。他们日夜不停地捕捞，每三个小时把网拉回来一次。如果其中一张网坏了，他们就在修补损坏的网的同时，动用另一张网继续捕捞。网的富余使船长们有信心在更崎岖的海底拖网捕鱼，这在此前是不敢想象的。[44]

在波罗的海，渔民留作渔获的比目鱼如此之小，康诺利简直无法置信。他表示“我这辈子从来没有见过”像他们的渔获那么小的比目鱼。“多年以前，”他说，“常规的尺寸是六英寸，但如今在那里，这早已是不寻常了。这是拖网捕捞的结果，因为没有生物能够逃脱。”北海的英国渔民“告诉我，自从蒸汽拖网渔船开始作业以来，这些鱼的个头明显变小了”。[45]

然而，在新英格兰不难找到支持新技术的人。在这些人中，没有谁比代表海湾州渔业公司的威廉·F.加尔瑟隆更大声了。加尔瑟隆反驳道，所有反对拖网捕捞的证词都是“渔民的片面之词，这些渔民对该捕捞方法的经验和知识都局限于短期，以及来自一些未加证实的有关近40年来拖网捕捞对北海渔业影响的言论”。他坚称：“大海并没有枯竭。”他还中伤了那些希望禁止拖网捕鱼的人，质疑他们引入该法案的动机“主要是为了那些经营着帆船，并使用拖网捕鱼以外的方法来捕捞深海鱼类的新英格兰渔民的利益”。在他看来，“这些抱怨是基于某个特定阶层的个人利益……而不是出于对全体人民福祉的公正考虑。”[46]

不过，在大多数情况下，禁止拖网捕鱼提案的反对者们非常聪明地避免了与他们的对手针锋相对。加尔瑟隆不想纡尊降贵，把自己和那些渔夫们混为一谈。相反，他和他的支持者会提供客观的证据，包括“世界上最伟大的科学家和其他专门研究海洋生物及其生产力的研究者的陈述”。此外——他们的杀手锏——不预设他们自己，或任何其他人，已经知晓所有的答案。相反，这个“非常宏大”的问题，正如另一位支持拖网捕捞者向国会委员会解释的那样，应该提交给“美国渔业局，展开仔细的调查和报告”。如此宏大、如此复杂、如此重要的事情，不应该在一场国会听证会上匆忙决定。[47]

这一策略受到许多国会议员的欢迎，因为这可以给他们提供掩护。他们可以延后表决，然后听从渔业科学家的学术意见。当然，加尔瑟隆和其他拖网支持者读过美国渔业委员会副主席休 · M. 史密斯博士提交的陈述，其中写道：“我不认为在北海或其他地方的拖网捕捞情况跟美国渔业有什么直接或明确的联系。”他们曾听他以较为中立的态度作证说，他的部门“认为目前无权就这个问题发表任何意见。在美国，蒸汽拖网捕鱼是一种新的捕鱼方式，迄今还未有任何证据提交至委员会，渔业局也未曾收集任何……有关拖网捕鱼的影响和状况的证据。”然而，他们非常清楚地知道，几十年来，渔业局的官方立场一直是，弱小的人类不可能影响海洋的无限生产力，而且渔业局的科学家们对任何一种捕鱼的精巧装置都欢迎之至。[48]

从国会议员加德纳最初在听证会上建议禁止拖网捕捞的鱼类在美国上岸或出售，到渔业局发布《网板拖网渔船捕捞报告》，中间间隔了两年半的时间。与此同时，不断增加的蒸汽拖网渔船继续在美国港口海域捕鱼。海湾州渔业公司已经建立了一支“浪花号”的姊妹船队，包括“泡沫号”“涟漪号”“波峰号”“冲浪号”和“鼓帆号”，每艘船成本 5 万美元。这些船配备 450 马力的三段膨胀引擎，轮机舱中还有一台发电机为船上装配的电灯供电，以便渔船昼夜捕捞不停歇；所用渔网宽达 100 英尺，每次拖曳，一艘拖网渔船就能扫荡大约 73 英亩的海底。（它们通常以每小时 4 英里的速度拖拽一个半小时，这样就覆盖了 6 英里长、100 英尺宽、面积相当于 72.7 英亩的狭长地带。）它们每天可能会进行多达十次的拖网捕捞，刮擦 730 英亩的海底。纽约市的女杰公司经营着一艘蒸汽拖网渔船，“女杰号”，由一艘 160 英尺长的蒸汽双桅横帆船游艇改装而成。还有其他公司看到了新兴鲜鱼产业潜在的利润：缅因州波特兰的三叉戟渔业公司将一艘鲱鱼汽轮改装为网板拖网渔船，于1914年投入使用。现代化似乎需要网板拖网捕捞，拖网技术势头渐长。拖网捕鱼禁令的反对者们用精明的政治手腕摆了对手一道。现在他们准备出杀招了。[49]

渔业管理?

与此同时，美国的环境意识也在逐渐成熟。马萨诸塞州官员在1905年指出："人类活动在许多情况下严重破坏了生物平衡，这已成为常识。例如，捕杀鹰和猫头鹰导致了英国麻雀的过度增长……同样，我们似乎也扰乱了海洋鱼类的平衡。"对鸣禽、猎禽、垂钓鱼类、食用鱼类、鲸鱼、海豹和美洲野牛等动物的担忧，在世纪之交数见不鲜。进步的改革者试图采取新的手段对资源加以利用，这种手段一是基于科学的发展，同时也出于对以往的商业模式并不可持续的担忧。[50]具有讽刺意味的是，正当沿海生态系统缺乏恢复力的特点日益彰显之时，桁拖渔船、汽油引擎和蒸汽网板渔船却在变本加厉向海洋施加影响。20世纪的头十年里，新英格兰和加拿大大西洋沿岸正处于产量下降和投入量增加的交叉点，这一点有识之士已然洞见。

当时，加拿大沿海各省和新英格兰各州的海洋食用鱼总捕获量价值超过2000万美元。考虑到渔业的重要性，渔业赖以生存的生态系统生产力也同样重要，世纪之交的立法者和监管者开始尝试进行管理。在政治层面，通过繁殖鱼类、养殖蛤蜊和消灭害虫来恢复失去活力的大自然仍然比强迫渔民减少捕捞量更容易接受，尽管渔民自己往往是保护大海最响亮的发声者。下面以蛤蜊为例说一下。

一个世纪以前，成桶的咸蛤蜊是新英格兰帆船上的主要诱饵，用于捕捞鳕鱼。但是，蛤蜊作诱饵的时代基本上已经一去不复返了。到1901年，消费者已十分喜爱食用蛤蜊浓汤、清蒸蛤蜊、油炸蛤蜊和绞碎的蛤肉。那一年在缅因州，带壳蛤蜊的销量是用作诱饵的蛤蜊销量的25倍。人们的胃口也没有变小的迹象。"蛤蜊消耗非常大，对缅因蛤蜊的需求还在增加。"1902年，缅因州海洋与海岸鱼类委员会委员如是写道。"保护和提高产量成为重中之重。"[51]

1902年，缅因州从6月1日到9月15日是休渔期，在这段时间里，禁止将蛤类运出州。州内的罐头食品厂和餐馆仍被允许采捞蛤蜊，尽管如此，一些管理员坚信禁渔期"有助于蛤蜊浅滩的恢复"。其他人则认为应该将禁渔期延长至6个月。缅因州毕德佛的沃登·J.F.高德斯威特提出了另一种解决方案。"我已就此进行了详细的调研，得出的结论是：保持蛤蜊供应的唯一办法是将小蛤蜊投放到浅滩——也就是把生长在沼泽附近的很小的、永远长不大的蛤蜊，转移到浅滩上，一年以后它们就长成大蛤蜊了。”就像人工繁殖鱼类一样，蛤蜊养殖的目的是为了重振已达低谷的自然产量。[52]

在1903年和1904年的报告中，缅因州渔业委员警觉地记录道，蛤蜊和扇贝产业“已经到了危险的地步”。在过去的两年里，缅因州的蛤蜊和扇贝产量减少了230万磅，对此他感到无比震惊。更糟糕的是，“即使我们今年的产量增加一倍，市场需求也无法得到满足。”他希望缅因州能投入资源进行蛤蜊养殖，并将“一部分蛤蜊浅滩”完全关闭至少两年，以允许蛤蜊种群数量反弹。[53]

马萨诸塞州的情况跟缅因州如出一辙。1901年，立法机关通过了几项法案，允许合法的蛤蜊养殖。该州的鱼类委员会希望获得培育软壳和长颈蛤的权利。这样的计划将要求城镇将蛤蜊浅滩的管理权，或者至少一部分管理权，移交给州政府。委员们希望划出不超过任何一片蛤蜊浅滩三分之一的面积，来养殖和保护蛤蜊。他们设想将幼小的或体型较小的蛤蜊移植到保护区，然后对保护区进行管理，防止未经授权的采挖，直到蛤蜊成熟。最终恢复活力的蛤蜊床将重新开发供公众采挖。这些法案都没有通过。立法者担心它们会导致蛤蜊浅滩的私有化。在很大程度上，英联邦的居民仍然坚持保护公众的权利，认为“所有公民都有宪法赋予的权利，就挖蛤蜊而言，这种权利不应该为了任何私人或公司的利益而被剥夺”。[54]

到1905年，缅因州和马萨诸塞州的贝类危机达到了临界点。这两个州的立法机关都采取了行动。缅因州通过了一项法案，指示渔业专员在未来两年内每年花1000美元“保护、延续、鼓励、开发、改善和增强贝类产业”，并打包授予“海岸、浅滩和水域”的控制权，可以在不超过两英亩的任何一个区域内进行蛤蜊养殖实验。三个蛤蜊保护区立即成立，分别位于诺克斯县、汉考克县和萨加达霍克县。渔业委员们乐观地预测，在州政府的监督下，这些水域的产量肯定会在几年以内增加十倍。该法案双管齐下：既有幼体移栽到原先有活力的浅滩，也包括并将某些浅滩关闭，不让采蛤者进入。米尔顿·斯宾尼是萨加达霍克郡的负责人，他认为很有必要给蛤蜊一个机会。[55]

“如果让本州部分浅滩进入几年的禁渔期，直到蛤蜊能够像以前那样繁殖再向采捞者开放，然后关闭其他一直开放的浅滩，直到这些浅滩的蛤蜊数量也重回巅峰，”再度开放浅滩以进行蛤蜊捕捞，但应在“相关州法律”范围内，这样，缅因就可以解决蛤蜊的问题了。斯宾尼这种自上而下的方案也许会管用——如果大自然肯配合的话——但却需要城镇向州政府交出控制权，需要州层面雇用农民和蛤蜊管理员，并要求公民放弃被许多人视为宪法赋予的或天赋的捕捞权利。这些挑战是无法克服的。这个问题不是逻辑上的，而是政治上的。正如斯宾尼指出的，“如果给了机会，蛤蜊会繁殖。”[56]

马萨诸塞州的一位官员承认了蛤蜊捕捞业在联邦的政治困境。“由城镇控制的话，”他说，“我们既无法逃脱垄断的局面，也不可避免供应持续枯竭的危险。”与此同时，在他看来，公众误解了他们对“贝类渔业的所有权”。而且很快就没有什么贝类可供争执了。该州的生物学家 D.L. 贝尔丁把责任完全归咎于人们的需求量超过系统的供给量。“毫无疑问，人类的肆意掠夺浪费是破坏我们蛤蜊家园的主要原因。”过度采捞和对蛤蜊幼体的肆意捕杀已经耗尽了本州的蛤蜊床。但是贝尔丁充满乐观，相信人类可以弥补自己带来的破坏。他写道:“大部分曾经盛产蛤蜊的地方，现在都是空空如也了，但这里的条件似乎和以前一样有利于蛤蜊的生长。”作为一名科学家，贝尔丁想要确定该州各种蛤蜊浅滩每英亩的实际产量，并确定蛤蜊生长到可售卖尺寸的速率。作为一名公职人员，他希望他的工作能最终证明“成功养殖蛤蜊比养殖牡蛎更容易，给大自然一点助力，可以大大提高蛤蜊的产量，能够获利的蛤蜊养殖是可行的”。[57]

1905 年，马萨诸塞联邦在科德角的莫诺莫伊角上建立了粉洞保护区。这个地方似乎很适合“研究龙虾、蛤蜊、圆蛤、扇贝、牡蛎和峨螺的自然历史”。首要目标是“设计一种可行的商业模式，将龙虾养殖到可售卖的尺寸”，一种途径是“控制捕食者对小龙虾的破坏”。在设定水域养殖贝类，以便“该水域达到正常产量”这一目标排在第二位，推动者解释说，“发展机会十分诱人。”委员们开始进行实验，“以确定在不同潮汐、土壤等条件下提高贝类产量的最实用方法。”考虑到贝类产业的困境，他们的乐观像是无根之萍。但是他们相信改造这些蛤蜊床来加速自然进程会有回报的。“情况与农业相似，”委员们乐观地争辩道，“区别就是，在海洋农业中，作物更加可靠，也就是说，不会遭受那么多的灾难。”其实可以从联邦几个世纪的渔业历史中吸取一些教训，但是令人心动的统计数据、可测量的结果和进步的管理模式让贝类养殖业的促进者们一叶障目、乐观过度了。他们觉得自己可以恢复已经破坏了的平衡，可以帮助已经残废了的大自然。除了粉洞保护区，1905 年，达特茅斯的斯洛克姆河、安尼斯昆河的惠勒角、西特角、纪念碑海滩、伍兹霍尔、哈威克波特、楠塔基特、查塔姆、普罗温斯敦、格洛斯特和埃塞克斯纷纷建立了人工养蛤埕。不幸的是，甲壳类动物保护区并没有带来十倍的收益。[58]

缅因州和马萨诸塞州大力推广贝类养殖跟联邦政府在全国几十个孵化场和子孵化场进行鱼类繁殖的不懈努力遥相呼应。白斑狗鱼、鲈鱼、白鲑、黑鲈及鲶鱼在内陆各州被饲养；阿拉斯加州饲养座头鲸和红鲑；华盛顿州养殖国王鲑、银鲑和钩吻鲑；以及其他州饲养的许多其他鱼类，包括虹鳟鱼等。在布斯湾港口、缅因州波特兰、普利茅斯的格洛斯特和马萨诸塞州的伍兹霍尔，联邦建设的孵化场饲养鳕鱼、黑线鳕、比目鱼、鲭鱼、狭鳕和龙虾。坦诚的鱼类学家意识到，把鳟鱼鱼种放到河里比把鳕鱼苗放到浩瀚的北大西洋里更有可能取得显著的成功。然而，联邦政府和州政府在捕鱼问题上的主要策略，仍是以实验室为基础的生产，而不是野生鱼类保护。

如果说跟渔业专员们的美好愿望恰恰相反，大多数种类的海鱼在世纪之交似乎已经枯竭，有一种鱼似乎数量却特别丰盈。白斑角鲨，学名 *Squalus acanthius*，一直不受渔夫待见，被轻蔑地称作“狗鲨”。它们每年春季来到缅因湾，秋冬之际离开向深海游去。它们没有朋友。作为北大西洋西部最为常见的一种鲨鱼，白斑角鲨数量极多，远超过其他所有鲨鱼，比例大概在 1000:1。它们是唯一一种数量上能跟有名的食用鱼类相匹敌（如鳕鱼和黑线鳕）的鲨鱼。角鲨体型很小：成年雄角鲨体长 2—3 英尺；成年的雌性要大一些，2.5—3.5 英尺，但是成年雌性的平均体重只有 7—10 磅。角鲨贪吃，名声在外。它们成群结队出动，偷食鱼饵，毁坏上钩的鱼或围网捕到的鲭鱼，把渔民想要的底栖鱼类从海底赶跑。自欧洲人在新英格兰永久定居之前的约翰·史密斯船长时代起，渔民们就对它们颇有怨言。但在 20 世纪初，白斑角鲨的数量似乎呈爆炸式增长。

鉴于它们的繁殖特点，这种增长让人震惊。因为白斑角鲨跟大部分鱼类不同，它们是胎生，也就是直接产下角鲨幼鱼，而非产卵。雌性角鲨通常在冬季近海水域怀上幼鱼，孕期长达 18 到 22 个月。这样的繁殖周期，意味着夏末在新英格兰海岸捕获的成年雌性角鲨体内怀有早期胚胎（不到一英寸长）或临近分娩的更大的幼鱼（7—11 英寸长）。渔民会把雌鱼剖腹，看着小鱼游走，以此取乐。一窝幼鱼的数量可能 1—15 条不等，平均为 6—8 条。像许多鲨鱼一样，白斑角鲨生长缓慢，寿命很长。雌鱼 12 岁才能达到性成熟。到了世纪之交，渔业专家们已经知道，母鳕鱼或大比目鱼一次可产数百万个鱼卵，而白斑角鲨所产的幼鱼数量却非常有限，因而其数量的激增令人费解。当然，角鲨的幼鱼一旦出生，就能很好地照顾自己，这点强过卵生鱼类。[59]

白斑角鲨很好认，因其每一根背鳍前缘都延伸出大而尖利的硬棘。这些细长的小鲨鱼有扁平的头，鼻部逐渐变细，末端变钝，可以像弓一样拱起背部，用它们的背鳍尖棘造成痛苦的穿刺。因此，钩钓者如果抓到角鲨，都会尽快释放，躲开它的尖刺和可能带来的破坏。

白斑角鲨背部和上侧面通常呈灰褐色，有时略带棕色，下侧面和腹面颜色逐渐变淡，成为白色或灰色。两侧各有一纵行小的白色斑点，幼鱼身上更为明显。沿上下颚两侧生长的牙齿小而锋利，呈锯齿状，这让渔民将它们视作杀戮者。1905 年，《纽约太阳报》的一位记者滔滔不绝地说："它们又长又瘦，有着贵族选手的所有特征。"渔民却丝毫没有这样的好感。多数渔民宁愿大海里每一条白斑角鲨都死绝。[60]

白斑角鲨是极其高效的猎手，几乎每一种体型比它们小的鱼类都会成为它们的猎物。它们还吃鱿鱼、螃蟹、蠕虫和虾类。软体动物占它们饮食的重要部分。换言之，它们基本上就是跟鳕鱼、黑线鳕和比目鱼争食吃。不过，它们臭名昭著是因为它们给人类想捕的鱼所造成的影响。渔民讲述了成群的白斑角鲨给鱼群造成巨大破坏的故事。比如，它们从四周和底部围攻大西洋鲭鱼群，然后吃掉或残害整个鱼群。关于它们如何蹂躏拖网中捕到的每一条鱼也有其传说。以及它们将珍贵鱼类从渔场赶跑的故事。大型鳕鱼、无须鳕和美洲鮟鱇偶尔捕食白斑角鲨，但其主要天敌是体型较大的鲨鱼，数量相对有限。就渔民而言，没有足够的掠食者来控制白斑角鲨的泛滥。

虽然白斑角鲨经常在西北欧被捕捞出售，但其肉在美国或加拿大没有市场。角鲨的肝脏可以制成鱼油；干角鲨皮能做成耐用的砂纸；经过鞣制的角鲨皮可以用来包"上等的剑柄和刀柄"或制作"手袋、手提箱和小旅行箱"；有工厂将角鲨的身体加工成肥料或饲料中的蛋白质补充物。然而，这些用途不足以刺激渔民对西大西洋的白斑角鲨进行专门捕捞。因此，随着鳕鱼、黑线鳕和大比目鱼捕捞进入白热化，白斑角鲨基本处于无人问津的状态。[61]

到了世纪之交，渔民们确信让人嫌恶的白斑角鲨数量已急剧增长。美国鱼类委员会的巴顿 · 艾夫曼写道："1902 年出现在佩诺布斯科特湾及其附近海岸的白斑角鲨，数量之多令人惊愕。"约翰 · N. 哈里曼经常在下佩诺布斯科特湾捕鱼，靠近马蒂尼库斯和欧岛，他坦承："自己从未见过角鲨数量如此之盛。它们早在 6 月 1 日前后就来到了海湾，然后一直待到捕鱼季很后面。"1904 年夏天，根据马萨诸塞州渔业和狩猎委员会的说法，"白斑角鲨成了科德角渔民的一大麻烦。"来自普罗文斯敦的本雅明·R. 凯利船长是一位经验丰富的渔民，他发现附近的白斑角鲨比以前多得多。渔民们知道，遭受角鲨之灾的不仅仅是马萨诸塞州。纽芬兰、加拿大的沿海省份、英国、爱尔兰和靠近北海的欧洲国家——北大西洋北部的每个地方，渔民们都面临着白斑角鲨的威胁。情况持续恶化，到了1904年，马萨诸塞州立法机关竟通过一项决议，要求美国国会——好像国会有答案似的——“保护我们海岸的食用鱼不受这些鲨鱼或角鲨的伤害。”这项要求是前所未有的，也是不现实的。但它并不是凭空冒出来的。[62]

当时马萨诸塞州的渔业官员将问题归咎于人类的行为，归咎于人类的严重失误：“杀死许多其他种类的鱼，却放跑了白斑角鲨”。渔民对白斑角鲨躲避不及的态度是众所周知的。杀死的白斑角鲨数量较为稀少。与此同时，“倾向于对其他种类的鱼，无论老幼，赶尽杀绝，却对捕杀白斑角鲨毫无作为；因此，跟销路好的鱼类数量相比，角鲨数量持续猛增。”官员们认为，解决办法是找到有效的方法“杀死每一条被钩住或网住的白斑角鲨”；否则，“它们将继续作恶。”在“白斑角鲨对马萨诸塞州渔业的破坏报告”中，州渔业委员建议政府向捕杀白斑角鲨的渔民支付费用。捕捞的角鲨可以制成鱼油或肥料，这样，利润就可以抵消支付的费用。尽管委员们是坦陈说支付“赏金或提供其他政府援助”是完全值得的花费。1906年，除了向国会递交的大量请愿书，另有一项法案被提出，规定在北卡罗来纳州哈特拉斯角和缅因州伊斯特波特之间，每捕杀一条白斑角鲨，政府将给予2美分的赏金。委员会没有通过这一法案。然而，一直到1916年，美国参议院渔业委员会还在就白斑角鲨问题进行辩论，讨论哪种方案更适合，是争取联邦政府的支持杀死白斑角鲨还是鼓励美国人食用白斑角鲨。[63]

时间已过去这么久，白斑角鲨的数量在世纪之交是否呈爆炸式增长，我们不得而知；我们也无法确定，倘若真是如此，人类活动是否与白斑角鲨数量的急剧增加有关。整个北大西洋北部的自然条件，包括气候变化导致的海水变暖，都可能促成了其数量的增加。然而，考虑到19世纪最后30年间，从北海到缅因湾沿海海域的捕捞压力大，人为干扰已经改变了大量捕捞区域的物种组成这一点是显而易见的。将具有高商业价值的物种（如鳕鱼和大比目鱼）从与白斑角鲨共享的营养级移除可能会致其数量增加。当时的渔业专家肯定是这么想的。将近一个世纪后，乔治浅滩的捕鱼活动大大增加，此时的渔业科学家们则精准做出了同样的断言。随着底栖鱼数量下降到历史最低水平，“记录到低商业价值物种的大量增加。例如小型板鳃亚纲鱼类（包括白斑角鲨和鳐鱼）明显取代了鳕鱼和比目鱼物种。对共食群结构的研究表明，这种优势种的转变可能与此有关。”世纪之交的渔民很可能对一直困扰他们的问题负有一定责任。[64]

来势汹汹的白斑角鲨并不是这个行业唯一的问题。与1889年相比，1913年龙虾捕捞量下降了60%。与此同时，渔民们捕龙虾所付出的努力越来越多。一位联邦委员在1915年写道：“与前几年相比，现在各州设置了更多的龙虾陷阱，但每个陷阱的平均产量少了很多。”[65]缅因州在1915年通过了一项法律，要求龙虾捕捞者、经销商和运输者必须拥有执照。这是前所未有的做法。立法者们希望执照能够改善数据收集、加强有效管理及执行。给捕虾人发执照，赋予监管人员与司法长官同等的执法权力（包括允许他们在没有授权的情况下行动），简化衡量合法龙虾的程序，这些都是面对捞鱼量下降，从管理角度所做出的努力。[66]

到1915年，联邦和州政府层面的渔业管理行为包括，大量繁殖海洋鱼类和龙虾、蛤蜊移植和培育、牡蛎养殖、偶尔禁止捕捞或运输贝类、要求渔民和经销商获得执照以及试图消灭白斑角鲨。除了减少捕捞压力外，一切都做到了。然而，渔业局统计数据清楚地表明，尽管计划煞费苦心，以期使被掏空的海洋生态系统再度充盈，但海鱼和可食用软体动物仍然持续枯竭。正是因为这种情况，美国国会要求渔业局专家对在大西洋西部海域引进桁拖渔船和网板渔船的争议进行仲裁。20世纪头十年里，美国渔业的特点是生产力下降而捕鱼努力增加，鉴于此，所有其他与渔业有关的管理决定都显得无足轻重了。

判决

1912年夏，国会对关于海底拖网的破坏性感到担忧，拨款给渔业局调查“这种捕鱼方式是否会对鱼类造成破坏或有其他方面的危害”。两年半后，渔业局给出了报告，并提出了建议。这份谨慎而公正的报告却充斥着前后矛盾。报告罗列了过度捕捞的大量证据，特别是英格兰和苏格兰在北海使用桁拖渔船和网板渔船捕鱼有40年历史，已成为常态。报告也承认西大西洋的情况岌岌可危。“尽管摆在我们面前的事实无法证明或假设美国拖网渔船经常出没的浅滩上的渔业已经遭到了破坏，”科学家们写道，“但有可能损害的种子已经播下，它们的结果可能会在未来出现。”[67]

鉴于该局历来热衷于更大的捕鱼量和更高效的捕捞设备，其对网板渔船捕鱼无所谓的反应相当耐人寻味。广泛的研究揭示了广泛的问题，对此，调查局的调查人员感到忧虑是毋庸置疑的。拖网捕鱼的支持者，包括海湾州渔业公司和它的盟友，原本以为会得到更多的维护。但渔业局的科学家虽然谨慎而克制——他们明白自己的决定对美国人将来庞大的投资资本和利润至关重要——却做不到凭借已有的认识，无愧于良心地建议完全禁止拖网捕鱼。他们也不会同意通过管制船只或渔网的数量来限制拖网渔业准入。这样做会促进垄断，而垄断似乎是不符合美国特色的。因此，他们建议将拖网捕捞限制在“特定的浅滩和渔场”。这一让步为大规模的网板渔船捕鱼打开了大门；更具体来说，它对加德纳议员提出“在摇篮里将其扼杀”的提议关上了大门。[68]

仔细阅读一下 1915 年科学家发布的《有关网板渔船的报告》，会发现其揭示了一系列问题，这些问题再度作为重大担忧出现时，已到了 20 世纪末渔业摇摇欲坠时，尽管美国渔业局调查员在 1915 年就恳求政策制定者密切关注相关问题的走向。他们在报告中明确地指出，“过度使用网板渔船”已经“对北海造成了伤害”，而且他们认为这种损害在西大西洋海域也可能发生，当然事情尚未发生。不过监测至关重要：既然拖网渔船已然驶出，这也是目前唯一可靠的办法。科学家们选择呈现客观结论而非主观偏好，虽然他们一直以来的直觉是长期进行拖网捕捞会有危害。如果他们对后续步骤足够负责，他们应该在后来不间断地进行监控，哪怕他们曾担忧“经济”因素的考量会让之后的“矫正工作难度增加甚至不可能”，这一点颇有先见之明。[69]

但科学家们不够负责。国会倒是尽到了分内的职责。然而这些人民代表并没有仔细阅读报告的每一页，更不用说找出字里行间隐含的意思，或是体会作者的担忧了。此外，从最初的听证会到最后报告定稿、得出结论的两年半里，拖网捕鱼活动大大扩张了。它变得更规范了，更有利可图，而从挪威和爱尔兰进口大西洋鲭鱼，从荷兰进口鲱鱼和凤尾鱼也取得了同样的发展。在 19 世纪 80 年代，从欧洲进口鱼类引起了人们的惊讶和恐慌。到了世纪之交，费城、纽约和其他地方的进口商经常会将从北方欧洲生态系统收获的鱼类进行销售。[70]

因此，尽管渔民和政客对网板渔船对未来渔业的影响持谨慎和保留态度，拖网捕捞还是一点点渗透进入了渔船舰队。它成了海滨作业的一分子。例如，海湾州渔业公司在 1911 年拥有 6 艘拖网渔船，1913 年有 9 艘，到 1915 年有 12 艘。从 1912 年开始，竞争对手也开始为渔船配备拖网装备。1913 年，海湾州渔业公司的 9 艘拖网渔船捕捞了波士顿 16% 的鱼。那一年，它们出海 326 次，通常是在南航道和乔治浅滩捕鱼。每艘拖网渔船平均每年航行 36 次，周转时间为 10

天——这对于一艘帆船来说几乎是不可能的。1914 年，船队捕捞了波士顿 18% 的鱼。到那时，蒸汽动力的网板渔船占波士顿捕鱼船队净吨位的 18%。它们不再是异类了。船队中何为“正常”和“异类”的基线已经改变。1915 年 6 月，“长岛号”网板渔船在缅因州波特兰的一次航行中捕获了 28 万磅的鱼；第二个月，同一艘船一次出海又带回了 30 万磅渔获物。这是美国网板渔船捕鱼的最好成绩，吸引了很多人的注意。随着拖网捕鱼变得司空见惯且令人兴奋，反对的声音也不再那么尖锐了。[71]

当可测量的结果在几十年后才会出现时，政客们很少会支持有远见的行动。哪怕渔业局长在这份长达 84 页的报告中明确谴责网板渔船捕捞的破坏性，禁令也很难实施。英国人在用拖网捕鱼。其他欧洲人，包括在西大西洋、北海和比斯开湾拖网捕鱼的法国人，也是如此。一些加拿大人已经开始了。捕鱼是大生意，在波士顿尤其如此。T 码头的鱼贩子更像是大公司，而不是夫妻档——尽管“鱼贩子”这个词听着有点土。在其他地方，美国的渔网和麻绳公司、鱼类批发商、大型包装公司、发动机制造商和其他投资于商业捕捞的公司——其中一些公司资本足，影响大——他们都无意阻碍美国渔业现代化的进程。他们可以轻易地把蒸汽拖网捕鱼的反对者描绘成来自过往时代的遗迹。[72]

回想来看，1915 年时，阻挡在大西洋西部的海洋生态系统和具有破坏性的新型拖网捕鱼设备之间的，是三个略有担忧的科学家和一群被围攻的钩钓者，后者似乎已越来越跟不上当前的发展步伐。要阻止工业化捕鱼的进程，他们几乎微不足道。尽管如此，渔业局科学家在航海时代末期关于北大西洋北部渔业的发现还是值得关注的。如果调查人员是训练有素的历史学家，他们可能会对数据进行更全面的概括，因为他们揭示的一些海洋变化模式有着很深的根源。

监督调查并撰写报告的 A.B. 亚历山大、H.F. 摩尔和 W.C. 肯德尔意识到他们来到了一个十字路口。他们注意到:“新型船只比老式船只速度更快，航行素质更高，可以在任何季节，特别是冬季，进行更大规模的捕鱼活动。”“由于现代船只规模更大，每艘船配备的渔具比 30 或 40 年前的习惯做法多得多。”这样的进步也有其弊端。“近年来，在大浅滩、西部浅滩、班克罗浅滩和其他曾经盛产大比目鱼的地方，捕鱼数量明显下降，”他们继续道。“这一情况是由过度捕捞造成的。”“过度捕捞”一词于 19 世纪 50 年代出现在英国，直到 19 世纪 80 年代，美国人还不怎么用它。可当时已经成为与钓鱼相关的日常词汇了。[73]

北海生态系统的发展给调查人员敲响了警钟。就在1903年，英国和威尔士船只捕捞的底栖鱼中，有79.4%是在北海捕捞的，离北希尔兹、雅茅斯、洛斯托夫特、格里姆斯比和赫尔等港口都不远。1906年，北海捕捞量下降到总数的54.7%。船长们要到更远的地方捕捞。在1912年，北海捕捞量下降到只有43.2%。那时，英国大部分的蒸汽网板渔船定期前往冰岛、白海、法罗群岛、比斯开湾以及葡萄牙和摩洛哥附近海域。大多数英国船长发现在北海捕鱼已无利可图，他们更愿意在海上先行驶几天甚至一个星期再下网。北海是帆船拖网捕鱼的发源地，蒸汽拖网渔船初出茅庐也是在北海，可现在，北海再也产不出多少鱼了，1912年国会的证词清楚地表明了这一点。[74]

在审查了英国官方报告后，渔业调查局发现，“自1891年以来，捕鱼量出现实质性下降。”他们还指出，到1898年，网板渔船已经成为英国最流行的捕鱼方式。“有关拖网船队捕捞量和捕鱼活动的确切数据，只有1902年之后才有。数据表明，1903年到1912年之间，平均每次出海的单日捕捞量大幅减少，无论是鲽形目鱼还是其他。”变化的模式显而易见。“因此，我们认为，黑线鳕和鲽鱼都存在过度捕捞，这种情况应该是网板渔船导致的，因其具有压倒性优势。”他们认为“鳕鱼是一种掠夺性、游动性强的鱼，并不是非常典型的底栖鱼类，因而没有受到影响”。[75]

除了在英国人的记载中寻找蛛丝马迹，美国的科学工作者还派遣助手对波士顿的蒸汽拖网渔船进行实地考察。海湾州渔业公司的老板们自以为调查拖网捕捞对他们只有好处、没有坏处，因此，他们心甘情愿把船只交给渔业局的调查员，任凭差遣。调查人员携带“打印的表格，在上面记录每次打捞的日期、地点、持续时间和打捞距离等完整数据；还有每一种商业鱼类的数量和大小；以及从未出现或很少出现在市场上的可食用鱼类的数量和大小”。他们还记录了被丢弃的鱼是活的还是死的，拖网渔船是否破坏了钩钓渔民的渔具，以及“拖网打捞上来的海底物质的数量和性质”。与此同时，该局雇用的一些人随行乘坐桁拖网帆船，以观察他们的做法和捕获物的性质。[76]

将网板渔船与钩钓捕鱼进行比较，会发现两者有明显的差异。拖网渔船“捕捞的大部分商业鱼太小，无法售卖”。此外，报告称，“几乎所有可食用鱼类的幼鱼在从船上扔下来时都死了”，并称之为“绝对浪费”。钩钓方法抓到的幼鱼存活几率更大，因为他们没有遭受被网住的鱼那么大的压力，并且几乎立即被放回水里，尽管也有一些会因被甩到板条状的船侧身而受伤或死亡。研究人员的数据使他们能够制作表格，来比较“所有物种的浪费情况”。被调查的网板渔船平均有55% 的浪费率；钩钓渔船则只有 36%，差别很大。[77]

然而，在调查人员看来，网板渔船并没有造成批评人士所说的所有问题。例如，调查人员认为，“网板渔船不会严重破坏海底，也不会大肆剥夺直接或间接作为商业鱼类食物的生物。”今天的大多数研究人员可能不同意这种说法。虽然一些海底底质，如广阔的沙质平原，受到拖网捕捞的破坏较小，但大多数底层栖息地经过重复的拖网捕捞，已被严重改变了。[78]

一个小问题最终将毁掉这份报告的大部分的仔细研究。“从 1891 年到 1914 年的官方报告中，我们无法发现任何证据，”科学家们写道，“能够表明美国拖网渔船经常出没的浅滩上的鱼类正在减少。”不过他们随即又指出这些“结论”并不一定“准确，因为美洲水域的拖网渔业是最近才建立的，规模太小，还不能对鱼的供应有非常实质性的影响”。他们感觉问题是存在的，显然需要进行持续的评估。然而，政府又该如何告诉受过教育的民众，说他们不能使用某一种捕鱼工具谋生，而且还没有证据表明这种工具会给本国的海域带来破坏呢？忧心忡忡的作者们想到的最好办法就是用已有的案例进行类比。“参考英格兰和苏格兰在北海的捕渔业，其中鲽鱼（一种比目鱼）的案例中，最可能的假设就是过度捕捞。黑线鳕的案例中也有相当多的证据表明是同样的情况……由于蒸汽拖网渔船占据压倒性的优势，它一定是有责任的。”[79]

研究人员深信“按照如今的操作方式，钩钓捕捞业”对西大西洋浅滩渔业造成的“枯竭威胁微乎其微”——这一结论，今天看来，本身就是有争议的——但他们又重申“并没有累积的数据表明新引进的网板渔船影响如何”。不过，为了说明将来可能发生的情况，“我们必须参考其他地方的渔业历史。网板渔船捕鱼在北海进行的时间最长，也取得了最大的发展，那里似乎有充分的证据表明拖网捕鱼已被过度利用，而某些鱼类的渔业因此而遭到破坏。”当时，美国人面临的挑战是如何防止“美国渔业出现类似情况”。[80]

这是一个政治测试，而不是科学测试。在进行调查的科学家看来，“要防范的，不是使用网板渔船捕捞，而是过度捕捞。它无疑比钩线钓更具破坏性，但这一事实还不足以将其定罪。”事后表明并非如此。如果这三位作者知道渔业局和国会几十年间都对网板渔船的破坏性问题视而不见，他们的措辞可能会更有警告意味儿。但作为顾问身份的科学家，他们并不制定政策；他们提出建议。商务部长在 1915 年 1 月 22 日向国会提交了他们的报告之后，他们便无能为力了。很快，政府印刷局出版了这份报告，包括其中的建议，即将网板渔船限制在“其迄今为止”限定活动的区域——“乔治海岸、南航道及南塔基特浅滩的部分海域”——无非是西大西洋渔场的很小一部分。[81]

有关立法却没有落实。市长约翰·菲茨杰拉德（John F. Fitzgerald）所有的担忧都随着廉价鱼的大量到来而消失殆尽。愤怒依然存在，但随着时间的流逝，随着拖网渔船成为风景如画的捕鱼码头公认的特色，愤怒的声音逐渐平息了。1926年，《大西洋捕鱼人》的一位编辑同情钩钓者和受拖网渔船影响的纵帆船船主，但他注意到“不知怎么的，我们无力地感到，抗议拖网渔船是在反对不可避免的事情”。[82]

1920年前后的大量照片让我们能够瞥见历史上的一瞬：一个由各种帆船和小渔船组成的船队，其中大部分都是老旧的，但也有一些是新建的，它们与一支不断壮大的、由木制机动拖网船和钢制蒸汽拖网船组成的无敌舰队共享海岸。那时的商业捕鱼已经有400年的历史了，从科德角到纽芬兰的渔场绵延不绝，让人肃然起敬。渔港上船只络绎不绝、进进出出，仍然呈现出一幅迷人画卷，稍有才华的水彩画家都会为之倾倒。在浅滩上来来回回辛勤劳作的，有斜桁纵帆船，外形美观，令人赞叹，其中一些带有辅助动力，顽强坚毅的船员用平底小渔船捕鱼；还有葡萄牙横帆船，也用平底小渔船捕捞。高大的大西洋鲭鱼纵帆船在水面巡游，其中越来越多装备有汽油或蒸汽辅助发动机且每一艘都拖曳着优雅的围网船，桅顶有人随时观测，围网也始终待命。网板渔船上飘扬着美国、加拿大、英国和法国国旗，烟囱冒出滚滚白烟，在浅滩上纵横穿越，很有系统地每过几个小时捕捞一次，这地盘儿曾经是随波漂浮的纵帆船的天下。坚固的双桅帆船（其设计者和建造者仍在不断改进）和现代拖网渔船（其捕鱼的精确度如钟表般精准）的毗邻表明，帆船捕捞的时代尚未结束，尽管它正在迅速逝去。

矮墩墩的小型油鲱汽船，有着垂直艏柱、单根桅杆和神气活现的驾驶室，它们在离海岸更近的海域，追逐着越来越小的鱼群；而平艉拖网渔船——这种船的设计建造愈加倾向于不用任何船帆——则在靠岸的海域捕捞比目鱼、鲽形目鱼、黑线鳕和鳕鱼。离海滩最近的地方，漩涡在打转，潮水冲刷着布满墨角藻的岩石，敢为人先的捕虾人在汽油驱动的露天汽艇上捕捞龙虾。男孩、老人和那些没什么本事的人仍然伏在桨边，在平底小渔船或豆荚船上拉起自己的捕鱼陷阱。

几个世纪以来，新英格兰和加拿大大西洋沿岸的人们一如既往在无情的大海上辛勤工作。然而，不久之前还被认为不道德的工艺和装备转眼就普及开来。渔业正在现代化，就跟呼啸而来的 20 年代伊始时，当代生活的方方面面一样。“正常”的含义也在改变——尽管画家和摄影师仍然认为船队浪漫、英勇、传统地让人怀念。当然，这些船与 1820 年的船有很大不同，与 1720 或 1620 年的船更不同。

如果当时有水下摄影设备的话，从水下拍摄的图像将会展示出别样的特定历史时期的场景：捕鱼业和海洋社区赖以繁荣的海洋物种群落的本质与变迁。400 年来发生了很多变化。事实上，可以说水面下的变化应该不亚于水面上的变化，同样地无处不在、无可挽回、脱胎换骨。尽管当时很多人仍然愿意想象自己是在不朽的大海里捕鱼，这大海跟约翰·卡伯特和雅克·卡地亚所认识的还是同一片海。渔民们的认知基准线发生了变化，但即使是最了解情况的人也没有意识到变化有多大。当人们把鲱鱼挂在鱼钩上做饵、在鱼梁里用鱼叉逮比目鱼和蓝鱼，或者把拖网中的黑线鳕、鳐鱼和鲑鱼丢弃时，人们很容易相信，到了时节海洋总会产出的。难以想象，珍贵海洋物种的数量和分布以及生态群落的相对组成已经产生了变化，有的甚至是剧烈变化；也无法相信海底地形每天都在发生着更加彻底的改变。大海并非不朽，也不像古代那样“狂野”，尽管几十年前亨利·大卫·梭罗（Henry David Thoreau）曾在科德角的海滩上冥想海的狂野。那些敢于在这片大海上做生意的人的决定和命运，都与这片海洋密不可分。

参考文献：

1. Principe DiGangi to Marshall McDonald, August 2, 1895, Records of the U.S. Fish and Wildlife Service, RG 22, Records of the U.S. Fish Commission and Bureau of Fisheries, Letters Received 1882–1910, box 244, folder 2248–2280 (1895), NARA, College Park, Md.
2. USCFF, *Part XXVII: Report of the Commissioner for the Year Ending June 30, 1901*, (Washington, D.C., 1902), 20; Bureau of Fisheries, *Report of the U.S. Commissioner of Fisheries for the Fiscal Year 1914 with Appendixes* (Washington, D.C., 1915), 79; Bureau of Fisheries, *Report of the Commissioner of Fisheries for the Fiscal Year 1908 and Special Papers* (Washington, D.C., 1910), 8; USCFF, *Part XXVI: Report of the Commissioner for the Year Ending June 30, 1900* (Washington, D.C., 1901), 196.
3. *MFCR* (Boston, 1906), 24; “One Way of Increasing the Number of Fish in the Sea,” *Fishing Gazette* 16, no. 16 (April 21, 1900), 241.

4. USCFF, *Report of the Commissioner for Year Ending June 30*, 1900, 7.
5. *MeSSF* (Augusta, 1907), 68; "One Way of Increasing the Number of Fish in the Sea," 241–242; Bureau of Fisheries, *Report of the Commissioner of Fisheries for the Fiscal Year 1906 and Special Papers* (Washington, D.C., 1906), 25.
6. *MFCR* (Boston, 1907), 5; *Bulletin of the Bureau of Fisheries Vol. XXVIII, for 1908* (Washington, D.C., 1910), 19, 189–192; "Now is the Time to Conserve Our Alaska Fisheries," *Fishing Gazette* 28, no. 41 (October 14, 1911), 1281. For a slightly different view on the cause of the problems, see Joseph William Collins, "Decadence of the New England Deep Sea Fisheries," *Harper's New Monthly Magazine*, 94, March 1897, 608–625.
7. Robert A. Widenmann, "Extermination Threatens American Sea Fishes," *NYT Sunday Magazine*, July 26, 1914, 4.
8. Ibid., 4.
9. Ibid., 4.
10. Ibid., 4.
11. Ibid.; "Decline of Our Fisheries," *NYT*, August 11, 1901; Bureau of Fisheries, *Report of the Commissioner of Fisheries for the Fiscal Year 1909 and Special Papers* (Washington, D.C., 1911), 21.
12. *The City of Gloucester Massachusetts, Its Interests and Industries. Compiled under the Auspices of the Publicity Committee of the Board of Trade* (Gloucester, 1916), 37, 40–41, 52–53; [advertisement], *Fishing Gazette* 24, no. 3 (January 19, 1907), 50; [advertisement], ibid., no. 5 (February 2, 1907), 99.
13. George H. Proctor, *The Fishermen's Memorial and Record Book, Containing a List of Vessels and Their Crews Lost from the Port of Gloucester from the Year 1830 to October 1, 1873 (Gloucester, Mass., 1873); The Fishermen's Own Book, Comprising the List of Men and Vessels Lost from the Port of Gloucester, Mass., from 1874 to April 1, 1882* (Gloucester, 1882); Sir Walter Scott, *The Antiquary* (1816), chap. 11. For a compilation of Gloucester fishermen's mortality culled from the *Gloucester Telegraph,* the *Cape Ann Advertiser,* and the *Gloucester Daily Times*, see www.downtosea.com/list (accessed August 6, 2011). Gloucester's population in 1870 was 15,389.

14. Collins, "Decadence of the New England Deep Sea Fisheries," 609; W. M. P. Dunne, *Thomas F. McManus and the American Fishing Schooners: An Irish-American Success Story* (Mystic, Conn., 1994).
15. Gardner D. Hiscox, *Gas, Gasoline, and Oil Vapor Engines: A New Book Descriptive of Their Theory and Power. Illustrating Their Design, Construction, and Operation for Stationary, Marine, and Vehicle Motive Power* (New York, 1897), quotation from preface, n.p.; Stan Grayson, Old Marine Engines: The World of the One-Lunger (Camden, Maine, 1982), 15–23; Grayson, *American Marine Engines*, 1885–1950 (Marblehead, Mass., 2008), 4–18.
16. "Motorboating at Portland," *The Motorboat* 3, no. 14 (July 25, 1906), 28; [advertisement], ibid., no. 13 (July 10, 1906), 43; Grayson, *American Marine Engines*, 9, 51.
17. Clippings on Captain Solomon Jacobs from the *Cape Ann Weekly Advertiser* (1900) and the *Boston Globe* (1901), Cape Ann Historical Society, Gloucester, Mass.
18. Department of Commerce and Labor, *Report of the Bureau of Fisheries 1904* (Washington, D.C., 1905), 282, 288, 290; *MFCR* (Boston, 1902), 63; *MFCR* (Boston, 1905), 29; Bureau of Fisheries, *Report for Fiscal Year 1906*, 15, 42, 93.
19. *MFCR* (Boston, 1906), 10.
20. *Gloucester Master Mariners' Association, List of Vessels. The American Fisheries*, comp. J. H. Stapleton (Gloucester, 1917), lists 225 vessels of five tons or more registered in Gloucester, 95 in Boston, and 71 in Provincetown.
21. John Smith, *A Description of New England* (1616), in *The Complete Works of Captain John Smith (1580–1631)*, 3 vols., ed. Philip L. Barbour (Chapel Hill, 1986), 1:330, 333; Daniel Vickers, *Farmers and Fishermen: Two Centuries of Work in Essex County, Massachusetts, 1630–1850* (Chapel Hill, 1994).
22. George A. Rose, *Cod: The Ecological History of the North Atlantic Fisheries* (St. John's, Newf., 2007), 328–330.
23. Callum Roberts, *The Unnatural History of the Sea* (Washington, D.C., 2007), 131–132; John Dyson, *Business in Great Waters: The Story of British Fishermen* (London, 1977), 37–38, 73–81.
24. Roberts, *Unnatural History of the Sea*, 133–147; D. H. Cushing, *The Provident Sea* (Cambridge, 1988), 104–115.

25. Cushing, *Provident Sea*, 109; Dyson, *Business in Great Waters*, 245–248.

26. Baird wrote this in 1877 in *The Sea Fisheries of Eastern North America,* but it was not published until 1889. See USCFF, *Part XIV: Report of the Commissioner for 1886* (Washington, D.C., 1889), 121–123.

27. USCFF, *Part XVIII: Report of the Commissioner for the Year Ending June 30, 1892* (Washington, D.C., 1894), CLXXXI; Frank H. Wood, "Trawling and Dragging in New England Waters," *Atlantic Fisherman* 6 and 7, Parts 1 (January 1926), 10–23, and 2 (February 1926), 11–23, 1:10–11.

28. *Report of the Bureau of Fisheries 1904*, 291; Bureau of Fisheries, *Report of the Commissioner of Fisheries for the Fiscal Year 1911 and Special Papers* (Washington, D.C., 1913), 49–50.

29. Bruce B. Collette and Grace Klein-MacPhee, eds., *Bigelow and Schroeder's Fishes of the Gulf of Maine* (Washington, D.C., 2002), 545–586.

30. Wood, "Trawling and Dragging in New En gland Waters"; Anon., "Drudgin'," *New England Magazine 41*, no. 6 (February 1910), 665–671.

31. "The North Sea Fisheries," *Fishing Gazette* 20, no. 8 (February 21, 1903), 141.

32. *MFCR* (Boston, 1902), 66; "The North Sea Fisheries," 141–142; British statistics in *Hearings before the Committee on the Merchant Marine and Fisheries House of Representatives on H.R. 16457, Prohibiting the Importing and Landing of Fish Caught by Beam Trawlers* (Washington, D.C., 1913), 18.

33. Wood, "Trawling and Dragging in New England Waters," 1:11; "Jno. R. Neal and Co., T-Wharf, Boston," *Fishing Gazette* 24, no. 5 (February 2, 1907), 109; Andrew W. German, "Otter Trawling Comes to America: The Bay State Fishing Company, 1905–1938," *American Neptune* 44, no. 2 (Spring 1984), 114–131.

34. *Hearings on HR 16457, Prohibiting the Importing and Landing of Fish Caught by Beam Trawlers*, 8–9, 38.

35. *Fishing Gazette*, December 15, 1906; *Gloucester Daily Times*, January 6, 1909. These clippings in Records of the U.S. Fish Commission and Bureau of Fisheries, RG 22, vol. 10, entry 47, NARA, College Park, Md.

36. *Hearings on H.R. 16457, Prohibiting the Importing and Landing of Fish Caught by Beam Trawlers*, 12–14, 41, 60.

37. Ibid., 12–13.

38. Ibid., 19.
39. Ibid., 21–22.
40. Ibid., 44–52.
41. Ibid., 54–57.
42. Ibid., 67–72.
43. Ibid., 97–99.
44. Ibid., 77.
45. Ibid., 76–84; James Brendan Connolly, "Fishing in Arctic Seas," *Harper's Monthly Magazine*, 110, April 1905, 659–668.
46. *Hearings before the Committee on H.R. 16457, Prohibiting the Importing and Landing of Fish Caught by Beam Trawlers*, 118, 124–125.
47. Ibid., 11, 94.
48. Ibid., 100–108, quotations on 93, 101.
49. *MFCR* (Boston, 1916), 83–92; "Boston Fish Bureau Report for 1913," *Fishing Gazette* 31, no. 10 (March 7, 1914), 289.
50. David Stradling, ed., *Conservation in the Progressive Era: Classic Texts* (Seattle, 2004); Kurkpatrick Dorsey, *The Dawn of Conservation Diplomacy: U.S.-Canadian Wildlife Protection Treaties in the Progressive Era* (Seattle, 1998).
51. *MeSSF* (Augusta, 1903), 40–43.
52. Ibid., 40–43.
53. *MeSSF* (Augusta, 1905), 51–52.
54. *MFCR* (Boston, 1902), 51–52.
55. *MeSSF* (Augusta, 1907), 46–55, quotations on 46, 49.
56. Ibid., 55.
57. *MFCR* (Boston, 1906), 32–34.
58. Ibid., 30–37.
59. Henry B. Bigelow and William C. Schroeder, *Fishes of the Gulf of Maine* (Washington, D.C., 1953), 47–51; Collette and Klein-MacPhee, *Bigelow and Schroeder's Fishes of the Gulf of Maine*, 54–57.
60. Bigelow and Schroeder, *Fishes of the Gulf of Maine*, 47; *New York Sun* quoted in *MFCR* (Boston, 1906), 167.
61. *MFCR* (Boston, 1906), 167.

62. Ibid., 98, 162–163; *MFCR* (Boston, 1905), 13.
63. *MFCR* (Boston, 1905), 97–169; Bureau of Fisheries, *Report for Fiscal Year 1906*, 22; *Fishing Gazette* 33, no. 10 (March 4, 1916), 302.
64. Michael J. Fogarty and Steven A. Murawski, "Large-Scale Disturbance and the Structure of Marine Ecosystems: Fishery Impacts on Georges Bank," *Ecological Applications* 8, no. 1, suppl. (1998), S6–S22.
65. Bureau of Fisheries, *Report of the U.S. Commissioner of Fisheries for the Fiscal Year 1915 with Appendixes* (Washington, D.C., 1917), 37–43.
66. *MeSSF* (Auburn, 1920), 14–15. 67.
67. "Communication from the Commissioner of Fisheries to the Secretary of Commerce," January 20, 1915, in Bureau of Fisheries, *Report for the Fiscal Year 1914*, app. 6, "Otter-Trawl Fishery," 5; A. B. Alexander, H. F. Moore, and W. C. Kendall, "Report on the Otter-Trawl Fishery," ibid., 13–97, quotation 94. For contemporary European biologists' approach to the overfishing question, see Helen M. Rozwadowski, *The Sea Knows No Boundaries: A Century of Marine Science Under ICES* (Seattle and London, 2002), 50–56.
68. "Report on the Otter Trawl Fishery," 96.
69. Ibid., 95, 97.
70. Numerous advertisements for foreign fish include those in *Fishing Gazette* 24, no. 1 (January 5, 1907), 4.
71. Andrew W. German, *Down on T Wharf: The Boston Fisheries as Seen through the Photographs of Henry D. Fisher* (Mystic, Conn., 1982), 105–106; Bureau of Fisheries, *Report for Fiscal Year 1915*, 62.
72. German, *Down on T Wharf*, 124–137; "Report on the Otter Trawl Fishery," 13–97.
73. "Report on the Otter Trawl Fishery," 14.
74. Ibid., 58–59.
75. Ibid., 69.
76. "Communication from the Commissioner of Fisheries to the Secretary of Commerce" (January 20, 1915), 5–7.
77. "Report on the Otter Trawl Fishery," 27–28, 90.
78. Ibid., 90; National Research Council, Committee on Ecosystem Effects of Fishing, *Effects of Trawling and Dredging on Seafloor Habitat* (Washington, D.C., 2002);

Les Watling and Elliott A. Norse, "Disturbance of the Seabed by Mobile Fishing Gear: A Comparison to Forest Clearcutting," *Conservation Biology* 12 (December 1998), 1178–1197; Sue Robinson, "The Battle over Bottom Trawling," *National Fisherman*, August 1999, 24–25.

79. "Report on Otter Trawling," 91–93.
80. Ibid., 94–95.
81. Bureau of Fisheries, *Report for the Fiscal Year 1915*, 60–61; Records of Division of Scientific Inquiry, Records of U.S. Fish Commission and Bureau of Fisheries, RG 22, Draft Reports Concerning Trawl Fisheries and British Fisheries, 1912–1915, box 1, folder "Otter Trawl Charts," NARA, College Park, Md.
82. *Atlantic Fisherman,* March 1926, quoted in Michael Wayne Santos, *Caught in Irons: North Atlantic Fishermen in the Last Days of Sail* (Selinsgrove, Pa., 2002), 62.

尾声
海洋中的变化

即使在浩瀚而神秘的大海中，我们依然要回归到一个基本的真理：没有什么东西是孤立存在的。

——蕾切尔·卡森，未出版的笔记

海洋广阔无垠却又脆弱无比。早在工业化和机械化渔业大肆挞伐之前，渔民在简单的木船上捕捞就影响了广阔的北大西洋，使海洋生物群落和依赖它们的人类海洋社区深陷混乱。只有着眼于这一悠久的历史，世界海洋的当代困境才能理解。仅仅使用如今看来非常原始的装备，人类便开始给海洋造成困扰，海洋的脆弱性由此可见一斑。换句话说，未来的科技奇迹将剥夺深海生物的一切防御能力。在可能的范围内通过管理重新恢复枯竭的海洋，将需要非凡的远见、奉献精神和行动力。19 世纪一代又一代的纽芬兰人经受着大海的苦难，很少有人像他们那样懂得大海的秘密，他们有一句常常说起的谚语："哪怕我们会死于绝望，也要满怀希望地生活。"现在我们必须怀有希望——希望海洋的回弹力和恢复力能与它的广阔与脆弱相当。地球的未来凶吉未卜。

1912 年，就在美国水域引入网板拖网渔船一事在国会作证时，支持禁止这项有争议的新技术的波士顿市长约翰·菲茨杰拉德提到了未出生的子孙后代的困境。他说："如果我们任由这种损害我国鱼类供应的情况发生，就是在严重损害后代子孙的利益。"利益受损的群体中就包括与他同名的孙子约翰·菲茨杰拉德·肯尼迪。[1]

就在菲茨杰拉德作证的几年之后，格洛斯特的西尔韦纳斯·史密斯船长响应了市长的担忧。1915 年，史密斯已是 86 岁高龄，是资深的鲭鱼捕捞者和捕鱼能手，有超过半个世纪的捕鱼经验。但是，这位老人很担心桁拖渔船和有环围网的影响，担心“人类具有毁灭性和破坏性的种种手段”。在谈到他称之为“渔业衰退”的话题时，他提醒人们：“作为一个民族，一个国家，我们应当为子孙后代，为数以百万计的后来者做点什么。”在史密斯看来，未来的海洋将是“世界食物供应的一个重要环节”。他悲哀地问道：“我们应该继续不遗余力地破坏这一遗产吗？”[2]

管理着当时西半球最大渔港的市长和头发花白的老船长都明白，关于商业捕鱼的政策决定总是与财政有关，跟就业和利润挂钩，但这样的决定也涉及道德问题。没有人能把市长或船长定性为商业的反对者。他们二人都很成功，与资本家和企业的世界联系紧密。也没有人能指责这两人过于多愁善感。但当网板拖网渔船革命来临时，菲茨杰拉德和史密斯意识到他们正处在一个重大转折点。作为渔业业内人士，他们拒绝把头埋进沙子里，否认显而易见的问题，假装一切都会解决。相反，他们在寻找一种策略，以确保未来渔业的蓬勃发展。他们呼吁进行改革，因为破坏子孙后代的正当遗产是不道德的。

与他们同时代的威廉·G. 汤普森船长对未来的看法更为悲观。汤普森是一位波士顿居民，已经有 30 年的捕鱼经验，最初采用钩线钓，最近开始网板拖网捕捞。新兴的蒸汽动力网板拖网渔船和其配备的贪婪的渔网在海中大肆猛攻，他对此倍感担忧。1912 年，当国会调查人员询问他拖网捕鱼会对鱼类供应产生什么影响时，他直截了当地回答：“我想七八年以后我们就不会有鱼了，他们都被毁灭了。”

汤普森错了，但也没错多少。他的预言成真花了七八十年，而不是七八年。从生态系统的时间维度来看，七八十年实际上跟七八年区别不大。然而，从汤普森船长的证言敲响反对网板渔船捕鱼合法化的警钟到纽芬兰大浅滩鳕鱼捕捞业的终止之间，确实只有 80 年的时间差。1992 年，时任加拿大渔业和海洋部长约翰·克罗斯比终止了这一产业。不久之后，美国官员也下令停止在乔治斯浅滩和缅因湾进行海底捕捞。不可能的事情竟然成真了。人们杀死了海里大部分的鱼类。事实证明，这比杀死陆地上所有的咬人昆虫要容易得多。

从 1912 年到 1992 年，改变的仅仅是人类行为在时间和空间上对海洋影响的规模。普遍的模式在很久以前就形成了，就像对渔业自我毁灭性的批评一样，往往是渔民的直觉告诉他们，自己的做法是错误的。在 19 世纪五六十年代，新英格兰和新斯科舍的渔民对新近确认的过度捕捞现实感到恐惧，他们在渔民群体内部公开表明担忧，也向选任官员提出了这个问题。渔民们想知道人类行为是否会影响海洋，特别是过度捕捞饵料鱼是否会破坏海洋食物网，以及对亲鱼群的破坏是否会导致未来的鱼类枯竭。从那时起直到大约1915年，许多业内人士都在担心越来越具有掠夺性的捕鱼设备所带来的后果。如果鱼群存量已经在下降，那么下潜更深、作业更快、捕捞更凶猛的渔具会产生什么影响呢？未来还会有鱼吗？

早在1914年，陪审团还未就网板渔船做出决断时，这种新方法的高效已是显而易见，尽管人们对其破坏性仍持保留意见。波士顿的网板拖网渔船平均每次出海捕捞43,000磅底栖鱼，作为对比，桶延绳钓拖网渔船每次平均捕捞底栖鱼27,000磅。渔业群体不情愿地接受了一度备受争议的拖网渔船之后，再度欣然接受网板拖网渔船也是情理之中了。到1925年，已有100多艘网板拖网渔船在新英格兰的港口捕鱼。随着渔民们纷纷开始转向使用网板拖网渔船，廉价鱼如雪崩时的雪片般大量涌来，但已经在新英格兰和新斯科舍渔业村镇流传了四分之三个世纪的海洋故事却因此遭了殃：这个围绕着耗尽、减少和过度捕捞的预言故事由此被湮没。随着帆船时代的消逝，那些相关的担忧也随之消失。[3]

随着捕鱼产业的发展，合并成为一种常态，就像现代拖网渔船和最先进的加工设施所需要的资本密集型投资一样。1910年，马萨诸塞州与波士顿鱼市公司签订了一项协议，该公司是一家由鱼商们组成的新公司，打算从位于T码头的老基地搬迁。根据协议，该州耗资100多万美元建造了一个新的鱼码头，并将其租给了新公司。租约规定，该协议将至少持续15年，并且可以15年为一期续租至1973年。1914年刚开业时，波士顿鱼码头是当时世界上最大的、最现代化的鱼类分销中心。1918年以前，海湾州渔业公司（建造和经营着当时最大的网板拖网渔船）和波士顿鱼码头公司（鱼商们为对抗海湾州渔业公司而联合成立）都获得了巨额利润。联邦政府和马萨诸塞州联邦随后起诉了这对寡头公司。不少知名的鱼商被指控垄断，并受到贸易管制，其中17人遭到罚款或监禁。联邦检察官依据《休曼法案》和《克莱顿反托斯拉法》两项反垄断法案对行业进行了彻底改革，对渔业公司的规模进行了限制，并制定了其他规定。然而，盈利潜力依旧巨大。[4]

渔民以自己的策略应对行业整合。1915年，威廉·H.布朗组织了大西洋渔民工会（Fishermen's Union of the Atlantic），隶属于美国劳工联合会的国际海员工会。到1920年，几乎所有在波士顿和格洛斯特的大型船只上工作的渔民都加入了工会。工会在与大型拖网捕鱼公司的仲裁中取得了胜利，要求大幅涨薪。1921年，一场思虑不周的罢工以及管理层对工会的无情反对使工会元气大伤。到20

世纪30年代初，工会彻底瓦解，直到1937年才易名重建（Atlantic Fishermen's Union）。重张的工会是工业组织代表大会国家海事联合会的一个分支。到1947年，该工会宣称拥有4000名会员。[5]

与此同时，1921年引入的机器切片法极大地推动了白鱼，如鳕鱼、黑线鳕和狭鳕等的现代化、大规模销售。此前，鱼片的制作都是在零售商店手工完成的，也就是波士顿或圣路易斯的街角鱼市。彼时，即使经过处理的鱼类，鱼头、鱼尾和鱼骨在总重量中也占了相当大的比例，而对大多数消费者而言，这些部位几乎没有什么用处。然而，新鲜的鱼总是带着鱼头、鱼尾和鱼骨送到零售商手中，这是一种遵循古制的一揽子交易。机器切片技术则省下了运送无用部位而产生的运费，鱼经切片、冷冻和包装后以供配送，其外包装还可以贴上标签引起消费者的注意。这一创新促使连锁店和超市储备更多的鱼货。加工商还能出售鱼弃物作为动物饲料或肥料。网板拖网捕鱼、鱼片切割技术和快速冷冻技术（20世纪20年代由格洛斯特的克拉伦斯·伯宰发明）的结合，迅速地增加了底栖鱼类的生存压力。[6]

1930年，黑线鳕存量直线下降。波士顿拖网渔船的日捕鱼量比前一年下降了近50%。联邦渔业生物学家解释说，受人类无法掌控的自然现象影响，1925年至1928年间，黑线鳕的产卵量很低。与此同时，受实业家和政治家左右的渔业捕捞压力却在不断增加，从1925年到1935年增长了两倍多。网板拖网捕鱼一马当先。在1935年，网板拖网渔船捕到的鱼比新英格兰渔船使用其他方法捕获的所有鱼还多。而仅仅25年前，这种破坏性的技术还受到新英格兰和加拿大大西洋地区几乎所有业内人士的谴责。到了20世纪30年代，尽管仍有一些纵帆船在浅滩穿梭进行钩钓，但网板拖网渔船已成为常态。成为常态以后，它不再受到渔业团体的抗议，而是得到了保护。[7]

20世纪30年代的调查显示，有数百万磅的黑线鳕幼鱼被网板拖网渔船捕获后，因为太小无法出售而在死亡后被扔回海里。警觉于这一行为可能造成的后果，美国生物学家在1936年建议，在捕捞作业中采用网目尺寸更大的渔网，以便让黑线鳕幼鱼逃脱。渔业局的科学家们用商业网板拖网装置进行的实验表明，采用当时常用网目尺寸的渔网捕获的黑线鳕幼鱼数量是（科学家们）推荐的更大网目尺寸渔网的五倍。保护渔业资源的呼声无人理睬。尽管许多渔业科学家仍然坚信他们的使命是促进商业渔业，但在20世纪30年代，生物学家和捕鱼业之间开始出现分歧。前者建议谨慎行事，而后者似乎不顾长期后果，执意要扩张渔业。1938 年，一位社会科学家在其对当代渔业的研究中发人深省地指出，新英格兰的渔民“捕捞黑线鳕、比目鱼和平鲉的强度超过了曾经捕捞龙虾、鲑鱼和美洲西鲱的强度。我们带着轻蔑的态度回顾前代所造成的资源损耗，却对我们现在的行为所带来的后果视而不见”。[8]

捕鱼业断然拒绝了科学家使用网目更大的渔网捕鱼的建议。船主们担心竞争对手会暗中使用网目更小的渔网，而且相关的监管和执法会很困难。美国渔业利益集团坚称，采用更大网目渔网的要求将给不受管制的外国渔民，尤其是加拿大渔民提供优势。他们捕鱼的成本低，鱼还能借助免税政策大量涌入美国市场。到 20 世纪 30 年代末，尽管渔业局认为使用网目尺寸更大的渔网会使黑线鳕的数量得以存续，但美国渔业利益集团对这一想法嗤之以鼻，认为这是把鱼留给外国同行。捕鱼业的作业达到了前所未有的力度，波士顿的捕鱼量从 1914 年的不到 1 亿磅增加到 1936 年的近 3.4 亿磅。[9]

在网板拖网渔船开始屠杀黑线鳕幼鱼之前，“幼鳕鱼”还不是渔民词汇的一部分，但到了 20 世纪 30 年代，“幼鳕鱼”已成为人们的优选目标。这种命名新奇的新海味，大小很适合置于餐盘之中。是重量在 1.5 到 2.5 磅之间的小黑线鳕（baby haddock）有时也叫鳕鱼（cod）。这种小生物嘴巴很小，在钓线捕鱼的全盛时期，它们很少上钩，因为鱼钩的目标鱼类比它们大多了。网板拖网渔船无差别地捞起大大小小的鱼。在 1931 年至 1941 年间，大黑线鳕的日捕捞量保持在相对低位，幼鳕鱼的日捕捞量却增加了 6 倍。

第二次世界大战期间，鱼储量有所反弹。大西洋两岸的政府都征用拖网渔船以备作战之需。拖网渔船的大小正好可以用作扫雷舰。与此同时，德国潜艇的威胁使部分美国和加拿大船只停泊在港口。捕鱼行为的减少使枯竭的鱼类种群得以恢复。但是，战争期间新技术的发展，如雷达、声呐和聚酯纤维（适用于渔网）等等，意味着这种喘息是短暂的。

伍兹霍尔的渔业科学家在 1948 年评估了“黑线鳕现状”，认为对幼鳕鱼的针对性捕捞已经使乔治斯浅滩的黑线鳕数量减少到原来的三分之一。科学家们估计，在 1947 年 3—10 月之间，美国网板拖网渔船在乔治斯浅滩丢弃了大约 1500 万尾的黑线鳕幼鱼（平均每尾不到一磅）。据波士顿的一位经济学家计算：“如果让这些鱼长到明年春季再进行捕捞，至少会增加 2000 万磅的捕获量。以 1947 年的价格来算，这将给渔民和船主带来 150 万美元的额外收入。”但业界已将谨慎抛诸脑后。[10]

20 世纪 30 年代和 40 年代间，《大西洋渔人》等商业出版物上的广告、专题文章和照片都强调了渔民的历史传统，提到了光滑的斯库纳纵帆船、操纵着平底小渔船捕鱼的渔民和扬帆出海的浪漫。但是，随着前所未有的产业合并和工会的发展，“捕鱼”的含义与哪怕区区 40 年前也已经大相径庭。尽管作为新大陆最悠久的实业，捕鱼业与新英格兰人联系紧密，尽管宣传人员试图强调捕鱼业的浪漫传统，但其商业安排、劳工安排、监管结构，以及捕鱼业与其赖以生存的资源之间的关系，都已经发生了转变。前景似乎暗淡无光。鱼商、船主和渔民仍然互相看不惯对方。对欺骗和腐败的指控和反指控在波士顿和其他港口的拍卖大厅里回荡。与此同时，具有商业价值的物种数量持续下降。正如一位经济学家在 1954 年所解释的那样：“市场力量的运作导致新英格兰地区的利益集团不顾一切地开发新英格兰海岸自我增殖能力有限的物种存量，并与外国渔民一起无情地‘开采’西北大西洋国际水域。”现在，还算过得去的渔获量“只能通过在新英格兰水域更密集地捕捞，或通过更长的跋涉去到更远的岸边进行捕捞来获得”。这必然提高了每磅鱼的捕捞成本，同时也清楚地证明了（正如 19 世纪末的大西洋鲭鱼、大西洋油鲱、大比目鱼和龙虾危机一样）过度捕捞已成为常态。[11]

没有人注意到渔业中最能说明问题的内部变化。19 世纪末，新英格兰和加拿大大西洋地区的渔民坚持认为出现了过度捕捞现象。于是业内人士要求政府出台合理的法律法规来为子孙后代保护鱼类资源。到 20 世纪中叶，渔业从业者总是习惯性轻视政府生物学家提出的对他们所依赖的资源加强保护的建议。

1954 年，世界上第一艘具配备加工和冷藏装置的艉拖网渔船从英格兰抵达大浅滩 。“他们在那里用远洋轮船捕鱼！”吃惊的加拿大和美国渔民如是描述了这一时刻。作为世界上第一艘艉拖网渔船，它长 280 英尺，重 2800 吨，还有一个颇具讽刺意味的名字——“公平号”(Fairtry)。“我们称她为漂浮的丽兹酒店，”首发船员中有人回忆道。船上设有淋浴房、现代化的厕所和电影院等渔民们前所未见的设施。幸运的话，像“公平号”这样的加工船可以一个小时内达到一艘 17 世纪渔船整个捕鱼季的捕捞量。[12]

“公平号”的成功很快促成了她的两艘姊妹船，“公平 II 号”和“公平 III 号”的建造。与此同时，在一次戏剧性的工业间谍事件中，苏联渔业经理人获得了图纸，苏联和其他东欧集团国家开始建造配备有加工和冷藏装置的艉拖网渔船。这些船有四个共同的特点，使它们不同于以前所有的渔船。每艘船均设计有一个带坡度的艉滑道，这样渔网就不需要像从前那样经由船舷拖放，而是取道船尾。在甲板下面设有加工区域，配备了一条具有开膛、清洗和切片功能的机器流水线，船员们再也不用在北大西洋渔船的露天甲板上手工清洗渔获了。每艘船配备氨制冷或氟利昂制冷系统，可以将鱼快速冷冻并无限期贮藏。冷藏设备取代了大多数渔民在20世纪50年代仍在使用的碎冰。碎冰冷藏系统笨重而麻烦，需要相当大的空间，并限制了航行的长度，渔船不得不在冰块融化前返程。此外，每艘船还配备了机器来处理残渣和无法出售的鱼类，将它们制成鱼粉。可用作肥料和动物饲料的鱼粉增加了利润。哈拉尔德·萨尔维森船长是这一革命性的渔业庞然大物的缔造者，他借鉴了苏格兰克里斯蒂安·萨尔维森有限公司营运的捕鲸船的核心要素。这些船可以在海上停留数月，也可以将整条鲸鱼吊到船上进行加工。唯一的问题是，到1950年，由于贪婪的过度捕捞，鲸鱼的数量直线下降。萨尔维森准确地看到了捕鲸业无利可图的未来，但作为一个走在时代前面的人，他设想将国际捕鲸的经验用于开拓渔业的新疆域。[13]

从1875年到1955年，纽芬兰东海岸的鳕鱼捕捞量在每年16—30万公吨之间。有些年份的捕获量不到20万公吨。虽然大多数年份的捕捞量都高于这个数字，但在这80年内，只有两年的鳕鱼捕捞量达到了30万公吨以上。装备有加工冷藏设备的拖网渔船彻底改变了这个局面。1960年，纽芬兰东部海域的鳕鱼捕捞量增加到50万公吨；1968年，增加到80万公吨。那时，来自日本、西班牙、英国、俄罗斯、波兰、东德和其他国家的加工冷冻拖网渔船都在大浅滩上抢占有利位置。相比之下，美国人和加拿大人还是以夫妻档的方式捕捞经营，使用的仍是老式的舷拖渔船和小型木制拖网渔船。这些海湾州渔业公司50年前建造的渔船早已过了它们的黄金时期。还有许多纽芬兰人仍然在敞口小艇和平底小渔船上捕鱼，在靠近海岸的地方布设鳕鱼陷阱网。

1968年的巨大捕获量成为一个不祥的转折点。此后鳕鱼存量暴跌，在接下来的九年内，鳕鱼捕捞量稳步下降，来到15万公吨的低点——这个数字与19世纪60年代渔民在此地乘纵帆船钩钓捕获的数量持平——即使每年仍有数量庞大的加工冷藏拖网渔船在浅滩纵横。到了20世纪七八十年代，几乎很少能有鳕鱼逃过加工船的拖网，纽芬兰人的鳕鱼陷阱因此基本颗粒无收。20世纪80年代，捕鱼量略有回升，但在1992年竟锐减至几近于无的地步，这促使加拿大政府终止了鳕鱼捕捞业。[14]

20世纪70年代初，波士顿捕鱼船队遇到了困难。船旧了。船上的人也老了。年轻人不再入行了。1972年，只有大约75人继续在波士顿的近海船上工作，而

25 年前，新英格兰的渔民工会有 4000 名成员。那些上了年纪的渔民当年只收获了 2700 万磅的鱼，而 1935 年波士顿的船队捕捞量在 3.05 亿磅。曾经回报可观的底栖鱼储量已经被摧毁。外国加工船时常光顾的乔治斯浅滩，情况跟纽芬兰的大浅滩有些相似。1968—1978 年，鳕鱼捕捞量稳步下降。黑线鳕捕捞量的降幅更大。缅因湾是新英格兰的渔船们唯一坚挺的捕捞点了。与大浅滩相比，缅因湾面积很小，有幸逃过了外国加工船最严重的入侵。在那里捕鱼的大多数船只都相对较小，其船籍港多在缅因州、马萨诸塞州和新斯科舍省。1976 年，这些船从缅因湾捕获了略超过 12,000 公吨的鳕鱼。尽管这个数字还不到 1861 年钩钓渔民捕捞量的五分之一，但按照 20 世纪中期拖网捕捞者的标准来看已经相当不错了。捕鱼业正以自由落体的姿态瓦解。到 20 世纪 70 年代中期，美国人食用的底栖鱼中，约 93% 是进口的。作为新英格兰曾经的支柱产业和核心生活方式，捕鱼业已经一蹶不振。[15]

变革即将来临。1976 年，《渔业保护和管理法案》彻底改变了美国渔业的管理运作。这个法案又被称作《马格努森法案》，因来自华盛顿州的参议员沃伦·马格努森而得名。法案规定设立八个地区委员会来管理渔业，其中包括新英格兰地区委员会。它的目标包括“美国化”，即推动美国渔业的发展。它还要求对所有有商业捕捞价值的鱼类进行管理，以取得“最佳产量”，这一提法跟 20 世纪中期的主要管理概念“最大可持续产量”十分接近。不过，该法案对“最佳产量”的定义非常宽泛，即“能为国家提供最大整体利益”的捕鱼量。实际上，《马格努森法案》在捕捞等级的设定上给予了地区委员会很大的自由。这些委员会由政务人员组成，基本上只对美国商务部部长负责，而后者的职责当然是促进商业发展。《马格努森法案》对捕鱼业进行了有效的游说，因此大多数被任命的委员会成员都是自己人，这样大开方便之门的安排正中其下怀。[16]

《马格努森法案》的主要成就之一是，主张从美国海岸建立向海 200 英里的专属经济区（EEZ），由联邦政府管理。（关于管理权归属的一大重要例外是，各州将继续管理在州管辖水域内的所有捕鱼活动，在大多数情况下即距离海岸 3 英里的范围。）世界各国都坚持自己对距离海岸 200 英里以内的海洋及其资源的控制权。在美国，《马格努森法案》规定了“完全供国内使用”，也就是禁止外国人进入美国水域。美国渔业经理人们重振精神，誓要促进美国渔业的发展。1977 年，在美国的新专属经济区内，外国船只仍贡献了 71% 的捕捞量。不过，从那以后，加拿大和美国政府都致力于将外国人驱逐出 200 英里专属经济区的范围。两国的渔业利益群体欢欣鼓舞，他们觉得终于可以捕捞理应属于自己的鱼了，而这些鱼已经被外国人白白掳走了几十年。

在美国化的浪潮中，新英格兰捕鱼的船只数量急剧上升，从 1977 年的 825 艘上升到 1983 年的 1423 艘。捕捞能力的提升已无空间，因为鱼群已经彻底处于捕捞过度状态。然而，根据联邦税收规定，购买一艘新渔船可在五年内分期偿还。实际上，这些船只中的许多都由联邦政府出资购买。理论上看，鱼类资源是全民共有的公共资产。但实际上，渔业资源在被捕获之前是不属于任何人的。这意味着行业不仅通过干预地区委员会来管理渔业资源，而且从中获得了几乎所有的利益。与此同时，纳税人并没有从国家管理的鱼类资源中获益，还要付钱去加速过度捕捞。到 1992 年，已经没有外国船只在美国专属经济区内捕鱼了，但那时可供捕捞的鱼也已经所剩无几。[17]

随着外国船队的消失，加拿大和美国有意从 1977 年开始重建一个可持续的鳕鱼捕捞业，但却都事与愿违。故事的大致走向彼此相似，细节则各有不同。加拿大渔业和海洋部的渔业生物学家对鳕鱼种群的增长做出了不切实际的乐观假设，影响政府做出了增加鳕鱼捕捞配额的决定。在 20 世纪 80 年代，海洋部官员希望能在加拿大大西洋地区取得 35 万公吨鳕鱼的捕获量，但是在外国加工船猛捞几十年之后，鳕鱼已经踪迹难觅。加拿大的生物学家和官员行为冒进，与 19 世纪的一些渔业“专家”如出一辙，而这些“专家”们往往本身也是业内人士。新英格兰的情形则大不相同。20 世纪 70 年代末和 80 年代，渔业科学家和渔民之间的公开敌对弥漫在海滨地区。随着鱼类数量的减少和死亡率的上升，新英格兰的渔业生物学家恳求新英格兰地区委员会减少捕捞。1989 年，国家海洋渔业局的科学家预测鳕鱼、黑线鳕和黄尾比目鱼资源面临“崩溃”。委员会则犹豫不决。与此同时，新罕布什尔州朴次茅斯的一家渔用供应公司制作了一款保险杠贴纸，沮丧的渔民们将其贴在卡车上：“国家海洋渔业局：自 1976 年起破坏渔民和他们的社区。”没有什么比这张贴纸更能体现政府渔业科学家和新英格兰渔民的目标分歧之大。[18]

1989 年，国家海洋渔业局为了争取主动，声称根据联邦《渔业保护和管理法案》，它有权为地区渔业管理计划的筹备制定准则。渔业局公布了相关准则，后来被称作“602 指南”，因为在当年的《美国联邦法规》中，它是第 602 部分。“602 指南”总算确定了过度捕捞的正式定义，并要求所有地区委员会对其管理计划进行修订，对所管理的每一种鱼类的过度捕捞进行量化定义。该指南还指示地区委员会制定计划以恢复遭到破坏的鱼类资源。这一做法让环保活动者有了行动的底气。1991 年，保护法基金会起诉美国商务部，声称新英格兰渔业管理委员会没有遵守联邦政府对过度捕捞作出的相关指令。环保主义者打赢了这场官司。根据法院命令，新英格兰渔业管理委员会起草了一份规定，要求渔民将出海天数减少 10%，迈出了降低捕捞死亡率的一小步。规定引发了激烈的讨论。但到了 1995 年，在对《新英格兰底栖鱼管理计划》进行修正时，论调变得悲观起来。此时，就连业内人士也承认渔业已遭到毁灭性破坏。在此期间，加拿大叫停了大浅滩的鳕鱼捕捞作业，美国政府也关闭了缅因湾和乔治斯浅滩超过 5000 平方海里的主要渔场。监管机构和渔民们开始严肃对待问题了，但形势似乎已经到了前所未有的严峻地步。[19]

1996 年，国会通过了《可持续渔业法案》，呼吁“重建”鱼类种群，尽管新英格兰的国会议员还在向国家海洋渔业局施压，要求放松对渔船的限制。1999 年，多物种监测委员会的一份报告认为，此前的减量不足以达到国会规定的目标，并呼吁进一步减少底栖鱼的捕捞数量。2003 年，《波士顿环球报》在头条报道了渔业从业者和生物学家的悲观评估：“新英格兰捕鱼业危机：保护是各方的共同目标。不可避免的措施可能会让一些人失去饭碗。”[20]

关于种群评估准确性和管理技术的争论一直在持续。[21]2010 年，新英格兰渔业管理委员会放弃了限制渔民出海天数的做法，取而代之的是一项新的基于“团队”的管理计划。“团队”由一组渔民组成，他们拥有不同海洋物种的捕捞许可，整个团队被分配一定的“可捕捞总量”，一旦达到这个限额，整个团队便不可再捕捞。官样文章、监视和恶意行为比比皆是。对鱼群存量的保有和恢复收效甚微，至少在大多数渔业生物学家和经理人看来确实如此。尽管按照国家海洋渔业局的官方口径，一些鱼类种群已经被“完全重建”，但这一说法更多是指达成了有限的管理目标，而非出于生态角度或历史角度。随着基于“团队”的管理方式成为法律，新英格兰的渔民们坚称许多鱼类的状况良好，完全可以承受高于现行允捕限定量的捕捞强度。[22]

问题在于衡量尺度的把握。大多数渔民和科学家都认为 1992 年可能是到当下为止新英格兰到渔业的最低点。过去 20 年里一直从事捕鱼的人说，现在的情况已经好多了，近年来黑线鳕的捕捞成果便是切实的证明。他们来之不易的经验不容否认；他们注意到的微升趋势也是真实的。然而，若将他们的观察同本书中所叙述的渔业历史和沿海海洋生态系统放到一起去看，就不免发现这些观察结果显得微不足道。如果海洋生态和渔业管理部门想要对重建生态系统和渔业作出重大贡献，它们必须融合历史角度的考量。没有什么能比历史视角更能说明已造成的损失的程度和可能恢复的程度。如果撇开历史参照系所提供的重要语境，渔业管理将始终受制于两年或四年的政治周期，这样的时间维度在生态角度上几乎可以忽略。

数百年的决策、市场交易和人类欲望早已开启了过度开发的进程，工业化的捕捞不过是令其加速。显然，多种不同的社会和社会类型都负有责任。中世纪的维京人和现属荷兰的神圣罗马帝国的泽兰郡、历史上的美国和英国都有过度捕捞海洋资源的记录。苏联、佛朗哥统治下的西班牙和丹麦也各自有份。美国式的工业资本主义绝非无辜，但它并不是唯一的侵犯者。

一些关注此事的人为了寻求解释，认定有权势的人总是站在事情的阴暗面；尽管几代勇敢的社会活动者敢于“对权力说真话”，但权力总是占上风。事情没那么简单。17 世纪，当殖民者努力在美洲大陆的大西洋边缘立足时，最直言不讳的保护主义者是地方法官，如普利茅斯殖民地的总督威廉·布拉德福德和马萨诸塞湾殖民地常设法院的耆老们。海浪在他们的脚边轻轻拍打着，他们试图保护鳕鱼、黑线鳕、鲭鱼、条纹鲈鱼以及富饶大海中的其他珍贵鱼类。

在 18 世纪，省级立法机构，以及随后独立战争期间的革命立法机构，讨论了保护溯河产卵鱼类的正当性，并通过了一个又一个法规以期达到这一目的。共和国早期的一些本地知名人士，如缅因州南贝威克的本杰明·查德伯恩法官，还有可敬的启蒙派知识分子、著有多卷本新罕布什尔史的杰里米·贝尔纳普牧师，都曾坦率地谈到沿海生态系统的持续消耗以及其对时人和后代的影响。在 19 世纪早期和中期，新斯科舍省和纽芬兰的立法机构以及缅因州和马萨诸塞州的州议会都致力于保护海鱼。随后，挪威、英格兰、新英格兰和加拿大大西洋地区的政府出资对海洋枯竭问题进行调研，当时，这已成为一个生态和经济问题。到了 19 世纪晚期，一些杰出的政治家就保护海洋渔业的必要性强有力地发声，这其中就包括托马斯·B. 里德——他很快就成为众议院有史以来最有影响力的议长之一。国会议员奥古斯都·P. 加德纳提出了取缔网板拖网捕捞的法案，而波士顿市长约翰·菲茨杰拉德，一位杰出的政治家，也支持禁止工业化的网板拖网捕鱼。一路走来，许许多多家底殷实、极具影响力的人士试图给时人与时存海洋之间的决定性关系重新定向，他们希望阻止目光短浅的屠杀，以避免渔网和海洋一年空过一年的惨淡光景。

自然主义者、科学家、记者、商业渔民、鱼类批发商和其他业内人士也都发挥着各自不同程度的口才和影响力，加入了保护海洋资源的斗争，他们的存在感在1850年后尤为明显。各种或隐晦或明确的证据表明，各行各业的公民，包括许多渔业既得利益者，都意识到了问题所在，并在不同时期试图力挽狂澜。他们的努力失败了。情况继续恶化。早在1850年，业内人士就发现，沿海生态系统的产出已经不再像以前那样丰富。到1890年，大量证据（其中一些证据相当复杂，且具有统计学依据）表明，人类的捕捞强度有所增加，而大自然的生产力却有所下降。1912年关于网板拖网捕捞的国会听证会和1915年渔业局关于网板拖网捕捞的报告都没有含糊其词。清晰的数据，将历史因素、传闻轶事、传统认识和统计学知识都考虑在内，充分证明了网板拖网造成了过度捕捞，并且，在蒸汽或汽油发动机为船队提供动力之前，过度捕捞就已经发生了。

但渔民也好、科学家还是政客也罢，不管哪一群体，都没有始终如一、立场坚定地对待这一问题。他们的表现可谓是功过参半。有时，一些见多识广、道德高尚或富有远见的人，会公开谈论他们的朋友和邻居（还有不那么亲近的其他人）是如何破坏资源的，这些资源是一项伟大事业赖以生存的基础，遑论它们在未来可能提供的工作和食物。这些人的职业有渔民、科学家和政治家等等。如果说我们能从这个故事中得到什么教训的话，那就是：渔民也好，科学家也好，政客也罢，都不该遭受指责。连锁式的体制才是罪魁祸首。这种体制讲究政府部门间的相互制衡，渴望繁荣和安全，标榜声音的多元化，它对于“常态化”的认知永无定式，在生态基线的划定上一变再变，面对对人类长久依赖的海洋资源的肆意亵渎，这样的体制在施加阻拦时显得不够敏捷。

当然，罚不及众，问责或是不问责，都不是解决之道。不过，北大西洋北部捕捞业史诗般的故事给出了方案，它指明了通向混沌之中的未来的方向。简而言之，对资源管理采取预防性措施是基点航向。当需要做出有关于我们蓝色地球的生态系统的选择时，即使还没有收集到所有相关证据，也要选择破坏力最小的那个。

从公元874年维京人来到冰岛，与大批海象对抗，到1912年至1915年美国人对网板拖网捕鱼的争议，这里所叙述的每一段历史中，如果采取了预防措施，结果本可以大有不同。在利润和繁荣上做出适度的短期牺牲本可以使可再生资源在未来得以延续。“牺牲”这个词其实太过了；而且关注的重点也不对。说“管理”可能更加合适。适度的管理将使可再生资源在未来得以延续。人们如果能以可持续的方式捕获鱼类、海洋哺乳动物和海鸟等资源，就能得到几乎永久性的红利。

当然，这样的资源利用行为要在自然波动的范围内，自然波动在随着时间推移描绘出生态系统的特征。管理带来红利。

在评估新技术时，预防性措施尤其关键。在这一领域，过去的教训同样适用于未来。某些技术的省力和救生性能（如用渔网代替平底小渔船上的钩钓；或者在渔船上安装发动机）可以被看作是对数代渔民祈祷的回应。一旦开发出来，发动机必然会应用于捕捞业；它们可以挽救生命。然而，在对发动机和渔网减少风险和劳力的巨大热情的遮蔽下，一个不言而喻的必然结果，是每一代更有效率的新技术，当应用于获取资源时，会掩盖对资源的持续消耗。像绳子上的方位线一般串起这段历史的一个主题是：更有效的捕捞技术，虽然本身不是问题，却是对资源管理的一种目光短浅又拙劣的替代品。如果公民和领导人能在千年的捕鱼历史中认识到两条简单的规则，就有可能同时拥有创新技术和可靠的资源管理。规则十分简单明了：人类控制自然的能力有限；人类无法精准设计出自己想要的结果。同时，人类糟蹋大自然的恶行累累，破坏自然资源及其所需给养的行为也是手到擒来。我们面临的挑战是用这些规则来引导自己。预防性措施为此提供了一条通路。

“可持续性”一词在过去十年间风头无两，至少在某些领域如此。对一些人来说，这是一个带有贵族色彩的词。但这个词一点都不新鲜。几个世纪以来，许多渔业业内人士都在推动可持续发展。因为他们知道，不持续，则疯狂。这种态度在 20 世纪前三分之二的时间里发生了变化。正如北大西洋北部渔业的艰难境遇所表明的那样，地球的资源——即使是地球上显然最丰富的资源，如北大西洋鳕鱼——也不是无限的。可持续性，像许多其他事情一样，建立在一个不断变化的基线之上。每一代人都必须评估所需与资源的关系；每一代负责任的人都会这样做，并且意识到这些资源会随时间而变化。必须从历史的角度看问题。

在蕾切尔·卡森颠覆性的作品《寂静的春天》出版 50 年后的今天，人类在继续开发赖以生存的生态系统时，面临着一系列令人生畏的挑战。气候变化，以及其很大程度上是由于人为排放化石燃料废气而导致的事实，代表性地成为最严峻的问题，尽管全球多地饮用水的短缺问题（包括发达国家和不发达国家）可能很快也会与之并驾齐驱。人造垃圾破坏着栖息地，但人类在废物处理上却鲁莽以对，这些环境问题也不容忽视。例如，有微小塑料碎片密集分布在北大西洋和北太平洋的几个地区。这种现象出现只有几十年，其影响尚未确定。近来，马尾藻海浮游拖网捞出的塑料与生物量的重量持平。[23] 除了这些新问题，老问题也继续存在。海鱼数量日益减少，像蓝鳍金枪鱼和鲨鱼这样体型大、寿命长、繁殖速度慢的鱼类尤其如此。由于“鱼类种群数量面临压力”——捕捞过早、捕捞频率过高的委婉说法——那些大鱼留下的后代不足以保证种族的延续。

尽管自《寂静的春天》出版以来，对支撑人类生存、与人类休戚与共的生命网络的关注在许多方面有所增加，但反对者仍在大声反对采取预防性措施。基于历史对形势进行评估的话，反对“渔业管理”者鼓吹的大多数意识形态都毫无意义，如：不管对地球做了什么，它都会自愈；后代终会找到解决环境问题的办法；不管长期的生态成本如何，追逐短期的利益都合情合理，等等的观念。当代渔民的悲叹有力地证明了自然资源的有限性。今天的渔民是新大陆上最古老的持续经营的行业的后继者，这个行业以可再生资源为基础，行业里关于资源保护的商谈也有着数世纪的历史。然而今天，渔民和鱼类都处于危机之中。《游钓》和《马林鱼》杂志的编辑迪安·特拉维斯·克拉克在 1998 年以一个头版标题总结道：“再见了，海洋。感谢你馈赠的鱼。”[24]

然而，决策者、渔民和生态学家今天所面临的问题并不新鲜。从概念上讲，这场争论的术语与 19 世纪争论的许多内容以及一些 17 世纪争论中的表述非常相似，尽管现在的风险更高了，因为海洋的困境已呈指数级恶化。人们很容易忘记，美国鱼类委员会主任在 1873 年就把“恢复枯竭的鳕鱼渔业”作为一项优先任务。人们太轻易地就会认为，贪婪的、有着先进电子装备的拖网渔船，只是在最近才清空了我们的海洋。然而，我们前进的每一步，都伴随警告信号。最终，这个跨越几个世纪、横跨北大西洋的故事，揭示了决策者在面对环境不确定性时不愿采取预防性措施所导致的悲惨后果，其维度之大，是其他故事很少能做到的。

在这段海洋历史中，有许多引人注目的人物：雅克·卡蒂埃、塞缪尔·德尚普兰、詹姆斯·罗齐尔、威廉·伍德、乔治·卡特赖特、亚伯拉罕·吕维、里奇船长、约翰·詹姆斯·奥杜邦、纳撒尼尔·阿特伍德船长、大卫·汉弗莱斯·斯托勒博士、乔萨姆·约翰逊、斯宾塞·贝尔德、乔治·布朗·古德、所罗门·雅各布斯船长和 A.B. 亚历山大，等等。他们中的每个人都深深感到，捕鱼是人类注定的使命，哪怕是作为一项生计；面对平衡人类捕捞者和海洋关系的挑战，他们每个人都认真对待。他们了解海，利用海，也改变了海。当然，他们彼此之间立场并不一致；也绝无可能把他们都称为自然资源保护主义者。不过，对于这些人，我们至少可以在一件事情上达成一致：如果他们现在回到曾经捕鱼的渔港和海岸，面对他们所熟知的海洋发生的灾难性变化，他们必定会感到绝望。如果他们所代表的一代代人采取了预防性措施，境况会有大不同。现在就看我们这一代了。

参考文献：

1. Statement of Hon. John F. Fitzgerald, in *Hearings before the Committee on the Merchant Marine and Fisheries, House of Representatives on H.R. 16457, Prohibiting the Importing and Landing of Fish Caught by Beam Trawlers* (Washington, D.C., 1913), 21–22.
2. Sylvanus Smith, *Fisheries of Cape Ann: A Collection of Reminiscent Narratives of Fishing and Coasting Trips* (Gloucester, Mass., 1915), 86–95, quotation on 91–92.
3. Statement of Captain William G. Thompson, in *Hearings on H.R. 16457, Prohibiting the Importing and Landing of Fish Caught by Beam Trawlers*, 70–71.
4. Donald J. White, *The New England Fishing Industry: A Study in Price and Wage Setting* (Cambridge, Mass., 1954), 10–11.
5. *Report of the Joint Special Recess Committee to Continue the Investigation of the Fish Industry*, Mass. House Report No. 1725 (Boston, 1919), 18–38, 57–61; White, *New England Fishing Industry*, 19–27.
6. White, *New England Fishing Industry*, 42–49.
7. White, *New England Fishing Industry*, 8–15; Edward A. Ackerman, *New England's Fishing Industry* (Chicago, 1941), 226–231.
8. Ackerman, *New England's Fishing Industry*, 78–86; White, *New England Fishing Industry*, 103–105.
9. W. C. Herrington, "Decline in Haddock Abundance on Georges Bank and a Practical Remedy," *Fishery Circular No. 23* (U.S. Department of Commerce, Bureau of Fisheries), July 1936, 18; Edward A. Ackerman, "Depletion in New England Fisheries," *Economic Geography* 14 (July 1938), 233–238.
10. Herrington, "Decline in Haddock Abundance," 18; White, *New England Fishing Industry*, 21, 105.
11. White, *New England Fishing Industry*, 105.
12. *Atlantic Fisherman* was published monthly from 1919 to 1954, when it was renamed the *National Fisherman.* White, *New England Fishing Industry*, 4–5; David

Boeri and James Gibson, *"Tell It Good-Bye, Kiddo"— The Decline of the New England Offshore Fishery* (Camden, Maine, 1976), 48–60.

13. William W. Warner, *Distant Water: The Fate of the North Atlantic Fisherman* (Boston, 1977), vii.
14. Ibid., 32–38; George A. Rose, *Cod: The Ecological History of the North Atlantic Fisheries* (St. John's, Newf., 2007), 383–388.
15. "Collapse of Atlantic cod stocks off the East Coast of Newfoundland in 1992," in *UNEP/GRID-Arendal Maps and Graphics Library*, http://maps.grida.no/go/graphic/collapse-of-atlantic-cod-stocks-off-the-east-coast-of-newfoundland-in-1992(accessed January 29, 2012); Rose, *Cod*, 395–440.
16. Boeri and Gibson, "*Tell It Good-Bye, Kiddo*"; Steven A. Murawski et al., "New England Groundfish," in *Our Living Oceans: Report on the Status of U.S. Living Marine Resources, 1999*, NOAA Technical Memorandum NMFS-F/SPO-41, June 1999, 71–80; New England Fisheries Science Center, "Status of Fishery Resources off the Northeastern U.S.," figs. 1.11 and 1.2, www.nefsc.noaa.gov/sos/spsyn/pg/cod (accessed January 29, 2012).
17. Sonja V. Fordham, *New England Groundfish: From Glory to Grief. A Portrait of America's Most Devastated Fishery* (Washington, D.C., 1996); Susan Hanna et al., Fishing Grounds: *Defining a New Era for American Fisheries Management* (Washington, D.C., 2000), 23–38.
18. Seth Macinko and Daniel W. Bromley, *Who Owns America's Fisheries?* (Covelo, Calif., 2002).
19. Fordham, *New England Groundfish*; Michael Harris, *Lament for an Ocean: The Collapse of the Atlantic Cod Fishery: A True Crime Story* (Toronto, 1998), 39–180; Rose, Cod, 434–477. The popular bumper-stickers were the brainchild of New England Marine and Industrial Supply, Portsmouth, N.H.
20. Peter Shelley, Jennifer Atkinson, Eleanor Dorsey, and Priscilla Brooks, "The New England Fisheries Crisis: What Have We Learned?" *Tulane Environmental Law Journal 9* (Summer 1996), 221–244.
21. Scott Allen, "Tighter Fishing Limits Urged," *Boston Globe*, November 3, 1999, B1; Gareth Cook and Beth Daley, "Sea Change: The New England Fishing Crisis," *Boston Globe*, October 29, 2003, 1.

22. Recent developments can be followed in Carl Safina, *Song for the Blue Ocean: Encounters along the World's Coasts and beneath the Seas* (New York, 1998); David Helvarg, Blue Frontier: *Saving America's Living Seas* (New York, 2001); Colin Woodard, *Ocean's End: Travels through Endangered Seas* (New York, 2000); David Dobbs, *The Great Gulf: Fishermen, Scientists, and the Struggle to Revive the World's Greatest Fishery* (Washington, D.C., 2000); Daniel Pauly and Jay Maclean, *In a Perfect Ocean: The State of Fisheries and Ecosystems in the North Atlantic Ocean* (Washington, D.C., 2003); Richard Ellis, *The Empty Ocean: Plundering the World's Marine Life* (Washington, D.C., 2003); Paul Greenberg, *Four Fish: The Future of the Last Wild Food* (New York, 2010); Jeremy B. C. Jackson, Karen Alexander, Enric Sala, eds., *Shifting Baselines: The Past and the Future of Ocean Fisheries* (Washington, D.C., 2011).
23. "Fishery Management Plans, Northeast Multispecies—Sector Management," NOAA Fisheries Service, Northeast Regional Office, http://www.nero.noaa.gov/sfd/sfdmultisector.html (accessed January 31, 2012).
24. Sid Perkins, "A Sea of Plastics," *U.S. News and World Report* February 26, 2010, http://www.usnews.com/science/articles/2010/02/26/a-sea-of-plastics (accessed January 31, 2012); Miriam Goldstein, "Journey to the North Atlantic Gyre with Plastics at SEA," *Deep Sea News,* June 14, 2010, http://deepseanews.com/2010/06/journey-to-the-north-atlantic-gyre-with-plastics-at-sea/ (accessed January 31, 2012).
25. Dean Travis Clark, "So Long, Oceans. Thanks for All the Fish," *Cruising World*, October 1998, 256.

术语表

灰西鲱（Alewife），学名 *Alosa pseudoharengus*，是一种溯河产卵的鲱鱼，又称“河鲱”。在它们产卵的溪流中，这种群居性鱼类曾经十分常见，就像笼罩北美天空的候鸽一样。灰西鲱会在春季繁殖期离开海洋洄游至湖泊池塘中产卵。渔民可以轻易地在海岸上捕捉灰西鲱，主要把该鱼用作肥料或钓饵。灰西鲱最长可以长到 15 英寸（约合 38.1 厘米），但是成年灰西鲱一般长约 10 英寸（约合 25.4 厘米）至 11 英寸（约合 27.94 厘米）。它们上部为灰绿色，背部颜色最深，腹侧和腹部颜色较浅，偏银白色。历史上，从纽芬兰到佛罗里达州的圣琼斯河均有灰西鲱分布。

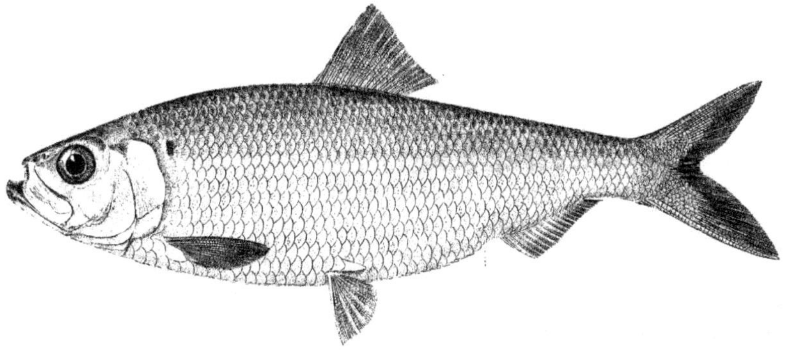

图 26　灰西鲱（*FFIUS*，第一部分：插图 208）

溯河产卵（anadromous）：溯河鱼出生在淡水，大部分时间在海洋中度过，但洄游到淡水产卵。在其生命周期内，这种鱼类利用了海水中充分的食物资源，以及河水和溪流中相对安全的繁殖环境。代表性的溯河鱼包括灰西鲱、西鲱、鲟鱼和鲑鱼。每年春季，大量洄游鱼类回归，造福了急需摄入蛋白质的人类——也成为过度捕捞的诱因。

姥鲨（basking shark）：学名 *Cetorhinus maximus*，是世界上仅次于鲸鲨的第二大鱼类。它是一种滤食性鱼类，拥有细小的牙齿。姥鲨嘴巴巨大，通过特别进化的鳃耙过滤浮游生物。鳃耙细长密列，状似"鲸须"，延伸至颈部周围。这种鱼对人类无害；一般情况下，人们捕获姥鲨是为了获得鱼肝油。姥鲨最长可以长到 40 英尺（12.2 米），通常情况下可以达到 20 到 26 英尺（6.1 到 7.9 米），重约 5.2 吨。姥鲨的身体呈灰褐色、青灰色或接近于黑色，通常为斑驳杂色。姥鲨在世界各地的北方及暖温带海域都有分布，它们的活动范围受到浮游生物聚集程度的影响。

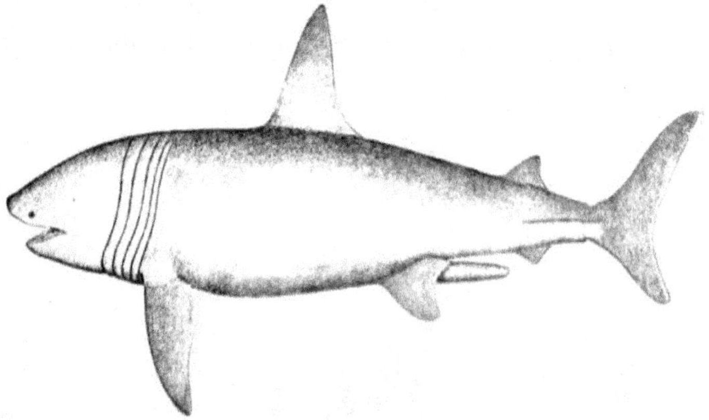

图 27 姥鲨（*FFIUS*，第一部分：插图 249）

地拉网（beach seine）：在海边展开的围网捕捞活动，网的上沿有浮漂，下沿有沉子。地拉网一般通过人力拉动，有时也需要马或小型船只的帮助。或者仅仅在海滩附近的水域通过人力拖拉围网。地拉网最适合捕捞诸如大西洋油鲱之类的成群游动的鱼类。

图 28　地拉网（*FFIUS*，第四部分：插图 98）

桁拖网（beam trawl）：一种上端由木梁撑开的圆锥形网，捕鱼时网底沿海底拖拽。梁长从 10 英尺到 40 多英尺（3 米至 12 米）不等，木梁两端各设有一个金属滑槽，可以使网口张开，上缘至网底保持有几英尺距离。另有一辔头跟滑槽两端连接构成半圆形，两根缰绳跟拖缆汇合，再由拖缆系到船上。

图 29　桁拖网（1887 年《美国渔业委员会公报》第七卷，华盛顿特区，1887 年，插图 15）

海底的（benthic）：指海底或生活在海底的一系列生物体。底栖生物体包括海葵、蛤蜊、牡蛎、海参以及海星。

鳕鱼 (bultow)：19 世纪中期用来形容拖网捕捞的术语。详见“tub-trawl”一词。

毛鳞鱼 (capelin)：学名 *Mallotus villosus*。是一种饵料鱼，属胡瓜鱼科，体形细长。毛鳞鱼以浮游生物为食，同时是海鸟、鲸、海豹、鳕鱼、乌贼和大西洋鲭等捕食者的食物。毛鳞鱼是北大西洋鳕鱼的主要食物来源。每到春季，它们到沙质海滩或海底产卵，但产卵后死亡率极高。历来，采集者都是从沙滩上将它们捞起。毛鳞鱼的体长很少会超过 6.5—7.5 英寸（16.5—19 厘米）。背部颜色介于橄榄绿和深绿之间，侧线下方呈银色。毛鳞鱼是一种北极和亚北极地区鱼类，通常出现在拉布拉多半岛和纽芬兰海域，只有偶然情况下才会出现在缅因湾，这是它们活动范围的南端。

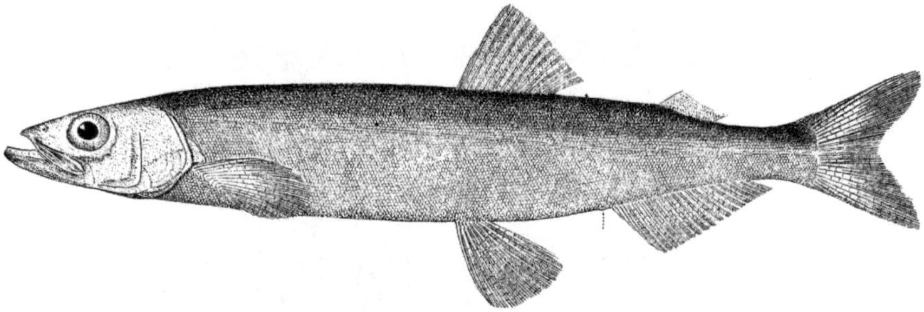

图 30 毛鳞鱼 (*FFIUS*，第一部分：插图 201)

切巴科渔船（Chebacco boat）以切巴科教区命名，切巴科教区曾属马萨诸塞州的伊普斯维奇，据说是这种船的发源地。从美国独立战争之前到大约 1820 年之间，切巴科渔船就常出现在马萨诸塞州埃塞克斯、伊普斯威奇、格罗斯特和纽波利伯特附近的近海渔船之列。切巴科船结构简单，造价低廉，船首没有斜桅或者三角帆，而是双桅纵帆。切巴科船为平甲板船，有两个凹井或者说驾驶室供渔民站立。船平均长 30 英尺（9.1 米），很少超过 40 英尺（12.2 米）。这张图片展示的是一艘装有加铅鱼钩的切巴科船，正在捕捉大西洋鲭。

图 31　切巴科渔船（*FFIUS*，第五部分：插图 79）

鲱鱼科（clupeid）：鲱鱼科包含鲱鱼、西鲱、沙丁鱼和油鲱。鲱鱼科通常以浮游生物为食，是北大西洋最重要的饵料鱼类之一，因其作为纽带联结了食物网底端生物（如浮游生物）与鳕鱼、金枪鱼和鲨鱼之类的大型食肉生物。

鳕鱼（cod）：学名 *Gadhus morhua*。大西洋鳕鱼曾经是人类在大西洋西部最重要的捕获物。鳕鱼肉为雪白色，肉质细腻，几乎不含脂肪，其肝脏含有丰富的肝油。鳕鱼体型大，侧线明显，背鳍 3 个，臀鳍 2 个，各鳍均无硬棘，下颌有触须。鳕鱼可以长成硕大的体型。1895 年，马萨诸塞州捕捞到一条长达 6 英尺（1.83 米）多，重达 211.25 磅的鳕鱼。50—60 磅重的鳕鱼则比较常见。鳕鱼颜色差别大，但主要分为两类，灰绿色和淡红色。在大西洋西部地区，从亚北极区到靠近纽约和新泽西的纽约湾都分布有鳕鱼。在大西洋东部，鳕鱼则分布在挪威北部、巴伦支海以及英吉利海峡。

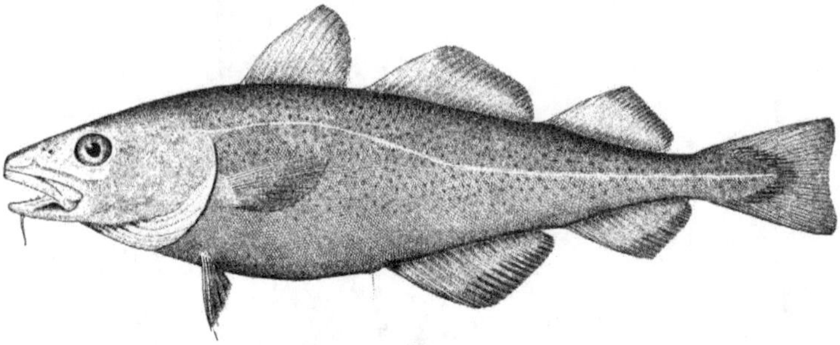

图 32　鳕鱼（*FFIUS*，第一部分：插图 58A）

底栖的（demersal）：指的是紧贴海床之上且受到海床影响的那一部分水体。底栖鱼类是食底泥动物，包括栖息于海床的鲽鱼和大比目鱼，以及在近海底游弋的大西洋鳕鱼、黑线鳕、无须鳕和单鳍鳕等物种。

平底小渔船（dory）：一种小型的浅吃水船，大约 16—22 英尺长（4.8—6.7 米），船舷相对较高，底部是平的，船头是尖的，平底小渔船通常是由宽木板制作而成。跟船的尺寸相比，其容载量较大，极限稳度高，且造价低廉。浅滩上使用的平底小渔船有可移动座椅，所以可以将其堆放在渔船的甲板上。其他类型的平底小渔船如斯旺普斯科特平底渔船，常被用在海滩渔业中，用于捕龙虾、鳕鱼和其他鱼类。这个图例展示的是人们坐在平底小渔船上捕龙虾的场景。

图 33　平底小渔船（*FFIUS*，第五部分：插图 247）

平底小渔船延绳钓（dory-trawling）：在平底小渔船上布置延绳钓。最初，斯库纳帆船的渔民为了扩大他们的捕鱼范围，会在离船一定距离的地方部署平底小渔船，渔民在上面进行手钓。在19世纪六七十年代，渔民们开始在平底小渔船上进行延绳钓，成倍扩大了鱼钩的数量和捕捞范围。渔民将这种捕捞方式称为延绳钓，在平底小渔船上进行——从而形成了“平底小渔船延绳钓”这个术语，详见延绳钓（tub-trawl）。

图34 平底小渔船延绳钓（*FFIUS*，第五部分：插图26）

加铅鱼钩（drail）：一种曾被短暂使用过的方法——利用舷外撑杆来钓大西洋鲭鱼的方法。请参阅“切巴科渔船”。

船程（fare）：“旅程”的另一种术语表达，指渔民离开港口到返回港口的这一段时间间隔。一个“船程”可能是几个小时、几天、几周或是几个月。

鳕科（gadoids）：鳕科是对人类非常重要的庞大海洋鱼类群体，包括鳕鱼、无须鳕、**黑线鳕**、单鳍鳕、鲟鳕、狭鳕和白鳕。后面提到的这些鱼都与鳕鱼相似，鳕鱼跟鳕科其他成员之间均有亲缘关系。

刺网（gill net）：该网悬挂在水面之下一定深度，并在底端用锚固定。刺网在夜晚发挥作用。黑暗中，鱼看不见刺网，便在慌张之中撞入网里，而当其试图游出网中时便会被缠住（通常网会缠在鱼鳃那里）。在1880年，马萨诸塞州的近海渔民用刺网捕获了大量正在产卵的鳕鱼。而在刺网发明之前，产卵鳕鱼相对安全，因为它们产卵时不进食，所以很难上钩。

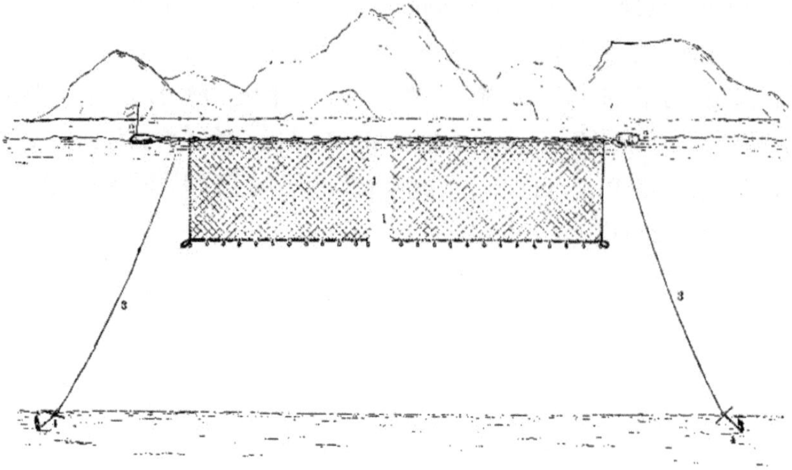

图 35　刺网（*FFIUS*，第五部分：插图 43）

黑线鳕（haddock）：学名 *Melanogrammus aeglefinus*。黑线鳕在很多方面与鳕鱼相似，区别在于侧线是黑色的，成熟后体型较小。黑线鳕的重量很少达到 30 磅（13.6 千克），通常捕捞到的黑线鳕重量更轻，一般只有 3—4 磅（1.4—1.8 千克）。黑线鳕不如鳕鱼那样适合腌制。在腌鳕鱼渔业的全盛时期，黑线鳕被戏称为“白眼”鱼。随着网板拖网捕鱼和在海上用冰保存，以及随后冷藏技术的发展，黑线鳕成为波士顿船队最喜欢的底栖鱼。比起鳕鱼，黑线鳕更喜欢栖息于较温暖的海水中。在纽芬兰及圣劳伦斯海湾比较少被捉到，主要分布于乔治浅滩水域。

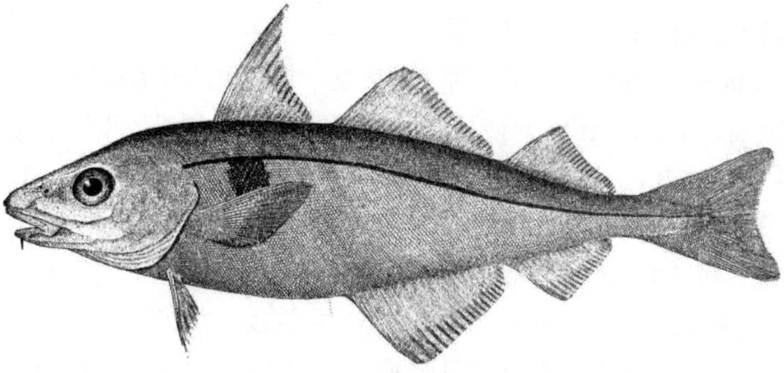

图 36　黑线鳕（*FFIUS*，第一部分：插图 59A）

大西洋庸鲽（Atlantic halibut）：学名 *Hippoglossus hippoglossus*，俗称欧洲大比目鱼，是鲽形目中体型最大的种类。庸鲽身体朝上一侧（双眼所在一侧）呈巧克力棕或蓝灰色，身体朝下一侧则呈白色或有斑点。自然生长的庸鲽重量可达 600—700 磅（272—318 千克）。通常捕捞到的庸鲽体长 5—6 英尺（1.5—1.8 米），体重 100—200 磅（45—90 千克）不等。庸鲽喜欢栖息于砂土、砾石及黏土底，主要分布在乔治浅滩或南塔基特浅滩到纽芬兰大浅滩之间的水域。庸鲽是食肉动物，食量很大，主要捕食鱼类，有时也以蛤蜊、龙虾、贻贝为食，有时甚至还会捕食海鸟。

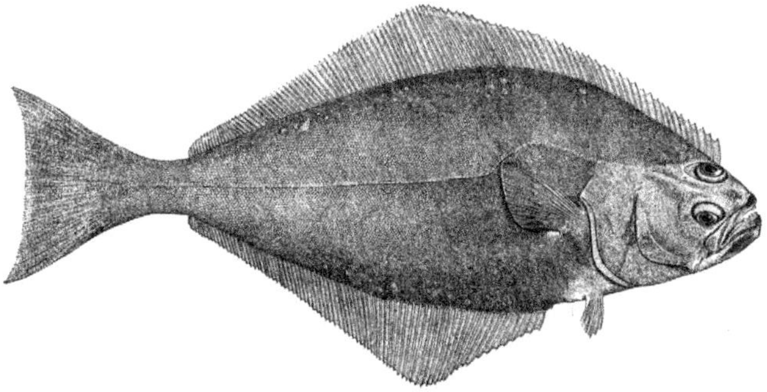

图 37　大西洋庸鲽（*FFIUS*，第一部分：插图 54）

（大西洋）鲱鱼（herring）：学名 *Clupea harengus*。在中世纪的欧洲，海洋里的鲱鱼是人们最常食用的鱼类，但在美国和加拿大并非如此。直到 19 世纪，罐头食品开创了“沙丁鱼”（幼鲱鱼的叫法）市场时，人们才开始在美国和加拿大海域大规模捕捞鲱鱼。无论过去还是现在，鲱鱼都常被用作鱼饵。鲱鱼与美洲西鲱、北美西鲱 、灰西鲱和蓝背鱼有着密切的亲缘关系，圆鳞突起，易脱落。腹部及侧面呈银色，背部呈蓝绿色。鲱鱼成大群游动，很少单独行动。可长至约 17 英寸（43 厘米），最重约达 1.5 磅（0.68 千克），以浮游生物为食。

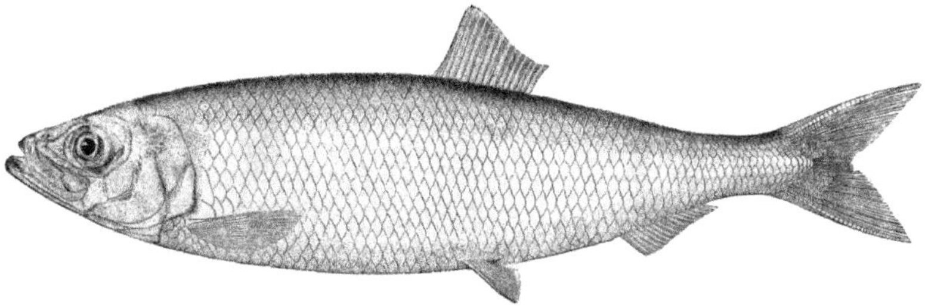

图 38　鲱鱼（*FFIUS*，第一部分：插图 204）

汲钩（jig）：将锡或铅熔铸钩柄上的一种鱼钩，又称为铁板拟饵[a]。将鲭鱼汲钩抛光或擦亮，无饵便可吸引大西洋鲭。渔民们制作不同尺寸和重量的汲钩，以便根据实际情况挑选最适合的。大约在 1815—1820 年间，汲钩给大西洋鲭捕捞业带来了一场革命。下图为鲭鱼汲钩和用于铸造汲钩的模具图示。钓鳕鱼的汲钩相较之下更重，也没有那么美观。

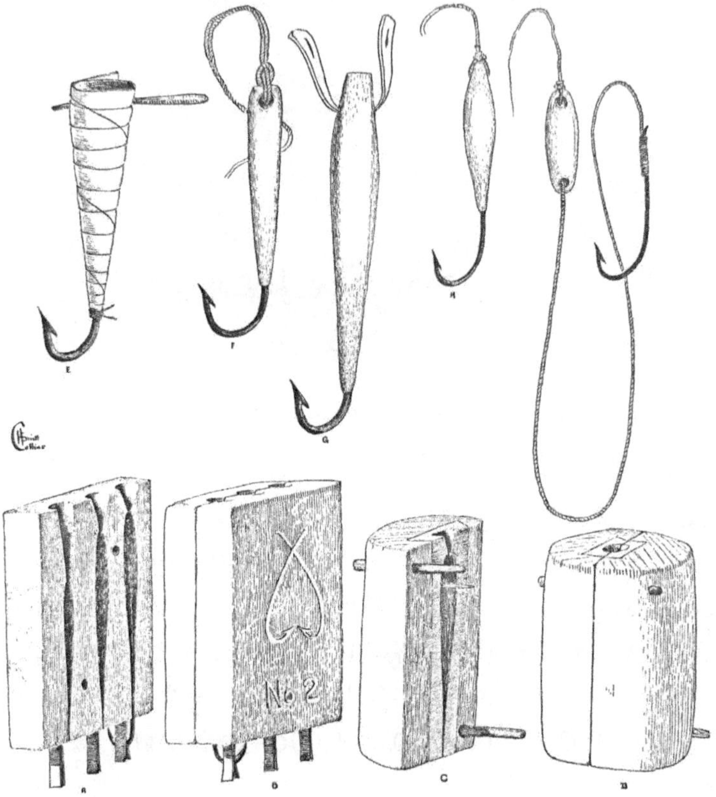

图 39　汲钩（*FFIUS*，第五部分：插图 69）

汲钩钓（jigging），又称铁板钓法，是一种用手控制钓丝的钓鱼技术。渔民将**汲钩**下放到合适的深度，然后上下抖顿来引诱鱼类上钩。想要钓鳕鱼的话，渔

a　科技的发展使这种古老的鱼钩焕发新生。使用铁板拟饵钓鱼如今是很多钓鱼爱好者喜爱的钓鱼方式，具有一定运动健身性。——译者注

民一般会将汲钩下放至水底。要捕鲭鱼的话，渔民会把汲钩放至水体中层。插图展示的是 19 世纪中期用汲钩钓的方法捕大西洋鲭的渔民。

图 40 汲钩钓（*FFIUS*，第五部分：插图 70）

关键种（keystone species）：关键种是指对生态群落的构成起决定性作用的物种；与其数量相比，关键种对其他物种具有不成比例的巨大影响。鳕鱼曾在很长一段时间内是北大西洋北部的关键种。

延绳钓（longline）：一种钩钓装置，在一根干线上系结许多等距离的支线。每个支线末端都有钓钩。将延绳钓置于水体底层可用于钩钓鳕鱼和大比目鱼。可参见鳕鱼（bultow）和延绳约（tub-trawl）条目。

鲭鱼（mackerel）：即大西洋鲭，学名 *Scomber scombrus*。属于掠食性上层鱼类，行动迅速、肌肉发达。跟鲱鱼和扁鲹一样都在肌肉中储存脂肪。与鳕鱼和其他鳕科鱼类不同，大西洋鲭的肉质比较油腻，所以无法脱水保存。但可以将它放在渔船上的盐水桶中储存；而如果是在离港口非常近的区域捕获到的，就可以直接上岸新鲜出售。这种鱼十分漂亮，体背呈绿蓝色，体两侧胸鳍水平线以上有波浪状虎纹，身体两侧发出银色闪光，腹部呈银白色。成年大西洋鲭一般体长

14—18 英寸（36—46 厘米），重约 1—1.25 磅（0.45—0.57 千克）。通常成群密集游动。19 世纪末的时候，大西洋鲭曾是美国消费者最喜食的鱼类。

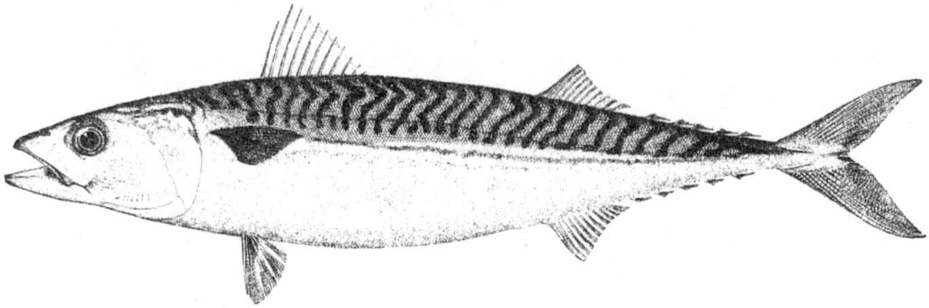

图 41　大西洋鲭（*FFIUS*，第一部分：插图 91）

鲱鱼（menhaden）：即大西洋油鲱。学名 *Brevoortia tyrannus*。在缅因州，这种鱼从前被称为 Pogy 或 Porgy[a]。再往南一点儿还有很多其他叫法，比如 bunker 和 mossbunker 等。大西洋油鲱是北大西洋最常见的鱼类之一，属鲱鱼科。其头部偏大、无鳞，几乎占其整个身体的三分之一。鳃后两侧各有一个明显的黑点，其他较小的斑点则散布背部的蓝绿色或蓝灰色区域。长度从 12—15 英寸（30—38 厘米）不等。和其他鲱鱼一样，它们总是聚集在巨大的鱼群中。鲱鱼主要用途在于可以提炼出鲱鱼油或充当诱饵，而不是供人类食用。不过，对于北大西洋许多捕食者鱼类来说，它们最重要的饲料鱼之一。

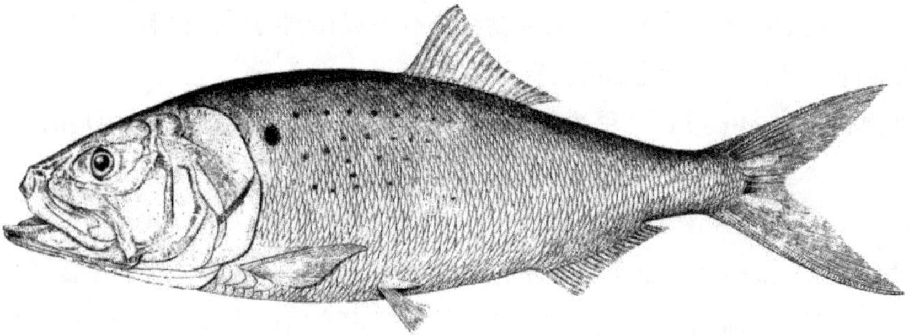

图 42　大西洋油鲱（*FFIUS*，第一部分：插图 205）

a　鲱鱼别名 poghaden 的缩写。——译者注

马斯康格斯湾帆船（Muscongus Bay boat）：19世纪中叶，在缅因州的马斯康格斯湾和佩诺布斯科特湾一带建造的小型稳向板单桅纵帆船，长约20英尺（6.1米）。后来，随着龙虾捕捞扩张成全年性的产业，人们重新设计了这种船，将其扩大为龙骨船，成为著名的“友谊号”单桅帆船。

图43　马斯康格斯湾帆船（*FFIUS*，第五部分：插图248）

网板拖网（otter trawl）：一种革命性的渔具，由渔船牵引并沿海底拖曳。网板拖网的原理是用沉子线使网末端沉底，用浮子线使网口保持张开状态。与桁拖网不同的是，网板拖网的两端通过手纲各连接有一块木板，在水流的作用下产生扩张力，用来张开网口。网板拖网属于“主动式”渔具：它们会把沿途的所有东西都刮干净，而“被动式”渔具则是依靠带饵的鱼钩让鱼“自投罗网”。网板拖网操作难度高，但捕鱼效果非常好。在20世纪初，人们通过网板拖网捕获了大量价格低廉的鱼类，几代人对海洋资源枯竭的担忧也因此销声匿迹。

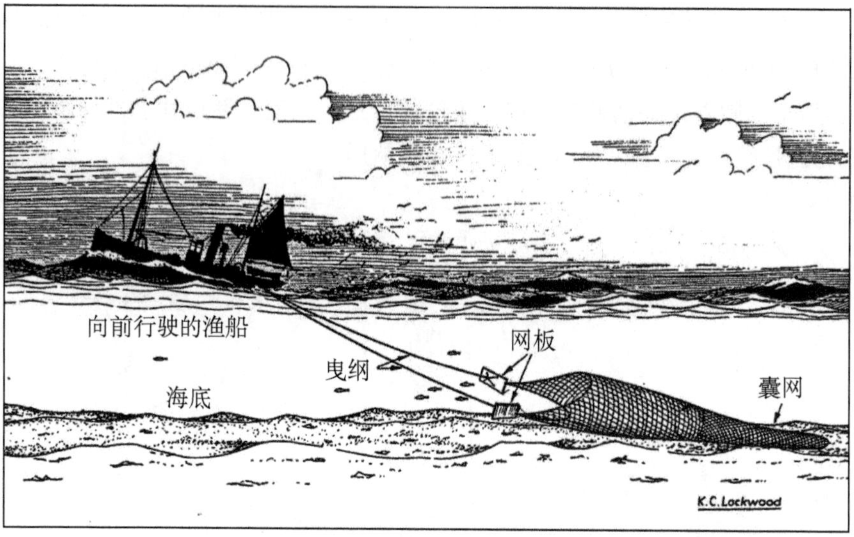

图 44　网板拖网（《海洋商业：英国渔民的故事》，伦敦，1977，第 261 页）

豆荚船（peapod）：一种适于航海的艏艉同型小艇，长度通常在 14 英尺至 18 英尺之间，外形使人想起维京海盗船。豆荚船靠船桨划动，有时候也会装一张简单的帆。19 世纪 80 年代，佩诺布斯科特湾的渔民采用了这种渔船，此后便广泛运用于日渐壮大的龙虾捕捞业。

图 45　豆荚船（佩诺布斯科特海洋博物馆，东部收藏："缅因州港口，圆形池塘"，无日期，缅因州，西尔斯波特）

远洋的，上层的（pelagic）：指公海，主要指既不靠近海岸也不靠近海底的水域。常用作形容词，描述某些生物体偏爱的生活环境。远洋海鸟（pelagic birds）包括海鹦、三趾鸥和海鸦，它们大部分时间生活在海上。上层鱼类（pelagic fish）包括大西洋油鲱、大西洋鲭鱼及其他物种，它们生活在水层之中，而不选择海底或海底附近的环境。

尖翘艉纵帆船（pinkey[a]）：一种简单的双桅纵帆船，是19世纪上半叶美国最常见的捕鱼船。渔民戏称此船有着"鳕鱼头和鲭鱼尾"。换句话说，船首宽厚方阔，船尾细长尖翘，后者形状非常独特。下图所示尖翘艉纵帆船的船首斜桅上挂着**鲱鱼**网。

图 46　尖翘艉纵帆船（*FFIUS*，第五部分：插图 117）

a　Pinkey 一词来自荷兰语，又作 pinky，意为 pinched and upturned，用来形容船尾收缩上扬的独特形态。——译者注

pogy 或者 porgy: 大西洋油鲱的俗称。

有环围网（purse seine）：一张矩形的大网，顶部有浮子线，底部有沉子线。有环围网与其他围网的不同之处在于，大量的底环均匀分布在沉子线上，一根渔绳穿梭其中，渔民可以通过牵引这根渔绳收紧渔网底部，防止被包围后的鱼群逃脱。这里的插图描绘了一群被围网包围的**大西洋鲭鱼**，围网船上的渔民正在将这些鱼"收拢"，就像收拢钱袋子一般。

图 47　有环围网（*FFIUS*，第五部分：插图 63a）

斯库纳帆船（schooner[a]）：双桅或多桅纵帆船。通常主桅较高或两根桅杆高度相同。如图所示，典型的美国和加拿大式斯库纳帆船都是双桅杆，并且都装有斜桁纵帆。

a　根据 1911 年大英百科全书，最早被称为 schooner 的帆船是安德鲁 · 罗宾逊于 1713 年在马萨诸塞州格洛斯特建造的。据说当时有人赞道"看她在水面上飞"（Oh how she scoons），scoon 是一个苏格兰词语，意为在水面上跳跃。于是罗宾逊即将这艘船命名为 schooner。——译者注

图 48　斯库纳帆船（*FFIUS*，第五部分：插图 54）

杜父鱼（sculpin）：至少有 13 种不同种类的杜父鱼生活在缅因湾。杜父鱼头大，刺棱低弱。多鳍，有鳍棘。被骚扰时，杜父鱼习惯发出咕咕声。尺寸从 4 英寸到 2 英尺（10—61 厘米）不等。大多数杜父鱼是杂食性的。与绒杜父鱼有血缘关系。除了偶尔用作龙虾诱饵外，并无商业价值，却是一种常见的多刺鱼类。

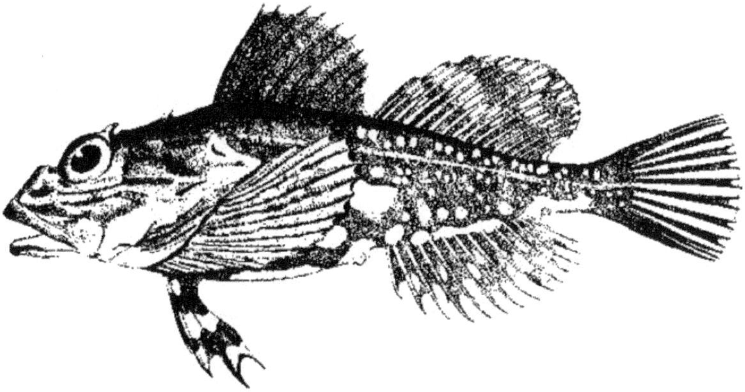

图 49　杜父鱼（*FFIUS*，第一部分：插图 72B）

变色窄牙鲷（scup）：学名 *Stenotomus versicolor*。这种鱼集群游动的范围最北不超过科德角，最南则到弗吉尼亚州或北卡罗来纳州。通常是在沿着科德角设置的捕鱼陷阱或鱼梁中被捕获。每条成年变色窄牙鲷的长度在 12—14 英寸（30.5—35.5 厘米）之间，体重在 1—2 磅（0.45—0.9 千克）之间。

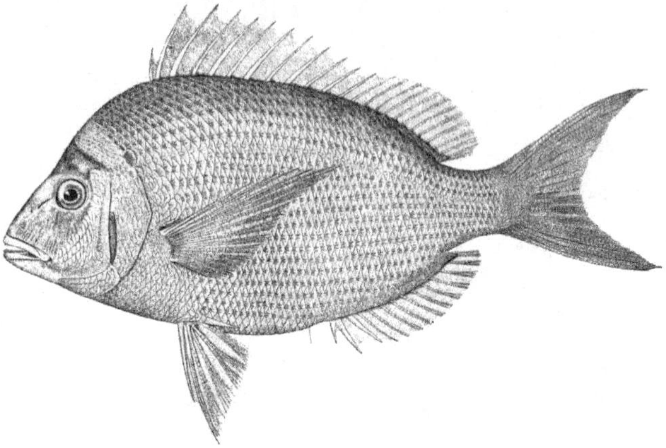

图 50　变色窄牙鲷（*FFIUS*，第一部分：插图 133）

小渔船 (smack)：小型渔船的通用术语。小渔船装备为单桅纵帆船（sloop）或双桅纵帆船（schooner）。到 20 世纪初，一些小渔船已经实现了机动化。小渔船可用于运输、捕捞龙虾或鱼类。

图 51　小渔船（1889 年《美国渔业委员会公报》，第二十一卷，华盛顿特区，1901 年，插图 28）

胡瓜鱼（smelt）：学名 *Osmerus mordax*，**毛鳞鱼**的近亲，是北大西洋北部生态系统中另一种常见的饵料鱼。胡瓜鱼细长，最长可达 1 英尺（约合 30.5 厘米），通常 7—9 英寸（18—23 厘米）长。为集群鱼类，生活在近岸水域，一生中绝大部分时间在河口地区度过。胡瓜鱼生活在咸水中但在淡水中产卵。初秋时节，成年胡瓜鱼聚集在港口或河口，并在此被钩钓捕获。在结冰的感潮河段，冰钓渔民常会破冰钩钓胡瓜鱼。胡瓜鱼从拉布拉多东部到新泽西州都有分布，与**大西洋油鲱**和有些饵料鱼不同，人们非常喜食胡瓜鱼。

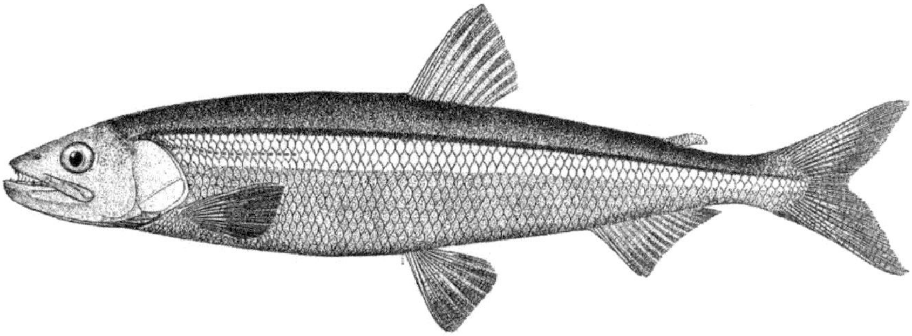

图 52　胡瓜鱼（*FFIUS*，第一部分：插图 199）

条纹鲈鱼（striped bass）：学名 *Roccus saxatilis*。条纹鲈鱼也被称为“条纹鱼”（striper）和“石头鱼”（rockfish），肉质细嫩多汁，深受人们喜爱。鲈鱼可以长到 100 多磅（45 千克）重，但通常捕捞到的个体重量 3—4 磅（1.35—1.8 千克）不等。威廉·布拉德福德总督认为，多亏了条纹鲈鱼，清教徒才得以幸存。条纹鲈鱼每年春天在淡水中产卵。18 世纪，在新英格兰和大西洋中部地区，条纹鲈鱼经历了大量的商业捕捞，以至于几乎灭绝，如今条纹鲈鱼主要是作为垂钓用鱼。经过政府不懈管理和严格监管，条纹鲈鱼的数量在 20 世纪末大幅回弹。

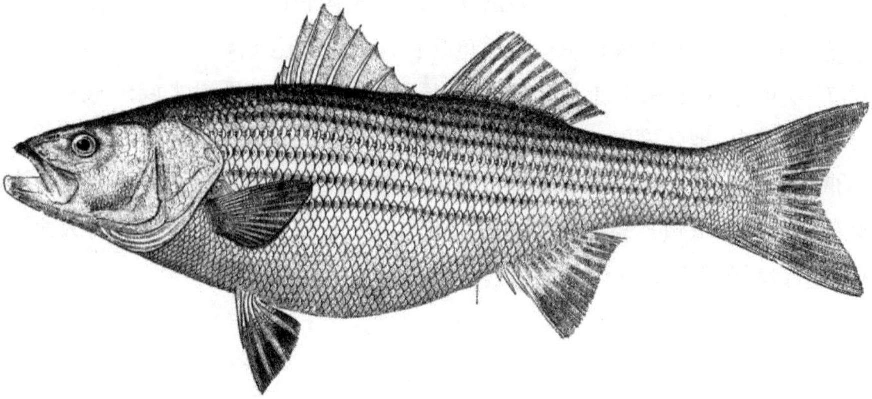

图 53 条纹鲈鱼（*FFIUS*，第一部分：插图 170）

裸首梳唇隆头鱼（tautog）：学名 *Tautoga onitis*。有些地方称作“黑斑”(blackfish)。裸首梳唇隆头鱼是一种健壮的深色鱼种，颜色从黑色到浅褐色不等，鱼身两侧分布着不规则的斑点或呈杂色。体长极少超过 3 英尺，往往要短得多，体重则在 2—4 磅（0.9—1.8 千克）。他们通常栖息在沿岸海域，主要以无脊椎动物为食，比如贻贝。从新斯科舍省（加）到南卡罗来纳州水域可见到其身影，常见于科德角和德拉华湾，而在缅因湾相对罕见。他们数量不多，但非常美味，一到季节，就受到人们的热烈追捧。

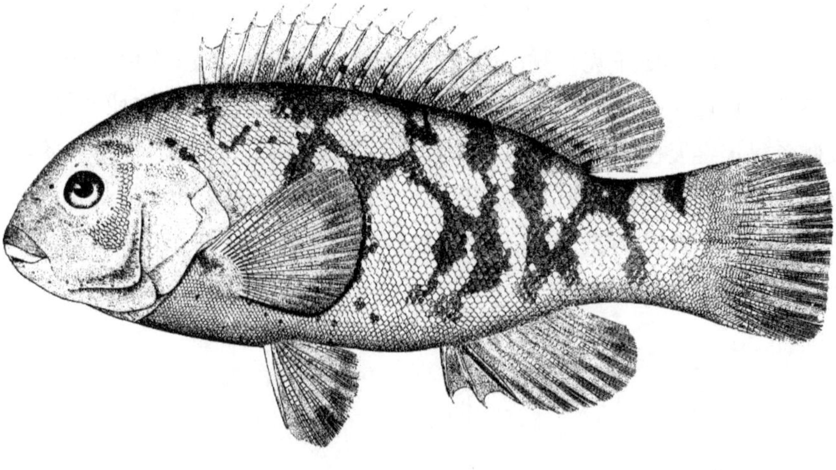

图 54 裸首梳唇隆头鱼（*FFIUS*，第一部分：插图 85）

trawl（n.）：拖网或**排钩**。可以指几种不同类型的渔具，包括桁拖网（beam trawl），网板拖网（otter trawl），延绳钓（tub-trawl，也叫 bultow 或 longline），以及多种龙虾诱捕笼。

trawl (v.)：拖网捕捞或**延绳钓**。可以指用几种不同的渔具展开的捕捞方式。可以是延绳钓——19 世纪的大部分渔民都是这样理解这个词的——通过一条长干线悬挂多条支线（末端有鱼钩）的方式展开。进入 20 世纪，这个词逐渐开始意味着用桁拖网或网板拖网在海底进行拖网捕捞。不过，“延绳钓”的含义直到 1940 年前后还继续在使用，比如木桶延绳钓（tub-trawl）和平底小渔船延绳钓（dory-trawl）。

延绳钓（tub-trawl）：在海底设置的一根长渔线，每隔 10 或 12 英尺连接一个鱼钩，是 19 世纪中叶引入的一种捕鱼方法。因为渔民将其盘绕在木桶中放置，故而被称为“木桶延绳钓”，下图中，斯库纳帆船上的渔民正在给鱼钩加饵，并将钓线盘绕放在木桶里，以供渔民在平底小渔船上布置延绳钓。一个延绳钓装置，由两个渔民在平底小渔船上照管，可能共有 400 到 600 个鱼钩。参见平底小渔船延绳钓。

图 55 延绳钓（*FFIUS*，第一部分：插图 85）

鱼簖（weir）：一种捕鱼陷阱，或者说是一种被动式渔具，主要靠鱼类“自投罗网”。人们将木桩或竹棍打入海岸底部的泥沙中，将丝网抻开固定于木桩上而建成。在缅因州东部和新不伦瑞克省，鱼簖主要用于捕捞鲱鱼。在科德角，渔民可以用鱼簖捕获许多物种，包括**变色窄牙鲷**、**裸首梳唇隆头鱼**、鲳鱼、鱿鱼、比目鱼、鲱鱼以及蓝鱼（扁鲹）。有些鱼簖比较原始，有些则制作十分精良。

图 56　鱼簖（*FFIUS*，第五部分：插图 130）

活水船（well smack）：这是一幅活水船的剖面图，我们能看见前后桅杆之间有一个活水舱。需在底板上钻几个孔，这样水舱的海水才可以循环流通。在新英格兰地区，活水船主要用来运输龙虾。不过，如果某些渔业的渔民想将活鱼运到市场上，也会使用到活水船。该插图描绘了 19 世纪 40 年代早期乔治浅滩上一艘用于运送大比目鱼的活水船。

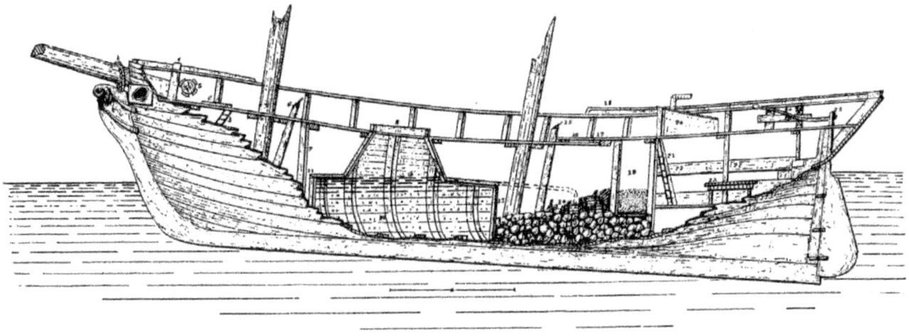

图 57　活水船（*FFIUS*，第五部分：插图 4）

美洲拟鲽（winter flounder）：学名 *Pseudopleuronectes americanus*。又称柠檬鳎（lemon sole）、比目鱼（flounder）、鲽鱼（flatfish）和黑比目鱼（black flounder），是缅因湾发现的颜色最深的比目鱼。常见于贝尔岛海峡（拉布拉多和纽芬兰之间）到切萨皮克湾一带，偶尔可见于乔治亚州南部，但通常在相对较浅的水域。美洲拟鲽体长一般不超过 18 英寸（约等于 45.72 厘米），体重不超过 3 磅（约 1.36 千克）。它们的嘴部十分脆弱，无法进行钩钓，直到有了桁拖网和网板拖网，它们才成为重要的商业捕捞物种。

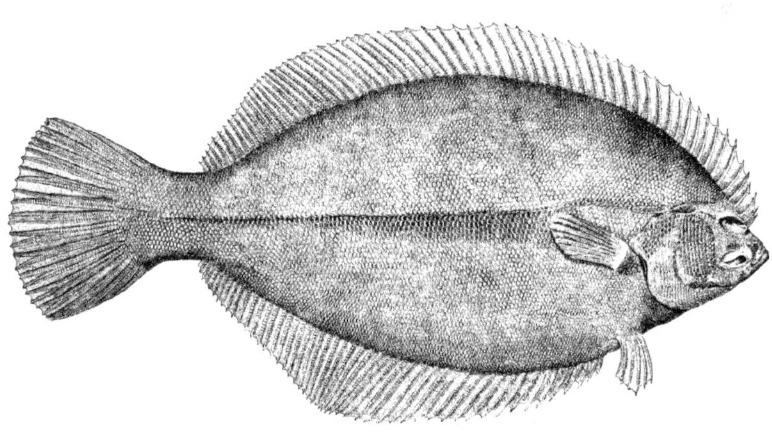

图 58　美洲拟鲽（*FFIUS*，第一部分：插图 44）

附录

数据 1　1861—1928 年缅因湾鳕鱼捕捞量

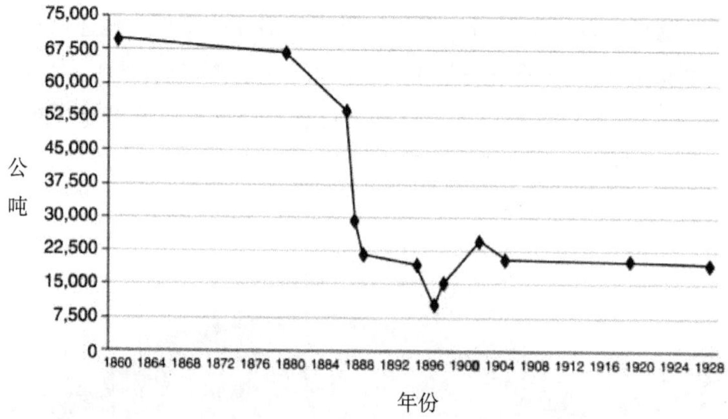

注释：1879—1880 年之后所记录的马萨诸塞州的捕鱼量均减掉 60%，这 60% 作为缅因湾以外的捕捞量。因为据马萨诸塞州联邦普查：1885 年（第 1439 页）显示，马萨诸塞州 39.5% 的捕获量来自美国水域。

来源：Courtesy, University of New Hampshire Gulf of Maine Cod Project. Karen E. Alexander et al., "Gulf of Maine Cod in 1861: Historical Analysis of Fishery Logbooks, with Ecosystem Implications," *Fish and Fisheries* 10 (2009), 428–449; Francis A. Walker, Superintendent of the Census, Ninth Census—Volume III. *The Statistics of the Wealth and Industry of the United States, Embracing the Tables of*

Wealth, Taxation, and Public Indebtedness; of Agriculture; Manufactures; Mining; and the Fisheries (Washington, D.C., 1872); FFIUS, sec. 2:11, 106, 120; USCFF, *Part XVI: Report of the Commissioner for 1888* (Washington, D.C., 1892), 291–296; *Bulletin of the U.S. Fish Commission, Vol. X, for 1890* (Washington, D.C., 1892), 94–119; Horace G. Wadlin, Chief of the Bureau of Statistics of Labor, *Census of the Commonwealth of Massachusetts: 1895* (Boston, 1896); USCFF, *Part XXVI: Report of the Commissioner for the Year Ending June 30, 1898* (Washington, D.C., 1899), CLXV–CLXVIII; USCFF, *Part XXVI: Report of the Commissioner for the Year Ending June 30, 1900* (Washington, D.C., 1901), 167–177; U.S. Department of Labor and Commerce, Report of the Bureau of Fisheries 1904 (Washington, D.C., 1905), 247–305; *U.S. Bureau of Fisheries Document 620* (Washington, D.C., 1907), 14–68; *U.S. Bureau of Fisheries Document 908* (Washington, D.C., 1921), 132–145; U.S. Bureau of Fisheries, *Report of the United States Commissioner for Fisheries for 1929* (Washington, D.C., 1931), 789–790.

数据 2　1804—1916 年美国大西洋鲭鱼捕捞量

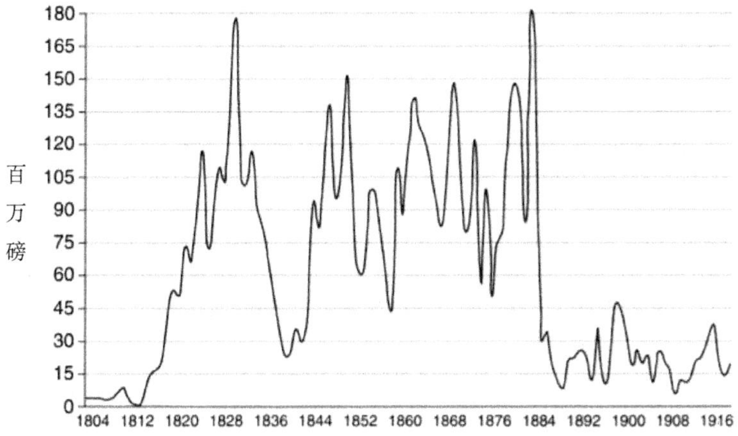

来源：Oscar E. Sette and A. W. H. Needler, *Statistics of the Mackerel Fishery off the East Coast of North America, 1804 to 1930*, U.S. Department of Commerce, Bureau of Fisheries, Investigational Report No. 19 (Washington, D.C., 1934), 24–25.

数据 3　1830—1860 年间大西洋鲭鱼捕捞量与美国注册船只吨位对比图

（显示的估计捕捞量为新鲜、完整的鲭鱼。吨位则为总的注册吨位）

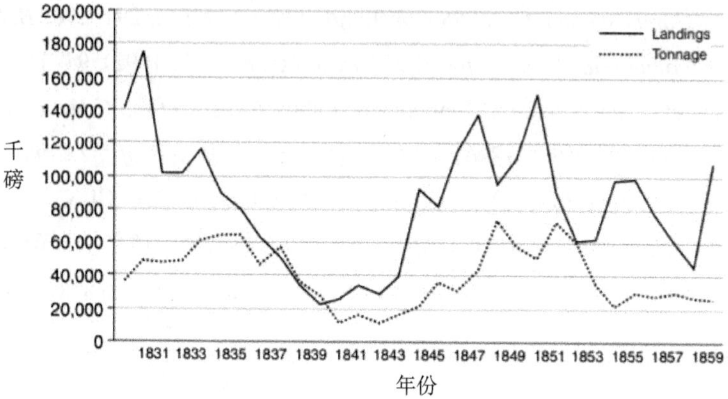

注释：当时的法规只认可记录鳕鱼、鲭鱼和鲸鱼渔业的船只吨位。捕捞其他鱼类的船只跟鲭鱼船队归到了一起。因此，实际鲭鱼船队的吨位比预期的要少一些。

来源：Oscar E. Sette and A. W. H. Needler, *Statistics of the Mackerel Fishery off the East Coast of North America, 1804 to 1930*, U.S. Department of Commerce, Bureau of Fisheries, Investigational Report No. 19 (Washington, D.C., 1934); *Report of the Secretary of the Treasury, Transmitting a Report from the Register of the Treasury of the Commerce and Navigation of the United States for the Year Ending June 30, 1860* (Washington, D.C., 1860), 670–671; U.S. Bureau of the Census, *Historical Statistics of the United States, Colonial Times to 1970*, 2 vols. (Washington, D.C., 1975), 2:745.

数据 4　1873—1920 年缅因州大西洋油鲱捕捞量

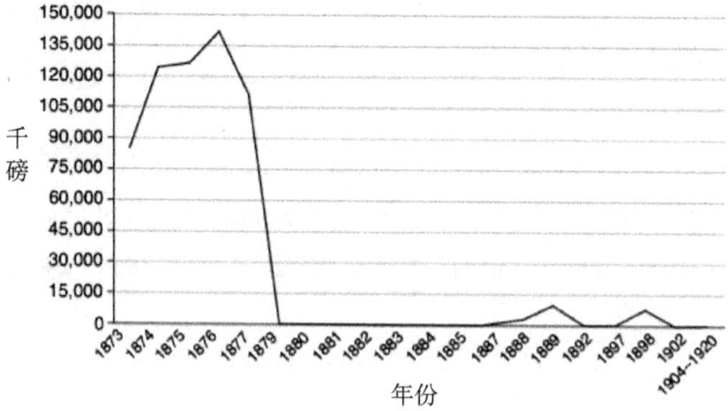

来源：*The Menhaden Fishery of Maine, with Statistical and Historical Details, Its Relations to Agriculture, and as a Direct Source of Human Food* (Portland, 1878), 22–26; Douglas S. Vaughan and Joseph W. Smith, "Reconstructing Historical Commercial Landings of Atlantic Menhaden," SEDAR (Southeast Data Assessment and Review) 20- DWO2 (North Charleston, S.C., June 2009), South Atlantic Fishery Management Council, NOAA, 8.

数据 5　1880—1920 年新英格兰大西洋油鲱捕捞量

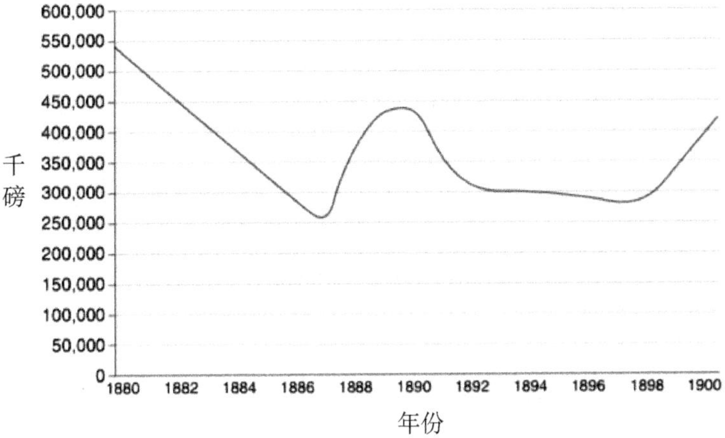

来 源：Douglas S. Vaughan and Joseph W. Smith, "Reconstructing Historical Commercial Landings of Atlantic Menhaden," SEDAR (Southeast Data Assessment and Review) 20-DWO2 (North Charleston, S.C., June 2009), South Atlantic Fishery Management Council, NOAA, 16.

数据 6　1848—1915 年美国大西洋庸鲽（大比目鱼）捕捞量

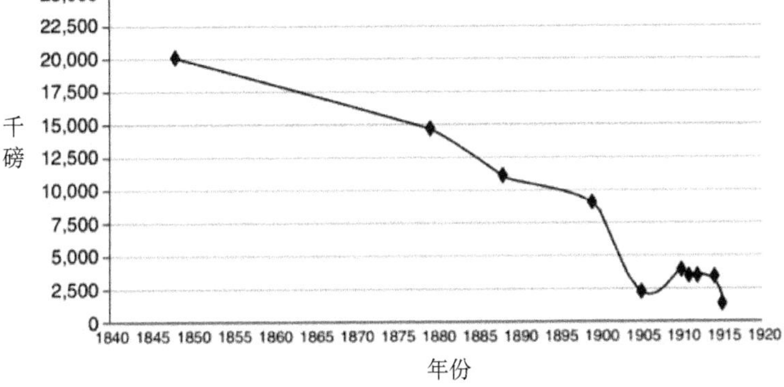

注释：1848 年的大比目鱼捕捞量是估计的，而随后年份的数据则取自已公布的联邦和各州报告。这个估计是通过将两个离散的观察结果并列而得出的。1905 年，马萨诸塞州渔业和狩猎委员会指出，大比目鱼的年捕获量多年来一直“超过 2000 万磅”，尽管到 1905 年它们“大幅减少”。渔业业内人士一直记得 1848 年大比目鱼的巨大捕捞量，但这么早还没有系统的统计资料。在大比目鱼捕捞的早期，也就是 1848 年左右，可能新英格兰的大比目鱼捕捞量每年至少有 2000 万磅。

来源：Estimate, MFCR (Boston, 1906), 28; USCFF, *Part XVI: Report of the Commissioner for 1888* (Washington, D.C., 1892), 289–325; *FFIUS*, sec. V, 1:3; A. B. Alexander, H. F. Moore, and W. C. Kendall, “Report on the Otter-Trawl Fishery,” Appendix VI in Bureau of Fisheries, *Report of the U.S. Commissioner of Fisheries for the Fiscal Year 1914* (Washington, D.C., 1915); Bureau of Fisheries, *Report of the U.S. Commissioner of Fisheries for the Fiscal Year 1915* (Washington, D.C., 1917), 44; Bureau of Fisheries, *Report of the Commissioner of Fisheries for the Fiscal Year 1912 and Special Papers* (Washington, D.C., 1914), 37.

数据 7　1880—1919 年缅因州龙虾捕捞量及努力度

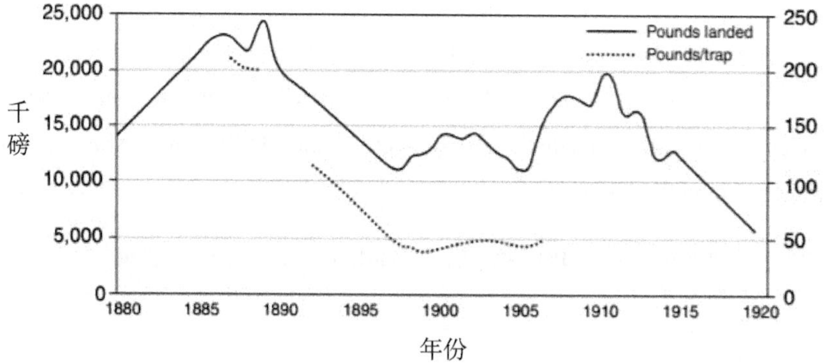

来源：Maine Department of Marine Resources,http://www.maine.gov/dmr/rm/lobster/lobdata_files/sheet001.htm (accessed August 26, 2011).

注释：

缩写：

FFIUS	U.S. Commission of Fish and Fisheries, *The Fisheries and Fishery Industries of the United States*, ed. George Brown Goode, 5 secs. in 7 vols. (Washington, D.C., 1884–1887)
MeFCR	*Report of the Commissioner of Fisheries* (Augusta, 1867–1879); *Report of the Commissioner of Fisheries and Game* (Augusta, 1880–1894); *Report of the Commissioners of Inland Fisheries and Game* (Augusta, 1895–1924)
MeSA	Maine State Archives, Augusta
MeSSF	*Report of the Commissioner of Sea and Shore Fisheries of the State of Maine* (Augusta, 1898–1924)
MFCR	*Annual Report of the Commissioners on Inland Fisheries* (Boston, 1867–1885); *Annual Report of the Fish and Game Commissioners* (Boston, 1886); *Annual Report of the Commissioners of Inland Fish and Game* (Boston,1887–1901); *Annual Report of the Commissioners of Fish and Game* (1902–1919)
MHMF	G. Brown Goode, Joseph Collins, R. E. Earll, and A. Howard Clark, "Materials for a History of the Mackerel Fishery," Appendix B in USCFF, *Part IX: Report of the Commissioner for 1881* (Washington, D.C., 1884)
MSA	Massachusetts State Archives, Boston
NARA	National Archives and Records Administration, College Park, Md. And Waltham, Mass.
NOAA	National Oceanographic and Atmospheric Administration
NSARM	Nova Scotia Archives and Records Management, Halifax
NYT	*New York Times*
RG	Record Group
USCFF	U.S. Commission of Fish and Fisheries

致谢

很荣幸得到很多人、很多机构的帮助，是他们的启发、鼓励和帮助使这本书成为可能，感谢他们。20多年前，Richard C. Wheeler划着自己的皮艇，独自从纽芬兰的芬克岛出发，前往马萨诸塞州，一路上追踪着大海雀——不会飞的北大西洋“企鹅”——每年迁徙时划过1500英里的路线。自1844年以来，由于过度捕捞，海雀已经灭绝，但Wheeler认为他们的故事可能会引起人们对北大西洋生态系统持续困境的关注。正如他后来解释说，纽芬兰的渔民“把我带到了比我想象的更远的地方。他们有一种直觉，他们所做的是错误的，而且已经有很长一段时间了”。《时代》杂志将Dick Wheeler称为“地球英雄”，以表彰他的环保工作。他总让人备受鼓舞。同时，他也是我的岳父，多年来我从他身上学到了很多。他描述了渔民的“罪恶感”，即尽管渔民是首当其冲的受害者，他们却认为问题是由他们自身原因造成的。对此，作为历史学家，我很感兴趣，我想知道这一现象的根源有多深。

最初我在新罕布什尔大学教授一门海洋环境史的课程。巧合的是，此后不久，Alfred P. Sloan基金会发起了国际海洋生物普查，这是一个富有远见的项目，旨在评估海洋生物的多样性、分布和丰度。这一倡议的一部分涉及过去的海洋。在马萨诸塞州的伍兹霍尔，该普查由南丹麦大学的丹麦历史学家Poul Holm和NOAA东北渔业科学中心的渔业科学家Tim Smith组织，此次历史性的普查被称为海洋生物种群历史研究(HMAP)。Poul和Tim邀请了时任新罕布什尔大学(UNH)生命科学与农业系主任Andrew A. Rosenberg和我建立HMAP中心。我非常感谢海洋生物普查领导人的远见卓识，并为能在HMAP和普查中发挥作用而感到幸运。

Rosenberg 和我在新罕布什尔大学成立的跨学科研究小组被称为缅因湾鳕鱼项目。它由生态学家、统计学家和历史学家组成，包括教员、研究人员、研究生和本科生，它是在海洋环境史和历史海洋生态学的交叉点上发展起来的。如果没有这个非凡的研究小组的成员，我不可能写成这本书。Karen E. Alexander 是一位很有天赋的研究员和作家，拥有历史和数学学位，也是我的研究生之一，她成为缅因湾鳕鱼项目的协调员。我曾担任 William B. Leavenworth 博士论文答辩委员会的成员，他后来成为了项目的首席研究员。我从他们的知识、洞察力和勤奋工作中获益匪浅，也从基本和团队合作撰写的论文中获益匪浅。Leavenworth 不仅率先从 19 世纪鳕鱼渔民的航海日志中提取数据，而且还创建了来自缅因州和马萨诸塞州的渔业历史专员报告的电子版本，将原本分散在各处的记录汇集在一起，这对我的研究至关重要，这对我的研究至关重要。缅因湾鳕鱼项目其他成员及他们的专长帮助我成长为更好的环境历史学家，他们包括 Andrew A. Rosenberg, Andrew B. Cooper（现在在西蒙弗雷泽大学），Catherine Marzin（NOA 国家海洋保护区计划国家伙伴关系协调员，也是 UNH 博士生候选人），Matthew McKenzie（现在在康涅狄格大学，艾弗里点校区），以及 Stefan Claesson, Katherine Magness 和 Emily Klein。一些来自新罕布什尔大学历史系的研究生担任研究助理。我要感谢 Alison Mann, Jennifer Mandel, Lesley Rains 和 Gwynna Smith。本科生 Joshua Minty 也对研究提供了宝贵的帮助。

缅因湾鳕鱼项目得到了诸多基金项目的重要资助：包括 Alfred P. Sloan 基金会；国家科学基金（HSD-0433497, 2004—2007）；新罕布夏州海洋基金（2002—2003 年，2004—2006 年，2006—2007 年，2010—2011 年完成四个独立项目）；NOAA 海洋保护区计划（历史和文化资源基金 111814, 2004—2008）；Gordon and Betty Moore 基金（2007）；和 Richard Lounsbery 基金会（2009—2010）。这项研究得益于这些项目慷慨的支持，也得益于新罕布什尔大学的支持，我在 2002—2007 年担任 James H. Hayes 和 Claire Short Hayes 中心人文学科主任并在 2008 年获得新罕布什尔大学人文学科高级奖学金。

没有图书管理员和档案管理员的帮助，任何研究人员都无法茁壮成长。我感谢新罕布什尔大学（University of New Hampshire）迪蒙德图书馆（Dimond Library）的工作人员，他们一次又一次地提供帮助：咨询台的 Louise Buckley 和 Peter Crosby；特别藏品主管 Bill Ross；还有 Linda Johnson 和 Thelma Thompson，他们从未因被要求提供晦涩难懂的政府文件而不耐烦。在马萨诸塞州历史学会，图书管理员 Peter Drummey 和他的工作人员在许多方面帮助了我，同样的还有 Tom Hardiman 和在朴次茅斯艺术博物馆的工作人员，以及 Paul O'Pecko 和在 Mystic Seaport's Blunt-White 图书馆的工作人员。这本书的许多重要研究是在图书馆和档案馆完成的，包括缅因州州立档案馆、缅因州历史学会、缅因州州立图书馆、新罕布什尔州历史学会、新罕布什尔州档案馆、马萨诸塞州档案馆、波士顿博物馆、伍兹霍尔东北渔业科学中心图书馆、马萨诸塞州新斯科舍省档案馆、霍顿图书馆、哈佛大学贝克商学院图书馆、哈佛大学比较动物学博物馆的厄恩斯特·迈尔图书馆、马萨诸塞州塞勒姆皮博迪·埃塞克斯博物馆、马萨诸塞州格洛斯特的安角历史学会、史密森学会图书馆、国家档案馆马里兰大学帕克分校和马萨诸塞州沃尔瑟姆分馆。感谢你们。

在这本书成型的过程中，我受益于 Molly Bolster, J. William Harris, Kurkpatrick Dorsey, James Sidbury, Jeremy B. C. Jackson, Daniel Vickers, Karen Alexander, and Bill Leavenworth 的无私奉献和明智建议，他们对整部手稿进行了优化；以及新罕布什尔大学历史系教职工研讨会的成员，他们阅读了部分内容。Ron Walters 总是愿意提供建议。我希望他知道那对我意义非凡。2008 年我在《美国历史评论》上发表的一篇文章招致了编辑和评论家、专家的批评。那篇文章的部分重新出现在序言和第一章和第二章，我感谢美国历史评论的编辑 Robert A. Schneider 允许我再次出版这些文字。多年前帮助我推出第一本书的 Joyce Seltzer 是一位模范编辑，我很幸运能够再次与她共事。我还要感谢她的得力助手，Brian Distelberg。他知道细节决定成败。作为一名眼光敏锐的编辑，Ann Hawthorne 在许多方面拯救了我。我感谢她并赞赏她的细致。制作编辑 Melody Negron 以彻底和专业的态度监督着最后的冲刺。Thea Dickerman 和 Karen Alexander 帮助绘制了表格，子午线地图公司的 Philip Schwartzberg 绘制了这些美妙的地图。许多人都帮着画插图，但我必须特别指出 Bill Bunting，他是 19 世纪海事摄影的行家；还有来自加州大学伯克利分校斯堪的纳维亚研究系的 Elisabeth I. Ward（我从未见过她）。Elisabeth 协调安排让我们得到了复制的海盗船 Islendingur 令人惊艳的照片。谢谢。当然，所有这些朋友和同事都知道，如果我弄错了某些事实或解释错了某些问题，我将对自己的错误负全部责任，他们的协助不会改变这一点。

我住在新罕布什尔州的朴次茅斯，一个多世纪以前，当地的一位作家把这里称为“海边的老城”。它是一个重要的海港和渔业城镇，也是一个非常适合步行的城镇。这里的人们努力维持一种社区意识，他们通过现场音乐会、戏剧表演、演讲活动和积极参与社区活动等来浸润和培育这种意识。我很高兴得到邀请，不仅在学术会议上，而且在当地土地信托基金、历史学会、社区协会、图书馆和其他组织的朋友和邻居面前，谈论这本书的核心问题。谢谢你们的倾听。也要感谢 Ceres 街面包店的那些伙计，他们多年来一直在为我做午餐；感谢 Breaking New Grounds，我最喜欢的咖啡店；还有 Rhoades 和 Claire Fleming，他们是南街葡萄酒店的老板，这是镇上最好的酒馆。

我很幸运，我的家庭一直是我的靠山。我的父母，Sally 和 Bill，这本书就是献给他们的，这些年来他们一直深爱着我。在我写这本书的过程中，我的孩子 Ellie 和 Carl 已经成长为了不起的年轻人。我为他们和他们的兴趣感到骄傲，也为他们曾有机会在多年夏天与他们的母亲和我一起在缅因湾航行数百个日日夜夜而感到高兴。在海岸之外，在海底，在缅因州海岸的整个岛链，都存在着神奇的力量，我们共同分享着它。然而，我最感谢的是我的妻子 Molly，我的参谋，她比大多数人更了解我们面临的工作并积极推进。她给了我灵感、鼓励和帮助。说"谢谢"并不能表达我对她的感谢，但这是一个开始。谢谢。